# 软件需求十步走

## 新一代软件需求工程
### ·实践指南·

杨巨龙 周永利 编著

电子工业出版社
Publishing House of Electronics Industry
北京·BEIJING

## 内 容 简 介

新一代软件需求工程表现为工作阶段划分、需求获取方式、关系定位等。需求规划是新一代需求工程中的最大亮点，它的工作是将业务、对象和信息化体系作为研究对象，采用科学研究、体系架构设计、信息资源规划的方法，编制出具有系统性、科学性、前瞻性的需求规划成果。需求规划的成果中包括形势分析、业务体系分析、对象体系分析等内容。它为需求开发中的需求获取奠定了坚实的基础。需求规划工作的原则是"业务定性、定量、定细节，系统定性、定量、定宏观"。本书由原理篇、知识篇、方法篇、应用篇、组织篇等构成。

本书可以作为计算机软件专业的软件需求工程教材，也可作为软件开发高级培训、信息咨询规划培训、软件开发管理培训的教材，更是第一线需求分析人员、系统分析人员、高级开发人员、开发管理人员和 IT 部门的管理人员的必备参考书。

**图书在版编目（CIP）数据**

软件需求十步走：新一代软件需求工程实践指南 /杨巨龙，周永利编著. —北京：电子工业出版社，2013.10

ISBN 978-7-121-21304-5

Ⅰ.①软… Ⅱ.①杨… ②周… Ⅲ.①软件工程－指南 Ⅳ.①TP311.5-62

中国版本图书馆 CIP 数据核字（2013）第 197685 号

策划编辑：孙学瑛
责任编辑：徐津平
特约编辑：赵树刚
印　　刷：北京丰源印刷厂
装　　订：三河市鹏成印业有限公司
出版发行：电子工业出版社
　　　　　北京市海淀区万寿路 173 信箱　邮编 100036
开　　本：787×980　　1/16　　印张：41　　字数：890 千字
印　　次：2013 年 10 月第 1 次印刷
定　　价：99.00 元

凡所购买电子工业出版社图书有缺损问题，请向购买书店调换。若书店售缺，请与本社发行部联系，联系及邮购电话：(010) 88254888。

质量投诉请发邮件至 zlts@phei.com.cn，盗版侵权举报请发邮件至 dbqq@phei.com.cn。

服务热线：(010) 88258888。

# 序

软件需求是软件项目和产品开发的起点，更是用户和开发团队之间沟通的基础。经典的瀑布模型确定了需求获取和确认的起始地位，现代软件的多变、持续演化带来了需求管理的要求。可以说，软件需求的获取、规约、验证和管理在软件开发中占有举足轻重的关键位置，软件需求工程也早已成为软件工程中一门独立关键的研究学科。

理论上说，获取的需求足够完整、正确，特别是形式化可验证的情况下，采用程序变换、模型变换等技术可以开发出高质量的软件。但如此确定的需求实际上很难获得。工程化的方法仍然是现实解决软件需求问题的主要方法。这也就意味着需求工程的研究必须与现实的开发现状结合起来，考虑需求相关的方方面面。

软件需求工程的研究和相关书籍、学术文章不少。这本书出自在软件开发一线长期实践的开发人员之手，更多的是从实践中整理、组织出的经验方法，结合了传统学术、工程方法，也形成了一个较全方位的需求工程的介绍。其中，我们比较欣赏作者专门强调的业务知识驱动。实际的需求获取中，紧密结合软件应用方，充分理解应用领域知识才可能获得有效准确的需求。

近年来，我国的软件产业界人士越来越多地开始出书，写论文。我们认为这是很好的趋势。软件工程是一门密切联系产业实践的科学，学术研究必须要结合工程实践，工程实践中的经验教训也是学术研究的主题。有鉴于此，我们为此书写序，也是希望我国的软件学术界、产业界能够日益融合，在"产学研用"的方方面面实现融合发展。

对于此书，我们觉得作者也需要考虑进一步凝练基本概念和方法，压缩一些篇幅，使得关键观念更为突出。

杨芙清

中国科学院 院士

谢冰

北京大学 教授

2013年8月

# 前　言

什么是软件需求？

怎样进行软件需求分析？

这两个问题是从事软件开发工作的人员都必须直面的问题。每当有人问我这两个问题的时候，我会说把"是什么、怎么做"的问题先放下，先思考一下"从哪来、到哪去"的问题。"抓两端，促中间"是解人之惑的一个有效的办法。

需求从客户那里来，软件需求到开发人员那里去，最终客户和软件开发组织共同拿着软件需求对软件产品进行验收，所以软件需求是面向客户方和软件开发方，将双方的诉求进行有机结合，最终形成双方持有的一个契约。

将双方的诉求进行有机结合正是需求分析人员要做的事，这个事被称为软件需求分析。有时我会与需求分析人员开玩笑，其实我们的工作和媒婆一样，就是要将客户方这个"孔雀女"和软件开发方这个"凤凰男"撮合在一起，需求分析的最高水平就是能让"白富美"愿意嫁给"屌丝男"。

对于如何做软件需求分析工作，上面这个玩笑是值得去细细品味的。比如待嫁女提出的条件太高，而单身汉的硬实力又不够，作为媒人是不是要劝一方要降低标准，另一方要提高一下素质，这和需求分析中非功能需求中的性能指标设定是有相通之处的。再比如待嫁女也说不清自己想要嫁一个什么样的男人，作为媒人就需要根据待嫁女的条件帮其制订一些要求，这和用户说不清需求时需求分析人员要根据其业务现状提出解决方案也有相通之处。

软件需求分析中的"分析"一词是一个集合词汇，是将逻辑方法中的定义、划分、归纳、演绎、推理、假设、论证等统统纳入其中的。作者认为要想做好分析工作首先要对这些逻辑方法很清楚，要学会综合使用。分析的对象有两个：客户的需求和软件构成的要素，分析的目的是能够使客户的需求和软件的要素建立匹配关系。

简单点说，要做好软件需求分析工作就是"一法两点"，"一法"是说要掌握逻辑方法，"两点"是说要懂客户业务知识和软件知识。

一个具有"完整性、准确性、无二义、变化可控"等特征的软件需求只有借助逻辑方法才能做到。"软件需求十步走"是笔者多年从事软件需求分析工作经验的总结，每一步都有分析、综合、归纳、演绎等逻辑方法的运用。其实逻辑方法并不难，只要有心留意、用心体会，你会发现你在工作中大量运用逻辑方法，它并不是一个神秘的东西。

笔者把平时在软件需求分析工作中偶获的一点心得集结成书，拿出来与读者共同分享，只是希望能对大家工作有些帮助。笔者依然在软件需求分析的道路上探索，也有许多困惑的地方，希望和大家一起找到更多更好的软件需求分析的方法，更期待"软件需求十步走"能帮助读者做出高质量的软件需求！

## 本书的出发点：业务需求是源头

"垃圾进，垃圾出"是对软件系统输入与输出关系的经典描述，不正确的输入信息是不会产生正确的输出的。据相关专业机构统计数据证实，大部分软件项目失败的原因是因为软件需求"不完整、不准确、不一致"，借用"垃圾进，垃圾出"这句话来总结软件项目失败的原因是"源头错，项目败"。

笔者认为当前只是找到了软件项目失败的根源，还没有找到软件需求"不完整、不准确、不一致"的根源，更没有找到一个有效地解决这一问题的办法。笔者几年前一个偶然的机会参与到《从客户业务推导到信息系统》科研课题的研究工作中，几年研究下来逐步有了对上述问题的解决思路，即"客户业务是源头，问题目标是关键，形式逻辑是方法"。

大家都知道软件需求是从业务需求经用户需求最终到系统需求的，所以业务需求是软件需求的源头，而业务需求又是从客户业务中来的，客户有问题且需要解决的业务才是业务需求，换句话说就是有问题需解决的客户业务叫业务需求。只有保证业务需求的"完整性、准确性、一致性"，才能保证软件需求的"完整性、准确性、一致性"，而"完整性、准确性、一致性"此三性都属于形式逻辑要解决的问题，完整性是从一般到个别的演绎法要解决的，准确性是推理要解决的，而一致性是论证要解决的，所以形式逻辑的演绎法、推理法、论证法是解决业务需求的"完整性、准确性、无二义性"的方法。

笔者正是从"客户业务是源头、问题目标是关键、形式逻辑是方法"这一思路出发，来解决软件需求"不完整、不准确、不一致"这一问题的。

## 笔者内心期望：能"授之以渔"

几乎每本书都会讲到"授人以鱼，不如授之以渔"这一观点，但如何"授之以渔"，笔者认为很多书都没有讲清楚。知识是由"知的知识"和"识的知识"两部分构成，"识的知识"是教人如何通过事物的外像来确定事物的类别或程度，"知的知识"可以告诉人事物的内在构成及内在哪些变化会导致事物外像的变化。如果只给"识的知识"或只给"知的知识"，都如同只是"授人以鱼"，必须将"识的知识"中如"怎么做、为什么"告诉读者，同时还要将"知的知识""从哪里来的，用到哪里去"告诉读者才真正地做到"授人以渔"。笔者按照这一观念在原理篇、知识篇、方法篇中对新一代软件需求工程的原理、知识和方法进行了阐述，力求通过这些内容让读者不仅知"软件需求"其然，而且还能知"软件需求"之所以然。

## 本书的关键点：软件需求十步走

新一代软件需求工程由需求规划、需求开发、需求管理三个分项工程构成，这三个分项工程围绕软件需求的活动可以划分为软件需求的业务活动和软件需求的管理活动两类。软件需求的业务活动由需求规划的业务研究、应用建模、系统规划、分析计算、报告编制、规划评审6项业务活动和需求开发的需求获取、需求分析、需求编制、需求验证4项业务活动，共计10项业务活动构成；软件需求的管理活动由需求管理的基线、版本、状态、变更、跟踪5项管理活动构成。业务需求是需求规划的业务活动的产物，用户需求和系统需求是需求开发业务活动的产物，业务需求、用户需求、系统需求三个部分构成了软件需求。需求管理活动贯穿所有的需求业务活动，确保软件需求的进度、质量和成本。新一代软件需求工程的业务活动和管理活动的时序过程如下图所示，这是本书的关键点。

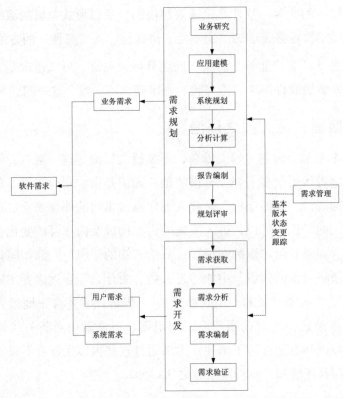

简单地说，新一代软件需求工程的软件需求工作的特点是"两阶段、十步走"。通过"两阶段、十步走"读者就可以得到由业务需求、用户需求和系统需求组成的高质量的软件需求。

## 本书的新观点：创新方能解决问题

当前软件需求和软件需求工程有7个主要问题需要解决，而这7个主要问题本书都提出了相应的应对之策和解决方法。

（1）**难点问题**：软件需求的不完整、不准确、变化不可控、不一致性等难点问题是导致软件项目失败的主要原因之一，人们也花了大量时间和精力力图来解决，比如将软件需求分析从软件工程中剥离出来采用工程化的方法来提高软件需求质量，再比如采用UML工具来实现软件需求到软件设计的自动化转化，但软件需求这几个问题还是没有得到根本性的解决。本书认为解决这一问题需要以业务为核心，从业务需求开始，面向业务的问题和目标，借用形式逻辑方法中的演绎、推理、假设、论证等方法得到一个逻辑上完整、准确、一致、对变化已做了假设的业务需求，基于这样的业务需求再采用现在的各种软件需求分析方法才能从根本上解决软件需求的这一难点问题。

（2）**性能问题**：能用、好用、耐用是软件产品必须具备的特性，在软件需求中能用是归为功能需求范畴，而好用、耐用等归为非功能需求的质量属性范畴中，亦即人们通常说的性能指标。这些指标是后期软件系统体系架构、实现技术、设备选型设计时的主要依据，性能指标不准确一方面会造成客户成本预算不合理进而导致设备资源浪费，另一方面会带来软件产品的"性能噩梦"。长期以来对于性能基本都采用的是一种粗放式的经验估值法，这种方法往往会带来为解决性能问题所消耗的资源远远大于程序设计和代码开发的资源消耗。为解决性能问题，本书提出将性能设计放在需求规划阶段并且进行定性定量计算的观点，同时还给出了一个基于模型的定量计算方法。

（3）**范畴问题**：业务需求是客户提出的，软件需求是将客户的业务需求作为前置条件，软件需求产生的第一个文档是基于客户的业务需求整理出项目的视图与范围文档。业务需求不是软件需求工作范畴中的。笔者认为这种工作边界的划分也是软件需求出现问题的原因之一，所以本书将业务需求纳入到软件需求工作范畴中，并明确提出了业务需求是软件需求的第一性观点。需求规划的工作任务之一正是业务需求，需求规划以科学研究方法论作为理论指导，采用文献研究法通过对客户已有的工作成果进行研究来分析客户的业务需求。通过需求规划的业务研究力求实现"不是客户告诉需求分析人员业务需求，而是需求分析人员要向客户讲述业务需求"的目标。

（4）**鸿沟问题**：业务和软件之间的鸿沟问题。业务和软件是两个不同的领域这是事实，但这两个领域在抽象层面是相同的却一直没有被明确指出，导致很多需求分析人员一直处于迷茫中。客户和需求分析人员采用原型法、用例图、自然语言等方式在业务和软件之间架起桥梁，这些方法只可治标不能治本。本书明确提出了业务和软件是同一个抽象在两个不同领域的实现即一体两面的观点，并基于这一观点提出了在业务抽象层面用归纳和演绎的方法得到完整的、准确的业务逻辑，然后将其映射到软件抽象层面得到完整的、准确的软件逻辑的映射方法，通过这一方法力求解决业务和软件之间的鸿沟问题。

（5）**关系问题**：需求工程和软件工程的关系问题是需求工程的核心问题。这两个问题一直没有给出清晰的界定和说明。给人感觉需求工程是鸡肋，因为用需求工程方法做的软件需求并未比原有方法做的软件有什么质的不同。本书对需求工程和软件工程之间的关系定位是"需求工程是圆心，客户业务是内核，软件工程是圆点"并对这一关系进行了相应的阐述。本书所讲的新一代软件需求工程是在继承当前的软件需求工程基础上引入需求规划这一概念，并且明确了需求规划是需求工程的核心。

（6）**观念问题**：软件需求分析的观念远远滞后于时代发展的问题。随着社会的进步和软件技术的不断发展，业务和信息的融合速度越来越快，所以当前任何一个软件系统都必须是开放、一体化的。而当前的软件需求观念还是以软件系统自身为中心，通过接口的形式来体现其开放性，而在一体化方面尚没有任何动作。本书提出在新形势下的软件需求分析工作是在面向"全系统、全业务、全信息"的，包括客户业务全局分析和信息系统的宏观设计的规划基础上展开的用户需求和系统需求分析，从而使基于这样的软件需求开发出的软件产品具备加以一体化的特性。

（7）**地位问题**：需求分析部门在组织中的地位问题。大部分IT企业或IT管理部门普遍存在"轻业务、重技术、轻需求、重编码"的现象，究其原因大家认为软件开发是技术驱动而非业务驱动，这种认知也直接导致需求分析工作在组织中的地位远远低于软件开发工作，在组织形态中也就没有固定的、独立的、与软件开发组织并列的需求分析组织。由于需求分析重视程度不够，从而导致软件项目或产品的质量低，直接造成了很多项目型软件企业在经营上步履维艰。作者在本书中依据软件需求工程理论结合多年来的管理经验站在IT企业角度给出了企业如何建立软件需求分析体系的办法。希望通过这个体系使IT企业由"重技术、轻业务"实现向"重技术、重业务"的转型，IT企业主动通过业务研究找到存在的问题然后利用手中的技术加以解决，通过技术实现客户的业务创新，这样可以使IT企业不仅成为客户的手，而且成为客户的脑。

## 本书的内容点：原理应用、组织保障

本书是按照原理、应用、组织、前沿这样一个顺序进行新一代软件需求工程的描述。原理部分的描述是由需求工程原理篇和需求工程知识篇两个部分构成，通过原理部分的内容读者可以了解到新一代软件需求工程有别于传统软件需求工程的构成、过程、特点、价值及知识，建议读者仔细阅读一下需求工程知识篇，将会对你未来从事其他工作时也有一定的帮助。应用部分的描述是由需求方法篇、需求规划篇、需求开发篇、需求管理篇4部分构成，其中方法篇是把规划、开发、管理中要用到的方法进行了集中描述，这样的布局主要是为了在规划、开发、管理描述时可以更专注于其应用过程的描述。组织部分描述了组织应如何建立需求分析体系。需求工程前沿篇主要介绍了需求工程领域的最新研究成果多视点需求工程。

如果读者说"简单点你告诉我，做一个高质量的软件需求我需要怎么做？"，那么笔者会告诉你直接从需求工程组织篇入手。因为在需求工程组织篇中，笔者站在一个需求分析部门的角度描述了一个由12个业务活动构成1个纵向需求业务流程和10个横向软件需求管理的管控流程组成的需求分析部门工作矩阵图。读者可以循着这1个纵向业务流程就可以做出一个高质量的软件需求，这时读者就会再回到原理部分、应用部分去寻找具体的做法。笔者在这里想提醒大家的是在一个信息化高度发达的当下，软件需求工作就像早期的软件开发工作已经过了个人"英雄主义"的年代，软件需求工作已由"作坊时代"走向"专业化分工"时代。说到底由需求规划的6个业务活动和需求开发的4个业务活动，再加上其他的辅助业务活动共计12个业务活动就是本书的软件需求过程的主框架。

新一代软件需求工程过程是由需求规划、需求开发的业务活动构成的业务过程和需求管理的管理活动的管理过程构成的。需求规划的业务活动特点是"业务定性定量定细节、系统定性定量定宏观"；需求开发的业务活动特点是"操作定性定量定细节、功能定性定量定细节、性能定性定量定细节、接口是定性定量定宏观"；需求管理的管理活动特点是"三控、五管、两协调"。

本书一共分为7篇、39章。

| 篇名 | 章名 | 内容简介 |
|---|---|---|
| 原理篇 | 第1章<br>对软件需求的反思 | 软件需求已经成为软件开发工作中的"阿喀琉斯之踵",要使软件需求做到完整、准确、清晰、变化可控等绝不是一个简单的事,需要重新定位软件需求并借助逻辑的方法才是解决之道 |
| | 第2章<br>重新解读软件需求 | 新一代软件需求强调软件需求分析工作是在一个全息的业务背景和一个信息系统的宏观设计的基础上展开的用户需求和系统需求分析 |
| | 第3章<br>软件需求工程概论 | 新一代软件需求工程是由需求规划、需求开发、需求管理三个部分构成,需求规划是传统软件需求工程所没有的 |
| | 第4章<br>软件需求的过程改进 | 需求工程的过程不是一成不变的,会随着新的理论、实践中的总结、软件开发技术、软件项目规模等要求需要对过程进行适应性改造 |
| | 第5章<br>软件需求的风险管理 | 把软件需求风险始终放在第一位,记住凡事预则立、不预则废。软件需求的风险就是让把软件需求中的关键点提取出来加以重点关注 |
| | 第6章<br>软件工程与需求工程 | "需求工程是圆心,客户业务是内核,软件工程是圆点"是需求工程和软件工程间关系的真实写照 |
| 知识篇 | 第7章<br>知识体系的构建方法 | 事物的知识是由知的知识和识的知识构成。识的知识是以知的知识为核心的 |
| | 第8章<br>需求工程的知识构成 | 需求工程的知识体系是由基础知识体系、专用知识体系、特有知识体系三个部分构成 |
| | 第9章<br>需求工程的基础知识 | 形式逻辑中演绎、推理、假设、论证等方法对于解决软件需求中"不完整、不准确、总在变、不一致"问题具有帮助 |
| | 第10章<br>需求工程的专有知识 | 需求工程的专有知识包括软件工程、软件体系架构和信息资源规划 |
| | 第11章<br>需求工程的特有知识 | 需求规划是新一代软件需求工程有别于传统的软件需求工程,需求规划就是想从"业务全局、系统全局、信息全局"的高度来做需求分析工作 |

续表

| 篇名 | 章名 | 内容简介 |
|---|---|---|
| 方法篇 | 第12章<br>需求工程的方法观 | 方法的使命就是要将问题的结构和规律展现出来 |
| | 第13章<br>分析计算方法 | 分析计算是需求规划方法与传统需求分析方法有本质区别的地方之一。分析计算包括系统支撑能力计算和业务发展能力计算 |
| | 第14章<br>结构化分析方法 | 结构化的分析（又称SA）方法是本书在需求规划中的业务建模、系统建模和体系建模所采用的方法 |
| | 第15章<br>面向对象分析方法 | 在需求分析中本书采用面向对象的分析方法作为用例分析和功能需求分析的方法 |
| | 第16章<br>需求统一模式方法 | 需求统一模式方法和软件设计模式的思想一样的，也是将大部分软件系统的需求进行归类描述的一种模式 |
| | 第17章<br>需求管理工具 | 借助需求管理工具可以做到文档与现实的一致、跟踪每个需求的状态、建立与软件开发活动的关系链等 |
| | 第18章<br>需求形式化描述方法 | 形式化需求规格说明（简称形式化规格说明）意味着用严格的数学知识和符号来构建系统的需求模型，使需求模型更加严密、无二义性和易于推理 |
| | 第19章<br>面向问题域的需求分析方法 | 面向问题域（PD）的需求分析方法是一种新的需求分析方法。与结构化需求分析方法和面向对象的需求分析方法相比，其需求建模风格明显不同 |
| 规划篇 | 第20章<br>需求规划的思路和过程 | 需求规划工作是面向"全业务、全信息、全系统"，采用分析综合、归纳演绎的逻辑方法整理出组织与对象的业务逻辑模型，在此业务的逻辑模型基础上进行系统的规划 |
| | 第21章<br>业务研究 | 业务研究就是借鉴科学研究方法通过资料研究、现场调研还原一个完整的、准确的、逻辑的业务面貌 |
| | 第22章<br>应用建模 | 应用建模的内容包括业务建模、系统建模、体系建模 |
| | 第23章<br>系统规划 | 系统规划是根据业务研究中组织结构、业务事项、业务数据的规模和用户对业务目标的期望，并结合应用建模的成果对支撑这种规模和应用所需的信息系统构成内容的一种规划 |
| | 第24章<br>分析计算 | 分析计算包括系统支撑能力计算和业务发展能力计算 |
| | 第25章<br>报告编制 | 需求规划报告不仅是需求开发工作的基础，也将是软件开发工作的指导性文件，还是下一次信息化建设的基础 |
| | 第26章<br>规划评审 | 规划评审是检查需求规划报告的一项工作，是对需求规划阶段工作成果一次完整性、准确性、合理性、规范性的检查 |

| 篇名 | 章名 | 内容简介 |
|---|---|---|
| 开发篇 | 第27章 需求开发的思路和过程 | 需求开发工作是"以技术为核心、以业务为辅助"作为指导思想，以要说清楚软件系统 "做什么"的软件需求规格说明为目标 |
| | 第28章 需求获取 | 这里的需求获取和传统需求工程中需求获取最大的不同，一是无须与客户进行面对面的交流来获取需求，二是只需将需求规划的工作成果作为需求获取的第一来源 |
| | 第29章 需求分析 | 需求分析工作分为分析和综合两部分工作。分析工作在于找出需求信息间内在的联系和可能的矛盾，而综合工作就是去掉这些矛盾来建立软件系统的功能、数据的逻辑模型 |
| | 第30章 需求编写 | 软件需求的规划说明是由业务需求、用户需求和系统需求构成。而这些需求都在过程文档中，如果将这些文档看做一粒粒珍珠的话，那我们需要一根线将其穿成一个珍珠项链，穿起珍珠的这根线就是软件需求规格说明 |
| | 第31章 需求验证 | 需求验证严格来说是检验软件需求规格说明，这是需求开发的最后一项活动，是对前期或阶段工作成果的一次完整的检查 |
| 管理篇 | 第32章 需求管理的思路 | 需求工程的需求业务活动由需求规划中的6个业务活动和需求开发的4个业务活动共计10项业务活动组成，构成了需求工程的业务主线。需求工程的需求管理活动的目标就是确保需求业务活动能够按进度要求、质量要求、成本要求生产出高质量的软件需求 |
| | 第33章 需求版本控制 | 软件需求基线是由各阶段需求业务活动的工作成果文档和文档内各部分内容的版本号的集成。软件需求基线工作的落实借助这些工作成果文档和文档内部分内容版本号来实现的 |
| | 第34章 管理变更请求 | 对于软件开发工作来说每一次需求变更不是在做加法，而是在做乘法，虽然乘数是1，但被乘数会因为需求变更的层次高低而放大。所以需求变更是一个非常严肃的工作 |
| | 第35章 需求跟踪能力 | 建立需求能力矩阵对于实际发生需求变更时可以通过该矩阵遍历出与变更需求相关的各个工作元素，而不至于陷入需求变更的困局中。需求能力矩阵除了可以轻松应对需求变更，而且还可以基于它建立一个需求工程全局管理视图 |
| 组织篇 | 第36章 建立需求分析体系 | "千夫所指人人相轻"这种不重视软件需求的观念体现在一个个软件项目只是表象，其症结在于长期以来 "轻业务、重技术"的理念已根深蒂固 |
| | 第37章 需求分析部门的组织结构 | "什么样的工作职能，将决定建立什么样的组织结构" |
| | 第38章 需求分析部门的管理工作 | 需求分析部门的管理思路是"抓两端、促中间、一条业务线、专业化分工" |
| | 第39章 需求分析部门的业务工作 | 需求分析部门的业务工作主要由需求业务和需求开发业务两部分组成 |

## 联系作者

作者的笔名是老庄，老子的老，庄子的庄，一直坚持软件是一门理论和实践相结合的学科，一直试图找出软件中本源的一些东西。如果您发现本书的问题或者询问技术问题，可以通过作者的微博和邮件进行交流。

微博地址：http://weibo.com/1933935374

邮件地址：jlyang38@163.com

## 致谢

在写这本书的过程中，有幸请到了开创我国软件工程技术研究和实践领域的前辈中国科学院杨芙清院士为本书作序，在此向杨老先生表示衷心的感谢。北京大学谢冰教授在百忙之中抽空通读了本书并对书中的一些观点和行文提出了宝贵的意见和建议，使我受益良多。

这本书能出版离不开博文视点的郭立、孙学瑛等领导和编辑们倾注的心血，正是他们不懈地努力才使得本书能与读者见面，在此诚心地说一句"谢谢你们"。

我还要感谢我的朋友张业青、普阳、刘广平等，是你们平时的交流和鼓励给了我创作的激情。

写作本书的工作量非常大，如果没有家庭长期以来的支持，我是不可能完成此书的。在此要感谢我的妻子王爱珍和我的父母杨功宜、赵建萍，感谢这么多年对我的鼓励和支持。还要感谢我的女儿王安迪，她一直都十分体谅我，尽量把自己各方面的事都处理好，使我能更加集中精力进行写作。

# 目 录

**1**

# 第1篇 原理篇

# 第1章
## 对软件需求的反思

思考是人类的一种天性，而反思是人类对过去认为正确的思考结果的一种质疑。在信息化高速发展的今天，软件产品的生产质量和开发速度远远无法满足人们对软件产品消费日益旺盛的需求，究其问题根源，实际上正是"千夫所指、人人相轻"的软件需求。在大多数人的眼中软件需求工作是一个简单的事，因为它远没有软件设计和开发的技术难度高，而正是这么一个简单的东西却成为软件开发的"阿喀琉斯之踵"，可以轻易把软件开发"击倒在地"。"不完整、不准确、不清晰、总变化"是大多数的软件项目失败原因的分析报告中最常见到的描述。奇怪的是，既然软件需求是一个简单的事，但为什么又做不好呢？

## 1.1 千夫所指皆需求

回顾21世纪的头10年，人们日益感受到信息化对整个社会带来的巨大影响。人们的工作、生活、学习等诸多方面越来越离不开计算机、网络和各种各样的软件。

无论是政府、企业等各类组织都充分认识到信息化的重要性，都把信息化手段作为一个实现跨越式发展的重要抓手。政府和企业为了推进组织的信息化建设，纷纷上马了一系列如硬件设备采购、网络系统建设、软件系统开发等项目，这些项目中被人诟病最多的当属软件项目。软件项目不成功的原因，经相关机构大量的研究调查，结果表明在不成功的软件产品开发中属于需求分析造成软件设计的错误和缺陷约占软件失败的64%，而属于程序代码的错误仅占软件失败的36%。数据表明，软件需求分析是提高软件质量的基础，也是决定一个软件项目成败的关键。

软件需求分析对于软件开发至关重要，但从时间、人力、物力、财力的投放上却显得不那么重要。表现在时间上是大量的软件开发项目中需求分析所花费的时间占整个软件开发项目时间不到10%；表现在人力资源投入上是很多时候从事需求分析的人员是搞不了软件开发的人员去搞需求分析；表现在整个开发组织上是软件开发组织对需求分析事前不重视，事后挑问题。这就必然会导致需求分析水平低，软件开发质量低，用户抱怨多的问题出现。

当下软件需求分析方法可谓汗牛充栋、各领风骚，但能真正使软件需求做到"完整、准确、清晰、变化可控"的又有几个呢？无论是SA分析方法、面向对象的分析方法及各种各样的工具都是想使软件需求做到"完整、准确、清晰、变化可控"的，但实际效果不如人愿。人们需要拿出勇气找到真正能解决软件需求"完整、准确、清晰、变化可控"的办法。

> 航标灯：对需求分析工作事前千夫所指是有益的，而事后千夫所指是无谓的。

思考是人类的一种天性，而反思是人类对过去认为正确的思考结果的一种质疑。反思是在过去继承上的一种否定，是需要很大的勇气的，但为了寻找通往未来的金钥匙以便人们走得更远更快，反思又是一件非常有价值的事。

软件需求问题不仅关系到软件项目开发的成功，也关系到我国软件业的发展，更关系到各行各业通过信息化实现创新这一长远目标的实现。解决软件需求问题已成为软件业刻不容缓的任务。

## 1.2 痛定思痛寻根源

> 航标灯："软件危机"的解决之道是软件工程，"需求危机"的解决之道是需求工程。

在软件工程的发展过程中，人们一直认为需求分析是整个软件工程活动中远比系统设计和开发编码要简单的工作，长期以来软件工程的重点放在系统设计和软件开发等领域的研究上。随着软件开发技术水平的提高，人们发现需求分析越发成为制约软件项目成功的一个短板。从20世纪90年代中后期，人们逐步认识到需求分析是整个软件开发过程中一个重要的、关键的业务活动，将需求分析从软件工程中分化出来，作为一个分支来加以认识和研究，就有了今天的软件需求工程这一领域。需求工程中将整个工程分为需求开发和需求管理两部分，其中需求分析是需求开发的其中一个环节，这无疑是有了重大进步，从此确立了需求开发与软件开发是同等重要的观念。需求工程是确保软件需求质量的，软件工程是确保软件开发质量的，一个软件项目要想成功，必须握有需求工程和软件工程这两把利剑在手。

> 航标灯：手握"软件工程"和"需求工程"两把利剑，才能确保软件项目的成功。

当前需求工程工作开展的情况如何呢？近年来大量的高校、研究机构、软件企业投入了大量的人力、物力、财力进行了卓有成效的研究和探索，也取得了一定的成果。比如在需求分析方法层面，其成果体现在结构化分析方法、面向对象方法、面向问题领域分析方法等；在需求分析工具层面，其成果体现在CASE工具、UML工具等。这些方法和工具为推动需求分析向系统化、科学化方面起到了至关重要的作用，其中UML工具将需求分析成果自动化转化成系统设计成果方面尤为突出，解决了长期困扰软件开发中需求分析和系统设计之间失真的问题。

大量的需求分析方法、工具在软件项目中的应用，取得了一定的成效，但问题依然存在，比如用例描述的完整性和准确性不够，开发出的软件依然不能满足客户要求，又比如项目的范围和目标的定义是在用例工作开始前需要先完成的工作，而UML工具并不支持对项目范围和目标的定义工作。

当前这些方法和工具主要定位基于软件需求分析成果面向后端的系统设计和代码的转化，如果软件需求分析是完整的、准确的，那么借助这些方法和工具确实能做到从需求分析到系统设计的不失真的转化。"垃圾进，垃圾出"这句经典名言是对当前需求工程的力图通过面向软件开发后端的方法和工具的研究和研制来解决软件项目存在问题未能取得成效的再合适不过的解读。所以当下需求工程的研究应该再进一步解放思想，树立"抓两端促中间"的指导思想，一端是向客户业务延伸，另一端是向系统设计延伸，而中间是需求工程本身，换一句话说，需求工程应该在继承原有需求工程成果的基础上将客户业务研究纳入到需求工程才是需求工程的全部。

> 🔖 **航标灯**：再好的方法和工具如果用在范围不确定和目标不清晰的地方是不会发挥其作用的，就像在一个没有石油的地方用再好的钻井工具也一样打不出石油。

　　反思就是要透过现象看本质，不仅要知其然还要知其所以然。"软件需求不完整、不准确、描术不清晰、总变化"是在大多数失败的软件项目的原因分析报告中常见到的描述。奇怪的是，人们认为软件需求工作是一个简单的事，但为什么就不能做好呢？这正是需要反思的地方，到底是因为简单没有重视导致软件需求这项工作没有做好，或是真要把软件需求做到完整、准确、清晰、变化可控等就根本不是一个简单的事，只是人们过于主观地把它认为是一个简单的事，就像在哥白尼没有说出"地球围着太阳转"时人们一直主观地认为"太阳围着地球转"是一个客观事实。

> 🌐 **提示**
>
> 　　人到不惑之年当听到有人说这件事很简单时，第一直觉是这件事就不简单。人们对做事的原则有个很经典的总结："复杂事情简单做，简单事情重复做，重复事情用心做。"

1）软件需求的核心

　　任何一个事物都会面临从哪里来、是什么、到哪里去这三大终极命题。从哪里来是事物的核心和基点，是什么是讲事物的构成问题，到哪里去是讲事物的价值问题，而从哪里来是讲事物的本源问题。

　　长期以来很多人一直认为软件需求规格说明是软件需求的核心，其实软件需求规格说明只是软件需求工作的目标而非软件需求的核心。软件需求分析从业务需求分析开始，在用户需求分析的基础上进行的功能需求分析和非功能需求分析，软件需求分析的工作成果是软件需求规格说明，软件需求规格说明主要是由功能需求分析和非功能需求构成，这说明了软件需求是什么。其实在说软件需求是什么的时候，已经点到了软件需求分析是从业务需求分析开始，也就是间接回答了软件需求是从哪里来的问题。然而在大部分教材和书籍中并没有将业务需求作为软件需求的核心，没有花大量的篇幅来分析业务需求，而是把软件需求的工作重点放在用户需求和软件需求规格说明上，这不能不说是犯了把目标作为核心这一逻辑概念上的错误。

> 航标灯：软件需求的核心是业务需求，而软件需求规格说明书是软件需求工作的目标。

业务是业务主体和业务对象基于物质、能量、信息交互过程中所形成的事项总和。业务需求是期望借助某种新的中介物来解决交互过程中出现的如效率不高、工作强度大、业务不规范等问题的要求。业务需求分析的工作就是将业务主体和业务对象间那些现实与期望存在差距的事项梳理出来，然后找出解决这些差距的措施来对现实事项进行改进，以满足期望。用户需求分析是对业务需求分析梳理出的需要改进的事项采用信息化手段作为改进措施以满足期望的一种分析。没有业务需求分析的用户需求分析只能是无源之水、无本之木，同理在一个不完整、不清晰、不准确的用户需求分析基础上所做的软件需求分析就像在沙滩上盖摩天大楼岂有不倒之理。

> 航标灯：如果说实践是检验真理的唯一标准，那么业务是检验软件的唯一标准，离开了业务的软件什么也不是。

2）完整性和准确性

用户不是神而是人，用户说的也不一定完整、准确，当用户说得不完整、不准确该如何解决。长期以来无论采用场景卡片、系统原型、用例图、用户需求文档哪一种方式来获取用户需求，目的就是让用户确认这是他想要的。如果用户说是，那么需求分析人员会想当然地认为这就是来自用户的完整准确需求，并且顺理成章在此基础上展开需求分析工作。

从表面看是合乎逻辑的，但实际上结果并不合乎逻辑，因为也许从用户那里获取的需求只是局部而不是整体、大部分准确而少部分不准确，比如用户的问题是什么？用户的目标是什么？用户的服务对象是什么？用户的技能水平是什么样的？用户所说事项的法理依据是什么？用户的操作频度是什么？用户的业务事项规律是什么？用户所描述的只是他所认识的，是否科学、是否合理、是否完整、是否准确是首先要质疑的。用户需要的是一个软件系统，用户所描述的是他在一个业务系统中的事，那么需求分析人员首先要知道系统的性质和规律，比如整体性、层次性，其次要知道形式逻辑的知识，如归纳、演绎和论证。因为系统论和形式逻辑是解决完整性和准确性的理论知识，所以需求分析人员要坚持用系统论和形式逻辑的科学方法来指导需求分析工作。实践证明用户只是提出问题的人，而对问题的深入研究是需求分析人员的重要工作之一，所以需求分析首先要从思想观念上转变过来，是需求分析人员根据用户提出的问题，在对用户业务资料和现场调研的基础上，用逻辑思维方法和系统科学方法对用户业务加以分析和研究，找出业务的内在要素、结构、关系，然后告诉用户业务的整体。

> 航标灯：形式逻辑的演绎方法可以用来解决需求的完整性问题，形式逻辑的论证方法可以用来解决需求的准确性问题。

3）需求变化的根源

需求变化一是需求增加和减少的变化，二是需求由原先的变成现在的。需求变化的发起方可以是客户也可以是开发组织。变化是比完整性和准确性还让软件项目相关人员无比纠结的事，变化会带来一系列文档、代码的变化，工作量也会随之增加。

找到需求变化的根源，才能很好地控制需求的变化，才能为需求变化预留充足的余量。按系统论的观点系统都具有开放性，系统通过与外部环境的物质、能量、信息的交换来保持自身的发展。对于客户而言，业务系统与哪个外部环境做交互呢？无疑是与客户业务所面对的服务对象。

> 航标灯：需求变化的根源是在于错把客户作为变化根源，岂知客户服务的对象才是变化的根源。

服务对象的诉求随社会环境的变化而变化，服务对象的变化必然带来客户业务的变化，客户业务的变化和服务对象业务的变化必然带来信息系统的变化。需求变化的源头在于客户业务所面对的服务对象的变化。传统的需求分析只将客户业务和软件系统作为研究对象，但为了解决需求变化的可控性，在本书的需求分析工作中要将客户业务、对象业务和软件系统同时作为研究对象。变化具有相对不变性，这个相对是具有一定时间性的，把这个时间设定为一个期限，那么在这个期限之内是相对不变的，这就是控制需求变化的法宝。

> **航标灯：** 形式逻辑中的假设方法某种程度上是应对变化的一种方法。

4）软件需求的描述方式

自然语言的语义二义性一直被认为是使得需求分析和软件开发人员造成认识不一致的根本原因。有许多研究机构和企业将其用为研究的方向，纷纷推出了形式化语言来做需求分析，如UML描述语言、基于代数的形式化描述、Z Nottation数学符号形式化描述及LOTOS形式化描述语言、VDM、Z方法和B方法等。这些形式化描述方式可以使需求验证和需求测试采用工具化进行工作成为现实。但这种描述方式在强调无二义性、逻辑严密性的同时，又带来了新的问题，那就是学习曲线太陡，理解和掌握起来比较困难，而且与客户及用户进行沟通、交流、确认就显得不那么现实了。需求分析成果不仅在软件开发的下一环节要用到，在软件的各个环节都要用到，而这些环节涉及不同知识背景的工作人员，所以应具有普遍可认知性。大量的需求分析报告选择自然语言正是它具有普遍可认知性，自然语言的语义二义性并不是导致软件开发失败的根本原因，其根本原因还是需求分析的指导思想、分析内容、分析出发点、分析粒度、分析方法等方面出了问题，自然语言的语义二义性可以通过表格、图形等方法加以补强，减少其二义性。

> **航标灯：** 无二义性是指编制软件需求的人想表达的意思和阅读软件需求的人理解的意思要一致，达到这一目标最好的方法是综合运用自然语言、原型、表格、图形、模式等方式。

5）再谈软件需求的完整性

到目前为止无论是高校、软件企业、软件从业人员大部分都还认为需求分析是为了实现软件开发而不得不去做的一件事，需求分析的目的还是如何通过软件技术做出软件系统，关注重心还是放在以技术为核心，从技术出发来关联业务，一句话还是认为需求分析是技术研究活动的一个延伸。从过去的方法和工具的出发点我们不难发现，这些方法和工具主要是围绕如何使整个软件开发过程更加系统化、科学化、自动化，而对需求分析的起点业务分析工作如何系统化、科学化、工具化的研究和探索不够。究其根源是在软件开发过程中还是将技术作为中心、作为指导思想，这就导致了在整个工作中人财物的投入都放在技术上。

> 🔺 **航标灯：软件需求是天平，业务和软件是这个天平上的两个砝码，要想平衡业务和技术就要进行整体思考。**

业务的现实已经活生生地摆在我们面前，我们理所当然地认为业务的问题是客户更该关心的，所以我们无须将重点放在业务的研究上，而这恰恰是需求分析出现问题的根源。笔者认为需求分析首先是业务研究、核心是业务研究，其次才是技术研究，技术研究是外、业务研究是内，技术研究应该围绕业务研究展开，只有在充分将业务研究透的情况下，展开技术研究。技术是支撑业务的，是满足业务需要的，对业务研究充分，技术才能发挥出效用，业务是缺失的，不完整的，技术再正确，其产出物也还是不完整的。科学和技术的发展史已证明，只有认识世界，才能改造世界，所以需求分析这一工作中一定要强调业务研究的第一性、首要性。

> 🔺 **航标灯：软件需求的完整性＝业务需求的完整性＋用户需求的完整性＋系统需求的完整性。**

业务系统是由物理世界人与人、人与物的交互行为构成的总体，软件系统是由信息世界的代码和物理世界的设备载体与人的信息交互构成的总体。软件需求是将两者统在一起的中介，软件需求分析工作就是要将业务系统的期望和软件系统的能力两者结合起来。

> 🔺 **航标灯：软件需求分析人员就如同媒人一样用逻辑的红绳将业务 "孔雀女" 和软件 "凤凰男" 撮合在一起成双成对。**

6）业务向系统的映射

业务可以向系统映射这个问题实际上已经被事实证明了，大量的软件产品的应用，就体现了我们业务的映射，只是业务和系统之间的映射是在需求分析阶段说清楚、讲明白，还是在软件系统开发过程中不断地沟通修正，不断地打补丁来补充完善的。业务到系统之间的映射RUP工具也给出了证明，只要给出用例（User Case）就可以得出系统的映射，这已经是一个很大的进步了，但还是存在大量的问题。一是映射得不完整、不深入，是部分映射，而不是全局的映射，只有功能和数据的映射，但对功能和数据的细节，还有域、业务活动、业务值没有做映射；二是这种映射还是要在对业务研究充分的基础上展开，而业务研究得不深入，有遗漏，即使再正确的工具，错误的输入也一定会有错误的输出，这又回到了上面的问题，要加强业务研究。我们一定要确信业务和系统之间是有映射关系的，在此基础上我们要加强对业务全局向系统映射的方法研究，同时建立起对业务研究的科学方法体系，确保业务研究的全面性。

> 航标灯：业务系统和软件系统是一体两面，是同一个抽象体在两个世界的投射。

7）软件需求的验证和测试

软件需求的验证工作的目的是保证需求分析成果的完整性和正确性，保证软件开发后的软件产品是用户所需要的。软件需求验证的工作的重要性是在于发现修复需求分析中存在的问题。软件需求验证的主要工作是自我验证、用户验证、系统验证、技术验证、专家验证，主要是以评审会方式来展开，收集各方意见来进行修正。需求验证存在的问题是还处于人工检测阶段、对验证工作重视程度不够。现在主要在验证的方法上存在问题，大量依赖于人工检测，而形式化方法需要做大量的转化工作，目前可实操性不高。我们想说的是在这种情况下，还有没有办法？我们认为是有的，即在验证内容上提出要求。一是在验证内容上重点对业务研究成果的验证，然后是对系统的验证，必须是在对业务研究成果验证的基础上展开；二是在需求分析上应对业务和系统功能进行量化分析，如对业务的发生频度、每笔业务的输入/输出数据流、系统的通信能力、请求响应能力。

对需求分析成果除了人工验证外，还应展开需求分析成果的测试。验证如果是全局的、整体性的一种依据各方人员知识和经验作为参照物的检查活动，那么测试则是有重点、有针对性的一种依据已知规则已知成果作为参照物的检查活动。测试的内容包括功能测试和性能测试，测试方法有人工方式和机器方式两种。人工方式通过编写系统功能测试用例，用测试用例对照需求分析成果进行检查，以便发现需求分析中存在的问题，这种测试只能做出功能正确性的测试。而机器测试是一种类似搭建原型的方式，但和人工方式不同的是，机器测试是在仿真系统上模拟一个运行环境来进行测试，不仅能测系统功能的逻辑正确性，而且还可以给出系统性能的有关参数。

> 航标灯：软件需求的验证是软件需求风险控制的一个手段，要慎用基于工程经验的验证方式。

# 1.3 重新定位是关键

业务和软件系统之间的共性是抽象后有相同的部分，业务不过是抽象在物理世界的具象，软件系统也不过是抽象在信息世界的具象。业务的抽象在物理世界的具象表现为人、纸张或话语、物品和行为，系统的抽象在信息世界的具象表现为进程、文件或数据库、类和函数。抽象是什么？面向什么抽象？抽象里面包含什么？抽象如何表述？这些问题正是本书自始至终想说明的东西。

> 航标灯：软件需求是在现实可见业务的抽象的基础上面向未来软件系统的再抽象，而软件系统只是将未来软件系统的再抽象在信息世界进行具象化的成果。

软件开发从哪里开始，在哪里结束？得到的答案大概都会是从需求分析开始，再依据需求分析验收后结束。需求从哪里来，需求到哪里去？得到的答案大概会是需求是从用户那里来，需求的成果将用在软件开发的后续活动中。再进一步追问用户的需求从哪里来，凭什么判断用户的需求是正确的？可能很多人都没有思考过，要么认为没有必要思考，要么认为这应该是用户思考的问题。大多数需求分析人员都会认为自己的职责只是将用户需求转化为软件需求而已。

大部分的软件项目开发都是按照图1-1所示的过程来运作的。从需求分析开始，经设计、编码、测试等多个步骤，再到需求分析处结束。很少有人怀疑过其正确性，因为书上是这样说的，老师是这样教的，实际工作也是这样做的。但现实却很残酷，大部分失败的软件项目，最终总结下来失败的原因都指向需求，而且每次失败原因都是重复过无数次的几句话"需求不清楚、需求不准确、需求不完整"。

图1-1所示的这个模型只是对瀑布式开发模型的一个首尾相接的画法。在这个圆环上无数的软件开发人员周而复始、日复一日、年复一年永远在循环着。在具体从事软件开发工作时，开发人员总是会陷于一种处理事情的怪圈中。在这个怪圈中人人都会本着"铁路警察各管一段"的思想去行事，人人都会重复着"我这段没问题，如果有问题是下一段的，即使真是我的问题，那是上一段出了问题才导致的"。

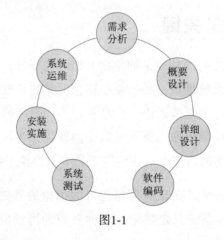

图1-1

在这个怪圈中需求分析人员最憋屈，因为他不能把问题再推给客户，如果能推给客户的话，那么最后就会变成一个永远扯不清的问题了。在这个开发圆环上所有的软件开发相关人员就像装在圆形笼子里的仓鼠不知疲倦地不停奔跑，直到精疲力尽，才不得不选择放弃。

怎样才能解决这些问题？如果软件开发过程像图1-1一样是个圆环，那么圆心在哪里？只有找到圆心，才能抓住圆环运动的关键，才能让圆环上的点围绕圆心做有规律的运动，并且是可控的运动。圆环上的所有点不过是圆心的某个部分属性在圆环上的投射，这是一个公理。圆心是所有圆环上的点的抽象汇聚，圆心是与所有圆环上的点都有关系的一个点。圆环上的点与点之间是互为输入和输出的关系，同时每个圆环上的点的运行又受圆心的约束。

小故事

　　在哥白尼提出"日心说"之前，人们一直认为"太阳是围着地球转的"。哥白尼在意大利留学期间，他非常认同他的老师天文学教授诺法拉对"地心说"的怀疑。在他老师的思想熏陶下，萌发了关于地球自转和地球及行星围绕太阳公转的见解。自此哥白尼每天坚持观测天象，30年如一日，终于取得了可靠的数据，提出了"日心说"。哥白尼在1506~1515年间已经写成"太阳中心学说"的提纲——《试论天体运行的假设》，可是《运行》一书却直到1543年他临终时才出版。哥白尼提出的日心说，推翻了长期以来居于宗教统治地位的地心说，实现了天文学的根本变革。

**启示：** "换个角度就会发现真相。"

　　**航标灯：软件需求既然是千夫所指，那就大胆点让软件需求成为整个软件开发活动的圆心。**

　　有这么多软件项目失败，而且失败的原因又大多归咎为需求。需求可谓是千夫所指，有人认为这是不好的，但笔者认为千夫所指是好事，说明它重要。事后千夫所指是无谓的，事中千夫所指是有益的。笔者依据圆心和圆点的关系模式做一个大胆的类推，将千夫所指的需求分析作为软件开发圆环上的圆心，那么软件开发活动的关系模型会如图1-2所示。

　　在图1-2中，需求分析还是第一环节的工作，但更为准确的说法是第一层次的工作，而概要设计等其他工作是第二层次的工作。第二层次的所有工作都与第一层次工作有关。需求分析完成后，就可以开始进行概要设计，概要设计完成后，详细设计的输入是概要设计的输出，而详细设计又要受需求分析的约束，其他环节均按此法运作。此法是上一环节成果是下一环节的输入，需求分析是下一环节的约束。通过图1-2可以看出需求分析应将概要设计、详细设计、软件编码等环节都作为自己的研究对象，所有与软件开发环节相关的约束信息是需求分析的文档中应包含的内容之一。

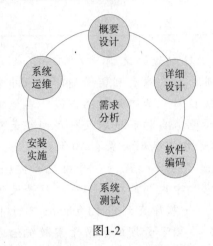

图1-2

上面的分析只是给出了需求分析在整个软件开发过程中的定位，与以往的瀑布式、迭代式等开发模式思想都不一样，是一种全新的软件开发模型，作者称其为星型环状开发模型。虽然将需求分析定位为软件开发活动的圆心，但还有一个问题没有解决，那就是在这样的软件开发模型下需求分析工作将如何展开呢？

航标灯：星型环状开发模型是以软件需求为核心的，软件开发各活动都是围绕软件需求分析来运动的。

本书所介绍的软件需求工程原理、知识和方法正是星型环状软件开发模式下的需求分析工作的系统性论述。为区别和传统的软件需求工程不同，本书的软件需求工程是指新一代软件需求工程。新一代软件需求工程分为需求规划、需求开发和需求管理3个部分。需求开发工作分为需求获取、需求分析（需求分析是需求开发工作的一个环节，上面所说的需求分析工作在本文中是需求开发工作）、需求编制、需求验证4个环节。按圆心和圆点的关系来类推，那么需求开发这个圆环上的圆心又是什么呢？依据第一环节一般就是圆心这一方法来推论，需求开发工作的圆心是需求获取，也就是客户业务的分析。再进一步追问客户业务分析的圆心是什么？在这里我们先给出答案，在后续章节中会

14

——分析。客户业务分析的圆心是客户业务的问题和目标，客户业务的圆点是组织、对象、事项、单证、报表等。图1-3是本书推荐的软件开发活动整体模型。

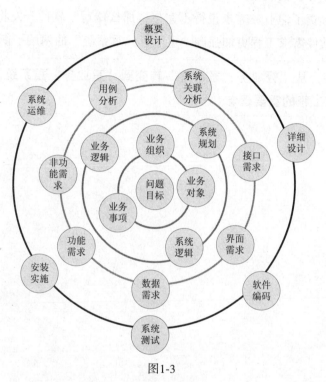

图1-3

上图中共有4个圆环，其中最里边的两个圆环是需求规划的工作内容，从内向外数的第三个圆环是需求开发工作，也就是传统意义上所说的需求分析工作，最外的一个圆环是软件开发工作。站在需求开发的角度来看，整个需求分析文档的内容应包含两个部分，对内应包括面向客户组织问题目标的业务需求；对外应包括面向具体操作的用户需求、面向软件全生命周期的系统需求。所以本书中完整的软件需求分析的文档中应包含业务需求、用户需求、系统需求，这三个需求就是软件需求分析工作的目标，而新一代软件需求工程正是实现这个目标所用到的过程、方法、工具的统称。

在传统的需求分析工作中总是不可避免地出现"轻业务、重系统"的现象，尤其做工具类、框架类的软件项目尤甚，而在管理信息系统的软件开发活动中还相对重视一些业务。尽管这样从事需求分析工作的人员还是普遍存在业务需求主要是客户方的工作职责的观念，而需求分析人员的主要工作职责是将用户描述的业务转换成用户需求和系统需求。如果假定客户方的业务人员没有尽责，或者尽责了但业务需求说得不完整，那么这对于软件开发将是致命的，所以新一代软件需求工程更加强调"重业务、重系统"的两端平衡的理念。

> 航标灯：从"轻业务、重系统"转变到"重业务、重系统"正是新一代软件需求工程的重要理念。

# 第2章

## 重新解读软件需求

在软件开发过程中，所有的风险承担者都会用到需求分析文档。这些风险承担者可以分为3类：一是客户，包括客户及其服务对象；二是用户，包括业务岗位人员及其他与系统操作相关的人员；三是开发人员，包括需求分析人员、开发人员、测试人员、项目经理、产品经理等。这三类人的需求分别是业务及信息化规划、用户需求和系统需求，这三个部分需求就构成了软件需求，换句话说软件需求是为了满足这三类人对需求的认知和理解而存在的。业务及信息化规划是说明客户业务"有什么"，用户需求是说明用户基于软件系统"怎么做"，系统需求是面向开发人员说明软件系统"做什么"和做的时候要注意"遵循什么"。

## 2.1 谁需求软件需求

需求分析工作的好坏将决定能否开发出高质量的产品、决定客户的满意度、决定开发者的成就感。因为需求分析奠定了软件开发各个工作的基础，所以能够生产高质量需求分析的工程化过程是需求分析改进的关键。

软件工程中的第一个环节是需求分析，软件需求是需求分析的成果物，所以当前说的软件需求是软件工程领域下的软件需求，是为了满足软件工程需要的软件需求，在此将其称为传统软件需求。而在本书中的软件需求是指作为需求工程和软件工程纽带的软件需求，它既要包含与需求工程下的各环节的相关内容，也要包含与软件工程下的各环节的相关内容，我们称其为新一代软件需求。新一代软件需求是在继承传统软件需求的基础上，又面向需求工程进行了扩展。本书中所说的软件需求没有特定指明是传统软件需求则均是指新一代软件需求。

新一代软件需求工程中的软件需求是由业务及信息化规划、用户需求和系统需求3个部分构成。业务及信息化规划是站在客户全局和技术顶层的角度来描述的，其描述内容包括客户有什么业务、业务事项具体是如何完成的、希望建设哪些信息系统来支撑业务目标实现的，信息系统应遵循什么样的原则去建设等内容；用户需求是站在系统操作者角度进行的描述，其描述内容包括用户基于假设已存在的系统用户如何借助系统哪些功能要素来完成业务事项的，完成过程中需要达到哪些指标等内容；系统需求是站在开发人员的角度来描述的，其描述内容包括用户借助的系统的功能要素是什么，在开发这些功能时需要注意些什么内容等。

## 2.2 软件需求的定义

给一个名词下一个定义，是一个逻辑性很强的事。需要对形式逻辑有一定的研究，而且对所要定义的概念所指向的实物有一定的实践经验。软件需求的成果物是一个软件需求规格说明文档，对于软件开发过程中所涉及的角色对软件需求的理解都会有所不同。客户所定义的需求对开发来说似乎是一个较高层次的软件产品的概念，而开发人员所说的需求对于用户来说又像是操作说明书。软件需求包含多个层次，它是一个整体的概念，不同层次的需求是从不同的角度在不同程度上反映着细节问题。

IEEE软件工程标准词汇表（1997年）中把传统软件需求定义为：

（1）用户解决问题或达到目标所需的条件或权能；

（2）系统或系统部件要满足合同、标准、规范或其他正式规定文档所需具有的条件或权能；

（3）一种反映上面（1）或（2）所描述的条件或权能的文档说明。

需求分析工作的成果是需求分析文档。IEEE公布的定义包括从用户角度（系统外部的请求行为），以及从开发者角度（一些内部特性）来阐述需求，即需求分析文档应包括用户的需求描述和开发者的需求描述。

Jones 1994年给出的定义是"用户所需要的并能触发一个程序或系统开发

工作的说明"。需求分析专家Alan Davis（1993）给出的定义是"从系统外部能发现系统所具有的满足于用户的特点、功能及属性等"。这些定义强调的是产品是什么样的，而并非产品是怎样设计和构造的。

Sawyer 1997年对需求的定义从用户需要进一步转移到系统特性，他认为"需求是指明必须实现什么规格说明。它描述了系统的行为、特性或属性，是在开发过程中对系统的约束"。

上述的定义无论是组织IEEE还是Jones、Sawyer等资深需求分析工作者给出的定义在表述方式上不尽相同，但又都指出了软件需求中应包括对用户需要的描述、系统功能、性能、约束的描述内容。但这种定义都是将传统软件需求作为软件开发工作中一个环节中的产物，有一定的历史局限。本书将上述的软件需求定义称为传统的软件需求定义，它是站在软件工程角度的一种定义。本书中所谈到的软件需求是站在需求工程角度的一种定义，我们称其为新一代软件需求定义。后续文中提到的软件需求均是指新一代软件需求。

软件工程和需求工程是既相对独立又相互关联的两个工程，其关系为软件工程是以需求工程为核心，需求工程的产物是软件需求，软件需求是连接需求工程和软件工程的纽带，对软件开发全过程有指导作用也有约束作用。其关系模型如图2-1所示。

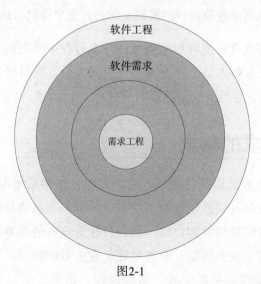

图2-1

新一代软件需求是在继承传统软件需求的基础上，又加入了新的内容，其定义如下：

（1）站在顶层和全局的角度从问题和目标开始全面细致地对业务进行分析和描述；

（2）在业务分析的基础上将信息系统的宏观设计也纳入到分析中，并描述出业务与信息系统的关系；

（3）用户解决问题或达到目标所需的条件或权能；

（4）系统或系统部件要满足合同、标准、规范或其他正式规定文档所需具有的条件或权能；

（5）一种反映上面4部分所描述的条件或权能的文档说明。

对比传统的软件需求的定义读者不难发现，新一代软件需求强调要站在顶层和全局的角度对业务进行全面细致的分析，将原本在软件开发过程中涉及的设计工作部分前移到软件需求中，由于这两点内容的加入，使得描述用户需求时有了一个全息的业务背景，描述系统功能和性能需求时有了一个宏观的系统抽象作为参照。

> 航标灯：新一代软件需求工程强调软件需求分析工作是在一个全息的业务背景和一个信息系统的宏观设计的基础上展开的用户需求和系统需求分析。

这样的软件需求真正能够照顾到软件开发过程中所有的风险承担者，包括客户、用户、需求分析人员、开发人员、测试人员、项目经理、产品经理等，将各方的关注和所达成的共识都在软件需求中进行描述。

## 2.3 软件需求的构成

软件需求由业务及信息化规划、用户需求分析和系统需求分析3个阶段的工作成果构成。业务及信息化规划工作由业务分析、系统分析等部分组成，业务分析反映的是组织机构或客户以问题和目标为核心的业务组织、业务域、业务过程、业务活动、业务规则、业务单证、业务量的物理世界的现状的不失真反映；系统分析反映的是系统域、系统过程、系统活动、系统规则、系统单证、系统数据、系统流程、系统架构，是对组织机构或客户要建系统和待建系统站在总体角度的一种系统的宏观设计。用户需求是站在假定系统已有的情况下，各类用户依托该系统所要履行的工作任务，这些内容会在用户需求规模说明书中加以说明；系统需求是站在软件设计、开发、测试、安装、运维人员角度定义出系统必须实现的满足各类约束条件的软件功能、性能、规则等内容，使得用户能完成工作任务，从而满足业务需求，如图2-2所示。

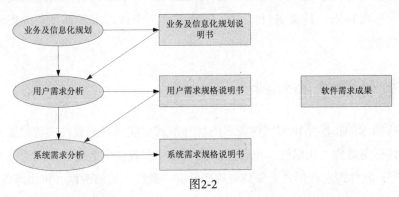

图2-2

业务及信息化规划说明的重点是站在组织角度依据客户的问题和目标来确定需求的范围和要达到的深度，范围包括业务组织、业务域、业务过程、业务活动、业务单证、业务数据、业务规则、业务流程等，而目标说的是关于时间的效率、空间上的覆盖程度、使用的简便性等。业务需求规划说明还包括系统分析和安全分析，是站在宏观角度对信息系统的期望描述，业务需求规划将指导软件开发的各个环节。用户需求的是业务需求范围的某个活动项将目标作为约束条件的一种深化，所以用户需求必须与业务需求一致。

> 航标灯：软件需求由业务及信息化规划、用户需求分析和系统需求分析3个阶段的工作成果构成。

用户需求规格说明重点是针对具体的角色其业务活动转成基于软件工具后的具体操作行为和视觉行为的说明，比如一个字处理程序，其业务需求是"用户能有效地纠正文档中的拼写错误"，而转化成用户需求时是"系统将拼写错的词以高亮的形式显示出来，同时在屏幕上弹出一个提供替换项列表来供用户选择替换拼错的词"。总之用户需求是充分借助计算机自身的屏幕、语音、鼠标、键盘等提供的一切工具，将用户利用这些工具并按照一定的活动时序来帮助用户更高效、更智能地完成工作任务。

系统需求规格说明书的重点部分是功能需求和非功能需求的描述，是基于用户需求规格说明书充分描述软件系统所具有的外部行为。系统需求规格说明书在设计、开发、测试、项目管理都起了相当重要的作用。但对于更为复杂的软件来说，功能需求说明只是这个软件系统的一个子集，其他的性能需求、接口需求、标准需求、约束条件需求、质量需求、测试需求等都是系统需求中不可缺省的部分。

# 2.4 软件需求的特性

软件需求的特性是说明软件需求内容和形式上应具有的属性。软件需求在内容上应具有完整性、正确性、可行性、第一性、前置性、必要性、无二义性、可验证性等；软件需求在形式上应具有规则性、一致性、可修改性、可跟踪性等。

## 2.4.1 内容上的特性

### 1. 完整性

每一个软件需求都必须将所要实现的功能描述清楚，以使开发人员获得设计和实现这些功能所需的定量的信息。完整性是量化的，每一个软件需求项目都应具有编号、类型、名称、数量、度量、时间、状态、程度、内容等属性。

 航标灯：软件需求的文档数量及其内容章节数量要具有完整性。

### 2. 正确性

软件需求中的每一项需求都必须准确地描述其开发的功能。对于不同规模的软件需求我们可以采用不同的方法来确保软件需求的正确性。（1）编写时所有的描述都是依据各类标准和规范的；（2）对于编写的内容需要进行检验的，检验方法有经验判断法、专家估值法、仿真运算法。

 航标灯：软件需求的每一项需求在逻辑上要具有正确性。

### 3. 第一性

业务分析的工作是软件需求的第一重要的工作。业务分析是以系统论为指导，分析业务的整体和部分的关系。通过对事项本身和事项组成的主体行为客体进行解构，分别研究主体、行为、客体和事项的关系，找出其规律，从而从整体上认识业务，即有全局的、又有部分的，才能真正认知业务的全局和细节。

 航标灯：业务分析是软件需求工作的基础。

### 4. 前置性

软件需求中将信息系统的体系架构设计、数据库设计、安全设计等设计工作中前移到软件需求中，当然这些设计工作是站在顶层和宏观的角度来做的，并不是取代软件开发过程中的设计工作，这种设计只是给出了设计用什么做的原则性描述，具体用什么做是系统设计过程中的工作。

 航标灯：将未来要建的信息系统无论大小都放在面向业务全局的系统宏观规划和设计中去考虑，这是避免信息孤岛、数据重复建设的关键。

小故事

**场景案例**：2009年去国家某部做调研，发现各个司都建有自己的信息管理系统，信息管理系统有100多个，每一个信息管理系统都有自己的机构管理和用户管理。基础支撑系统如数据库系统、中间件系统不仅有国产的多个品牌，而且国外的品牌也不统一。由于标准不统一、每一个信息系统都站在局域角度去建设，使该部的后期信息化发展面临严竣的挑战。这一局面正是由于缺少面向"全业务、全系统、全信息"的信息系统顶层设计和规划所导致的。

 提示

每个系统自身是完美的，但放在整体中却可能会成为一个短板。几十年的信息化建设经验告诉人们，做软件系统一定要做规划，同理需求分析也是应该要做规划的。

**航标灯：面向系统顶层的设计是为了保障后期开发的多个软件系统在总体上保持一致。**

### 5. 可行性

软件需求中的每一项需求都是要在已知系统和环境的权能和限制范围内可以实施的。为了避免不可行的需求，在获取需求过程中需要业务人员、用户代表、分析人员、设计人员和实现人员共同来检查其技术上的可行性和经济上的可行性。

### 6. 必要性

软件需求中的每一项需求都应把客户的真正所需要的和最终系统所需遵从的标准记录下来。必要性一个是来源于当前业务上是有明确说明的，有相应的规范规则要求，另一个是来源于客户对目标期望要达到的。不必要的需求不仅会带来成本上的提高，还会在产品完成后用不到，造成资源的一种浪费。

### 7. 等级性

软件需求中的每一项需求都应给出实施的权重以指明它在软件产品中的分量。如果需求都同样的重要，则会使我们抓不住重点，也不利于项目管理者在开发、调度中失去控制的自由度。

### 8. 无二义性

对需求说明中重复出现的名称上相同的词汇只能有一个明确统一的解释，由于自然语言极易导致二义性，所以尽量把每项需求用无二义的用户性语言来表述。

### 9. 可验证性

检查每项需求是否能通过设计测试用例或其他验证方法，如用演示、检测等来确定产品是否确实按需求实现了。

**航标灯：内容上的特性是需求规划工作中努力的目标。**

## 2.4.2 形式上的特性

### 1. 规则性

规则性是指软件需求内容应按照格式化文档进行填写。格式化可以避免需求分析文档编写的随意性，实现需求分析文档的统一性，同时也可以指引需求分析人员按格式化文档要求进行内容的组织。格式化可以节省需求分析人员之间的沟通成本，使大家在同一规范下工作。

> 航标灯："铁打的营盘流水的兵"，软件需求无论谁来做形式上是一样的，工作的规则是需要延续的。

### 2. 一致性

一致性是指多种格式化文档在一起时，必须做到：①同类型的格式化文档应采用一致性的版本；②同一个项目的某类格式化文档的版本要相同；③多个格式化文档中出现的相同词汇其含义也应具有一致性。

> 航标灯：一致性就是说一个需求和另一个需求、一个文档和另一个文档中不能存在同名不同意的矛盾。

### 3. 可修改性

对需求分析文档进行修改时应对每一需求变更进行历史记录。对于每项需求要独立标出，并与别的需求区别开来，做到无二义性。通过使用目录表、索引和相互参照列表方法使软件需求说明更容易修改。

### 4. 可跟踪性

应能在每项软件需求与它的根源、设计元素、源代码、测试用例间建立链接关系，这种可跟踪性要求每项需求以一种结构化的、粒度好的方式编写并单独标明，实现需求分析文档与软件开发各环节的关联。

> 航标灯：形式上的特性是需求管理工作努力的目标。

25

# 第3章
## 软件需求工程概论

　　新一代软件需求工程核心思想简单来说就是"需求工程是圆心，客户业务是内核，软件工程是圆点"。新一代软件需求工程核心思想大胆引入了系统顶层设计的思想，需求工程是面向业务全局的、系统顶层的、着眼未来的工程，是将客户业务作为内部研究对象、将软件工程全过程作为外部研究对象的工程。新一代软件需求工程由需求规划、需求开发、需求管理3个部分构成，其中需求规划是传统软件需求工程所没有的，也是新一代需求工程最大的一个创新点。

## 3.1 需求工程的新思路

　　随着互联网的不断发展、移动互联网的异军突起、智能终端的广泛普及，越来越多的人感受到信息系统给人们的生活、工作、学习带来的方便，使用各类信息系统的人群不断壮大，人们对信息系统的需求比以往任何时候都强烈。正是人群的不断扩大、需求的不断增长，软件系统呈两极发展：一极是向大型化、复杂化发展；另一极是向小型化、简便化发展，对于大型化复杂化的软件其开发成本越来越高，软件开发的风险也越来越大。如何化解软件开发的风险是摆在人们面前迫切需要解决的问题。软件开发的风险关键在于需求分析，这是从大量失败的软件项目中总结出的。

　　在以前的很长一段时间，人们并没有充分认识软件需求的作用，软件工程界也一直没有将需求工程作为一个独立部分进行深入的分析和研究。直到20世纪90年代中期，随着软件系统开发中出现的诸多问题，人们才逐渐认识到软件需求在整个软件开发中的重要性。通过一系列关于软件需求的重要学术会议进行了广泛的研究和讨论，由IEEE创办的专门研究软件需求的国际期刊

《Rrequirement Engineering》的出版发行标志着需求工程作为一门独立的子学科正式形成。

笔者分析了大量的需求工程的书籍和论文，认为存在以下几个问题。

（1）需求工程虽然是一门新的学科，但急需提出其核心思想和理论，以便于该学科能够真正成为一门实用的、有效的学科。

（2）需求工程和软件工程之间的关系界定没有质的变化，只是将需求分析从软件工程中剥离出来，将需求分析的分析工作和管理工作定义为需求工程。

（3）需求工程是由需求开发和需求管理两部分组成，但需求工程的核心是什么没有明确地界定。

为区别两个需求工程的不同，本书把过去的软件需求工程称为传统软件需求工程，而本书所指的软件需求工程如未指定是传统软件需求工程则都是指新一代软件需求工程，简称的需求工程如未特别指定也是指新一代软件需求工程。

需求工程是面向业务全局的、系统顶层的、着眼未来的工程，是将客户业务作为内部研究对象、将软件工程全过程作为外部研究对象的工程。这种思想具体体现为：

（1）将需求分析由局部到整体、自底向上的分析观转变为从整体到局部、自顶向下的分析观。

（2）将需求分析看成软件工程的圆心，需求分析工作是将软件开发各环节作为研究对象，需求分析内容应是由软件开发各环节所需的约束信息构成。

（3）将需求分析工作划分为需求规划、需求开发、需求管理3个工作域，需求规划是站在业务整体、系统整体的角度对未来建成的系统给出期望，将这种期望作为需求分析工作的约束和软件开发工作的约束。

按照这种理念，需求工程与软件工程的关系如图3-1所示。

需求工程是圆心，软件工程是圆点。需求工程的研究对象是软件工程的各环节，需求工程的研究内容是包括对软件工程的各环节的指导信息。需求工程是对未来要经软件工程建成的信息系统的一种宏观描述和要求。

> **航标灯：需求工程是圆心，客户业务是内核，软件工程是圆点。**

需求工程应由需求规划、需求开发和需求管理三个域构成。需求规划是需求工程的核心，需求开发和需求管理是需求规划在开发和管理上的映射。需求规划是由问题分析、目标分析、业务需求分析、系统需求分析几个部分构成，其中问题分析、目标分析是需求规划的核心。需求规划与需求开发和需求管理的关系模型如图3-2所示。

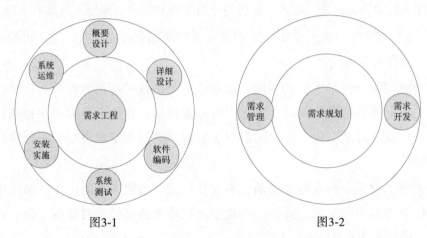

图3-1          图3-2

总而言之需求工程的理念是借鉴顶层设计思想的精髓坚持面向业务全局、系统全局、开发全局作为其理念；需求工程是软件工程的核心，需求工程的成果应能指导和约束软件工程的各环节；需求工程是以需求规划为核心，需求开发和需求管理是需求规划在开发和管理上的映射。

## 3.2 需求工程的定义

"工程"是科学的某种应用，通过这一应用，使自然界的物质和能源的特性能够通过各种结构、机器、产品、系统和过程，是以最短的时间和精而少的人力做出高效、可靠且对人类有用的东西。在现代社会中，"工程"一词有广义和狭义之分。就狭义而言，工程定义为"以某组设想的目标为依据，应用有关的科学知识和技术手段，通过一群人的有组织活动将某个（或某些）现有实体（自然的或人造的）转化为具有预期使用价值的人造产品过程"。就广义而言，工程则定义为由一群人为达到某种目的，在一个较长时间周期内进行协作活动的过程。工程简而言之就是为实现某个目标的组织、过程、方法、工具的集合。工程的目的是能够使过程得以重复、使经验得以传承、使成果质量得以保证。

传统的软件需求工程是指应用工程化的方法、技术和规格来进行需求规划、需求开发和需求管理的工作，其目标就是保障高质量的软件需求的生产。与软件工程中传统的需求分析概念相比，需求工程是将传统的需求分析工作进行工程化，将需求分析的活动变成系统化、条理化、可重复化、规则化的方法和技术，从而使所有与软件需求相关的活动及其过程变成可控的、可管理的，降低需求规划、需求开发、需求管理的难度和成本。

由于需求工程从概念提出到现在才不到20年，尚处在摸索的阶段，目前还没有一个得到普遍承认的精确定义。一些研究人员和组织从不同的角度提出了各不相同的一些定义。Davis A.M.把需求工程定义为"直到把软件分解为实际架构组建之前的所有活动"，即软件设计之前的一切活动都是需求工程中的活动。英国的Bray I.K.则认为需求工程是"对问题域及需求做调查研究和描述，设计满足那些需求的解系统的特性，并用文档加以说明"，这个定义说明了需求工程的几个关键活动是需求获取、需求分析和软件需求的编制。

> 航标灯：新一代软件需求工程是由需求规划、需求开发、需求管理3个部分构成，其中需求规划是传统软件需求工程所没有的。

新一代软件需求工程是由一系列与软件需求相关的活动组成的。需求工程是由需求规划活动、需求开发活动、需求管理活动组成的。需求工程的任务可概要表示如下：

（1）从客户所处的行业和领域的已有的法律法规、工作规章、工作总结、工作规划等入手，进行资料的收集和整理。

（2）通过对收集和整理的资料加以研究，与客户在问题的范围和目标的深度上达成共识，在此基础上站在宏观的角度进行包括业务分析、系统分析、安全分析等的需求规划。

（3）基于需求规划站在用户的角度进行用户需求分析，并在此基础上利用建模技术进行系统需求分析，同时确定系统的非功能需求和约束条件及限制。

（4）按照格式化文档的要求进行各类需求规划说明书的编写。

（5）根据需求工程的规模和重要性采用相应的评审方法对需求规格说明书进行评审。

（6）当需求发生变更时，对需求规格说明及需求变更等进行管理。

## 3.3 需求工程的特征

需求工程是人们通过对软件需求的活动进行不断的认识和深入研究而形成的由过程、工具、方法、技术等构成的一套体系，用于指导软件需求的活动目标是产生高质量的软件需求。需求工程要克服需求获取、需求分析、需求描述、需求验证、需求管理等方面的困难，解决这些困难的方法就体现了需求工程的特性。

### 1. 全局性

需求工程改变了以往传统软件工程中需求分析是从局部到整体，从底向上的方式，而是从整体到局部，从顶层到底层。

> 航标灯：业务分析是自顶向下，到每一个细节；系统规划上要给出未来所有信息系统须遵循的总体原则。

### 2. 主导性

（1）需求主导开发。需求工程是圆心、软件工程的各环节是圆点，需求工程面向系统的研究对象是软件工程的各环节，其成果包含了软件工程的各环节的指导信息，和以往的需求分析的目标只是为设计提供输入有了很大的不同。

（2）业务主导需求。需求工程面向业务的研究对象是客户或组织机构的问题目标、业务域、业务过程、业务活动等，而且将此作为需求分析工作的起始，突出了业务第一性的原则。

> 航标灯：需求主导开发、业务主导需求。

### 3. 主动性

需求工程采用主动对客户的业务做整体性的研究，解决了用户不清楚自己的需求、需求沟通交流和协商等问题，通过采用归纳法、演绎法等逻辑方法解决了需求的完整性和确定性的问题。将调研业务获取需求转变为研究业务讲解业务、佐证业务、获取需求，改变了需求获取和需求分析的被动性。

 **航标灯：主动自觉地研究客户的业务，成为客户业务方面的专家。**

### 4. 过程性

需求工程的业务是第一性的话，那么过程就是第二性。需求工程强调的是过程，通过过程使需求分析活动有序、使需求分析质量得到保障。需求工程的过程分为需求规划、需求开发两个阶段，其间通过需求管理来控制需求工程过程的进度、质量、成本、成果。

 **航标灯：工程化就是先划分出过程，然后让每一个过程方法化后再工具化。**

### 5. 规范性

需求工程采用一整套由各种格式化单证和文档来保证软件需求的相关活动的阶段成果的规范性和最终成果的规范性，对需求规划、用户需求、系统需求都有相应的模式文档和建模工具来确保规范。

### 6. 可验证性

需求规划是依据法律法规、规章制度、总结规划等进行分析提炼得出客户的业务构成，需求规划可以用这些已有的东西来验证；用户需求是依据需求规划中工作岗位、工作职责、存在问题、实现目标经细化得出的，所以用户需求可以用需求规划来验证；系统需求是依据用户需求、需求规划中的系统分析按照系统需求规范要求编制出来的，所以系统需求可以用用户需求和需求规划加以验证。由于我们找到了需求规划的可验证性，从而解决了后面各工作成果的验证性。

### 7. 多学科性

需求工程的工作过程涉及业务领域、软件开发领域、逻辑系统控制信息等方法论领域及项目管理领域，所以需要需求工程的参与者掌握多种学科的知识，尤其是逻辑领域的归纳和演绎知识。

> 🚩 **航标灯：业务领域知识、信息系统领域知识、逻辑和系统论等领域知识是需求工程的知识构成。**

## 3.4　需求工程的过程

需求工程采用工程化的方法进行与软件需求相关的活动，其目标是给出能满足客户业务需求的、满足开发者进行开发的一个清晰的、完整的、无二义性的、精确的软件需求规格说明系列文档。

需求工程是由需求规划、需求开发、需求管理等涉及软件需求分析的系列活动构成。一个完整的过程描述应包括要执行的活动、活动的组织和调度、每个活动的角色、活动的输入和输出、用于支持活动的工具等。在过程的实际执行中出现问题时，还需要对过程进行改进。

需求工程研究领域可以划分为需求规划、需求开发、需求管理3个部分，其构成如图3-3所示。

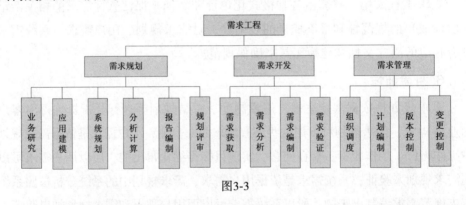

图3-3

（1）需求规划由业务研究、应用建模、系统规划、分析计算、报告编制、规划评审6个业务活动构成，其目标是编制出由问题分析、目标分析、业务分析、系统分析构成的业务及信息化规划说明，用于指导需求开发工作和软件工程各环节的工作。

（2）需求开发由需求获取、需求分析、需求编制、需求验证4个业务活动构成，其目标是编制出用户需求规格说明书和系统需求规格说明书，以便于开发人员清楚系统要做什么，应做什么。

（3）需求管理由计划编制、组织调度、版本控制、变更控制等业务活动构成，其目标是使需求规划、需求开发的业务活动能按进度、按质量、按成本进行有序的运转。

需求工程各领域间的业务活动构成已在上面进行了描述，这些业务活动的运行顺序就构成了需求工程的过程，需求工程过程如图3-4所示。

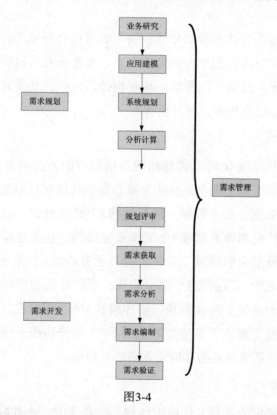

图3-4

> 航标灯：新一代软件需求工程由业务研究、应用建模、系统规划、需求获取、需求分析等10个业务活动构成。

需求工程的过程共由10个主要的业务活动环节构成。每个业务活动的主要任务如下：

### 1. 业务研究

业务资料是业务研究工作的第一手材料，是熟悉业务的宝贵资源。业务资料是业务单位长期以来经不断实践和总结形成的工作成果，能够反映业务单位的组织结构、业务职责、业务流程、业务规范等。业务资料采集方法包括网上采集、用户提供、现场调研3种方式。在业务研究工作相当长的一段时间需要不断查阅和使用业务资料，业务资料一般数量大、内容多，所以要对其进行分门别类整理，同时对资料内容进行主题词抽取，这样可以方便需求分析人员快速定位、查找。

业务研究是以业务体系和对象体系及两者与社会环境之间对照双方和社会对价值的共同期望提出问题作为研究的起点，业务研究的目的是要认识业务的要素、结构、层次、规律，以便给应用建模提供依据，其研究成果包括职能分析、问题分析、症结分析和目标分析等。

### 2. 应用建模

应用建模是用结构化的形式及功能数据归约的方法对业务研究成果进行研究，其核心是围绕着组成业务的两个核心要素功能和数据来分析的，其分析的成果是由业务系统、业务数据、体系结构3个部分组成。应用建模工作是由业务建模、系统建模和体系建模3个工作来完成的。业务建模包括职能模型和视图模型，职能模型由职能域、业务过程、业务活动3个部分构成，视图模型由视图表、视图元素、数据流3个部分构成；系统建模包括功能模型和数据模型，功能模型由子系统、功能模块、程序模块3个部分构成，数据模型由主题库、基本表、数据元素、子系统与数据关系4个部分构成；体系建模由模块与数据存取关系、子系统与数据存取关系两部分构成。

### 3. 系统规划

系统规划是根据业务研究中组织结构、业务事项、业务数据的规模和用户对业务目标的期望，并结合应用建模的成果对支撑这种规模和应用所需的所有信息构成成分的一种规划。系统规划由架构规划、网络规划、平台规划、应用规划、信息资源规划、终端规划、安全规划、协同规划、其他规划9个规划组成。

#### 4．分析计算

分析计算是将业务研究成果、应用建模成果、系统规划成果录入到仿真分析平台中，进行业务逻辑正确性分析、业务所需系统支撑能力、业务发展能力的计算，并给出数据结果，根据数据结果对上述3个环节的工作结果进行修正，同时该数据也是系统设计和系统测试时的参考数据。分析计算的数据包括系统支撑能力计算和业务发展能力计算两类数据。系统支撑能力的数据由通信传输能力、请求响应能力、会话处理能力、实体交易能力、科学计算能力、数据交易能力、数据存储能力7类组成。业务发展能力的数据由信息规范化程度、架构开放程度、知识结构化程度、信息资源开放程度、系统离散程度5类数据组成。

#### 5．报告编制

需求分析报告由职能分析、问题分析、症结分析、目标分析、业务逻辑分析、系统需求分析、信息安全分析7个部分组成。该报告将贯穿软件开发的所有后续环节，同时也是下一次信息化升级和重构的重要参考依据，可以被重复应用生成的业务成果和技术成果，其业务成果性体现在将报告中的业务流程梳理为可以作为业务单位的业务规范，报告中的业务数据梳理的成果可以作为业务单位的数据标准；其技术成果性体现在作为后续软件开发全过程的输入和工作结果的评判依据。

#### 6．规划评审

规划评审的主要工作是自我检查、用户检查、专家评审，主要是以评审会方式来展开，收集各方意见进行修正。

#### 7．需求获取

需求获取是需求开发的第一个主要的业务活动。由需求规划人员讲解问题分析、目标分析、业务分析、系统分析、安全分析的主要工作成果；需求分析人员仔细研读此规划；需求规划人员和需求分析人员共同交流，最终形成用户需求规格说明书的条目。

#### 8．需求分析

需求分析人员依据用户需求规格说明书的条目，按照用户需求规格说明书的模板各分项要求，参照用户需求规格说明书的范例，采用文字、流程图、表格等方式进行用户需求规格说明书的逐项分析，其间需与业务需求规划说明书的问题分析、目标分析、业务分析进行对照。

需求分析人员仔细研读初步编制的用户需求规格说明书，按照系统需求规格说明书的模板各分项要求，依据业务需求规划说明书系统分析和安全分析的内容，参照系统需求规格说明书的范例，采用文字、模式、模型、图、表等方式进行系统需求规格说明书的逐项分析。

### 9. 需求编制

基于需求分析的阶段各分项的工作成果，按照用户需求规格说明书、系统需求规格说明书的模板及范例，将其汇总到说明书及其相应的文档中。

### 10. 需求验证

根据软件需求规模大小采用工程经验、专家评估、集体审核中的一种或相结合的方式，对用户需求规格说明书及系统需求规格说明书逐项审核或抽检审核，形成审核意见表，需求分析人员根据意见再加入修正，直到完善。

需求管理的任务是依据工作计划，遵循工作流程，按照工作规范，协调内外资源，配合需求规划和需求分析人员完成软件系统的需求规格说明书及相应文档，在工作过程中评估需求变更带来的潜在影响及可能的成本费用，跟踪软件需求的状态，管理需求规格说明书的成本等。

需求工程过程中的各个业务活动总体上是按线性方式执行的，上下环节的输出是下一环节的输入，所以总体上是环环相扣，在管理上要求每一个环节都要做到完整性和无二义性。在实际的实施过程中通过需求管理工作对各环节的输入、处理、输出都要加强检查，如果发现有不符合规范的，就会回退到上一环节，让上一环节工作人员进行修正。对于需求工程而言，需求管理工作是贯穿始终的一个工作。

## 3.5  需求工程的角色

当软件项目失败时，总结其原因时大都是软件需求分析没做好，不完整、不清晰、有二义性。需求分析工作可谓是千夫所指，对需求分析工作不满的人员涉及在软件开发过程中所有的风险承担者，这些风险承担者包括客户、用户、需求分析人员、开发人员、测试人员、项目经理、产品经理。

人们的不满在软件开发工作开始时就注定了。在软件开发工作中需求分析是第一环节，需求分析工作的好坏将决定着项目的成败，这是人所共知的一个道理。然而在现实工作中许多软件项目又大多不重视需求分析，从需求分析投入的人员数量、人员素质和投入的时间上都可以体现出来。大多数项目更急着想进入设计和编码环节，因为多数人认为这是软件工程中最重要的部分，也最能体现个人价值的部分。"轻业务、重系统、轻需求、重编码"是当前软件开发工作中普遍存在的现象。

> 航标灯："轻业务、重系统、轻需求、重编码"是当前软件开发工作中普遍存在的思想倾向。

既然需求分析工作很重要，需求分析工作又和软件开发全过程的所有参与者相关，那么需求分析工作应该由哪些角色来承担，应该履行什么样的工作职责，需要产生什么样的成果，才能使所有参与者能够满意，是我们需要思考的问题。

（1）普适工程的工作模型：通过对普适工程的工作模型分析开始，找出一个成功的工程由哪些不可缺少的领域构成，这些领域的工作者就是确保工程成功的角色集，而且这些角色之间因为工作是什么样的关系也进一步明确了各方的工作边界和工作重点。

（2）传统需求分析中的角色：软件工程中的需求分析一般是由项目管理者、需求分析人员、客户和用户3类角色构成，但他们几者间是几对矛盾体，无法形成合力。

（3）需求工程工作中的角色：需求工程是由需求规划、需求开发、需求管理3个领域的工作活动按序构成的。需求规划工作中的角色由客户高层、业务人员和需求架构师构成；需求开发工作中的角色是由项目管理者、需求分析人员和需求架构师构成。

（4）需求架构师角色的必要性：需求架构师是一个新的概念，通过引入与软件体系架构师平级的需求架构师这一角色，在组织结构上让需求分析工作责权和系统开发工作责权平级，从而确立了需求分析工作在整个软件开发工作中的核心性和全局性地位。

本书通过对传统需求分析工作在角色上的分析，发现了组织上存在的问题，站在现代需求工作组织视角下对角色进行重新的界定，引入了需求架构师这一角色，不仅解决了组织上的问题，而且也带来了需求分析的工作理念和需求分析研究的对象的转变，目标是从根本上解决了传统需求分析被千夫所指这一长期存在的问题。

### 3.5.1 普适工程的工作模型

需求工程、软件工程、桥梁工程、基建工程都是普适工程中的特例，任何特例都是继承一般的特例，所以这些工程都会遵循普适工程的基本原理。普适工程由管理领域、技术领域和目标领域构成，管理领域注重的是规模、技术领域注重的是细节、目标领域注重的是方向。管理领域和技术领域的各阶段工作是目标领域各阶段目标在管理和技术两个领域的投射，在管理领域投射是目的，即对进度、规范、成本的要求，在技术领域投射是目的，即要做什么。

 **航标灯：技术务实、管理务虚、目标指路、方向牵引。**

普适工程的3个领域的关系模型如图3-5所示。

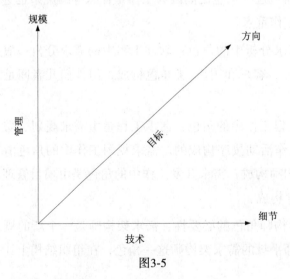

图3-5

目标领域对工程的影响深刻而又浅显，是必要条件，但又难以形成约束。要做到对整个工程管理活动和技术活动的实效性，我们发现所谓规模和细节，只是目标在两个领域中的投射，目以内容的形式投射到细节上，标以规则的形式投射到工程上。

 **航标灯**：技术关注的是细节，管理关注的是规模（即整体）。

**小故事**

1984年在东京国际马拉松邀请赛中，名不见经传的日本选手山田本一出人意外地夺得了世界冠军。当记者问他凭什么取得如此惊人的成绩时，他说："凭智慧战胜对手。"很多人认为这个偶然跑到前面的矮个子选手是在故弄玄虚。马拉松赛是体力和耐力的运动，只要身体素质好又有耐性就有望夺冠，说用智慧取胜确实有点勉强。

时隔两年之后的1986年，山田本一在意大利国际马拉松邀请赛上又获得了世界冠军。记者又请他谈经验，他依然说："凭智慧战胜对手。"人们开始对其所谓的智慧迷惑不解。

10年后在他的自传中人们终于找到了答案。他在自传中描述道："每次比赛之前，我都要乘车把比赛的线路仔细地看一遍，并把沿途比较醒目的标志画下来，比如第一个标志是银行；第二个标志是一棵大树；第三个标志是一座红房子……这样一直画到赛程的终点。比赛开始后，我就以百米的速度奋力地向第一个目标冲去，等到达第一个目标后，我又以同样的速度向第二个目标冲去。40多公里的赛程，就被我分解成这么几个小目标轻松地跑完了。起初，我并不懂这样的道理，我把我的目标定在40多公里外终点线上的那面旗帜上，结果我跑到十几公里时就疲惫不堪了，我被前面那段遥远的路程给吓倒了。"

**启示**：终点再远可以划分成N个小目标，每个小目标都力求做好，这样终点再远也可以轻松到达。

从下面的图3-6我们可以得到以下几个推论：

（1）目标在工程和实现上的投影正确并相互匹配时，项目能得到最佳推进；

（2）目标的设定影响到工程与实现的整体的代价、软小的目标是更易实现的；

（3）真实的方向与现阶段的目标通常是有一定的距离，其实现通常是以组织的倍增为代价的。

> **航标灯**：方向是多个目标构成的，目标的内容由技术工作来落实，目标的完成质量由管理工作来落实。

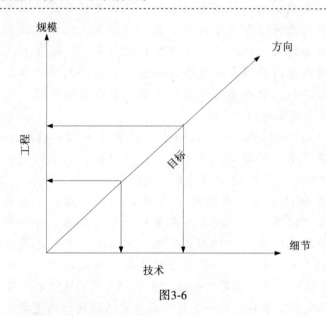

图3-6

## 3.5.2 传统需求分析中的角色

需求分析是一个涉及客户利益和软件企业利益的工作，客户需要的是一个实用、可用、好用的软件系统以满足自身业务发展的需要，客户总是想做加法；软件企业总是基于成本和利润的角度考虑使客户需求做到边界清晰、业务明确、成本可控、易于实现，以便后续开发能够是线性运行，企业总是想做减法。这一加一减是贯穿软件开发工作的主要矛盾。

> **航标灯：传统的软件需求分析工作中客户总是想做加法，而软件开发组织总是想做减法，一加一减是贯穿软件开发工作的主要矛盾。**

传统需求分析的组织模型，如图3-7所示。

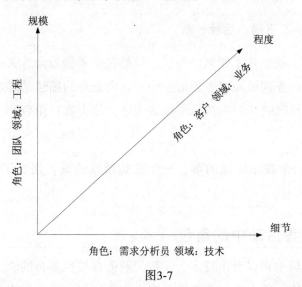

图3-7

在这个模型中包含3类角色，一是客户角色、二是分析角色、三是团队角色。客户角色是在业务领域，团队角色是在工程领域，分析角色是在技术领域。业务领域关注的是需求的契合程度，总是希望需求的描述能真实地反映现在并着眼于未来；技术领域关注的是实现细节，通过各种方法能将客户需求有效地表述清楚，追求这一实现过程的最优解；工程领域关注的是团队及其所对应的目标的规模，在多数情况下，团队角色期望控制这一规模以使目标、资源、质量可按照预期、整体地得到保障。

这三类角色所关注的领域不同、所采用的思维方式也不同，就会产生以下值得思考的问题：

客户角色对业务描述的系统性、逻辑性、准确性由于受到自身领域思维方式的制约有可能带来不系统、不准确，这就会使需求规模不受控、需求开发有偏差。

**航标灯：把完整性、准确性寄托在客户身上是一种推脱责任的表现。**

团队角色和分析角色的诉求不同，分析角色不关心工程问题只关注细节问题，团队角色只关注工程问题不关注细节问题。

**航标灯：分工不同，目标一致。**

客户角色由于缺乏技术领域的知识，只站在业务领域角度去描述业务，而分析角色没有对业务领域知识强烈的追求，认为业务的描述是客户角色的工作职责，只是根据自己的认知用技术手段去表述，使得客户角色和分析角色产生分歧。

**航标灯：一个在想做增的事，一个在想做减的事，别忘了大家在一条船上。**

### 3.5.3 需求工程活动中的角色

从上面的分析中可以看出技术、工程、业务都按照各自的轨道在运行，相互之间均存在分歧。原来我们寄希望于客户角色能充当这一个将技术和工程合二为一的角色，但由于客户方是想做加法，而团队和实现方想做减法，双方的出发点不同，所以想将其合二为一只是一个美好的愿望。

为了解决这一问题，我们需要引入一个新的领域，叫需求规划领域。需求规划领域的角色是需求架构师。需求规划工作既不关注需求开发的细节，也不关注需求管理的规模，它关注客户的业务，更关注软件工程涉及的全部环节，更关注客户方、项目管理者、需求分析人员等几方工作目标的达成。需求管理、需求开发、需求规划这些也只是各方角色关注的一隅，因为这几方还有更多要关注的内容。平衡几种分歧是我们需要在这里讨论需求方向的基本理由，需求规划是立足在工程组织的视角下，关注的则是一个方向问题。

引入规划领域的需求架构师角色，将客户角色移出，使需求架构师角色在包含其职能的前提条件下，更加有针对性地协调工程和技术这一对矛盾。使多对矛盾变成一对矛盾，使规划师角色既成为客户角色在业务领域的代言人，又成为工程领域和技术领域的协调人。客户角色将实现目标委托给需求架构师角色，需求架构师角色将目标分解委托给团队角色和分析角色。

 **航标灯：一切工作离开了组织建设都是空谈。**

我们将需求工程分为两个分项工程，一个是需求规划分项工程，一个是需求开发分项工程。下面我们讨论需求规划分项工程组织视角下的角色。

**1. 需求规划工作中的角色（见图3-8）**

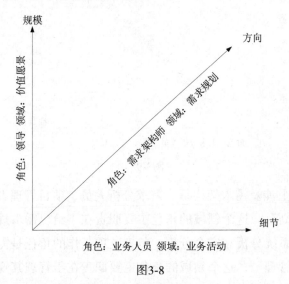

图3-8

在这个模型上涉及需求架构师、客户领导、业务人员3个角色。函数轴称为"需求规划"。这个领域的角色围绕未来的发展提出一个发展的愿景，主要职责在定位问题、提出目标、分析业务、分析系统、分析安全。负责这项工作的角色是需求架构师。纵向轴为"价值愿景"。

 **航标灯：业务人员重细节、客户高层重价值、需求架构师重方向。**

这个领域的角色主要围绕需求规划中的问题和目标在纵向投影展开的，主要职责在于提出对各个业务领域的目标，包括对人员、业务、经营、管控等领域。负责这个工作的角色是客户的高层人员。横向轴称为"业务活动"。这个领域中的角色主要围绕需求规划中业务活动目标在横向的投影展开的，主要职责是将业务所需清晰地描述出来。这个角色可能包括业务部门经理、业务骨干、普通业务人员。

**2. 需求开发工作中角色（见图3-9）**

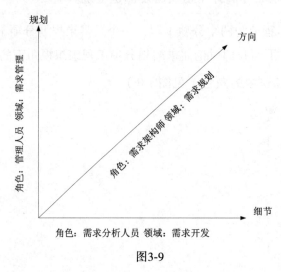

图3-9

在这个模型上涉及需求架构师、需求分析人员、项目管理者三个角色。函数轴为"需求规划"。这个领域的角色主要职责在于给出需求规划的描述，包括对业务分析、系统分析和安全分析。负责这项工作的角色是需求架构师；纵向轴称为"项目管理"，这个领域的角色主要职责在于管理其规范和规模，包括对团队组织、需求规划、项目质量、成本进度等进行控制和与客户及需求架构师的协调。负责这个工作角色是团队负责人、项目经理、产品经理、市场经理等。横向轴称为"需求开发"。这个领域中的角色主要职责是将需求规划中的业务和系统分析变成用户需求和系统需求。负责这项工作的角色是需求分析人员。

 **航标灯：需求规划指明方向、需求开发实现细节、需求管理把握目标。**

### 3.5.4 需求架构师的必要性

对于小型的软件项目而言，由于不涉及客户的总体战略，也不涉及软件企业的目标实现，其开发团队是由项目经理、技术经理、需求分析人员、客户业务人员、开发人员、测试人员等构成。其组织结构如图3-10所示。

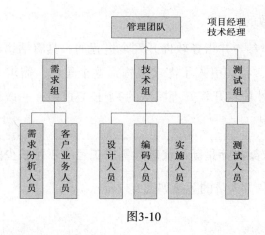

图3-10

由于小型的软件项目规模小，组织人员少，在项目经理、技术经理和需求分析人员、用户及其他人员共同配合下，不仅能够保证需求分析的工作质量而且也可以保证软件开发工作质量，从而基于此需求分析做的软件项目的失败风险相对较小。在上面的组织结构图中可以看到，需求分析人员在组织结构上有组织保障，在管理团队中没有需求分析管理者的身影，所以需求分析工作是没有相应的管理地位的。

随着社会的进步和信息技术的发展，当下无论是客户还是软件企业，规模都在持续扩大、技术也日益复杂，客户的要求也越来越高，软件项目的规模也越来越大，项目失败的风险也越来越高。在这种情况下如果我们依然是让客户业务人员、需求人员组成这样的需求分析团队只是单纯地完成需求分析工作，如果没有一个需求分析管理者成为项目管理组织中的一员，需求分析工作没有一定的话语权，那么全程参与项目和影响项目的方向，就只能成为一句空话，而且软件项目因为需求分析而导致的失败就不是一种偶然而是一种必然。

解决这一问题的方法往往是通过组织调整来达到目标的实现的。组织如何调整，是引入什么样的角色，承担什么样的工作职责，往往是企业经营者经常思考的问题。在前述的分析中我们不难发现我们缺失的是：

（1）一个将客户高层意志和业务岗位的具体人员诉求站在顶层角度进行转化的人员；

（2）能有效解决需求管理和需求开发在规模和细节平衡，从而使实施目

45

标、方向的设定一致的人员；

（3）能够全程参与并指导软件开发全过程的，具有话语权的人员。正是为了解决这一问题，我们引入了需求架构师这个角色。需求架构师、项目经理、技术经理是软件项目开发管理团队的3个核心成员，一改以往需求分析工作是从属地位的状况。

> 航标灯：需求架构师是新一代软件需求工程中不可缺少的角色。

需求架构师与各方人员的关系如图3-11所示。

图3-11

架构就是站在顶层，自顶向下，由整体到局部进行事项解决的一种方法。架构是指间架结构，间是数量的度量，架是层次的度量，结是联结件，构是需要结去连接的部件。架构的内容包含范围和连接的意思。以下我们所说的架构师，也即需求架构师。

> 航标灯：需求架构师要有方向感，要能在前行路上给大家以明确的路标指示。

需求架构师的工作目标如下。

（1）目标：需求架构师应围绕一个整体的各阶段的工作目标，以及将该目标在需求管理和需求开发上应分解成哪些工作事项作为自己的职责。这就能够将需求架构师与需求管理者和需求开发人员放在同一个系统中进行讨论。

（2）方向：需求架构师在方向上应与客户高层、软件企业领导保持一致，了解阶段目标与方向之间的关系，并通过架构产出来指导、推进和实施一系列工作确保方向的正确性。

（3）范围和连接件：架构的主要产出是需求的业务、系统、安全的范围和约束，对目标的关键构件之间的连接方式进行设定。并且还需要在实施过程中调适规划最初的约束和设定，平衡时间、成本、信息等因素带来的目标与方向上的震动。

# 3.6 需求工程的领域

需求工程研究领域可以划分为需求规划、需求开发、需求管理3个领域。每个领域都有自己的业务活动。从事这些业务活动就需要具有相应领域的知识、掌握该领域的方法、学会使用领域的工具和模板。下面我们分别对3个领域的主要业务活动进行说明。

## 3.6.1 需求规划

需求规划既要着眼于现实，又要面向未来。规划的成果不是对现实的写照，也不是对未来不切实际的展望，而是能够按照规划成果经过一段时间努力加以实现的且是适应未来变化的一个切实的方案。需求规划成果中包括形势分析、业务体系分析、对象体系分析、信息化体系分析等内容，因为需求规划中包括对组织、业务、信息系统的研究和分析，所以从事需求规划的人员需要具有形式逻辑、科学研究、体系架构设计、信息资源规划等知识。

> 航标灯：需求规划是顶层的和全局的、着眼现在和面向未来的工作、有业务分析也有信息系统规划的工作。

需求规划工作需要有一套方法论。科学研究的过程是由提出问题、文献调研、实际考察、科学观察、科学实验、科学假说、系统论证、理论建立构成，是一套严密的经过实践检验的方法论，所以我们借鉴科学研究方法并结合软件开发领域的特点，提出了由业务研究、应用建模、系统规划、分析计算、报告编制、需求验证组成的一套方法论。

> 航标灯：需求规划工作的要领是"业务定性定量定细节、系统定性定量定宏观"。

47

需求规划工作的要领是"业务定性定量定细节、系统定性定量定宏观"，也就是说业务从顶层到细节要做深入的分析，系统和安全只做到顶层的分析，其细节和实现在需求开发和系统设计等后续环节细化。

需求规划工作是在继承科学研究方法论的前提下，结合软件开发领域的特点，将业务体系、对象体系和信息化体系作为研究对象，采用科学研究、体系架构设计、信息资源规划的方法，最终编制出具有系统化、科学化、前瞻性的需求规划成果。需求规划的工作过程，如图3-12所示。

> 🚩 航标灯：需求规划工作由业务研究、应用建模、系统规划、分析计算、报告编制、规划评审6个业务活动组成。

一级过程由业务研究、应用建模、系统规划、分析计算、报告编制、规划评审6个环节组成，每个环节又由相应的二级过程来支撑。二级过程是用于支撑一级过程，形成分层结构。可以将各项工作逐层分解，便于分析人员的专业化分工。

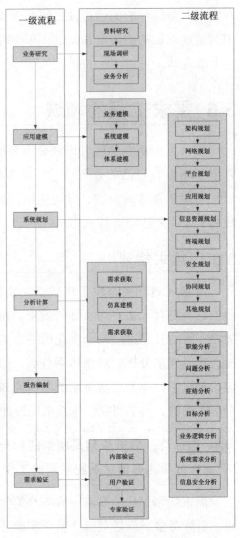

图3-12

## 1.业务研究

业务研究是以业务体系和对象体系及两者与社会环境之间对照双方和社会对价值的共同期望提出问题作为研究的起点，业务研究的目的是要认识业务的要素、结构、层次、规律，以便给应用建模提供依据，其研究成果包括职能分析、问题分析、症结分析和目标分析等。业务研究和传统需求分析是通过对工作人员工作情况介绍来描述业务的，而且还要研究清楚业务的来源、法律依据和理论依据。工作人员的工作情况只是法理依据的具体事例，是一种证明。业务研究是以组织结构为单位展开的，业务研究的最小粒度单元行为上到业务活动、资源上到业务单证。业务研究分为资料研究、现场调研和业务分析3个环节。资料研究是通过业务资料的形式化收集、逻辑化存贮后，对业务进行初步分析，划分出其组织结构、职能域、业务过程、业务活动、数据视图和数据流，提炼出当前存在的问题。现场调研是通过选择具有代表性的组织，在初步分析的基础上通过工作人员访谈、现场观摩后，达到对初步分析的结论做证明、对资料研究的错漏做补充、对实际人员的素质、技能、工作量等做了解。业务分析，是在资料研究和现场调研充分的情况下，进行进一步分析和综合，明确业务域的职能、问题、症结和目标。业务研究是整个需求规划过程的核心环节。

> 航标灯：业务研究不仅要说明业务"有什么"，还要说清楚业务"怎么做"。

### 2. 应用建模

应用建模是用结构化的形式及功能数据归约的方法对业务研究成果进行研究，其核心是围绕着组成业务的两个核心要素功能和数据来分析的，其分析的成果是由业务系统、业务数据、体系结构3个部分组成。应用建模工作是由业务建模、系统建模和体系建模3个部分工作来完成的。业务建模包括职能模型和视图模型，职能模型由职能域、业务过程、业务活动3个部分构成，视图模型由视图表、视图元素、数据流3个部分构成；系统建模包括功能模型和数据模型，功能模型由子系统、功能模块、程序模块3个部分构成，数据模型由主题库、基本表、数据元素、子系统与数据关系4个部分构成；体系建模由模块与数据存取关系、子系统与数据存取关系两部分构成。应用建模是业务领域往信息化领域的映射，是整个需求规划的关键环节，应用建模期间始终围绕业务与业务在信息化领域的外部表现关系的建立而进行的，在这时将信息化实现所需的其他要素如接口、终端等先不纳入到其中进行考虑。

> **航标灯：业务建模是要给出业务完整的逻辑视图，系统建模是要给出功能完整的逻辑视图。**

### 3. 系统规划

系统规划是根据业务研究中组织结构、业务事项、业务数据的规模和用户对业务目标的期望，并结合应用建模的成果对支撑这种规模和应用所需的所有信息构成成分的一种规划。系统规划由架构规划、网络规划、平台规划、应用规划、信息资源规划、终端规划、安全规划、协同规划、其他规划9个规划组成。架构规划是一种层次规划，是说明全系统各要素在层次上的分布及层间相互关系的。网络规划主要是对网络域的划分、网络域间关系、网络带宽、网络间关键节点等规划。平台规划主要是指应用系统所需的公共支撑软件和设备的规划，如操作系统、数据库系统、中间件系统、应用支撑系统等。应用规划直接将应用建模的子系统映射过来，构成应用系统规划。信息资源规划是根据信息资源的作用和信息资源的重要程度进行的信息资源域的划分、信息资源标准的制订、信息资源的利用方式等方面的规划。终端规划主要是指系统主机、系统终端和其他辅助设备的规划，在这里只给出这些终端设备在支撑业务时的主要参数，在分析计算后再做调整，具体型号的选择在系统设计时具体指定。安全规划是根据业务研究成果中功能的重要性、数据重要性、岗位重要性等几个关键指标按照安全相关标准进行的安全系统、安全设备的规划。协同规划中的协同强调的是任何一个系统都不是孤立存在的，在业务研究中会对相关职能部门间的协同关系给出明确描述，所以将针对这种协同关系进行规划，规划中将协同的信息要素和协同的方式作为重点规划内容。其他规划是指上述规划中所不包括部分的规划，可以根据业务研究的实际情况和特殊要求进行补充，如机房建设规划、非计算机设备规划（卫星设备、RFID设备等）。系统规划是系统设计的外部表现，是系统设计的对外总结，同时也是系统设计进行内容细化的一个框架，系统设计将在此基础上进行深化设计。系统规划是需求规划过程中的必要环节。

> **航标灯：系统规划是将未来要建所有信息系统作为整体，给出它们需要共同遵守的技术要求。**

### 4. 分析计算

传统的需求分析主要是采用专家估值法和需求评审法来对需求分析的功能分析和性能分析进行认定和审核，带有一定的主观性，很大程度要依赖于参与人员的技能、素质和责任心。分析计算是需求规划方法与传统需求分析方法有本质区别的地方之一。分析计算是将业务研究成果、应用建模成果、系统规划成果录入到仿真分析平台中，进行业务逻辑正确性分析、业务所需系统支撑能力、业务发展能力的计算，并给出数据结果，根据数据结果对上述三个环节的工作结果进行修正，同时该数据也是系统设计和系统测试时的参考数据。分析计算的数据包括系统支撑能力计算和业务发展能力计算两类数据。系统支撑能力的数据由通信传输能力、请求响应能力、会话处理能力、实体交易能力、科学计算能力、数据交易能力、数据存储能力7类数据组成。业务发展能力的数据由信息规范化程度、架构开放程度、知识结构化程度、信息资源开放程度、系统离散程度5类数据组成。分析计算是需求规划过程中的重要环节，该环节工作使需求规划工作可以实现定量计算，从而为软件开发的各项工作提供科学依据。

> 航标灯：只定性不定量分析依然没有到位，无定量后期的各种情况都是情有可原的。

### 5. 报告编制

报告编制是需求规划工作的其中一个环节，也是上述4个环节的成果汇总环节。需求规划报告由职能分析、问题分析、症结分析、目标分析、业务逻辑分析、系统需求分析、信息安全分析7个部分组成。该报告将贯穿软件开发的所有后续环节，同时也是下一次信息化升级和重构的重要参考依据，可以被重复应用的业务成果和技术成果，其业务成果性体现在将报告中的业务流程梳理为可以作为业务单位的业务规范，报告中的业务数据梳理的成果可以作为业务单位的数据标准；其技术成果性体现在作为后续软件开发全过程的输入和工作结果的评判依据。

### 6. 规划评审

规划评审的主要工作是自我检查、用户检查、专家评审，主要是以评审会方式来展开，收集各方意见来进行修正。规划评审是整个需求规划工作的最后一个环节。

## 3.6.2 需求开发领域

需求开发工作是一个关注细节的工作，是将需求规划作为输入、依据需求的模式要求、借助建模技术、图形技术、流程技术及其他技术将业务需求转化成面向用户的具体操作需求和面向开发者的系统开发需求。需求开发的工作成果包括用户需求和系统需求两部分。从事需求开发的人员需求具有形式逻辑、系统交互、软件开发等相关学科的知识。

需求开发工作的对象将业务工作模式转化成基于软件系统的工作模式，其工作特点是将业务活动变成基于系统操作的工作细节。经过多年实践，我们已摸索出一套经过实践检验是可行的需求开发方法，需求开发过程是由需求获取、需求分析、需求编制、需求验证构成。

> 航标灯：需求开发工作的要领是"操作定性定量定细节、功能定性定量定细节、性能定性定量定细节、接口定性定量定宏观"。

需求开发工作的要领是"操作定性定量定细节、功能定性定量定细节、性能定性定量定细节、接口定性定量定宏观"，也就是说用户操作、系统功能、系统性能从顶层到细节要做深入的分析，接口只做到顶层分析的，其细节和实现在系统设计等后续环节细化。需求开发的工作过程如图3-13所示。

### 1. 需求获取

需求获取目的就是让需求分析人员能全面了解业务、用户、功能的需求，由于增加了需求规划领域后，需求分析人员不再与客户和用户接触，只需要将业务需求规划说明书作为需求获取对象。需求分析人员首先要在对业务规划说明书的部分详细研读的基础上，然后将重点放在：（1）用户需求（使用实例）涉及的各部分的认知上；（2）在用户需求认知基础上进行功能需求认知；（3）在基于

图3-13

52

业务规划中的系统和安全分析获取非功能的需求。

> 🚩 **航标灯：需求获取的需求来源是需求规划工作成果，需求分析人员不再与用户进行直接交互。**

（1）问题和目标的认知：问题决定范围、目标决定深度，通过对需求规划中的问题和目标分析的研读，分析人员应能获取高层的产品业务目标。所有的使用实例和功能需求都将遵循从而达到业务需求。而且对问题和目标的研读就是让所有项目参与者对项目的范围和目标达成共识。

（2）组织和对象的认知：为避免出现疏忽某一用户群需求的情况，我们要对需求规划中的组织和对象分析进行研读，清晰组织的数量、组织中的岗位、组织与组织间的交互关系（物质、能量、信息的交互）、组织与对象间交互关系（物质、能量、信息的交互），在此基础上再细化每个岗位的工作的频率、工作的特性、优先等级或熟练程度。以表格的形式将每个组织、用户、对象的特点和任务状况梳理出来。

（3）业务全局细节的认知：组织和对象的认知使需求分析知道谁需要使用这个系统，而对业务全局细节的认知让我们知道现实中其业务是如何实现的。通过对需求规划中业务分析我们可以知道业务域、业务过程、业务活动、业务单证、业务数据、业务规则、业务标准，为用户需求中操作过程的细节提供了实现目标、内容细节和检验依据。

（4）系统和安全的认知：系统分析已初步给出了系统划分、功能模型、数据模型、体系模型和系统总体架构，安全分析给出了各系统、功能、数据、岗位的安全等级和密级，这两个分析为我们在系统的功能分析、性能分析提供了依据。

> 🚩 **航标灯：需求获取的工作成果中最重要的就是采用用例方式给出操作人员基于系统是怎样完成业务的。**

**2. 需求分析**

需求分析工作是对认知到的业务进行定义、归纳、关联、演绎、转化、论证，是站在软件开发所有的风险承担者的角度，将系统中与之有关的事项都加以明确说明，减少后续出现错误、缺失和不足的风险。需求分析人员力求按照软件需求必须具备的特性来实施此项工作。分析的目的在于开发出高质量和具体的需求，从而能够做出实用的项目估算，并依此能正确地开展设计、编码和测试等工作。

需求分析包括用户需求分析和系统需求分析两个领域的需求分析工作，用户需求分析工作重在用户的每项业务基于要建系统的具体操作过程的分析，系统需求分析是在用户需求分析的基础上进行功能需求分析，然后结合系统所需的其他要求进行性能、接口等分析。需求分析采用的工具是文字、表格、图形等。需求分析包括使用实例需求分析、系统基础需求分析、系统功能需求分析、信息资源需求分析、数据实体需求分析、系统性能需求分析、适应性需求分析、访问控制需求分析、商业模式需求分析9个部分。

（1）使用实例需求分析：使用用例是站在具体使用系统来履行业务工作职责的用户角度的一种描述，其来源是业务活动的描述，是基于业务活动又高于业务活动的一种构造工作。使用实例分析一般采用用例图和用例描述相结合的方式来分析。用例图由用户、行为、信息和关系连线构成，用例描述由用例名称、简要说明、用户角色、使用工具、操作过程、性能要求、前置条件、后置条件、优先等级、扩展要求等部分采用文字方式进行的描述。

（2）系统基础需求分析：系统基础分析包括系统定义、系统关系、系统接口、系统技术、系统标准等部分构成，是将系统作为一个黑盒，是对系统外部可见信息的一种描述，系统基础分析是借助模板、采用文字和关系图的形式加以描述。系统基础分析的模板是由名称、细节、适用性、讨论、内容、模板、实例、额外需求、开发考虑、测试考虑等部分构成。

（3）信息资源需求分析：信息资源分析是面向用户和客户的，信息资源的分析是对系统产生的数据的可感知的外观，用户可重复使用的时间等外部属性进行分析，体现出信息资源对于业务应用的价值。信息资源是基于业务规划中业务单证、业务数据、业务术语、数据标准的一种细化分析，对信息资源的分析可以对界面、数据实例形成约束，使系统更满足业务的需要。信息资源分析包括数据类型、数据单证、数据公式、数据寿命、数据算法等的分析。

（4）系统功能需求分析：系统功能分析是在系统定义的基础上，是基于使用实例分析，对使用实例进一步细化。系统功能分析由概述、角色、约束条件、界面、输入、处理、输出等部分构成，采用文字、表格、流程图等方式加以描述。

（5）数据实体需求分析：如果说信息资源是对数据面向用户可感知的外观和时间的外部属性的定性定量分析，那么数据实体分析就是面向开发人员和系统的，是对数据内部属性的分析，数据实体的分析是对数据实体构成、数据的信息编码、数据和系统功能的关系、数据的行为日志等部分的分析，分析的成果是采用文字、表格、流程图等方式展现的。

（6）系统性能需求分析：系统性能分析工作是基于需求规划目标分析、业务量分析、分析计算来展开的。系统性能分析包括响应时间、吞吐量、动态容量、静态容量和可用性等性能的分析。分析的成果是采用文字、表格、流程图等方式展现的。

（7）适应性需求分析：适应性分析工作是基于需求规划的目标分析、系统分析来展开的，适应性分析包括可伸缩、可扩展、多样性、多语言、安装性等部分的分析。分析的成果是采用文字、表格、流程图等方式展现的。

（8）访问控制需求分析：访问控制分析是我们所说的系统权限分析，对于一个软件系统它不是业务的直接诉求，但它是任何一个软件系统不可缺失的部分，访问控制的分析是基于需求规划的安全分析、系统分析来展开的。访问控制的分析包括用户注册、用户认证、用户授权、特定授权、可配置授权等部分的分析。分析的成果是采用文字、表格、流程图等方式展现的。

（9）商业模式需求分析：商业模式分析对于大多数软件是不需要的，但对于互联网类的应用软件是不可缺少的，比如SAAS、PAAS这些软件都是面向多组织的共用的、是要求向使用者收取费用的。商业模式分析是基于需求规划中的目标分析、系统分析展开的。商业模式分析包括多组织需求、收费需求等部分的分析。分析的成果是采用文字、表格、流程图等方式展现的。

航标灯：需求分析是采用图形、模式、模板方式对系统构成的要素进行归纳描述。

### 3. 需求编制

需求编制是将需求分析的工作成果按照统一的格式写成可视的文档。业务及信息系统需求写成业务及信息系统规划说明书。用户需求要用一种标准使用实例模板编写成文档，软件系统需求要采用需求模式的方式来编写，包含了系统、信息资源、功能、数据、性能、适用性等组成的文档。由于需求文档是作为一种软件开发过程中所有风险承担者所共用的文档，就必须采用统一的标准、统一的风格，并且易于使用者的理解，而且还要便于维护、跟踪。需求编制中的注意事项如下。

（1）采用SRS模板：为规范项目组织，我们要为所有的需求分析文档定义一种标准模板。该模板定义了记录各种需求及其相关重要信息的统一的结构。其目的并非是创建一种全新的模板，而是采用一种已有的且可满足项目需要并适合项目特点的模板。我们建议采用IEEE标准830—1998（IEEE1998）描述的SRS模板。

（2）标明需求的来源：为了让软件开发全过程的所有风险承担者清晰SRS中提供的各种需求我们都需标明每项需求的来源，以便对其内容进行追溯。来源可以是一个使用实例、一个客户要求、也可能是需求规划某个部分的要求、业务规范、政府法规标准或是别的外部来源。

（3）需求项要注上标号：制定一种规范为SRS中的每项需求提供一个独立的可识别的标号。这种规范应当是健全的，允许增加、删除和修改的。作为标识的需求使得需求能被跟踪，记录需求变更并为需求状态和变更活动建立度量。

（4）制定业务规范：业务规范是指对文档的操作原则，比如谁能在什么情况什么时间经谁允许进行对文档的相应行为。将这些编写成SRS的一个独立的业务规范文档。

（5）创建跟踪机制：建立一套机制把每项需求与实现、测试它的设计和代码部分关联起来，这样就可以形成纵向需求项的编号，横向是与需求项有关的行为的矩阵，这张矩阵表是预先建立的，后续软件开发各环节工作也都是基于此矩阵来展开的。

将需求分析的工作成果按照规范装进需求编制的笼子里，使其成为一个可受控的、可约束的，真正能起到基于需求分析来管理后续的软件开发工作，而不能将需求分析文档变成一个随性的、任意的、不严肃的文档，而使其成为软件开发各环节、各人员必须遵守的"法规性"文档。

> 🚩 **航标灯：需求编制就是将前期工作成果按照规则进行汇编，是一个应用的统一入口。**

### 4. 需求验证

需求验证和规划验证的作用是一样的，就是要确保需求说明具有准确的、完整的、无二义的、前后一致的质量特征。

当任何一个与需求分析工作相关的阅读需求规划说明书时，可能觉得需求是对的，但实现时又觉得会出现问题；当以需求说明为依据编写测试用例时，测试人员可能会发现说明中的二义性。而这些问题需要我们完善，因为需求分析成果将直接影响软件开发中的设计、编码和测试等工作，而且也会影响到最终系统的验收。所以需求验证工作是软件开发设计工作开始前最后一个重要的工作环节，做好需求验证工作是确保软件开发工作质量的最后一环。需求验证工作包括以下工作。

（1）制订验证标准：基于需求规划中的问题分析、目标分析、业务分析、系统分析、安全分析提炼出一个定性定量的验收标准，同时辅以SRS模板、需求模式和模型作为规格验收标准，用此验收标准来作为用户需求和系统需求文档的形式、内容正确性评判的依据。

（2）审查需求文档：对需求文档进行正式审查是保证软件质量的一个有效的办法。组织一个由分析人员、设计人员、客户、测试人员共同组成的小组，对SRS及需求分项进行形式、内容、前后性的详细检查。并给出审查意见，以便需求文档的有据修订。

（3）测试用例验证：根据用户需求所要求的产品特性写出黑盒功能测试

用例。

测试人员通过使用测试用例来确认是否达到期望的要求。还可以从测试用例来追溯功能需求以便验证功能需求中没有使用实例被忽视，且确保所有测试结果与测试用例在数量上和内容上是一致的。

（4）用户手册验证：在需求开发早期即可以编制一份用户手册，用它作为需求规则说明的参考并辅助需求分析。用户手册要用浅显易懂的语言描述出所有对用户可见的功能，用来验证需求文档。

### 3.6.3 需求管理领域

管理工作是一个务虚的工作，是对有关联双方的关系建立中介。以需求分析工作为例，需求分析的成果与软件开发各环节都相关，当需求分析变动将会引发软件开发各环节的变动，所以管理工作的目标就是尽力控制一方的变动，即使是变动也要将变动控制在可控的范围内，并及时将变动告知关联方。关联一端的管理工作叫对内管理工作，关联另一端的管理工作叫对外管理工作，所以管理工作是由内外管理工作两部分构成的。管理工作的工作内容一是要对被管理对象的行为状态、成果数量、成果质量进行检查和记录；二是将被管理对象告知相关的关联对象，同时对告知后响应行为状态进行检查和记录。

> 航标灯：需求管理工作的法宝是"三控、五管、两协调"。

需求管理工作的工作要点是"三控、五管、两协调"，"三控"是指对质量、成本和进度的控制，"五管"是指基线、版本、状态、变更、跟踪，"两协调"是指客户与需求组织的协调和开发组织与需求组织的协调。所以我们可以看出管理工作的要点说出了管理工作是管理的对象是两端，管理的内容是对象的状态、数量、质量。管理工作的模型如图3-14所示。

需求管理工作不仅贯穿于需求规划和需求开发的全过程，以确保需求文档根据计划、质量、成本的要求来完成，同样需求管理还和软件开发管理紧密相关，需求的变化将会影响软件开发全过程，所以需求管理对内是确保需求文档工作的完成，对外还要协调软件开发与需求分析的关系，尤其是需求分析的变化与软件开发关系的管理。

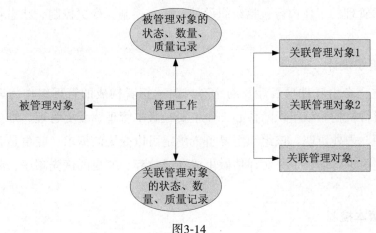

图3-14

需求管理的对内工作主要管理对象是需求规划和需求开发。按照计划经过需求规模和需求开发两个工作阶段后，需求工程所有的文档工作就初步完成。但需求文档的完成将不可避免地还会遇到需求的变更，有效地进行变更管理需要对变更带来的潜在影响及可能的成本费用进行评估，基于评估对需求文档进行维护，尽快使需求文档的工作成果能够实现对外发布，发布后的需求文档将进行状态的变更管理，同时还需对与需求变更相关的软件开发各环节进行是否基于变更的改进跟踪。

需求管理的对外工作主要是因为需求变更将会引发软件开发各环节的基于需求变更的变化，所以对需求进行相应的跟踪以确保变更已被软件开发各环节响应，其主要管理对象是需求变更的跟踪。这块工作由两部分组成：（1）需求变更控制组织与相关的风险承担者要进行协商，以确定哪些需求可以变更；（2）在对变更达成共识后，需求变更控制组织需要主动地对软件开发各环节如设计、编码、测试等阶段是否对需求变更进行响应的跟踪。

需求管理的工作需要建立一个配置管理机制，是有效进行需求管理的关键，许多开发组织使用版本控制工具将需求文档也类似于代码一样进行管理。

> 航标灯：需求管理的工作过程由版本控制、变更控制、状态管理、需求跟踪4部分组成。

需求管理的工作内容包括组织设计、版本控制、变更控制、状态管理、需求跟踪。

### 1. 组织设计

建立一个由软件项目涉及的所有风险承担者构成的管理组作为需求管理的责任履行机构。该组织的核心工作主要是版本管理、变更管理、维护管理、成果管理、内外协调。该组织主要负责确定可以变更的需求、变更是否在范围内、对变更进行估价、并对评估做出成立或放弃、变更的优先顺序、制定目标版本。

### 2. 版本控制

需求管理组首先要确定一个版本名称，并在需求规划工作和需求工作完成后确定一个需求基准，这是对一致性需求在某一时刻的快照，它是一个相对完整的一个需求。之后需求的变更就遵循变更控制过程来管理变更。每个版本的需求说明都必须独立说明，以避免将底稿和基准及新旧版本混淆。

### 3. 变更控制

设定一个由选择、分析、决策需求变更控制过程。任何涉及需求变更都需要经过程审核，可以采用问题跟踪管理工具来支撑该过程的执行。

需求分项变更经变更控制审核通过后，需要采用专门的工具来记录变更需求文档版本的日期和需求项变更的原因、时间、责任人、变更前内容、变更后内容，以便于变更内容的追溯。

> 航标灯：变更控制是需求管理的最重要的工作，说到底它是需求发生异常的应急管理工作。

### 4. 状态管理

当需求文档在完成过程中和完成后，需要建立一个基于数据库的管理系统，每一条记录为一个需求分项，对需求分项的属性内容变化做记录，其属性包括状态（已通过、已推荐、已实施、已验证、已废止）、时间（状态变化的时间）、版本等。当需求文档的各分项都为已通过时，则将该需求文档的版本变更为已发布的版本。

航标灯：软件需求工作总是在随着时间变化而在变化，对于变化的标识就是状态的命名，是需求管理工作落实的一种体现。

### 5. 需求跟踪

当某项需求分项变更时，依据需求分析关联的软件开发各环节如设计、编码和测试的矩阵，通知相应各环节的责任人进行变更，并记录这些开发环节变更的状态，确保需求分项变更被全局都知道并加以改正。需求分项变更的工作处理原则是"一处变更、多处知晓、分别变更、直到完整"。

航标灯：需求跟踪是保证需求在空间上自上而下、自下而上的一致性，在时间上从左至右、从右至左的一致性。

# 第4章

## 需求工程的过程改进

需求工程的过程不是一成不变的，会随着新的理论、实践中的不断总结、软件开发技术、软件项目规模、软件项目的进度和成本的要求需要对过程进行适应性改造。把理论方法付诸于实践是改进软件过程的核心所在。从根本上说改进过程就是使用更多有效的方法避免再使用那些令人头痛的方法。然而改进之路是从失败、错误开始，还要历经各种挫折。过程改进的内因是需求工程过程本身对高效性、完整性、正确性的追求，过程改进的外因是软件工程过程本身随着开发技术而改变所做的适应性改进。

## 4.1 需求过程改进的目标

需求工程的过程改进需要需求过程和软件开发过程协调统一起来，过程改进的研究对象模型如图4-1所示。

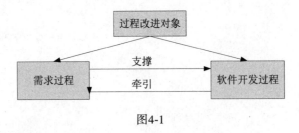

图4-1

过程改进的目标有3个：

（1）解决在以前项目或当前项目中遇到的问题；

（2）防止和避免可能在将来项目中遇到的问题；

（3）能够把软件需求的质量持续提高。

　　不能因为当前采用的方法有效，就觉得没必要做改进，就失去对过程持续改进的动力。我们要知道即使是成功的软件组织在面临大项目、不同客户群、时间进度要求紧或是全新的应用领域时也会力不从心。所以我们应该积极地探索、大胆地借鉴，找到一些更有价值和更有效的需求工程的方法将其加入到软件开发活动中来。

> 🔖 **航标灯：需求工程的过程不是一成不变的，会随着新的理论、实践中的总结、软件开发技术、软件项目规模等要求需要对过程进行适应性改造。**

　　本章主要从需求与软件开发主要过程和风险承担者的联系入手，分析了软件开发过程改进的一些基本概念并推荐了一种持续改进的方法。

**小故事**

> 　　一个替人割草的男孩打电话给陈太太说："您需不需要割草？"
> 　　陈太太回答说："不需要了，我已有了割草工。"
> 　　男孩又说："我会帮您拔掉花丛中的杂草。"
> 　　陈太太回答："我的割草工也做了。"
> 　　男孩又说："我会帮您把草与走道的四周割齐。"
> 　　陈太太说："我请的那人也已做了，我不需要新的割草工人。"
> 　　男孩便挂了电话，此时男孩的室友问他说："你不是就在陈太太那割草打工吗？为什么还要打这电话？"
> 　　男孩说："我只是想知道我做得有多好！"。
> 　　启示：持续改进把事情做到最好。

## 4.2　需求关联的业务活动

　　需求是软件项目成功的核心所在，它为软件开发过程中的许多业务活动和管理活动奠定了基础。变更你的需求规划、需求开发和需求管理方法将对软件项目的过程产生影响，同样软件项目的过程活动也将影响需求工程的过程。需求与软件开发过程的关系如图4-2所示。

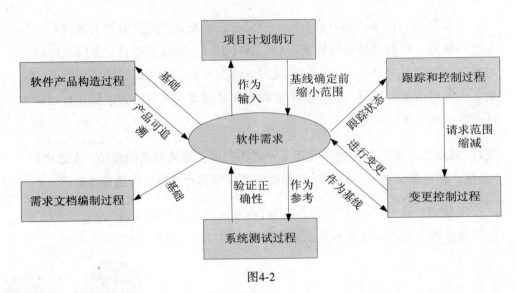

图4-2

（1）制订项目计划：需求是制订项目计划的基础。因为开发资源和进度安排的估计都要建立在对最终产品的真正的理解基础之上。通常项目计划指出所有希望的特性不可能在允许的资源和时间内完成，因此，需要缩小项目范围或采用版本计划对功能性进行选择。

（2）跟踪和控制：监控每项需求的状态，以便项目管理都能发现设计和验证是否达到预期的要求。如果没有达到管理者通常请求变更控制过程来进行范围缩减。

（3）变更控制：在需求编成文档并制定基线以后，所有接下来的变更都应通过确定的变更控制过程来进行。变更控制过程能确保变更的影响是可以接受的；受到变更影响的所有相关方都接到通知并达成共识；由合适的人员来做出接受变更的正式决定；资源按变更内容进行调整；操作需求文档是最新版本、是准确的最新文档。

（4）系统测试：用户需求和系统需求是系统测试的重要参考。如果未说明清楚产品在各种条件下的期望行为，系统测试者将很难做出正确的测试案例。反过来说，系统测试是一种可以验证计划中所列功能是否按预期要求实现的方法。同是也验证了用户业务是否能正确执行。

（5）编制用户手册文档：软件需求是编写用户手册文档的重要参考，低质量和拖延的软件需求会给编写用户文档带来极大的困难。

（6）软件产品构造：软件项目的主要产品是可交付的执行软件，而不是需求说明文档。但需求文档是所有设计、编码工作的基础。要根据功能要求来确定设计模块，而模块又作为编写代码的依据。采用设计评审的方法来确保设计正确反映所有的需求。而代码单元的测试能确定是否满足了设计规格说明和是否满足了相关的需求。跟踪每项需求与相应的设计和软件代码。

 **航标灯**：需求工程的过程改进需要关注对软件开发的活动的影响。

# 4.3　需求关联的相关人员

当软件需求的过程改进时，与软件项目相关的所有风险承担者交互的界面也会相应地发生变化。软件开发组织或机构与软件项目其他组织间的关系模型图如图4-3所示。

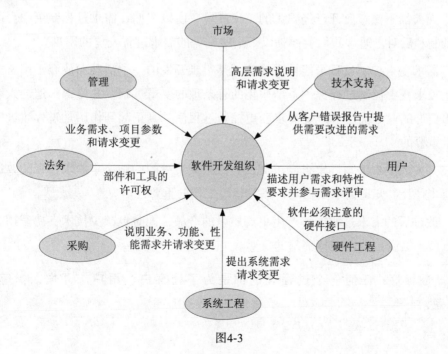

图4-3

65

图4-3描述了与软件开发组织相关职能部门的一些需求方面的工作职责，为了履行这些职责就需要与软件开发组织有相应的协作方式，这些协作方式对需求活动起着重要的作用。

协作方式是软件开发组织与相关各组织共同协商达成的，任何需求过程的改进必然会带来协作方式的变动，所以软件开发组织要向相关组织说明改进后的过程为软件产品带来的价值。向相关职能部门的人员说明软件开发将会从这些职能部门获取哪些信息和帮助，有助于成功开发正确的软件产品。在开发过程中要按照事先约定的协作方式进行协同，如系统需求规格说明书或市场需求文档。通常重要项目的文档从编制者的角度是严格规划的，但往往不能给客户提供他们真正所需的信息。

另一方面开发组织还要关注应该提供给协作组织所需要的信息，以方便他们的工作。需求状态报告能使管理者清楚当前项目的进展情况，努力在开发组织和需求过程相关的其他风险承担者之间建立协作关系以便所有人都能更加有效地促进项目完成。

人人都不愿意离开已经熟悉的工作环境，所以我们在需求过程变更中会面临抵制和反对。通常我们会面临以下一些常见的需求过程变更的困难。

需求变更控制过程可能被看成变更是很难开发的一个活动而放弃不用。实际上需求变更控制过程提供了结构化的有条理的变更过程，并使得知道的人能做出更好的业务决定。改变需求变更控制过程使其真正起到作用是过程改进中非常重要的。

开发人员把编写和审查需求文档看做是浪费时间的做法。需求过程的改进者有责任让其知道需求文档对于编写代码工作的重要性。

改进后的需求过程能够产生更高质量的产品，同时也减少技术支持费用，那么就不会受到技术支持部门的反对。

> 航标灯：任何一个过程改进都是为了让客户、用户、开发人员等满意。

## 4.4 需求过程的改进原则

需求过程的改进目的是高效、高质地产生能够指导和约束软件开发的软件需求。改进需求过程的原则如下。

（1）改进过程应该是革命性、彻底的、连续的、反复的：不要期望一次就能改进全部的过程，并且要能接受第一次尝试变更时，可能并没做好每一件事。不要奢求完美，要从某一些过程的某些方法改进入手。当有了一定的经验后，再逐步调整方法。

（2）组织机构只有在他们获得激励或痛苦时，才有过程改进的动力。我们要将软件项目中那些引起大家痛苦的事项提炼出来和大家回味，从而对软件过程改进产生强烈的愿望。

（3）过程变更是面向目标的，在开始运用某种新的过程时，要先确定变更的目标。我们是想减少需求问题引发返工的工作量问题，还是要更好地控制需求变更，或者是想确保软件需求的完整性，一份明确的需求过程改进的蓝图将有助于在改进过程活动中取得成功。

（4）将改进活动以项目方式来运作。把每个改进行为看做一个项目，把改进所需的资源和任务纳入项目的计划中，并对项目计划和成果进行跟踪，从而获得改进后的实际效果。

> 航标灯：把需求工程的过程看成一项体育运动的话，"更高、更快、更强"也正是过程改进的目标。

## 4.5 需求过程改进的过程

需求过程改进的过程如图4-4所示。

需求过程改进的过程由评估当前过程和方法、制订过程改进计划、实施过程改进计划、评估过程改进结果4个业务活动组成。

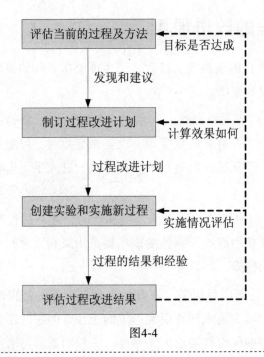

图4-4

> 🚩 **航标灯**：需求过程改进的过程由评估当前过程和方法、制订过程改进计划、实施过程改进计划、评估过程改进结果4个业务活动组成。

## 4.5.1  当前过程的评估

评估当前所采用的需求过程，找出其优势和缺陷所在。评估时可以采用不同的方法，一是专家评估法，二是采用问卷方式采集需求的所有风险承担者对当前过程的评价。

专家评估过程中专家除检查需求活动本身之外，更需检查软件开发和管理过程，通过对比分析找出软件需求工作中的不足。专家评估方法是在已建立的过程改进框架工作为基础，即软件功能成熟度模型（CMM），通过采集内容对照CMM模型进行评估。

我们可以利用《需求过程改进评估问卷》来评估当前的需求工程。《需求过程改进评估问卷》如下。

## 需求过程改进评估问卷

答题事项：请在每题的空格出给出abcd中4个选项中的1个，只能单选。4个选择项的计分方式，
a:0分；b:1分；c:3分；d:4分。

姓名：　　　　　　　　　　　　　　　　　　职务：

1. 项目范围是如何确定、交流和使用的？［　］
   a. 设计产品的人凭想象与开发组织进行交流
   b. 有书面的项目范围描述
   c. 使用标准的项目任务和范围文档模板编写，所有项目成员都能访问这个文档
   d. 评估所有建议的特性和需求变更，确定它们是否与文档中的任务和范围相符

2. 客户如何与确定的和表征的产品进行交流？［　］
   a. 不能确定谁是客户
   b. 销售也许知道谁是客户
   c. 通过管理从销售调查和从现有客户基础上确定目标客户
   d. 销售、管理和关键客户代表不同的用户类别，软件需求规格说明概括了他们的特征

3. 如何得到用户需求的输入？［　］
   a. 开发人员已经知道需要建设什么
   b. 销售能提供用户的观点
   c. 调查或访问典型用户的中心小组成员
   d. 明确代表不同用户类别的个人参与项目，并约定其责任与权利

4. 如何培训你的需求分析员，他们是否富有经验？［　］
   a. 他们没有经验，未接受特殊的开发需求培训
   b. 分析员只受过短期需求培训，以前具有和用户交互的经验
   c. 他们经过短期培训，在采纳技术和主持小组会议方面具有丰富的经验
   d. 有专业或系统分析员，在与用户合作方面具有广泛经验，同时理解应用领域和软件开发
      过程

5. 如何将系统需求分解到产品的软件部分？［　］
   a. 软件是用来弥补硬件的不足
   b. 软件与硬件工程师讨论哪个子系统应该实现什么功能
   c. 系统工程师分析系统需求并将其中一些部分分解给软件
   d. 系统需求的一部分分解给软件子系统并跟踪明确的软件需求。清楚地定义子系统界面并文
      档化

6. 用什么方法分析客户的问题？［　］
   a. 开发者凭借智慧对客户的问题有深入认识
   b. 通过询问用户想要什么并加以记录以便在未来实现
   c. 与用户讨论业务需求和当前系统，然后写成软件需求规格说明
   d. 通过规划方法对用户的组织对象、业务域、业务流程、业务单证、业务数据、业务规则进
      行详细分析，并清楚用户希望系统完成的功能，而规划要描述对哪些系统功能实现自
      动化

7. 用什么方法来确定已确定的软件需求？［　］
   a. 从一个大致的理解就开始编写代码，并修改代码直到完成
   b. 管理和销售提供了一个产品概念，开发者制定需求。直到销售来确定开发是否缺失，有时
      销售也负责向开发者报告产品需求的变更
   c. 销售或客户代表告诉开发者具有什么样的功能和特性
   d. 为产品与不同用户类别的代表进行有组织的会见或专题讨论，通过使用实例来理解用户活
      动，然后从实例中得到功能需求

8. 如何将软件需求写成文档？［　］
   a. 通过口头的记录、交流的邮件、会见记录和会议记录进行编写
   b. 编写非结构化的叙述性的文本文档，或者画出结构化的或面向对象的分析模型
   c. 结合一些用标准概念表示的图形分析模型，在与标准软件需求规格说明模板一致的基础
      上，用结构化的自然语言书写需求
   d. 将需求存储在一个数据库或商业需求管理工具中，将分析模型存储在CASE工具中

9.如何获取非功能性需求，如软件质量属性，并将它们编写成文档？〔 〕
　　a.什么是软件质量属性
　　b.通过用户界面的beta测试来得到用户喜欢什么的反馈
　　c.将某些属性，如操作和安全需求，编写成文档
　　d.通过用户交谈来确定产品的重要质量属性，然后将它们在软件需求规格说明中记录下来

10.如何标记单个需求？〔 〕
　　a.采用叙述性文本段落记录需求
　　b.采用加重号和数字的列表
　　c.采用层次数字方案，如7.6.1.2
　　d.每个单独的需求都有独立的、有意义的标记，它不会随其他需求的变化而遭到破坏

11.如何建立单个特征或需求的优先级？〔 〕
　　a.都很重要
　　b.用户告诉哪些需求对他们最重要
　　c.根据客户意见进行高、中、低的优先级定义
　　d.使用分析方法来评估每一个使用实例、特征或功能需求相联系的价值、代价和风险

12.采用什么技术来作为局部解决方法，并验证对问题的相互理解是否一致？〔 〕
　　a.没有任何技术，只管开发系统
　　b.开发一些简单的原型获取用户需求的手段
　　c.开发原型不仅作为用户界面的模型，也作为概念的技术证据
　　d.通过抛弃型的报告和原型相结合来改进需求

13.如何评估需求文档质量？〔 〕
　　a.自主认为需求相当好
　　b.巡回在需求相关人员间进行传递，以获取反馈
　　c.分析员和开发者进行非正式的评审
　　d.在多角色共同参与下对软件需求说明和分析模型进行正式审查；基于需求进行测试用例来验证需求和模型

14.如何分辨不同版本的需求文档？〔 〕
　　a.自动生成文档的打印日期
　　b.为每一个版本定义一个版本号，如1.0
　　c.采用一种区分方案能将过程版本和基线版本，主要修改和次要修改区别开来
　　d.需求文档通过版本管理工具进行管理

15.如何跟踪软件需求及它们的来源？〔 〕
　　a.不跟踪
　　b.知道部分需求的来源
　　c.所有的需求都有一个确定的来源
　　d.在软件需求和客户需求陈述、系统需求、使用实例等分项与来源间建立全面的双向跟踪

16.如何基于需求制订软件开发计划？〔 〕
　　a.交付日期在具备需求分析前就已确定，且不能变更
　　b.在交付之前进行了一个缩小范围的过程来去掉一些特性
　　c.项目计划的第一步是确定需求开发计划，项目计划的其他部分在需求基础上完成
　　d.通过需求计算产品的大小，并在对功能所需要工作量估算的基础上制订进度计划；计划的变更需在协商的基础上完成

17.如何利用需求作为设计的基础？〔 〕
　　a.不进行明确的设计
　　b.在设计时会将需求文档作为一种参考
　　c.需求文档中包含有用户界面设计和计划实现方向的其他设计
　　d.设计者审查软件需求以确保它能作为设计的基础，在单个功能和设计元素之间具有全面的双向跟踪

18. 如何用需求作为测试基础？［　］
  a. 需求与测试之间没有直接的联系
  b. 测试者依据开发者的陈述来进行测试
  c. 根据用户需求和功能需求来设计系统测试用例
  d. 测试人员根据软件需求以确保需求可验证，并开发计划测试过程。将系统测试回溯到明确的功能需求

19. 如何确定和管理每个项目的软件需求基线？［　］
  a. 什么是基线
  b. 客户和管理不再提出要求，但仍然收到大量的变更和客户意见
  c. 虽然定义的需求基线，但不能总是与过去做出的变更保持一致
  d. 建立基线需求数据库，需求变更时更新需求说明及数据库。一旦确定了基线则保存了需求的基线变更历史

20. 如何管理需求变更？［　］
  a. 常有未经控制的变更加入到项目中
  b. 需求阶段完成后，通过冻结需求来拒绝变更
  c. 采用标准表格向变更组织提出变更请求，经项目经理审核则同意变更
  d. 变更需要经一个变更控制过程，过程包括需求变更采集、存领和协商。需经变更控制委员会决定来批准同时评估其影响

  通过这个问卷将帮助我们明确当前需求过程中的哪一项业务活动最需要改进。当然仅仅依据在某项问题上的分高分低来判断哪些需求需要改进是不足的，还应同时考虑项目成功最大的风险和困难的领域是什么。

  表4-1中纵向上是需求活动项，横向上是需要评估结果项，这些项包括是否缺少、有无文档、是否容易理解、是否易用、效率是否高、成本是否大、是否有工具、改进重要程度等，根据评估项给出改进项的建议，《评估结果表》如表4-1所示。

表4-1　评估结果表

| 需求活动 | 是否缺失 | 是否易理解 | 是否有文档 | 是否高效 | 成本大小 | 有无工具支撑 | 重要程度 |
|---|---|---|---|---|---|---|---|
|  |  |  |  |  |  |  |  |
|  |  |  |  |  |  |  |  |
| 改进建议 | | | | | | | |
| 1.<br>2.<br>3. | | | | | | | |

  **航标灯**：需求过程的改进也是从它当前的问题和目标分析开始。

## 4.5.2 改进计划的制订

我们将改进活动看做一个项目，项目的第一步就是要做一个改进活动计划。制订计划时需要考虑制订由描述组织整体软件过程改进初始工作的战略计划和各个特定改进领域的战术行动计划两个方面。每个战术行动计划应该指明改进行动的目标、风险承担者和相应的活动任务。计划是我们在未做这件事之前的业务活动整体的抽象，通过计划我们可以看出我们是否忽视了哪些任务。计划也提供了跟踪过程的项，可以按照计划监控每项活动的完成情况。

一个改进计划包括项目名称、目标、度量指标、活动项等。改进计划如图4-5所示。

需求过程改进的活动计划

项目：项目名称　　　　　　　　　　　日期：计划编制日期

目标：
成功执行这个计划后期望达到的一些目标，如业务方面的目标，或是过程变更方面的目标；

成功度量：
描述怎样确定过程变更是否达到了预期要求。

组织受影响的范围：
说明本计划中所描述的过程变更带来的影响范围，如销售、技术支持、硬件工程等领域。

人员和风险承担者：
明确谁实施该计划，每个人的角色及投入时间承诺（按小时/周或百分比为基础计划）。

跟踪和报告过程：
说明怎样跟踪计划中的活动条目进展情况，以及报告其状态结果，如制订一个跟踪表，表中有预期时间、实际完成时间、完成状态、完成程度等。

依赖风险和限制：
明确对计划成功有帮助或有阻碍的各种外部因素。

估计所有活动的完成日期：
希望该计划的完成时间。

活动条目：
活动计划中包括的活动项，不宜超过10项

| 序号 | 活动项名 | 负责人 | 截止日期 | 目标 | 活动描述 | 结果 | 所需资源 |
|---|---|---|---|---|---|---|---|
| 顺序编号 | 活动名称 | | | | 实施活动条目的相应行为项 | 形成规范 | 外部资源材料、工具、文档等 |
| | | | | | | | |
| | | | | | | | |

图4-5

一个活动计划的活动项不宜超过10，否则会因为涉及面广导致失败，活动项小也使得计划简单易于取得成功。举例说明一个过程改进的相关活动项。

（1）起草一个需求变更控制过程的方案。

（2）评审并修改控制过程。

（3）以一个项目A来检验变更控制过程。

（4）以实验反馈为基础修改控制过程。

（5）评估问题跟踪工具并选择其一来支持变更控制过程。

（6）定制并购买问题跟踪工具以支持变更控制过程。

（7）在组织中使用新的变更控制过程和工具。

一个活动计划的编制原则如下：

（1）将每项活动交给专门的人来负责完成，即将活动项分配给专人而不是小组。

（2）活动项不亦多过10项，先把注意力放在最重要的活动项上，然后再处理其他项。

（3）过程的改进是周期性的反复，而不是一蹴而就的。

> 航标灯：没有一蹴而就的事，总是先从局部试点、取得经验，最后是全面推广。

## 4.5.3　改进计划的实施

实施一项活动计划意味着开发新的、更好的方法，并且相信新的方法能提供一个比目前过程更好的结果。然而，并非第一次就能使新的过程变得完美无缺。许多看起来不错的方法付诸实践后会变得不实用而且低效。所以在建立新过程或文档模板计划一个实验，运用实验中获取的经验来调整新技术，这也叫试点，这样将它运用于整个目标群体时，改进活动会更有效果。对于实验有以下建议：

（1）选择愿意尝试新方法并提供反馈信息的参与者，参与者可以是生手也可以是熟手，但他们都对过程改进有强烈的意愿。

（2）确定用于评估实验的标准，使得到的结果易于理解。

（3）通知那些需要知道实验是什么及为什么要实施的工程的风险承担者，取得大家的共识。

（4）考虑在不同的项目中实验新过程的不同部分，用这个方式可使更多的人尝试新的方法，可以更广泛地获取反馈意见。

即便是激情和理解力很高的队伍，其接纳新事物的能力也是有限的。所以不要一次给予项目或队伍太多的期望。根据改进计划制订一整套实施方案，明确你应该怎样把新的方法运用到整个项目队伍中及将提供哪些训练和支持。同时也要向管理者阐明新过程会带来的价值。

> 航标灯：有人墨守成规，就有人愿意大胆尝试，改革总是有激情的人喜欢做的事。

## 4.5.4 改进结果的评估

过程改进的最后一项工作就是评估已实施的活动及取得的成果。这样的评估有助于在将来的改进活动中做得更好。评估内容包括改进的实施进行得如何、采用新过程解决问题是否很有效、过程中每个人是否明白新过程或新单证的好处等。

评估中最关键的一个活动是评估实施的过程是否带来了期望的结果。尽管有一些新技术和管理方法带来明显的改进，但更多的却需要时间来证明其全部的价值。比如你实施一种新过程来处理需求变更，你就能很快看到项目变更以一种更规范的方式在进行。然而一个新的软件需求规格说明SRS模板需要经过一段时间才能证明其价值，因为分析人员和用户都已习惯了原有的需求分析文档格式。要给予新的过程以足够的运行时间，选定能说明每项过程变更成功与否的衡量标准。

要接受学习曲线这一事实。当从业者花费时间吸收新方法时，生产率会降低，其曲线模型如图4-6所示。

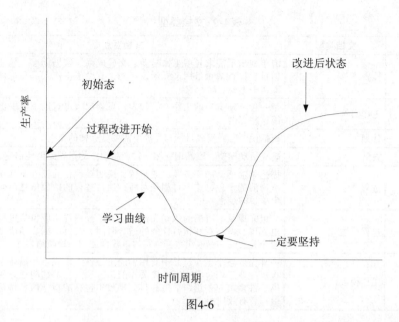

图4-6

由于有一个接受过程，所以短期的生产率降低要视为组织改进过程的一种投入。如果我们不知道这一点，可能在未得到回报之前半途而废。对整个组织做有关学习曲线的教育是很有必要的一件事，通过这种教育使他们明白，采用更高级的需求过程，将会获取更广泛的单个项目和整体业务的回报。

 **航标灯：统计才能看出整体态势。统计数据是科学决策的依据。**

## 4.6 需求过程积累的材料

一个工作过程要可控并且最终能取得满意的工作成果，除了关注过程的最终的工作成果，更需关注过程中的阶段成果。这些成果不仅是过程研究的材料，也是同类型工作过程参考的范例。我们知道需求工程是由需求规划、需求开发、需求管理3个领域的业务活动构成。在展开这些业务活动时，我们应当注意把活动时积累的材料收集起来。过程中包含已完成的活动和可以交付的产品。过程中积累的材料有助于小组成员在下一次过程中高效地完成各项工作，还有助于大家理解这些工作。积累的材料包括以下几类文档，如表4-2所示。

表4-2 文档类型

| 序号 | 文档类型 | 文档要点 |
|---|---|---|
| 1 | 检查清单 | 清单列出了需求各项工作活动、交付成果、依据标准、验证方式等项目。检查清单是用于提示记忆的，有助于工作人员和管理人员在工作中不要忽略分项 |
| 2 | 工作实例 | 是一种特定类型的工作产品代表，积累起来可有助于组织更好地运用这些实例 |
| 3 | 计划 | 概括说明怎样完成目标与完成时需要什么样的文档 |
| 4 | 方针 | 确立活动期望、产品期望和交付产品期望的指导原则性描述 |
| 5 | 过程详述 | 描述某项活动的任务顺序或步骤，说明要执行的任务及其在项目中所扮演的角色，这个过程是对所有项目过程的抽象信息，而不是某个项目的过程 |
| 6 | 过程简述 | 一组完成某些目的的活动文档的定义。过程说明应包括过程目标、里程碑、参与者和执行任务的适合时间、交流步骤、期望结果与过程相关的输入和输出数据。是对过程详述的一种简约表述 |
| 7 | 工作模板 | 一种完成整个工作产品中要用到的阶段性工作成果的描述模板。模板提醒在工作过程中所有要关注的信息项。一个结构很好的模板提供了许多填充和组织信息栏目，模板中包括的指导信息将帮助文档填写者有效使用它 |

　　每个领域在过程中都有相应的积累材料，使需求规划、需求开发和需求管理在项目中更有效地展开业务活动。软件过程规则的说明中不会告诉你必须拥有的这些文档，但它们对你在整个需求规划、需求开发和需求管理过程中会有所帮助。3个领域所积累的材料如表4-3所示。

表4-3 材料类型

| 领域 | 材料类型 | 材料名称 |
|---|---|---|
| 需求规划 | 工作模板 | 业务及信息化规划模板 |
| | | 组织和对象分析模板 |
| | | 问题和目标分析模板 |
| | | 应用建模的模板 |
| | | 系统规划分析模板 |
| | 过程简述 | 需求规划过程简述 |
| | 过程详述 | 需求规划过程详述 |
| | 检查清单 | SRS和规划审查清单 |
| | 工作实例 | 业务发展能力计算范例 |
| | | 系统支撑能力计算范例 |

续表

| 领域 | 材料类型 | 材料名称 |
|------|---------|---------|
| 需求开发 | 过程详述 | 需求开发过程 |
| | | 需求分配过程 |
| | | 需求优先级确定过程 |
| | 工作模板 | 用户实例模板 |
| | | 各类需求模式模板 |
| | | 用户需求规格说明模板 |
| | | 系统需求规格说明模板 |
| | 检查清单 | SRS和使用实例审查清单 |
| 需求管理 | 过程详述 | 变更控制过程 |
| | | 需求状态跟踪过程 |
| | 过程简述 | 变更控制审核过程 |
| | 检查清单 | 变更影响分析检查清单 |
| | 工作模板 | 变更影响分析模板 |
| | | 需求跟踪能力矩阵模板 |

上述这些东西不需要写在独立的文档中。例如，一个完整的需求管理过程的描述可以包括变更控制过程、状态跟踪过程和影响分析清单。下面是对各类材料的简要说明。每个项目可根据实际进行调整来满足项目的需要。

> 🚩 **航标灯**：需求过程改进是在规划过程、开发过程、管理过程积累材料的基础上进行的改进。

## 4.6.1 规划过程的积累材料

（1）需求规划过程简述：业务研究过程由业务研究分为资料研究、现场调研和业务分析业务活动构成；应用建模过程是由业务建模、系统建模和体系建模业务活动构成；系统规划由架构规划、网络规划、平台规划、应用规划、信息资源规划、终端规划、安全规划、协同规划、其他规划等业务活动组成。分析计算包括系统支撑能力计算和业务发展能力两个业务活动组成。报告编制是将上述的分析变成正文和附件两个部分，正文编写工作按照业务及信息化规划报告模板展开。规划验证是按照规划检查清单上的要求展开。

（2）需求规划过程详述：对上述业务研究、应用建模、系统规划等过程中的各项活动的任务顺序、模板、原则、风险、角色进行了详尽的描述。

（3）问题和目标分析模板：是一个包括问题分析、目标分析及问题和目标关系的结构化文档模板。问题分析由问题现象、问题根源、问题症结和解决措施组成；目标分析由总体目标、业务目标、作业目标构成。

（4）组织和对象关系分析模板：是一个包括组织分析、对象分析及组织和对象关系的结构化文档模板。组织分析包括了组织结构、岗位及岗位责；对象分析包括了对象组织结构、对象及工作队员责；组织和对象关系分析了基于物质、能量、信息的交互的地点、手段、频度、数量等属性的分析。

（5）应用建模模板：是一个包括业务建模、系统建模和体系建模结构化文档模板。业务建模包括职能模型和视图模型；系统建模包括功能模型和数据模型，功能模型由子系统、功能模块、程序模块3个部分构成；体系建模由模块与数据存取关系、子系统与数据存取关系两部分构成。

（6）系统规划分析模板：是一个包括系统规划、架构规划、网络规划、平台规划、应用规划、信息资源规划、终端规划、安全规划、协同规划、其他规划等结构化模板。系统规划是站在顶层角度对未来要建设的宏观设计。

（7）SRS和需求规划审查清单：对需求文档的正式审查是保证需求规划质量的一项重要措施。审查清单指出在需求文档中发现的一些错识。在审查会议的准备中运用清单将使审查者的注意力集中到通常存在问题的地方。

（8）业务发展能力计算范例：该范例给出了计算方法和一个业务领域的计算结果。业务发展能力的指标由信息规范化程度、架构开放程度、知识结构化程度、信息资源开放程序、系统离散程度5个指标组成。

（9）系统支撑能力计算范例：该范例给出了计算方法和一个系统支撑能力计算的结果。系统支撑能力的指标体系由通信传输能力、请求响应能力、会话处理能力、实体交易能力、科学计算能力、数据交易能力、数据存储能力7个指标构成。

 **航标灯：不积跬步无以致千里，万涓细流终将汇成江河。**

## 4.6.2 开发过程的积累材料

（1）需求开发过程：需求认知过程介绍了怎样认知需求规划中的业务、系统和安全，为需求分析开展奠定基础。需求分析过程描述了各种需求文档和分析模型，在这个过程中还指明了每项需求包含的信息项，比如优先级、稳定性和发行版本号。需求编写过程中给出了将需求分析内容填充到相应的文档模板。需求审核过程指出了需求文档检验需要执行的步骤及确定软件需求基线的步骤。

（2）需求分配过程：把高层的产品需求分成若干特定子系统是一个重要的业务活动，对于那些有软件也有硬件或包括多个子系统的软件产品时尤为重要。需求分配是在系统级需求完成和系统体系结构确定后才进行的。这个过程包含的信息是怎样执行分配以确保功能分配到合适的系统组件中，同时也说明了分配的需求怎样才能追溯它们的系统需求以及在其他子系统中的相关需求。

（3）需求优先级确定过程：为了满足进度时限的要求，有时我们不得不放弃一些计划中的功能。我们需要知道哪些性能使用实例或功能需求的优先级最低，以便在后续各阶段都可适当缩减范围。

（4）使用实例模板：使用实例模板提供了一种把每项用户的业务功能采用软件系统时如何操作来满足用户的期望的一种标准编写文档。使用实例定义包括简要的任务介绍，必须处理的异常情况的说明和描述用户任务特点的附加信息。使用实例可以作为软件需求规格说明中一条独立的功能需求。另外分析人员还可将使用实例与SRS模板合并成一个文档，既包括使用实例，也包括软件功能需求。

（5）需求模式模板：需求模式定义了一种特定类型需求的方法。需求模式应用于单个需求，一次认定一个单一的需求。每个需求描述包括基本细节、适用性、讨论、内容、模板、开发考虑等部分。需求模式模板由基础需求、信息需求、性能需求、访问控制需求等8类组成。

（6）系统需求规格说明模板：软件需求规格说明模板提供了一组功能需求和非功能需求的结构化方法，采用SRS模板使其成为统一的且高质量的需求文档，需求文档的内容来自于需求模式的描述。分析人员可根据项目不同类型和不同需求进行适度裁剪，任何模板都不是万能的，都要通过裁剪达到实用。

（7）SRS和使用实例检查清单：对需求文档的正式审查是保证软件需求质量的一项重要措施。审查清单指出在需求文档中发现的一些错识。在审查会议的准备中运用清单将使审查者的注意力集中到通常存在问题的地方。

### 4.6.3 管理过程的积累材料

（1）变更控制过程：变更控制过程能够减少因无序的、失控的需求变更引发的混乱。它明确了一种方法来提出、协商、评估一个新的需求或变更的需求。变更控制通常需要问题跟踪工具的支持。

（2）变更控制委员会过程：变更控制委员会（CCB）是由风险承担者的主要成员构成，其工作职责是对提出需求变更决定接受还是不接受，以及在各版本中包括哪些变更。CCB过程描述了变更委员会的人员构成及业务活动。CCB的主要活动是对提出的变更进行影响分析，为每项变更做出决定，并知会那些将受到影响的人员。

（3）需求变更影响分析清单和模板：估计提出的需求变更的成本费用和影响是决定是否执行变更的重要工作。影响分析能帮助CCB做出正确的决定。影响分析清单包括可能的任务、边界的影响、实施所带来的潜在风险等内容。

（4）需求状态跟踪过程：需求管理包括监控和报告每项功能需求的状态和状态改变的条件。采用一个需求管理工具来跟踪一个复杂系统中大量的需求状态。此过程描述了当你查看收集到的需求状态时你应该如何做的相关信息。

（5）需求跟踪能力矩阵模板：在矩阵中列出了SRS中的所有功能需求及相应设计模块、源文件和实施需求的过程，还有验证需求的测试用例。能力矩阵还可以指出对应上一层的用户需求和业务需求等。

## 4.7 需求过程改进的线路

改进软件开发机构和组织的需求工程过程是一件慎重的事情。没有计划地进行改进很容易失败，且导致混乱。应当为实施改进需求过程设定一个路标，该路标应是软件开发全过程改进战略计划中的一部分内容。如果组织已经尝试前面介绍的评估方法,那么你已对采用过程的优点及存在缺陷有所了解了。所以现在需要把这些改进活动的排序加以分析以便能用最小的投资获取最多的收益。过程的改进重点放在以下三个方面:(1)需求评审方式的改进;(2)需求开发方式的改进;(3)需求管理方式的改进。下面需求过程改进线路图描述了改进活动的前后次序。(如图4-7所示)

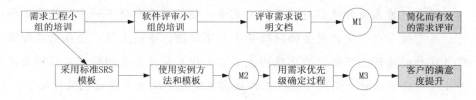

图4-7

上图中圆圈是里程碑,就是我们所说的路标;空白的方框是要实施的活动;有阴影的方框表明想达到的效果。从上图我们看到实施过程改进是从上自下的,先通过需求小组的培训和评审小组的培训,使需求评审工作变得简化而有效。在此基础上采用标准的SRS模板用于使用实例,使需求分析的方法得到改善,然后再引入需求优先级确定过程,通过两阶段的改进,使需求开发工作达到客户的满意。在评审工作和需求开发工作都得到改进的前提下,通过建立CCB组织,引入需求过程变更控制,使需求变更管理规范化,然后再引入变更影响分析和跟踪需求状态,从而实现需求管理工作的高效。

> 航标灯:需求工程过程的改进目标包括简化有效的需求评审、高效的项目管理和客户满意度的提升。

在这里我们只是推荐了一个需求过程改进的线路图,但它不是万能的,任何公式化的方法不能替代理性的思考,它只能是借鉴和参考。

# 第5章
# 软件需求的风险管理

软件开发人员都是绝对的乐观主义者，他们总是希望下一个项目能顺利进行，而忽略了以前项目发生的问题带来的不愉快。事实上许多潜在的风险阻碍项目按计划进行，只是你的乐观掩盖了它。作为软件开发的管理者必须要清楚并且控制这些风险，而风险管理工作从需求工程的风险管理就已经开始了。

## 5.1 软件风险始终存在

所谓风险是可能给项目的成功带来威胁或损失的事情。这些事情没有发生，就不会带来问题，而所有人都希望永远也不要发生。这些潜在的问题可能会给项目成本费用、进度安全、技术方面、产品质量和团队隐定性及工作效率等带来影响。风险管理就是在风险发生前的一种管理，对风险进行评估并在过程中加以控制。而风险管理的最主要手段就是对项目各活动的状态跟踪和校正来化解风险带来的问题发生。

> 🚩 **航标灯：软件开发人员都是绝对的乐观主义者，他们总是希望下一个项目能顺利进行。**

没有人能够确切地预测未来，风险管理也只是让我们采取一些措施尽可能减少潜在问题发生的可能性或减少其带来的影响。风险管理的目的就是将担忧转变成危机或实际困难之前处理它。这将大大提高项目成功的可能性且可以减少不可避免的风险造成的损失。对处于个人控制领域之外的风险应由组织层面的管理者来负责。

**航标灯：凡事预则立，不预则废。把风险始终放在第一位。**

由于软件需求在软件项目中处于核心的位置，项目管理者应该在初期就指明与需求相关的风险并积极加以控制，典型的需求风险包括对需求的误解、不恰当的用户参与、不确定或随意变更项目的范围和目标及持续的变更需求。项目管理者要与项目风险承担者通过合作的方式来控制需求风险，将需求风险的共识写入需求风险文档中，对每一个风险都要制订风险发生的措施。

## 5.2　软件风险管理体系

除了与需求相关的项目范围风险外，项目还面临着许多其他的风险。任何依赖于外界实体的事项都存在风险，比如将项目中的一部分转包给另一个开发商这就是常见的风险来源。项目管理一直面临着各种风险挑战，如不准确的估计、对准确估计的否决、对项目状态不清楚及资金不足等风险。而技术风险威胁着具有高复杂或很前沿的软件项目。开发人员对相关知识的缺乏是另一种风险来源。

存在这么多风险，所以所有的项目都应认真地进行风险管理。同其他过程一样，风险管理活动与工程规模要相适应，小规模的工程可以只列一张简单的风险清单，而对于大规模项目制订正式的风险管理计划则显得非常重要。

### 5.2.1　风险管理的活动

风险管理就是使用某些工具和步骤把项目风险限制在一个可接受的范围内。风险管理提供了一种标准的方法来指出风险并把风险因素编制成文档，评估其潜在的威胁，以及确定减少这些风险的战略。风险管理包括的活动如图5-1所示。

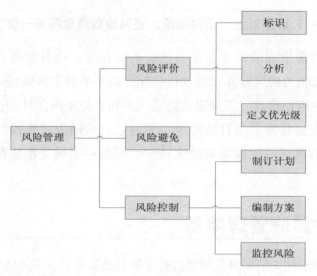

图5-1

风险评价是一个检查工程项目并识别潜在风险的业务活动。可以通过将各种软件项目的风险因素逐一列在风险因素表中，如不准确的软件规模、需求准态跟踪等。标识了软件项目的风险要素后，应针对一些特定风险要素分析对项目可能造成的潜在后果。风险分级有助于评价每项风险潜在的危害值，优先处理最严重的风险。风险等级可以用对项目带来的损失的规模来定义。

> 航标灯：设立风险等级，基于对风险要素的监测来动态调整风险等级，是风险管理的主要工作。

风险避免是处理风险的一种方法。我们可以根据风险等级的高低而做出放弃项目、采用成熟技术、排除那些难以实现的特性缩小项目范围的方式来避开风险。

对不同风险等级的项目我们需要采取风险控制方法来管理这些风险。制订风险管理计划是一项处理具有一旦发生且影响较大的风险的管理计划，包括降低风险的方法、应急计划、责任人和处理时限等。风险不能够自我控制，所以风险解决方案就包括了降低、减小每项风险的执行计划。通过风险监控来跟踪风险解决过程的进展情况。这也是例外的项目状态跟踪的一部分内容。监控可以很好了解降低风险工作的进展情况，可以定期地修订风险清单的内容和划分的优先级。

## 5.2.2 编制风险管理方案

仅仅认识到项目面临风险是远远不够的。应该将其编写文档并依据文档妥善进行管理，这种做法在整个项目开发过程中有利于所有风险承担者获悉风险情况和状态。风险管理方案由多个风险条目构成。某个风险条目管理方案的模板如图5-2所示。

风险条目跟踪模板

序列号：
<顺序号>
确定日期：
<风险被识别日期>
撤销日期：
<撤销风险确定日期>
描述：
<以条件—结果的形式来描述风险>
可能性：
<风险转变为问题的可能性>
影响：
<如果风险变成了事实将造成的损失>
风险等级：
<正常、一般、关注、危险>
降低风险计划：
<一种或多种用来控制、避免、最小化及降低风险的方法>
责任人：
<解决风险的责任承担者>
截止日期：
<完成降低风险措施的截止日期>

图5-2

在编写风险条目说明时，最好采用条件—结果的形式来描述。也就是先说明你关心的条件，接着是潜在的有害结果。有时人们只说明了风险条件或者只说明了结果。最好将这样的说明句子符合条件—结果的结构。一个条件下可能有多个结果，同时也可以出现多个条件下导致同一个结果。

> 航标灯：风险不一定会发生，但一旦发生就必须按事先制订好的风险解决方案对风险加以处理。

模板中的风险等级包括当风险变为现实的可能性及对项目的消极影响，还有整个的风险危害值。不要试图精确量化风险，风险的防范目标是将最有威胁的风险和那些不急需处理的风险区别开来。通常我们可以用高、中、低来估计可能的影响。但风险条目中至少应有一个高的风险。

制订降低风险计划来明确控制风险要采取的活动，其中一些策略是尽量降低风险发生的可能性；而另一些则是减少风险发生后带来的影响。做计划时要考虑降低风险所耗费用。为每项风险安排一个负责人，并确定完成活动的截止日期。长期或复杂的风险可能需要具有多个阶段性成果的多步骤降低风险策略计划。

> 航标灯：软件需求的风险就是把软件需求中的关键点提取出来加以重点关注。

## 5.2.3 制订风险管理计划

一组记录着风险条目的文档不等于一个风险管理计划。对于一个小项目你可以把风险计划放在软件项目管理计划中。但一个大项目则需要一份独立的风险管理计划，包括用于识别、评估、编写、跟踪风险的各种方法和途径。这份计划还应包括风险管理活动的角色和责任。

要按照风险管理活动计划执行，项目的进度安排上要给风险管理留出足够的时间来确保项目成功。工程项目的工作分类细目结构中应包括降低风险的活动、状态报告，以及更新风险清单的工作项。

和其他项目管理活动一样，我们需要建立周期性的监控措施。保持对风险等级高的风险项目高度重视，同时也不要忘了不定期地对低风险项目的追踪。当完成一项风险活动后，需重新评估其他风险项目的可能性和影响，更新风险清单和其他相关计划。

航标灯：风险一旦发生，风险管理计划就会派上用场。

### 5.2.4 风险管理的价值

项目管理人员可以运用风险管理来提高对造成项目损失的条件的警惕，在需求获取阶段要有用户的积极参与。管理者不仅要知道哪些因素会带来风险，更要将其编入到风险清单中，并依据以往项目经验估计其可能性和影响。如果用户一直没有参与，风险危害将会扩大至危害项目的成功。

周期性的风险跟踪能使管理人员保持对风险危害变化的了解，对那些并未得到完全控制的风险能得到高层管理人员的关注，根据这些他们要么采取一些措施，要么不管这些风险，依旧按照原业务决策思路进行。即使不能控制项目可能遇到的所有风险，风险管理也能使我们看清形势，做出的决策是有依据的。

 航标灯：风险管理的最大价值在于能把损失降到最低。

## 5.3 与需求有关的风险

与需求有关的风险是从需求规划、需求开发和需求管理中抽取出来并汇总在一起的，针对这些风险我们还推荐了一些方法用于降低风险发生的可能性或减轻风险发生给项目带来的影响。在需求规划和需求开发中所带来的风险重点是在项目范围和实现的深度、完整性和准确性、前后的无二义性、描述的粒度、规范性等被软件开发后期所诟病的问题，需求管理的风险重点是在需求版本、需求变更控制、变更状态和需求的跟踪这些风险问题点上。

 航标灯：软件需求的风险包括需求规划、需求开发、需求管理3部分的风险。

### 5.3.1 需求规划的风险

**1. 业务研究**

（1）需求规划所需的时间：一个项目一旦设定了时间，就会给软件项目的各方参与人员造成压力，就会造成对需求的不重视。项目因规模和应用种类的不同需求规划所需时间也会不同，我们应该有一个大致的判断时间，即需求工作占整个开发工作时间的15%～25%。给需求工作留下充裕的时间，是保证软件需求质量的必要条件。

> 航标灯：时间不够、急功近利是导致风险发生的根源之一。

（2）业务视图与范围：问题决定范围、目标决定深度。对于问题和目标的分析是一切需求分析工作的根源。而问题和目标的分析除了采用逻辑的方法通过归纳和演绎这种理性的方式进行分析，同时还要兼顾客户高层和业务人员在人性、人情方面的考虑，取得共识达成一致是最为关键的。

> 航标灯：范围不清、目标不明是最大的风险。

（3）组织及对象关系的分析：组织对象及其关系的分析是需求规划的核心工作，其中组织分析中容易忽视上级组织和协同组织的分析，对象的分析容易忽视对象的对象分析，而这导致信息系统的边界范围仅限于了内部业务的支撑，会使信息化系统的效能不能得到充分发挥。

> 航标灯：1+1>2是说前期的疏忽和遗漏，在后期再加入之后所带来的工作量远不只加进去这1项工作这样简单。

（4）对法律规章的制度研究不够：在做需求规划时，法律规章的解读是对业务设置法理性依据的来源，是产品能够标准化、行业化的关键，而且参照法律规章也可以对用户现实业务进行纠偏，法律规章是使软件开发机构和客户组织对业务认知达成共识的抓手。

> 航标灯：事情的法理性是控制变化的关键。

（5）业务分析的粒度要细：对业务域、业务过程、业务活动、业务标准、业务规则、业务单证、业务报表、业务数据研究一定要细，当然这时的工作量最大，但如果粒度不细，在后面的数据库设计、元数据设计、权限体系设计、界面设计、业务流程设计就还要与客户进行交互，而且那时项目都已经开始编码才发现缺少东西会给整个项目带来很大的影响，往往需求的变更就是因为对业务分析的粒度不够细才导致的。

（6）用原有产品作为业务基线：在升级或重做项目时需求规划和开发工作显得不很重要，开发人员有时被迫把已有产品作为需求说明的来源，开发人员不得不采用逆向工程来获取需求。可以这样做出来的业务分析同样是有缺陷的，我们只能将其作为参考，而不能用其作为输入。

**2. 应用建模**

（1）业务建模的定量分析：对业务建模我们经常会忽视业务量的估算和业务与角色的关系分析。业务量的估算是未来分析计算主要来源，而我们在需求分析工作中对业务单证的信息量、业务活动的工作频度、高峰值和低峰值没有给出定量的分析，这也导致需求开发中的非功能需求分析没有可靠的依据。业务和角色的关系分析，是系统在做用户使用实例时需要用到的，也是未来权限信息系统初始化的依据；没有这块的定量分析对整个系统的性能就只能凭经验预估，而这也是和用户产生分歧的地方之一。

（2）系统建模中的系统划分：系统建模包括系统和数据两块的建模，如果没有做充分的分析，会存在系统划分不合理、有一些系统功能受当前技术限制不能实现等情况。数据建模时容易忽视的是系统基本表和业务单证和报表的关系分析。还有就是系统划分与业务域的关系。如果上述这三个地方没有给出清晰的定义，则会给后期系统设计和系统对业务的支撑造成影响。

（3）体系建模中的系统与数据关系：在这里的分析一定要把握一个原则即系统中的数据只能"一处生产、多处使用"，及时发现系统和数据间违反这一原则之处并及时调整，将会杜绝信息系统的重复建设问题。

> 航标灯：数据"一处生产、多处使用"可以避免大量的重复性工作，提前做好可以做到事半功倍。

**3. 系统规划**

（1）体系架构与业务关系的分析：在需求规划中的系统设计是站在业务角度提出应该有什么样的体系架构来支撑，这种体系架构是宏观的，这种体系架构的设计原则是"建议怎么做，而非具体怎么做"，在软件开发中的系统设计是站在技术角度看业务，是从具体怎么做来进行设计。在这里分析清楚后可以作为后期具体系统设计工作提供依据和参考，这样的具体系统设计就有了根和来源，而不是凭经验和只从技术角度来做设计。

（2）体系架构下的系统间关系：体系架构下将原有的系统、新建的系统进行了层次的划分，并给出了系统与系统之间的交互关系的描述，这为后面的需求开发中接口分析提供了输入，使分析人员知道应该有哪些接口，已具有哪些接口。

（3）系统规划的其他领域分析：站在业务角度做的系统规划还包括网络规划、信息资源规划、安全规划等，为后期的安全设计、运行环境设计、硬件设计都提供了依据信息。

> 航标灯：信息系统的可持续发展的关键在于系统规划做了集约化的系统宏观设计。

### 4. 分析计算

分析计算的准确性：分析计算包括业务能力、系统支撑能力两部分。由于项目规模大小不同所能承担的仿真测算费用的接受程度不同，一般会采用手工计算的方式，这种手工计算结果的数据是只能作为参考的，建议还是要借助工程经验对其加以修正。如果单方面采用，则会造成所购设备的数据和性能最终不能满足系统的需要。

> 航标灯：分析计算的定量描述，可以摆脱"拍脑袋决策"带来的资源浪费。

### 5. 报告编制

（1）业务的理解：规划人员和客户对于业务的不同理解会带来彼此间的期望差异，最终导致最终业务规划无法满足客户需求。对于需求规划文档进行正式评审的团队应包括规划人员、外部专家和客户，通过询问客户问题，从而写出更好的需求规划说明。

（2）具有二义性的术语：建立一本业务术语和数据字典，用于定义所有的业务和技术词汇，以防止它被不同的读者理解为不同的意思。特别是要说明那些既有普通含义又有专用领域含义的词语。

**6. 规划评审**

（1）未经验证的需求规划： 审查相当篇幅的SRS是一件让人头疼的事，正如在开发过程早期编写测试用例是一样的。但如果在设计开始之前通过验证基于需求的测试计划和原型测试来验证需求的正确性和质量，能大大减少项目后期的返工现象。在项目计划中应为保证质量的活动预留时间并提供资源，获得需求规划评审的通过，并尽早且以尽可能低的成本通过多种审查方式来找出存在的问题。

（2）审查的有效性：如果评审人员没有评审需求规划文档和做到有效评审的经验，会使需求留下很多隐患。通过对评审人员进行培训，可以使这些工作得到有效的落实。

> 航标灯：评审检查是达成共识、降低风险的一种工作方法。

## 5.3.2　需求开发的风险

**1. 需求获取**

（1）产品视图与范围：如果需求分析人员未能对要做的产品功能达成一个清晰的共识，则很可能导致项目范围的逐步扩大。所以对业务及信息化规划中的问题目标、业务、系统、安全再进行认真的解读，充分的理解。

（2）规划认知效果检查：规划认知过程是由规划讲解、规划阅读、规划检查构成。这关系到需求架构师是否认真将重点、难点、航标灯做了清晰的讲解，需求分析人员能否认真地对需求规划的正文和附件进行了仔细阅读，规划检查是否流于形式。这些都会对需求分析工作产生影响。

> 航标灯：合理性的系统范围缩小和目标的调整是风险管理的重要内容之一。

### 2. 需求分析

（1）用户使用实例完整性和正确性：为确保需求是客户真正所需要的，要以规划业务分析中的具体用户的任务为中心，采用使用实例技术来详细描述。并根据不同的使用场景来编制需求测试用例，建立原型来直观地表达用户的需求，并获取用户的反馈信息。

（2）划分需求优先级：划分出每项需求、特性或使用实例优先级并安排在特定的产品版本或实施步骤中。评估每项新需求的优先级并与已有的工作主体相对比以做出相应的决策。

（3）带来技术困难的需求：分析每项需求的可行性以确定能否按计划实现。要采用项目状态跟踪的方法来管理落后于计划安排的需求，并尽早采取措施加以纠正。

> 航标灯：需求分析的详尽程度将对软件开发工作产生深远影响，这是非常重要的一个风险管控阶段。

### 3. 需求编制

（1）需求的理解：开发人员和客户对于系统需求的不同理解会带来彼此间的期望差异，导致最终产品无法满足客户需求。对于需求文档进行正式评审的团队应包括开发人员、测试人员和客户，通过询问客户问题，从而写出更好的规格说明，模型和原型能从不同的角度说明需求，这样会使一些模糊的需求变得更加清晰。

（2）时间压力对TBD的影响：将SRS中需要将来进一步解决的需求注上TBD记号，但如果这些TBD并未解决，则将给结构设计与项目的续续进行带来很大的风险。需求重点关注这些TBD标准的需求项。

（3）具有二义性的术语：建立一本术语和数据字典，用于定义所有的业务和技术词汇，以防止它被不同的读者理解为不同的意思。特别是要说明那些既有普通含义又有专用领域含义的词语。

（4）需求说明中包括了设计：需求说明中包含了一些设计，将会对开发人员造成一定的影响并限制他们发挥创造性设计出最佳方案。仔细评审需求说明以确保它是在强调解决业务问题需要做什么，而不是说怎么做。

### 4. 需求验证

（1）未经验证的需求：审查相当篇幅的SRS是一件让人头疼的事，正如在开发过程早期编写测试用例是一样的。但如果在设计开始之前通过验证基于需求的测试计划和原型测试来验证需求的正确性和质量，能大大减少项目后期的返工现象。在项目计划中应为保证质量的活动预留时间并提供资源，获得需求评审的通过，并尽早且以尽可能低的成本通过多种审查方式来找出存在的问题。

（2）审查的有效性：如果评审人员没有评审需求文档和做到有效评审的经验，会使需求留下很多隐患。通过对评审人员进行培训，可以使这些工作得到有效的落实。

> 航标灯：三思而后行，事前把纸面推导工作做实总比事后再想方设法补救要有价值得多。

## 5.3.3 需求管理的风险

（1）变更需求：将需求规划作为变更的参照可以减少项目范围的延伸。用户积极参与将是需求变更减少的关键。能在早期发现需求错误的质量控制方法可以减小以后发生变更的可能。而为了减小需求变更的影响，将那些易于变更的需求用多种方案实现，并在设计时注重可修改性。

（2）需求变更过程：需求变更的风险来源于未曾明确的变更过程或采用的变动机制无效或不按计划的过程来做出变更。应当在开发的各阶段都建立变更管理的机制。需求变更过程包括对变更的影响评估，提供决策的变更控制委员会，以及支持确定重要起点步骤的工具。

（3）未实现的需求：需求跟踪能力矩阵有助于避免在设计、编码及测试期间遗漏的任何需求。也有助于确保不会因为交流不充分而导致多个开发人员都未实现某项需求。

（4）扩充项目范围：如果开始未做好定义需求，那么后期就一定会扩充项目的范围，产品中未说明白的地方将耗费比预料中更多的工作量，而且按最初需求所分配的项目资源也可能不按实际更改后用户的需求而调整。为减少这些风险要对阶段递增式的生存期制订计划，在早期版本中实现核心功能，并在以后的阶段中逐步增加实现需求。

> 🚩 航标灯：风险管理工作是需求管理工作中的重要组成部分，项目的整体风险是由需求管理工作驱动落实的。

# 5.4 原型法减少风险

软件原型是一种技术，可以利用原型技术减少客户对产品不满意的风险，原型是对未来做出的软件产品的一种缩略的、重要的、前置的、可感知的、满足用户对未来期望的一种模型，如果是建筑的效果图，原型可以将用于对未来的期望进行及早的反馈可以使软件开发组织正确理解需求，并知道如何最好地实现这一需求。

无论前期我们严格按照需求工程中需求规划、需求开发和需求管理所要求业务活动进行工作，最后产生的软件需求总有一部分对客户和开发者仍然不明确、不清晰。如果不解决这些问题，那么必然在用户产品视图和开发者对于开发出的产品上出现理解和期望之间的差距。通过阅读文本需求和研究分析模型，很难想象出软件产品在特定环境下是如何运行的。原型可以使软件产品实在化，使使用实例生动化，可以帮助双方消除对需求理解的差异。比起阅读一份冗长而又乏味的软件需求规格说明书，用户通常更愿意尝试建立有趣的原型。

> 🚩 航标灯：大量的风险管理要素的不确定性通过原型这一可感知的方式得到解决。

原型有多种含义，参与建立原型的人也可能有不同的期望。一个飞机的原型实际上是可以飞翔的，它是真实飞机的一个雏形。而一个软件原型通常仅仅是真实系统的一部分或一个模型，并且它可能根本不能完成任何有用的事。在本节我们将研究各种类型的原型，它们在需求开发中的应用及如何使原型成为软件开发过程中有效的组成部分。

## 5.4.1 原型的定义

一个软件原型是所提出的新产品的部分实现。使用原型有以下3个主要目的。

（1）明确并完善需求：原型作为一种表达需求的工具，它初步实现所理解的系统的一部分。用户对原型的意见和建议反馈可以指出需求中的许多问题，在开发真正的产品之前，可以用最低的成本来解决这些问题。

（2）探索设计选择方案：原型作为一种表达设计的工具，用它可以探索不同的用户界面技术，使系统达到最佳的可用性、实用性、易用性，并且可以评价可能的技术方案。

（3）发展为最终的产品原型：作为一种系统构造工具，是产品最初的子集的完整功能的实现，通过一系列小规模的开发循环，我们可以完成整个产品的开发。

建立原型的主要原因是解决在产品开发早期阶段的不确定性问题。利用这些不确定性来判断系统中哪一部分需要建立原型和希望从用户对原型的评价中获取有益的信息。对于发现和解决需求中的二义性，原型也是一种很好的方法。二义性、不正确性、不完整性使开发者对所开发的产品产生困惑，建立一个原型有助于表达和纠正这些困惑。客户、用户、项目经理和其他非技术项目的风险承担者发现在确定和开发产品时，原型可以使他们的想象更具体化。原型比开发者常用的技术术语更易理解。

## 5.4.2 原型的类型

原型的类型可以从多个维度将其分为水平和垂直原型、抛弃型原型或进化型原型、书面原型和电子原型。

### 1. 水平和垂直型原型

有用户界面的水平原型是原型中最常用的方法之一。水平原型也叫行为原型或模型。它可以让用户探索预期系统的一些特定行为，并达到细化需求的目的。当用户在考虑原型中所提出的功能可否使他们完成各自的业务活动时，原型使用户探讨问题更加具体化。需要注意的是，这种原型中所提出的功能经常并没有真正地实现。

一个水平原型就像一部电影。它在屏幕上显示出用户的界面，界面之间有一些导航，但是它仅包含少量的功能并没有真正实现所有的功能。一个模型展示给用户的是在原型化屏幕上有可用的功能和导航选择。有一些导航起作用而有一些则不行，但用户可以看到描述在那一点将真正显示的内容信息。数据库查询所响应的信息是假的或者只是一个固定不变的信息，并且报表内容也是固定不变的。虽然原型看起来似乎可以执行一些有意义的工作，但其实不是这样。这种模拟足以使用户判断是否有遗漏、错误或不必要的功能。原型代表了开发者对于如何实现一个特定的使用实例的一种观念。用户对原型的评价可以指出使用实例的可选过程、遗漏的过程步骤，或原先没有发现的异常情况。

当我们建立了原型时，用户可以把注意力集中在需求和工作流问题上，而不会被精细的外形或屏幕上元素的位置所干扰。在澄清了需求并确定了界面中的框架之后，我们再建立更详细的原型来探讨用户界面的设计。还可以使用不同的屏幕设计工具或使用纸和笔来建立水平原型，以供探讨。

 **航标灯：水平原型是减少业务上风险的一种最经济的手段。**

垂直原型，也叫结构化原型或概念证明原型，它实现了一部分应用功能。当你不能确信所提出的构造软件的方法是否完善或当你需要优化算法，评介一个数据库的图表或测试临界时间需求时，我们通常需要开发一个垂直原型。垂直原型通常是在生产运行环境下的生产工具构造出来的，是有一定的代码量工作。比起软件需求开发阶段，垂直原型更常用于软件的设计阶段以减少技术上的风险。

 **航标灯：垂直原型更常用于软件的设计阶段以减少技术上的风险。**

### 2. 抛弃型原型或进化型原型

构造原型是需求时间、资源的，就必然会带来成本的消耗。所以构造一个原型之前，我们需要做一个评估并给出一个判断，是在原型评估之后将其抛弃掉还是将这个原型作为最终产品的一部分。我们可以建立一个抛弃型原型或探索型原型用于解决需求中的不确定性、二义性、不完整性、不可测试性的问题来提高需求的质量，如果是这个目的，那么我们就要思考如何花最小的代价来尽快建立这一原型。如果我们在原型上付出的努力越多，那么项目的参与者就越不愿意将其抛弃。

 **航标灯：构造原型是需要时间、资源的，就必然会带来成本的消耗。**

建立一个抛弃型原型，我们将忽略掉很多具体的软件构造技术。基于这个原则，我们不能将抛弃型原型中的代码移植到未来的产品系统中，除非它达到了产品质量代码的标准，否则，我们将在软件生存期中遭遇到麻烦。当我们遇到需求中的不确定性、二义性、不完整性或不清晰性时最合适的方法是建立抛弃型原型法。通过这种原型可以减少在软件后续开发中的风险。它可以帮助用户和开发者想象如何实现需求和可以发现需求中的漏洞，也可以使用户判断出这些需求是否可以完成必要的业务过程。

抛弃型原型的制作过程包括使用实例描述、对话图、抛弃型原型、评价用户界面设计等开发活动，如图5-3所示。

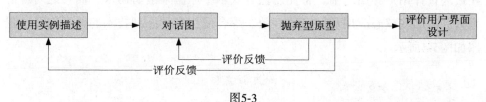

图5-3

每一个使用实例中描述了一系列系统操作和系统响应，这些可以用对话图来建立模型以描述可能的用户界面交互机制。抛弃型原型把对话元素细化为特定的屏幕显示、菜单和对话框。当用户评价原型时，他们的反馈可能会引起使用实例描述的改变且会引起相应对话框的改变。一旦确定了需求并构画出屏幕的大体布局，我们就可以从最佳使用的角度设计每一个用户界面元素的细节。比起直接从使用实例的描述跳跃到完整的用户界面的实现，然后在需求中发现重大错语，利用逐步求精的方法所花费的努力将会更小。

与抛弃型原型相对应的是进化型原型，在已经清楚了需求的情况下，进化型原型为开发渐增式产品提供坚实的构造基础。进化型原型是螺旋式软件开发周期模型的一部分，也是面向对象软件开发过程的一部分。与抛弃型原型的快速、粗略的特点相比，进化式模型一开始就必须具有健壮性和产品质量级的代码。因此对于描述相同的功能，建立进化型原型比建立抛弃原型所花的时间多。一个进化型原型必须设计为易于升级和优化的，因此我们必须重视软件系统性和完整性的设计原则。要达到进化型原型的质量要求并没有捷径。

进化型原型应该关注其第一次演变，因为它将作为实现需求中易于理解和稳定部分的试验性版本。从测试和首次使用中获得的信息将引起下一次软件原型的更新，正是这样不断增长并更新，软件才能从一系列进化型原型发展为最终完整的产品。这种原型提供了可以使用户快速获得有用功能的方法。进化式原型适用于web开发项目，从使用实例分析中得到需求，经过几次原型演进和用户需求的评估，就能产生一个实用的web系统。

在软件开发过程中，我们可以综合使用多种原型方法，比如可以利用从一系列抛弃型原型中获得的信息来精化需求，然后通过一个进化型序列，可以渐增式地实现需求。综合使用多种原型技术的原型构造过程给出了一条可选路径在最终设计用户界面之前，将使用抛弃式水平原型来澄清需求，而与之对应的垂直原型则使核心应用程序算法有效。综合使用多种原型技术的原型构造过程图如图5-4所示。

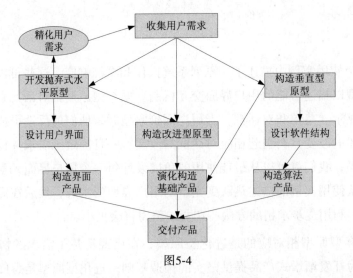

图5-4

坚持一个原则：绝不要把一个抛弃型原型固有的低劣性转化为产品系统要求的可维护性和健壮性。多种原型混合使用的典型应用方式，如表5-1所示。

表5-1　多种原型混合使用

| 原型类型 | 抛弃型 | 进化型 |
| --- | --- | --- |
| 水平型 | 澄清并精化使用实例和功能需求<br>查明遗漏的功能<br>探索用户界面方法 | 实现核心使用实例<br>根据优先级实现附加的使用实例 |
| 垂直型 | 证明技术的可行性 | 实现并发展核心的系统层次架构<br>实现并优化核心算法 |

 航标灯：绝不要把一个抛弃型原型固有的低劣性转化为产品系统要求的可维护性和健壮性。

### 3. 书面原型和电子原型

在许多情况下一个可执行的原型未必可以获取所需的用于解决关于需求不确定性的信息。书面原型是一种廉价的、快速的并且不涉及高技术的方法，它可以把一个系统某部分是如何实现的呈现在用户面前。书面原型有助于判断用户和开发者在需求上是否达成共识。它可以使我们在开发产品的代码前，对各种可能的解决方案进行试验性的并且是低风险的尝试。

书面原型所包括的工具仅仅是纸张、索引卡、粘贴纸、塑料板、白板和标识器。我们可以对屏幕布局进行构思，而不必关心那些按钮和装饰物应该出现在什么位置上。用户愿意提供反馈，这将引起多页书面原型充分的改变。有时我们不急于评论一个基于计算机的原型，因为原型凝结了开发者的辛劳。开发者也经常不愿意对精心制作的电子原型做重大更改。

有了书面原型，当用户评价原型时，一个人可以充当计算机的角色。用户最初的动作开始发起问话，而充当计算机角色的人员会将关于显示的纸张和索引卡给用户。用户可以判断界面是否满足期望，并且可以判断所显示的项是否正确。如果发现错误，只需用一张新索引卡重画一张即可。

 航标灯：书面方式和电子方式都可以做原型，取决于大家的选择。

不管我们建立的书面原型多么高效，在纸张上画界面有多快。书面原型方便了快速的反复性，而需求开发中反复性是一个关键成功因素。在运用自动化工具建立详细的用户界面原型，构造一个进化型原型或从事传统设计和构造活动前，书面原型对于精化需求都是一种优秀的技术，它提供了一种管理客户期望的有用的办法。

如果我们决定建立一个电子的抛弃型原型，以下一些工具我们会用到：

（1）编程语言，如VB、DELPHI、SMALLTALK。

（2）脚本语言，如perl、js、python等。

（3）商品化建立原型的工具包、绘图器。

基于web的使用可以快速修改html页面来快速澄清需求而不去探索特定的用户界面的设计的原型是很有用的。合适的工具可以使我们快速地实现并更改用户界面组件，而不管在界面后面的代码效率的高低。

## 5.4.3 原型的评价

通过建立一个原型评价表，使用户按照一系列设计好的问题进行回答以获取用户对原型的评价信息，这样可以提高对原型评价的有效性。这种方式比一般的询问"你对这个原型的看法如何"这种泛泛的问题来得更加准确。我们可以从使用实例和原型的描述功能中获取这些评价表的询问项。这一评价表可以让用户执行特定的任务并且指导他们评价我们认为不确定的原型部分。在每个任务之后，原型评价表将为评价者提供与任务有关的回答。表5-2列出了一个一般性评价问题。

表5-2  一般性评价项

| 序号 | 评价项 | 是 | 否 | 说明 |
|---|---|---|---|---|
| 1 | 原型所实现的功能与你的期望一致吗 | | | |
| 2 | 有遗漏的功能吗 | | | |
| 3 | 原型所涉及的一些出错情况完整吗 | | | |
| 4 | 有多余的功能吗 | | | |
| 5 | 导航反映的是否完整而且符合你的思维认识 | | | |
| 6 | 有对功能更简单的建议吗 | | | |

在设计原型评价表时务必让一些合适的人从恰当的角度评价原型。原型的评价者最好选择具有分类的用户群代表性的人员来担当。评价组必须从使用原型中功能的人中挑出两端的代表性人，一种是有经验的代表，一种是没有经验

的代表。把原型评价表给这些评价者，应注意原型不包括要在以后真正产品开发中实现的所有业务逻辑。

比起只是简单地让用户评价原型然后让用户把他们的想法告诉我们，亲自观察用户使用原型将会获得更多的信息。用户界面原型可用性的正式测试是很庞大的，但是我们可以通过观察获得很多信息。

（1）要注意用户所指出那些不足的原型部分。

（2）善于发现与原型的方法相冲突的用户所习惯的应用程序操作规范。

（3）寻找那些有疑惑的用户，他们不知道该如何做并且并不知道如何才能达到满意的程度。

当用户评价原型时，让用户尽量把自己真实想法大胆地说出来，这样我们才能理解用户的想法，并且能够发现原型表示的不合理的需求部分。努力创造一个公平、公开的环境，这样评价者才能畅所欲言，表达他们的想法和所关注的重点。在用户评价原型时，我们要避免诱导用户用设计好的特定方法执行一些功能。

把从原型评价中获得的信息编写成文档。对于一个水平原型，用所收集的信息精化软件需求规格说明中的需求。如果原型评价得出一些用户界面设计的决策或者特定交互技术的选择，那么把这些结论和你如何实现的记录下来。没有用户想法参与的决策，就必须不断地回溯，将造成不必要的时间浪费。对于一个垂直原型，记录好所实施的评价以及评价结果，从而做出关于所探索的不同技术方法可行性的决策。

> 航标灯：原型的评价是对原型工作是否达到目标要求的一个手段，是是否结束此项工作的一个依据。

## 5.4.4 原型的风险

原型法是一种减少软件项目失败风险的技术。然而原型法又引入了自身的风险。最大的风险是用户或者管理者才看到一个正在运行的原型从而以为产品即将完成。

如果我们在演示或评价一个抛弃型原型，无论它与真正的产品是如何相像，它绝不会达到产品的使用程度。它仅是一个模型、一个模拟或一次实验。处理风险承担者的期望是功能原型法的一个关键因素，因此要保证那些见到原型的人理解为什么要建立原型并且是怎样建立原型。绝不能把抛弃型原型当作可交付的产品。

> 🚩 **航标灯：原型也仅是一个原型，不能因为原型有了就认为项目的时间就可以缩短了。**

不要因为担心提交不成熟的产品有压力而阻碍我们建立原型，但是我们必须让见到原型的人明白不会交付原型，甚至不会将它称为软件。控制这种风险的一种方法是利用书面原型而不是电子原型。评价书面原型的人绝不会误认为产品已经完成开发并可以交付了。

在原型评价期间，继续处理那些期望。如果评价者看到原型可以对一个模拟的数据库查询响应甚快，那么他们期望在最终的软件产品中也具有同样惊人的性能。在对最终产品的行为进行测试时，要考虑现实中时间的延迟。

## 5.4.5 原型的原则

软件原型法提供了一个减少风险的技术，它可以获得正确的需求，可以减少软件开发因需求不清而导致的失败，增加用户满意程度，生产出高质量的产品并且可以减少需求错误和用户界面的缺陷。为了帮助我们在需求开发过程中建立有效的原型，要在原型开发时遵循以下原则：

（1）项目计划中应包括原型风险，安排好原型开发、评价和可能的修改原型的时间。

（2）计划中应有多个原型，因为我们不可能一次成功。

（3）尽快并且廉价地建立抛弃型原型。用最小的投资开发那些用于回答问题和解决需求不确定性的原型。不要努力去完善一个抛弃型原型的用户界面。

（4）在抛弃型原型中不应包含有代码注释、输入数据的有效性检查、保护性编码技术或者错误处理的代码。

（5）对于已经理解并取得共识的需求不要建立原型。

（6）不能随意增加功能。当一个简单的抛弃型原型达到原型目的时，就不要随便扩充它的功能。

（7）不要从水平原型的性能测试推测最终产品的性能。原型可能没有运行在最终产品所处的特定环境中，并且你开发原型的工具与开发产品的工具在效率上是存在差异的。

（8）在原型屏幕显示和报表中使用合理的模拟数据。那些评价原型的用户会受不真实数据的影响而不能把原型看成真正的产品的模型。

（9）不要期望原型可以取代需求文档。原型只是一种暗示了后台有许多功能，因此必须把这些功能写入软件需求规格说明，使之完善、详细并且可以有据可查。

 **航标灯：用原型取代软件需求文档是一种错误的做法。**

# 第6章
# 软件工程与需求工程

"需求工程是圆心，客户业务是内核，软件工程是圆点"是需求工程和软件工程间关系的真实写照。软件工程是将软件开发各环节内部细节和相互关系作为自己的研发对象，是对软件开发工作的过程化、工具化、规范化的工程，其目的是生产高质量的软件产品；需求工程是将业务需求、用户需求、系统需求和软件开发各环节外部作为自己的研究对象。需求工程对软件开发的技术工作和管理工作有其重要价值。需求是软件开发技术工作中系统设计、程序编码和系统测试的依据，需求是软件开发管理工作中进度、规模、工作量的估算依据。

## 6.1 定位不同目的相同

20世纪60年代由于软件开发引发的"软件危机"，诞生了软件工程这门学科，它使软件开发走向工程化，使开发过程有规律可循，方法、技术可以不断重用，使软件开发效率和质量取得了质的飞跃。随着科学技术的进步和社会的不断发展，尤其是20世纪90年代互联网的飞速发展，软件开发规模不断扩大、软件技术日益复杂，人们发现按照软件工程做的软件项目失败率还是相当高，而失败的根源无一不是指向不完整、不准确、有二义的软件需求，正是"需求危机"的出现，才有了20世纪90年代需求工程这门学科的提出。

相对于软件工程而言，需求工程还是一门新的、还在不断发展的、还需不断完善的一门学科。本文的需求工程也是笔者多年工作经验的总解，大胆地在传统需求工程的基础上将需求规划领域引入到需求工程中，由原来的需求开发、需求管理两个领域构成的需求工程变为三个领域构成的需求工程，并鲜明地提出需求工程是软件工程的核心这一论点。

> ⚓ **航标灯**：软件工程是"软件危机"的解决之道，需求工程是"需求危机"的解决之道。

# 6.2 软件工程与软件过程模型

软件工程是指用工程方法开发和维护软件的过程和有关技术的总称。软件工程起因于20世纪60年代后期出现的"软件危机"。所谓的"软件危机"实质上是指人们难以控制软件的开发和维护，其具体表现为：大型软件系统十分复杂，很难理解和维护；软件开发周期过长；大型软件的可靠性差；软件费用往往超出预算。面对"软件危机"，人们通过调查软件系统开发的实际情况，逐步认识到软件的开发和维护有必要采用工程化的方法，于是软件工程在1968年应运而生。

软件工程的适应对象是各种规模的软件项目，各种规模的软件项目可根据需要进行相应的软件开发环节的调整。软件工程研究的基本内容包括软件开发过程、软件开发和维护的方法与技术、软件开发和维护工具系统、质量评价和质量保证、软件管理和软件开发环境等。对于软件工程来说，从方法论的角度研究软件开发过程是十分重要的工作。

> ⚓ **航标灯**：软件工程的价值将软件开发技术细节和软件开发管理方式进行有机的统一。

软件开发过程是为了开发高质量的软件系统的一系列有时间的开发活动的时序。它规定了开发活动的各步骤。软件工程中对软件开发过程进行了划分，从软件计划开始，经历需求分析、系统设计、程序编码、系统测试、上线运行、软件维护到系统废止等开发环节。软件开发的机构和组织都把软件开发活动按照过程模型进行编排。

软件开发是根据用户的需要，将信息技术转化为软件产品，实现用户业务支撑的过程，是一种技术开发活动。在长期的软件开发过程中，人们不断摸索、不断总结，积累了大量的软件开发经验，当前在软件业比较常用的开发模型有瀑布模型、原型模型、喷泉模型、迭代增量模型、面向对象开发5种比较常见的模型。

> 航标灯：无论哪一种软件开发过程从时间的物理角度来看都是线性的，不同的是从时间的逻辑角度又显现出其非线性。

## 6.2.1 瀑布式模型

瀑布式开发模型是软件开发最常用的一个模型。这个模型认知简单、边界清晰、易于操作，所以一经推出就被广大的软件开发机构的组织所接受。瀑布式开发模型如图6-1所示，其开发过程共分为6个阶段，每个阶段都有明确的业务活动和业务规划，并产生一定的书面的工作成果。各阶段之间是紧耦合的，后一阶段的工作依据前一阶段的工作结果而展开。

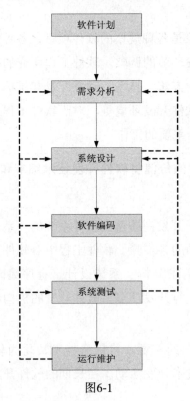

图6-1

106

实线是指相邻的阶段是直接依赖（上一阶段是一下阶段的输入），而虚线是指阶段间间接依赖（阶段间具有依据和参考关系）。6个阶段的业务活动描述如下。

（1）软件开发计划：确定软件开发项目必须完成的项目，论证项目的可行性、定义软件项目的开发范围，估算所需的人力、场地、设施的资源、开发工作量、开发费用，安排开发进度，并产生计划任务书和可行性报告等。

（2）需求分析：需求分析人员与用户代表一起理解和表达用户需求，并编制软件需求规格说明书。

（3）系统设计：设计阶段可分为概要设计和详细设计两个阶段。概要设计阶段是依据软件需求规格说明书设计出软件的系统架构，描述软件系统的具体功能、界面、数据、安全和接口；详细设计产生编码阶段所需的功能模块的设计规格说明书。概要设计和详细设计是层内协同关系，是一个整体中构成部分不同程度的设计。

（4）软件编码：按照详细设计要求，使用相应的程序设计语言进行程序代码的编写。

（5）系统测试：根据系统测试说明书，对软件系统进行黑盒和白盒的测试，及时地发现和纠正软件系统中存在的功能性、操作性、性能方面的错误和不完善问题，产生软件系统的测试报告。

（6）运行维护：通过各种必要的维护活动保证软件系统的正常运行，并能根据用户需求变更，进行持久性的开发，满足用户的业务需求。

瀑布式模型是严格的下导式过程，各阶段间具有顺序性和依赖性，前一阶段的输出是后一阶段的输入，每个阶段工作的完成需要审查确认，确认过程是严格的追溯过程，后一阶段出现了问题要通过前一阶段的重新确认来解决。它具有阶段间、线性和依赖性，各阶段必须完成规定的文档，通过各阶段文档的严格审查来保证软件开发的质量。值得注意的是，瀑布式模型只是提供了一个完成软件开发和维护任务的指导性框架，缺乏具体的实施方法和技术。虽然从过程图上看瀑布式模型各阶段是线性的，但在实际的软件开发过程中还存在反复，即在实际工作中呈非线性。比如在设计中发现需求比较模糊时，则需回到需求分析阶段进行清晰化处理。瀑布模型的最主要特点是无回溯。这也正是瀑布模型的不足之处：从认识角度而言人的认识是一个多次反复的过程：实践，认识，再实践，再认识，循环往复，最后才能获得对客观世界较为正确的认识。而软件开发是一项智力认识活动，很难一次彻底完成，往往也需要多次反复实践认识过程，但是，瀑布模型没有反映这种认识过程的反复性。所以，瀑布式开发方法适合软件需求非常明确、设计方案确定、编码环境熟悉等所有阶段都有较大把握的软件开发活动。

瀑布式模型在20世纪80年代之前一直是唯一广泛采用的软件开发模型，当前依然是软件工程中应用最广泛的模型之一。瀑布式模型存在的问题也是非常明显的。

（1）在实际开发工作中，用户不可能一开始就清楚自己需要什么，都是在软件开发的过程中得到完善的。当某些需求比较模糊时，比如用户提出要有友好的界面、系统要易用，这种不是能定量描述的东西，涉及用户的爱好习惯的东西，软件开发人员就不能准确把握了。在开发过程中用户的需求也可能发生变化，这也导致软件开发工作按照瀑布式模型就必须从头开始，这种做法显然是不合理的。

（2）瀑布式模型的各阶段的边界职责是清晰的、相对独立的，每个阶段的人员只负责其阶段内的工作，这也会在阶段间移交信息时产生失真，这是因为写文档的人和阅读文档的人视角不同，这就会产生理解上的偏差，这种偏差逐阶段放大后，就会使最终开发出的软件系统与用户需求可能大相径庭。

（3）瀑布式模型在需求分析阶段中需求的描述要依赖用户，如果用户参与程度不够，那么需求分析工作就成了无源之水、无本之木。这些做出来的软件是否符合要求要到测试后才能发现，并且用户也只能在需求分析和测试阶段的后期才能参与到其中。软件开发过程中的错误由于在相当长一段时间（设计和编码阶段）不能参与就无法及时发现，最终导致了用户与开发人员之间的矛盾。

> 航标灯：软件开发的这7个过程是软件开发规律性的东西，这个无论什么时候都是不会变的。

## 6.2.2 原型式模型

原型式模型的最大特点是：利用原型法技术能够快速实现系统的初步模型，供开发人员和用户进行交流，以便较准确获得用户的需求，采用逐步求精方法使原型逐步完善，是一种在新的高层次上不断反复推进的过程，它可以大大避免在瀑布模型冗长的开发过程中，看不见产品雏形的现象。相对瀑布模型来说，原型式模型更符合人类认识的过程和思维活动。

原型式模型是针对瀑布式模型存在的不足而提出的改进模型。所谓"原型"通常是指一种与原物的结构、大小和一般功能接近的形式或前置设计。软件原型是指待开发的软件系统的部分实现。原型是在完成最终可运行软件系统之前快速建立的实验性的、可感知的、可以在计算机上运行的程序，基于原型参与软件开发的相关人员和用户可以参照此进行评价和修正。原型式模型的基本思想是快速建立一个实现了若干功能的可运行模型来启发、揭示和不断完善用户需求，直到满足用户的全部需求为止。原型式模型的图示如图6-2所示。

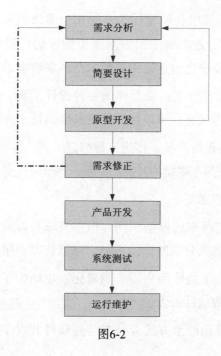

图6-2

109

原型式模型首先是快速建立一个能反映用户主要需求的原型系统，然后提供给用户在计算机上使用。用户在试用原型后提出相应的修改意见，开发人员根据用户意见进行修改，然后再提交给用户试用。反复多次，直到用户认为此原型系统能满足用户需求为止。需求分析人员将根据最终的原型系统编写需求规格说明书。

原型系统的主要用途是以可感知的方式来获取用户的最终需求，即将未来要建成的软件系统采用原型开发技术进行低成本的仿制开发。原型系统在用户需求确定后，将被抛弃，所以原型系统的内部结构并不重要，重要的是要快速构建原型，并根据原型采集用户意见并修改原型。

当原型的某个部分是利用软件工具由计算机自动生成的，这种方式也可以将这些部分应用到软件产品开发中，如用户界面是原型构成的一个关键部分，当使用屏幕生成程序和报表生成程序自动生成用户界面时，实际上可以把得到的用户界面用于最终的软件产品开发中。

使用原型式模型的目的如下。

（1）明确并完善需求：原型作为一种用户需求的采集工具，它是将未来要建系统的一些部分前置实现。用户对原型的评价可以指出需求中的许多问题，这样在真正开发系统之前可以用最低的费用来解决需求的正确性问题。

（2）探索设计选择方案：原型作为一种设计工具，可以探索不同的界面技术，使系统达到最佳状态，可以用于评价最终的技术方案。

（3）可以发展为最终产品。作为一种构造工具，原型是产品最初若干基本功能的实现，通过一系列小规模的开发和完善，逐步完成整个软件产品的开发。

原型式模型的特点如下。

（1）开发过程与瀑布式模型相同，但在需求获取的具体实施上不同，弥补了瀑布式模型中在需求分析阶段的不足，可以获取到用户的真实需求。

（2）通过原型系统能使用户需求明确化，也减少了用户需求的遗漏或因用户频繁修改需求导致软件开发的不可控。

（3）用户可以借助原型方式充分参与到软件开发中，通过反复试用原型系统，用户能及时提出反馈意见和建议，从而使开发人员在设计和编码阶段，能尽量减少错误。

（4）原型模型的本质是将最终软件产品采用原型的方式来抽象未来建成系统的大致样子，这种做法比只编写需求文档的成本要高，但对于软件项目总体上是减少了因为后期需求不清或需求多变带来的软件开发成本倍增、软件开发进度不可控的问题，从最终效果上是节约了开发成本、减少了开发周期、加速了软件开发。

原型式模型也存在以下一些不足。

（1）用户易于视原型为正式产品：因为用户看到的是软件系统的可执行版本，但他们认为如果原型都那么快出来，对软件正式产品在成本、进度上就有了一些新的想法，他们并不清楚一个软件产品还要为质量、维护、安装、升级等做大量的工作。

（2）建立原型模型的软件工具与环境与实际模型存在脱节的现象，在一定程度上影响了其使用的范围和实用价值。

（3）就目前的原型开发技术和工具而言，开发原型本身就不是件容易的事情。

原型模型对用户深层次的需求并不能做到深入分析。

> 航标灯：原型式开发模型是想通过原型得到一个完整的系统功能的开发视图。

## 6.2.3　迭代式模型

迭代式模型又叫增量式模型或渐增式模型。迭代式模型的基本思想是从核心功能开始通过不断地改进和扩充，使得软件系统能适应用户需求的变动和扩充，从而获得适应性较高的软件系统。迭代式模型的某一个部件是采用原型式模型来开发，从项目完成后我们再来看迭代式模型是 $N$ 个构件的原型式模型的重复构成的。在总的开发过程上还是遵循瀑布式开发过程的。

迭代式模型是向用户尽早提供可运行的软件系统的一种方式，和原型模型

111

不同的是原型式模型给出的是将未来生产系统的整体作为抽象对象采用原型化技术加以实现，其目的是把用户需求模糊部分变成正确部分作为目标的。而迭代式是对局部已经明确的需求、设计上不确定性因素少的核心功能优先开发，并且分批地逐步向用户提交，是一种从主到次、从核心到周边、从不变到可变的一种软件产品开发思路。

迭代模型不是在项目结束时一次性提交软件，而是分块逐次开发提交。分析人员只要找出满足项目需求的某一子集（比如说某个功能，或者是UML中所称 的Uses Case），就立即进行迭代开发，而不是将该项目的所有需求都搞清楚后才开始开发。所谓迭代，就是指每一个迭代过程都包含了软件生命周期的所有阶段，即分析、设计、实现和测试阶段。所有的迭代（子集）加起来就是项目的所有需求 （全集）。所谓增量，就是指某个迭代可能是在另外的基础上完成的，就是说，两个或多个迭代之间可能互为基础，这里说可能，是因为也有两个迭代完全没有重叠的情况.。迭代增量模型的图示如图6-3所示。

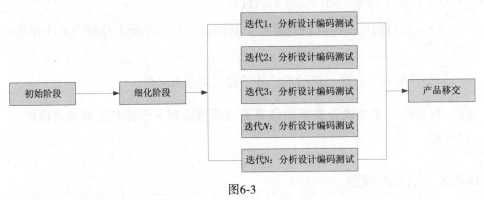

图6-3

迭代增量模型的特点如下。

（1）无须等到所有需求都出来，只要某个需求的子集出来即可开始开发。

虽然某个子集可能还需要进一步适应客户的需求，还需要更改，但只要子集足够小，这个影响对整个项目来说是可以承受的。

（2）能在短时间向用户提交可完成的部分功能的产品，能逐步增加产品功能，以使用户有充分的时间学习和适应软件系统。

迭代增量模型存在以下不足。

（1）每一次新增功能和新增构件加入到现有系统中，都需要考虑与现有系统各功能的关系，不能破坏现有的软件系统，对于开发工作的细致性要求很高。

（2）在设计软件系统的体系架构时，要充分考虑到开放性，新增构件的过程是简单的、且风险是可控的。

（3）子集间如果存在交集的情况就必须做全面的系统分析。事实上，各个功能间互相依赖的关系在现实生活中很普遍，存在交集，就必须做全盘的系统分析。

> 航标灯：迭代式开发是将每一个系统功能作为一个"完整系统"来开发，先分而治之再合而为一。

## 6.2.4　喷泉式模型

随着面向对象系统分析及设计方法的普及，出现了喷泉模型。喷泉模型认为软件自下而上周期的各阶段是相互重叠和多次反复的，就像水喷上去可以落下来，既可以落在中间，也可以落在最底部，类似一个喷泉。各个开发阶段是没有特定的次序要求的，并且是可以交互进行的，可以在某个开发阶段中随时补充其他任何开发阶段中的遗漏。喷泉模型的图示如图6-4所示。

喷泉模型的最大特点是可以从一个开发阶段转到其他任何一个开发阶段，各个阶段之间没有明显的界限。也就是，在整个过程中补漏、拾遗、纠正的切入点大大增多，不受开发阶段的限制。喷泉模型的缺点是要求对文档的管理较为严格，审核的难度加大，尤其是面对可能随时加入各种信息、需求与资料。

> 航标灯：迭代式和喷泉式开发是同一个思想，只不过喷泉式更适合采用面向对象软件开发技术的项目。

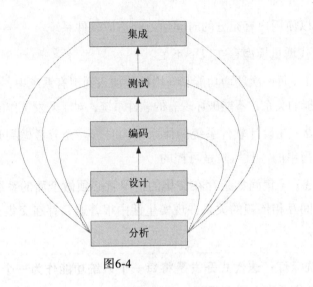

图6-4

## 6.2.5　对象式模型

近年来，面向对象作为软件开发的一种方法已广泛应用于软件开发工作中。所谓面向对象就是应用类、对象、接口、继承、封装、消算等对象的概念，对问题进行分析和求解的软件开发技术。对象模型的开发模型类似瀑布式模型，其过程如图6-5所示。

面向对象的需求分析的工作任务是面向现实世界构造一个问题分析模型，如对象模型、时序模型、状态模型和功能模型。面向对象的系统设计的任务是明确对象的内部细节，包括定义对象的界面、数据结构、算法和操作等。面向对象的编码和测试任务是采用面向对象和程序设计语言和工具实现类和对象，以及它们之间的静态和动态关系的实现，其中包括面向对象的程序设计和组装测试等。

面向对象开发模型的特点：

（1）对象式模型开发的顺序和瀑布式模型的顺序是一致的，和瀑布式模型一样在实际开发工作中存在过程交替、工作循环和信息回馈的复杂关系。有一部分分析工作是需要在设计之前进行，有一些分析工作则需要和部分设计工作与实现工作并行地进行。

114

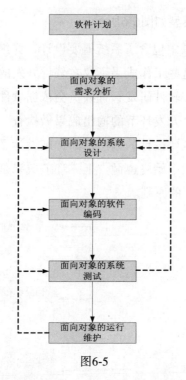

图6-5

（2）在整个软件开发过程中表达形式都是采用对象的方式来表达的。无论哪一个阶段都以渐增方式不断地进行细化这些类和对象。比如在分析阶段通过类及类关系来反映问题空间中实体间的抽象关系，而在设计阶段是对类进一步细化，是对类与类关系的时序、状态的详细描述。

（3）对象式模型可以支持软件的重用，这与面向对象的开发过程中采用概念封装和实时的隐藏技术有一定关系。

🚩 航标灯：对象式模型在物理时间段上是瀑布式的，在逻辑时间上任何一个对象都可以在软件开发过程中循环进行分析、设计和编码。

# 6.3 星型环状软件开发模型

星型环状软件开发模型是依据新一代需求工程所倡导的"需求工程是圆心，软件工程是圆点"理念，在继承对象式模型的基础上发展出来的一种新的开发模型。其开发过程模型如图6-6所示。

需求工程的工作成果中包含了系统概要设计、详细设计、软件编码等开发环节相关的约束信息。这些工作成果不仅在软件开发的各活动中传递，同时为了保证软件开发的质量，软件研发管理人员会依据软件需求规格说明中对每一环节的约束信息对每一个开发环节的输出成果做检查。比如概要设计工作完成后，详细设计的输入是概要设计的输出，而详细设计又要受需求分析的约束。在星型环状软件开发模型中始终遵循"上一环节成果是下一环节的输入，需求分析是下一环节的约束"的原则。

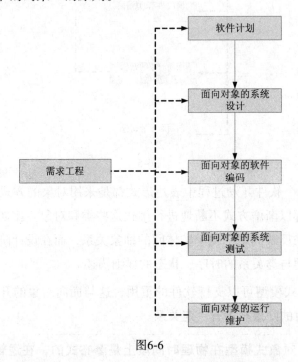

图6-6

> 🚩 **航标灯：星型环状开发就像打台球，软件开发的每一个环节是彩球，都是要由软件需求这颗母球去撞击它进行工作的。**

星型环状软件开发模型的特点：

（1）星型环状软件开发模型开发的顺序和瀑布式模型的顺序是一致的，和瀑布式模型一样在实际开发工作中存在过程交替、工作循环和信息回馈的复杂关系，但唯一不同的是在每一个环节中都会将需求分析作为前置条件，来控制下一环节工作的启动时机。

（2）星型环状软件开发模型在整个软件开发过程中表达形式都是采用对象的方式来表达的。无论哪一个阶段都以渐增方式不断地进行细化这些类和对象。

（3）星型环状软件开发模型要求软件需求一定要做得全面、细致，否则还会出现事后对需求分析工作质量产生争议的情况，同时对软件研发管理提出了很高的要求。

 航标灯：星型环状开发更适合采用面向对象技术的软件开发项目。

# 6.4 对软件开发技术工作的价值

需求工程的工作成果对软件开发有很大的价值，对软件开发管理同样有重要的价值。经过需求工程得到软件需求后，也通过原型的方式进一步使软件需求的完整性、无二义性、准确性得到了进一步保障，这确保了软件需求的高质量。而如何把软件需求转化为健壮的设计和合理的规划，有效地指导软件开发的各环节将是一个关键的工作。在本节中我们将介绍需求和项目规划、设计、编码和测试之间的联系来探讨需求工作和一个成功的软件产品之间的转化方法。

需求工程的工作成果在前述的分析中已明确指出了对软件开发各环节都有指导和约束关系。软件设计与软件测试都是以需求工程中的需求规格说明为基础的。软件设计以需求为基础，通过反复设计得到良好的软件架构和高质量的算法。开发人员在将需求转化为软件设计过程中遇到不确定的和含糊需求时，还需回到需求工程中，以便解决需求规格说明中存在的问题。需求规格说明是系统测试的基础，开发出的软件是否能满足用户的要求，只有通过测试来判断软件是否满足软件的需求规格说明。当软件不能满足需求规格说明时，要么修改软件系统，要么修改需求规格说明，然后再进入软件设计和实现阶段。

## 6.4.1 从需求到设计和编码

需求的工作成果主要包括业务及信息化规划说明、用户使用实例规格说明、系统需求规格说明，一些需求的工作成果还包括原型。这些成果将会和软件开发的设计、编码、测试、安装、运维等开发活动紧密相关。我们一直强调需求的完整性、无二义性、准确性，但一直没有对软件需求和这些软件开发活动之间的关系做一个定量的分析，而只有一个经验化的、大致的定性的关系分析。这就会发生即使需求做得再完美，也会由于无法对软件开发活动有一个准确的关系映射最终使软件项目质量不高甚至失败的情况。

对关系的定量分析的策略是抓两端、促中间。对于需求到设计和编码的关系分析，两端的一端是指需求、另一端是指设计和编码，中间是指两端的各组成部分的映射关系。需求规划的成果构成部分由问题、目标、组织和对象、业务分析、系统规划、定量计算构成。需求分析的成果构成是由用户使用实例和系统需求构成，其中系统分析又包括系统定义、系统功能、系统性能、系统接口等主要部分构成。设计分为概要设计和详细设计两个部分，概要设计包括总体设计、领域系统设计、应用系统设计、功能设计、数据设计、界面设计、安全设计、流程设计、技术设计、性能设计、算法设计、运行环境设计、开发环境设计等。详细设计包括命名设计、属性设计、方法设计、参数设计、界面详细设计、数据详细设计、协议详细设计、算法详细设计等。编码主要是将详细设计用计算机语言加以实现。

需求分析与系统设计最大的区别是，需求分析是描述"做什么，遵循什么规则做"，而系统设计是描述"用什么做、怎么做"。需求分析是将系统看做黑盒或灰盒，描述用户基于这个系统黑盒的4个方面诉求。

> 航标灯：需求分析是描述"做什么，遵循什么规则做"，而系统设计是描述"用什么做、怎么做"。

（1）黑盒的入出两端的数据和操作及期望黑盒对入出应做什么。

（2）对于黑盒而言有用户数量、响应时间、操作方式、操作频度、产生的数据量等性能诉求。

（3）黑盒与黑盒之间有什么样的交互关系，应有什么样的接口。

（4）黑盒内部以数据为中心基于这些数据应该有什么样的功能。

如果说需求分析描述的是一个人的真实面目并期望画家给这个人画幅画，那么系统设计就是画家要分三步走。

（1）考虑用什么笔、什么颜料、多大纸张构成要素。

（2）用笔、颜料将构成要素在纸上对照这个人一一画出。

（3）画完后还要将其放在一个画框内将其裱起来。

系统设计不是只有需求就能做设计了，系统设计是将系统看成白盒。概要设计重点放在白盒内有哪些构成部件（是将部件看成黑盒），部件组织的层次关系、部件在层内的相互关系的设计上，详细设计是把部件看成白盒，重点放在部件内的属性、方法和参数的设计上。系统设计本身就是要将引入什么样的开发环境、系统环境作为基础设计，然后才是针对需求在基础设计的基础上进行概要设计和详细设计及编码工作。所以基础的设计并没有在需求中加以描述，而是需要系统设计人员将基础设计引入，在引入时需要参考需求中的性能描述和系统的多少等信息。需求和设计存在差别，尽量使软件需求规格说明对具体实现没有倾向性。理想情况是在设计上考虑不应该歪曲对预期系统的描述。系统需求说明中应该强调对预期系统外部行为的理解和描述。让设计者和开发者参与需求审查以判断需求是否可以作为设计基础。在需求规划的系统规划和需求开发中的系统需求中我们站在业务角度自顶向下提出了对支撑业务所需技术基础的期望，那么设计和编码是自底向上应该采用什么样的基础来支撑系统需求的实现。

> **航标灯**：需求分析是将系统看做黑盒或灰盒，系统设计是将系统看成白盒。

不同的软件设计方法常常都会满足最终的需求，而设计方法会随着性能、有效性、健壮性及所采用的技术上的不同而变化。如果直接从需求规格说明跳到编码阶段，你所设计的软件将会是空中楼阁，其可能的结果只能是结构性很差的一个软件。在构造软件之前，我们应该考虑构造系统的最有效的方法。考虑一个其他的设计方案将有助于确保开发人员遵从所提出的设计约束或遵从与设计有关的质量属性规格说明。

在上面我们分析了需求与设计两端的构成，并指出了一定要在两端建立定性和定时的关系描述，还说明了需求只是设计要依据的其中一部分，另一些部分要系统设计自身具有。所以从需求到设计，首先我们要知道需求包括哪些内容，知道设计由哪些部分组成，再由设计组成部分与需求项一一对应后，然后再分析这种设计对需求项之间的吻合程度，这样才能体现出需求对设计的指导和约束价值。概要设计的各阶段与软件需求的对应关系如表6-1所示。

表6-1 概要设计的各阶段与软件需求的对应关系

| 序号 | 概要设计阶段 | 需求分析内容 | 关注要点 |
| --- | --- | --- | --- |
| 1 | 基础设计 | 需求规划中的分析计算<br>系统需求中的性能要求 | 基础设计要引入一些领域系统 |
| 2 | 总体设计 | 需求规划中的系统规划<br>系统需求说明中的接口、性能、扩展性的描述 | 单机应用或联网应用<br>C/S还是B/S<br>层次架构 |
| 3 | 系统设计 | 需求规划中的系统规划、分析计算的描述部分<br>系统需求说明中系统定义 | 系统的边界、系统的使用对象、系统的处理数据 |
| 4 | 功能设计 | 用户使用实例、系统需求说明中的接口、性能的描述 | 功能内包括的方法、功能间的过程、计算规则 |
| 5 | 数据设计 | 需求规划中的业务分析和数据建模<br>有系统体系架构建模 | 主题库、基本表、元数据、数据量、数据与系统关系 |
| 6 | 界面设计 | 用户使用实例、系统原型 | 界面构成要素、操作要求、界面间关系、界面与后台的交互协议 |
| 7 | 安全设计 | 需求规划中的系统规划中的安全分析、用户使用实例中的异常处理 | 数据在展现、传输、存贮、备份时的安全 |
| 8 | 流程设计 | 需求规划中的业务分析和系统分析中涉及用户的业务流程 | 流程的命名、流程的环节、流程的单证等 |
| 9 | 运行环境设计 | 需求规划中的系统规划部分的主机、终端其他辅助设备描述<br>用户使用实例中个人操作时的设备说明 | 终端、主机、网络、存贮和其他电子设备 |
| 10 | 技术设计 | 需求规划中的系统规划部分，用户使用实例、系统需求说明中的功能和性能的说明 | 终端技术、操作系统、传输协议、中间件、数据库、框架、语言等选择 |
| 11 | 性能设计 | 需求规划中的分析计算部分、用户使用实例中的响应期望、系统需求中的性能描述 | 操作、传输、存贮的时间和空间上的性能 |
| 12 | 算法设计 | 需求规划中的业务分析和系统分析中业务规则和系统规则的描述<br>用户使用实例操作中涉及计算的描述 | 功能的算法设计和总体性能上算法设计 |

> 航标灯：系统概要设计的各个项与软件需求上描述的各项有一对多或多对一的映射关系。

详细设计和编码的各部分与需求分析的对应关系如表6-2所示。

**表6-2 详细设计和编码的各部分与需求分析的对应关系**

| 序号 | 详细设计阶段 | 需求分析内容 | 关注要点 |
|---|---|---|---|
| 1 | 功能详细设计 | 用户使用实例、系统需求说明中的接口、性能的描述 | 名称、方法、属性、参数和方法内部处理过程 |
| 2 | 数据详细设计 | 需求规划中的业务分析和数据建模由系统体系架构建模 | 表名、表字段、字段取值、编码规则、表空间等 |
| 3 | 界面详细设计 | 用户使用实例、系统原型 | 界面构成要素、操作要求、界面间关系、界面与后台的交互协议 |
| 4 | 安全详细设计 | 需求规划中的系统规划中的安全分析、用户使用实例中的异常处理 | 数据在展现、传输、存贮、备份时的安全 |
| 5 | 流程详细设计 | 需求规划中的业务分析和系统分析中涉及用户的业务流程 | 流程的命名、流程的环节、流程的单证等 |
| 6 | 性能详细设计 | 需求规划中的分析计算部分、用户使用实例中的响应期望、系统需求中的性能描述 | 操作、传输、存贮的时间和空间上的性能 |
| 7 | 算法详细设计 | 需求规划中的业务分析和系统分析中业务规则和系统规则的描述 用户使用实例操作涉及计算的描述 | 功能的算法设计和总体性能上算法设计 |

> 航标灯：系统评价设计的各个项与软件需求上描述的各项也有一对多或多对一的映射关系。

以需求为基础反复设计将产生优良的成果。当我们得到更多的信息时，用不同的方法进行设计可以精细化最初的概念。设计上的失误将会导致软件系统难以维护和扩充，最终会导致不能满足客户在性能和可靠性上的目标。在把需求转化成为设计时你所花的时间将是对建立高质量、健壮性产品的关键投资。

在设计产品时，产品的需求和质量属性决定了采用什么样的架构、语言和运行环境。研究和评审所提出的体系结构是另一种解释需求的方法且会使需求更加明确。

在我们开始实现各个部分的需求时，我们需要将核心的功能先实现，不必等整个产品的完整的详细设计。然而在编码前，就必须设计好每个部分。设计规划将有益于大型项目。下面几个指导思想将有益于设计的成功。

（1）应为在维护过程中起支撑作用的子系统和软件组件建立一个体系架构。

（2）明确需要创建的对象类或功能模块，定义它们的接口、功能范围以及与其他代码单元的协作。

（3）根据强内聚、松耦合和信息隐藏的良好设计原则定义每个代码单元的预期功能。

（4）确定设计能满足所有的功能需求并且不包括不必要的功能。

当开发者把需求转化为设计和代码时，我们还会遇到不确定和混淆的地方。我们还可以沿着发生的问题回溯到需求，并提出需求变更的请求。

## 6.4.2 从需求到系统测试

详尽的需求是系统测试的基础，反过来只能通过测试来判断软件是否满足了需求。我们必须针对软件需求规格说明中所记录的产品的预期行为来测试整个软件，而不是针对设计或编码。基于代码的系统测试可以变成自满足预见。产品可以正确呈现基于代码的测试用例所描述的所有行为，但这并不意味着产品正确地实现用户的需求。让测试人员参与需求审查以确保需求是明确的，通过验证的需求才可以作为系统测试的基础。

在需求开发中，当每个需求都稳定之后，项目的系统测试人员应该编写文档，以记录他们是如何验证需求，并通过测试、审查、演示和分析。对如何验证每一需求的思考过程本身就是一种很有用的质量审查实践。根据需求中的逻辑描述，利用诸如因果图等分析技术来获得测试用例，这将会揭示需求的二义性、遗漏或隐含其他条件和其他问题。在我们的系统测试方案中，每个需求应至少由一个测试用例来测试，这样就会验证所有的系统行为。我们可以由跟踪通过测试的需求比例来衡量测试进度。有经验的测试人员可以根据他们对产品的预期功能、用法、质量特性和特有行为的理解，概括出纯粹基于需求的测试。

基于需求规格说明的测试适用于许多测试设计策略，如动作驱动、数据驱动、逻辑驱动、事件驱动和状态驱动。从正式的规格说明中很容易自动生成测试用例，但是对于更多的由自然语言描述的需求规格说明，我们必须手工开发测试用例。比起结构化分析图，对象模型更易于自动生成测试用例。

在开发过程中，我们将通过详细的软件功能需求仔细推敲来自使用实例高层抽象的需求，并最终转化成单个代码模块的规格说明。测试专家指出针对需求的测试必须在软件结构的每一层进行，而不只是在用户层进行。在一个应用程序中有许多代码不会被用户所访问，但这些代码却是产品基础操作所需要的。即使有些模块功能在整个软件产品中对用户是不可见的，但是每个模块功能必须满足其自身的需求或规格说明要求。

因此，针对用户需求来测试系统是系统测试的必要但非充分条件。

 **航标灯：系统的黑盒测试和集成测试都是以软件需求作为依据。**

# 6.5 对软件开发管理的价值

需求工程除了对系统设计和系统测试有影响外，还对软件开发管理有一定的影响。本节主要介绍如何通过需求工程的成果作依据，借助一些方法和工具，得出软件开发的进度、规模、成本的定性定量的结果，从而可以体现出需求工程对软件开发管理工作的价值。

 **航标灯：新一代需求工程提供一套定性定量计算软件开发进度、开发规模、开发工作量的方法。**

## 6.5.1 传统的软件开发估算

对一个要开发的系统，用户方与软件开发机构或组织首先要确定软件的规划、进度和成本。开发软件系统需要投入的人员、时间和精力都是需要事先确立的，对于进度、工作量、成本的预先确定工作，我们称为估算工作，既然是估算，就有一定的粗放性、近似性。传统的软件估算都是依据过去的同类型、同规模的软件项目取得的经验作为参照来展开此项工作的，并不是依据严格的标准和模型来展开的。常见的经验性软件估算表如表6-3所示。

表6-3 估算表

| 开发阶段 | 投入人月 | 人月成本 | 合计 |
|---|---|---|---|
| 需求分析 | $x1$ | $y1$ | $x1 \times y1$ |
| 系统设计 | $x2$ | $y2$ | $x2 \times y2$ |
| 软件编码 | $x3$ | $y3$ | $x3 \times y3$ |

| 开发阶段 | 投入人月 | 人月成本 | 合计 |
| --- | --- | --- | --- |
| 系统测试 | $x4$ | $y4$ | $x4 \times y4$ |
| 文档管理 | $x5$ | $y5$ | $x5 \times y5$ |
| 总计 | $\sum\limits_{i=1}^{s} xi \sum\limits_{i=1}^{s} xi$ | | $\sum\limits_{i=1}^{s} xi|yi \sum\limits_{i=1}^{s} \cdot xi|yi+M$ |

经验性预算表的表项是按照软件开发过程划分的若干阶段，根据各阶段估算出所需的人月、人月成本，最后得出总人月数 $\sum\limits_{i=1}^{s} xi \sum\limits_{i=1}^{s} xi$ 和开发成本，基中 $yi$ 表示支付给不同等级的开发人员的开销，$M$ 表示项目其他方面的综合开销，如耗材、行政管理成本等。此外，根据该估算还可以确定项目的开发进度表。从上述的经验性预算表中可以发现以下问题：

（1）经验性估算是依据工程经验和以往项目的数据得来的；

（2）这种估算方法未根据项目的实际需求或软件规模进行估算；

（3）这种估算具有很大的粗放性，准确性较差。

 **航标灯：粗放式的软件开发成本和进度有很大一部分是靠拍脑袋来决定的。**

## 6.5.2 需求工程与软件规模

根据需求规格说明来预估整个软件系统的规模，我们先做出如下的假设：

（1）软件规模与需求规格说明的规模成正比；

（2）需求规格说明的规模是需求规格说明的文档中各分项说明的总和；

（3）需求规格说明文档中每个分项的规模是分项的技术水平与分项文字描述的乘积。

假定需求规格说明中的每个需求项的技术水平相同，每个分项描述的字数也相同，那么软件的规模将与需求规格说明的文字数量成正比。

假定需求规格中的每项技术水平是变化的，如第 $i$ 项的技术水平用 $ti$ 表示，第 $i$ 项的字数用 $n$ 表示，那么第 $i$ 项的需求分项的需求规模为 $ti \times n$；由前面的假设软件的规模与需求规格说明的规模成正比，假定比例系数为 $K$，对于第 $i$ 项需求，其软件规模为 $ti \times n \times K$。

把所有分项（假设有$P$项）的需求规格说明的规模相加，就可得到软件规模$g$。$g$的公式如下：

$$g=\sum_{i=1}^{P}knti\sum_{i=1}^{P}knti\ ;$$

当令技术水平的平均值为$t$时，即$t=\sum_{i=1}^{P}\frac{ti}{P}\sum_{i=1}^{P}\frac{ti}{P}$，则有$g=P\times K\times n\times t$

以上只是一个人的估算，即是需求规模的一个人的观点，为了确保估算的准确性，我们需要多人来进行估算，其方法如下：

（1）将需求规模说明书划分$N$份，假定分成3部分；

（2）每部分由一个人通过对需求规格的规模估算得出软件的规模；

（3）由3个同时对一个部分的需求规格说明的估算算出软件的规模；

（4）根据各部分的软件规模算出总的软件规模。

令$l1$，$l2$，$l3$分别表示A，B，C，3人分别根据需求规格说明$S1$，$S2$，$S3$估算出软件规模，即$l1$（A），$l2$（B），$l3$（C），然后令$l1$（B），$l1$（C）分别表示由B和C两人对同一需求规格$S1$分别估算出的软件规模，于是对应$S1$的软件平均规模为

$$l1=（\ l1（A）+l1（B）+l1（C）\ ）/3$$

根据B、C两人的估算，可计算出相应的偏差系统，即

$$b=l1/l1（B）\qquad c=l1/l1（C）$$

根据偏差系数$b$，$c$可计算出与$S2$，$S3$对应的软件规模$l2$，$l3$；

$$l2=b\times l2（B）\qquad l3=c\times l3（C）$$

最后可计算出整个软件的规模为$l=l1+l2+l3$。

这种方法依赖于前述的3个假设，在实际应用中会面临以下问题：

（1）软件的规模与需求规格说明的规模不一定成正比关系；

（2）没有考虑需求规格说明的详细程度；

（3）对技术水平进行予量化是相当困难的工作。

除此方法外，开发人员还可以根据需求规格说明、系统模型、原型和用户界面来估算软件的规模，可用如下要素来估算软件规模：

（1）功能点和性能点的数量；

（2）图形用户界面的数量、类型和复杂度；

（3）用于实现特定需求所需的代码行。

这些要素也可以估算软件的规模，不管使用什么方法，最主要的是必须根据经验选择上述因素。此外，还应记录当前项目完成后的真正结果，与估算作比较，用于提高估算水平。

> 航标灯：通过需求规格说明的规模来计算软件规模虽有其不足，但已经在量化的道路上走出了一步。

### 6.5.3 需求工程与工作量

工作量的估算主要是从软件需求中预测代码行、功能点或图形界面的数量等估算整个项目的工作量。如果需求开发结束后，需求规格说明中仍有含糊和不确定的需求，将会引起软件规模和工作量估算的不确定性，从而导致工作量和进度安排的不确定性。因此，在估算中，要考虑一些临时事件及可能的需求增加和其他影响，在安排进度时要留有余地。

对于已知规模的软件，如果令 $l$ 表示软件规模，$N$ 表示开发人数，$q$ 表示平均生产效率时，则整个项目的开发时间 $T$ 为 $T=l/(q \times N)$；如果知道 $N$ 个人的平均开销 $N$，则可以由 $T \times N$ 计算出该项目的成本。反过来也可进行成本的估算。如果已知平均开销，就可根据 $T \times N$，首先计算出 $N$，再求出 $T$。此处把 $T \times N$ 也称为人月。

例如，项目规模 $l$ 为 32 000 行代码，$q$=300 行/人月，由 8 人参与共同开发此项目，T=32 000/（300*8）=13（月）

即该项目需要13个月。

但是估算方法也会面临如下一些问题：

（1）为防止发生某问题，规定 $T$ 的值不能小于某个值；

（2）当 $N$ 变大时，人员间通信和交流的增加会导致生产率下降；

（3）生产率是各人生产率 $qi$ 的平均值，通过 $q=(q1+\cdots+qn)/N$ 求得。但该公式与 $T=l/(q \times N)$ 成立时，使得 $l=(q1+\cdots+qn) \times T$ 成立，即 $li=qi \times T$。如果不能把 $l$

很好地分配到各人的话，则$T$的计算不成立；

（4）$l$表示规模，当$l$很大时，应该考虑软件的复杂性。但规模小的软件不一定不复杂，也可能导致规模$l$虽小但工作量$T$仍然大的情况。如果按一般常识，这似乎不合常规。

因此，在软件开发中，当软件完成期较充裕时，程序员编程能力良好，而且按能力分配给合适工作等条件能满足时，$T=l(q \times N)$就可以成立。

除了上述方法外，估算工作量的方法还有由boehm提出的COCOMO(constructive cost model)及改进片COCOMO2.0方法。这些方法也是根据软件规模来估算工作量的，但计算的过程和考虑因素要多一些。此外，还有Kanffman和Kumar在1993年提出的对象类方法，该方法中的对象是指画面、报告和被开发的模块，然后根据对象的数量和复杂度计算工作量。

> 航标灯：工作量的估算主要是从软件需求中预测代码行、功能点或图形界面的数量等估算整个项目的工作量。

## 6.5.4 需求工程与项目进度

项目进度安排通常是在软件开发计划阶段根据软件系统必须完成的日期来安排开发进度，有了开发进度表，根据开发进度才能展开需求分析工作。这种进度安排面临的问题是不知道软件系统的规模究竟有多大、复杂性有多高，只能凭借经验进行估算。这种方式导致了开发人员在知道需求并开发出软件系统所有的功能时，其开发完成的时间与开发进度上的时间难以匹配。如果要做一个与实际开发进度一致的项目进度安排计划，软件需求是一个能够给项目进度提供准确性的保障，所以软件需求分析对开发进度安排是十分重要的。

对于一个待开发的软件系统，软件开发工作只是其中一部分。只有在整个软件系统的需求产生之后，才能建立相应的进度安排。在这种情况下，项目管理人员不仅需要根据软件需求安排开发进度，同时需要考虑和服务整个软件系统的进度安排。如在安排软件开发进度时，要考虑进行硬件设计时，软件开发需要做什么；在硬件开发出来后，软件开发做什么等。通过这样的考虑，使得软件开发进度的安排更具灵活性和合理性，从而有利于整个系统的进度安排。

传统的软件项目的进度安排出现问题的原因如下：

（1）不了解项目的需求和规划；

（2）低估了要花费的工作量和时间；

（3）没有考虑返工，特别是用户需求的变化等因素需消耗的时间。

如果要做一个正确的软件开发进度，就必须依赖于以下几个要素：

（1）在对需求清楚理解的基础上，根据需求估算软件系统的规模；

（2）根据以往的开发项目，清楚知道开发组织的开发效率；

（3）建立项目规划的有效过程和估算方法；

（4）积累大量的同类项目案例。

 **航标灯：项目的开发进度是基于软件规模和工作量来进行估算的。**

**2**

# 第2篇 知识篇

# 第7章
# 知识体系的构建方法

　　人人皆知知识的重要，但有时却表现为"人人口中有，人人心中无"。事物的知识是由知得知识和识得知识构成。识得的知识是以知的知识为核心。只有知的知识而无识的知识犹如"赵括纸上谈兵"，不会加以实际应用；只有识的知识而无知的知识犹如"照猫画虎"，终不能得其精髓。知的知识是由事物内在的属性构成的，而识的知识是认识事物外在属性的手段，如果人们不知道事物内在的属性，是无从去思考识别的，那么就不能认清事物，认不清事物就谈不上改造事物。知识是人们认识世界和改造世界的法宝。

## 7.1 知识的概念

　　知识从哪里来？知识是从实践中来的，是一种被证明了正确的抽象。

 **航标灯：知识从实践中来的，是一种被证明了正确的抽象。**

　　知识是什么？知识是不同个体的分析归纳后的抽象。知识以自然语言、表格、图形、公式、模式等方式存储在各种介质上，如书籍、光盘、大脑中。知识提供了一个已知结构来帮助人们认识事物，并将对事物的认知按结构顺序进行描述。通常说你对这个事物有认知，是指对某类事物中其中一个特例的认知，是你应用某类事物的知识对这个事物特例逐项识别加工后，填充到该类事物的知识结构中形成的一种认知成果。

　　知识到哪里去？面对外部事物，通过知识的识的知识，识别此物的属性，基于知识中知的知识，对事物的属性进行判断，确定此物的类，从而就有了对此物知识的记忆。

知识的价值是什么？知识的动态价值在于循理而重用，它可以使无名、无形、无序的事物变成有名、有形、有序的事物，知识的静态价值在于让你首先有了一个完整性的这类事物的概念体系，使你清楚你所面对的事物不是新事物而只是已知N种事物中的一种，或者即使是新事物，也提供了一种方法让你有条理地去认知它。

知识就像软件系统一样，由开发者将实践中获取来的表格、规则、算法、流程（知识）等组织起来变成系统（有规则的知识体系），由系统向用户提供各类界面，在界面的引导下用户面对现实事物与系统进行交互，该现实事物的信息经系统（有规则的知识体系）的处理进行有序的存放，这个存放的结果集就是知识应用的成果。

## 7.2 知得和识得

对一个事物描述的信息能成为知识必须满足三个条件：（1）它一定是被验证过的；（2）正确的；（3）被人们相信的。

 **航标灯：对一个事物描述的信息能成为知识必须满足三个条件。**

知识的作用是知识为我们提供了一个参考结构来供我们正确地认识事物，并将事物按照参考结构来进行描述。知识的研究对象是一切事物，知识的研究手段是实践，经实践得来的认知经概念归纳、关系梳理、逻辑演绎等思维方式形成信息。知识来源于对事物的实践活动，又作用于事物的实践活动中。两次实践活动有质的不同，第一次实践活动是在没有知识之前的实践活动，是无序的、混沌的、低效的，第二次实践活动是在获得知识下的实践活动，是有序的、清晰的、高效的。知识是我们认识世界和改造世界的法宝。知识来源于实践又作用于实践。

 **航标灯：知识来源于对事物的实践活动，又作用于事物的实践活动中。**

对于历史已有的知识，相对于还不知道这些知识的人或组织来讲，需要经知得、识得这两个活动才能建立知识、掌握知识，而后去应用知识。知得活动是通过实践、学习、交流等手段获取的，知得的信息是以结构化方式描述的，它由事物概念、属性（内在、外在）、构成、功能、规律等信息构成。识得是利用对事物外在的属性识别和分辨后，按照知得的结构化的方式来建立起对事物的认知，是知识的应用。

> 🔺 **航标灯：知识可以使人们的实践活动由无序到有序、由混沌到清晰、由低效到高效。**

知得是识得的前提，在知识体系的建立中，知得是识得的核心。建立知识的方法模型如图7-1所示。

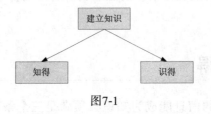

图7-1

小故事

"小明，帮妈妈去看一下水壶里的水烧开了没有？"

"怎么才知道水烧开了呢？"小明问妈妈。

"记住了，水烧开时是在翻滚的"妈妈耐心地说。

"妈妈，为什么水要烧开呢？水在什么情况下才能烧开呢？"小明好奇地问妈妈。

"烧开了的水喝了不容易生病，水温到100℃时，水就烧开了"妈妈赞许地说到。

开水喝了不会生病，开水是指水温达到100℃的水是关于开水的知的知识，而通过视觉观察在锅中的水在翻滚就表示水烧开了是识别开水的识的知识。

> 🔺 **航标灯：事物的知识是由知得知识和识得知识构成的。**

人们可以很容易获得知识，但要把知识应用好并不是一件容易的事。因为事物总是以各种形状存在的，也就是说，事物会以不同的形态来展现自己。识得如果采用某种视角来观察这个事物的外观，事物也会动态地以某种角度来呈现给你。如果人们用肉眼看一个人，看到的是这个人的容颜。当人们用X光来看这个人时，这个人不过是由一个骨架构成的。所以要想认识一个事物的本来面貌，一定要用多种识得的方法来观察事物，而这些识得方法是在知得的知识中有所描述的。所以知得是识得的前提，是知识建立的核心活动。

> 航标灯：人们可以很容易获得知识，但要把知识应用好并不是一件容易的事。

认知一个系统的具体认知过程如图7-2所示。

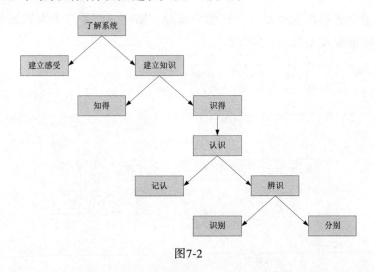

图7-2

由上图可知，了解系统是认知过程的目标，而逐层向下的节点是具体认知的行为。在这个图中我们只讨论了认知行为很小的一部分。识别和分别是低层的方法，它们能得到系统知识而无法归纳它，能分别出差异而无法梳理它，能构建功能模块而无法演绎它。因为归纳概念、梳理关系、推演逻辑这些活动都是高层次的思维方法。现实中对于软件系统，大多数的系统抽象与建模过程都会用到分别这一认知方法。如将已知需求规划为条目，然后分门别类，进而整理出子系统、模块、服务，以及规划出服务器、集群等方案。如果要做到这

133

些，就需要对系统中的组成、构件、关系等加以分别，这是上述活动的基点。而这只是系统的一部分，如果我们能据此就架构出系统，那只能说是庆幸的。而如果我们依此无法架构系统，那是因为我们没有足够的构建系统的知识。

> 🚩 **航标灯：识事物的外在属性，知事物的内在属性，可以做到事半功倍。**

当人们知道某个事物的知识后，人们是按一个结构来存储知识的。知识的结构体系是由知的知识和识的知识两部分构成的。知的知识是由这个事物的属性构成的，如类型、构成、数量、功能的信息项等。识的知识是由对这个事物的感性识别部分（如大小、色泽）和理化识别部分（如材质、关系）两部分构成。知的知识是告知人们这个事物应该有什么，识的知识是告诉人们用什么方法得到每一部分的内容，比如知告诉人们，人人是有姓名的，识告诉人们你去问这个人他会告诉你他叫张三，这两个部分相结合，就是这个人的姓名知识。知识的应用抽象模型如图7-3所示。

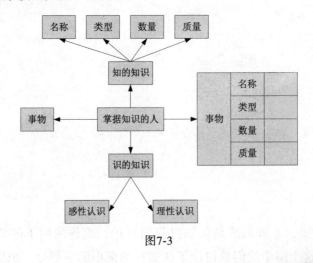

图7-3

原文："授人以鱼，不如授之以渔，授人以鱼只救一时之急，授人以渔则可解一生之需。""授人以鱼，不如授之以渔"，说的是"送给别人一条鱼能解他一时之饥，却不能解长久之饥，如果想让他永远有鱼吃，不如教会他捕鱼的方法"，有鱼吃是目的，会钓鱼是手段。这句话说明，要想帮助他人解决难题，还不如传授给他人解决难题的方法。

启示：只给识的知识或只给知的知识都如同只是"授人以鱼"。

知的知识犹如一张表格，上面标明了要填充的项。识的知识是对这张表里的构成项内容获取的方法描述。知识的应用就是按照表上的每一个要填的项作指引，按照这个要填项所说的方法获得这个项的内容，然后填充到这个项上，重复这个过程，直到这些项都填满，这张填充了内容的表格就是事物的知识。从知识的应用抽象模型分析来看，知识的作用就是让事物从混沌无序变成清晰有序。未经知识处理过的事物是千姿百态的，而经知识处理过的事物是采用一样的形不同的状来描述的，在形式表达上是一致的。

航标灯：知识可以使人们处理事物时事半功倍、举一反三，可以透过外象看到本质。

上述通过对一个认知过程的分析，说明了一个事物知识体系建立的重要性。人们要想改造某个事物，就必须预先具备这个事物的知的知识、识的知识和改造这个事物的知识。

# 第8章

# 需求工程的知识构成

任何一个领域的工程都至少由三大知识体系构成，一是基础知识体系，二是专有知识体系，三是特有知识体系。基础知识体系是跨领域的，专有知识体系是领域内公共依赖的，特有知识体系是领域内构成部分所独有的。需求工程的知识体系是由形式逻辑、系统论等构成的基础知识体系，由软件工程、体系架构设计等构成的专用知识体系和由需求规划、需求开发、需求管理等构成的特有知识体系三部分构成的。

## 8.1 总体知识构成框架

基础知识体系是任何工程都需具备的知识，这些基础知识包括形式逻辑、科学研究、系统论、控制论、信息论和工程论等。

专用知识体系是该工程领域要用到的一些知识，对于需求工程而言，由于它的目标是提供高质量的软件需求而且指导软件开发全过程，所以就需求与软件相关的专用知识，如软件工程、体系架构、信息资源规划等。

特有知识体系是该工程的组成部分中特有的、有鲜明特点的。

> 🚩 **航标灯**：任何一个领域的工程都至少由三大知识体系构成。

需求工程中的需求规划、需求开发、需求管理三大领域都有一些特有的知识。需求工程的知识体系构成如图8-1所示。

> 🚩 **航标灯**：需求工程的知识是由基础知识、专有知识和特有知识三部分构成的。

本书对需求工程的基础知识只做简单介绍，专有知识做重点介绍，特有知识做详细介绍。

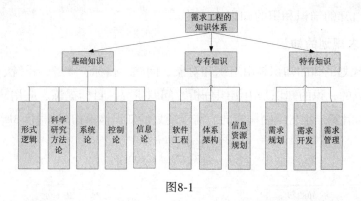

图8-1

航标灯：基础知识是跨领域的，专有知识是领域共有的，特有知识是领域中专有的。

## 8.2 各部分的知识构成

需求工程是指应用工程化的方法、技术和规格来进行需求规划、需求开发和需求管理的工作，其目标就是能够保障高质量的软件需求的生产。需求工程是由需求规划、需求开发、需求管理等涉及软件需求分析的系列活动构成的。需求工程研究领域可以划分为需求规划、需求开发、需求管理三部分，其构成如图8-2所示。

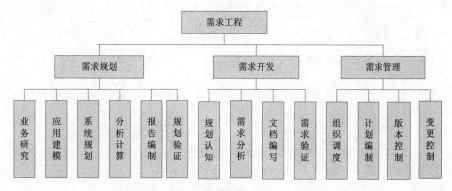

图8-2

需求工程研究领域可以划分为需求规划、需求开发、需求管理三个领域，那么需求工程和特有知识的构成就是由这三个领域的知识构成的。每个领域的知识都是由知的知识和识的知识构成的。

### 1. 需求规划的知识

需求规划的知的知识是由组织和对象、问题、目标、业务、系统、报告、验证结论构成的，识的知识是由组织分析、问题研究、目标提炼、应用建模、系统规划、分析计算、报告编制构成的。需求规划的知识体系构成如图8-3所示。

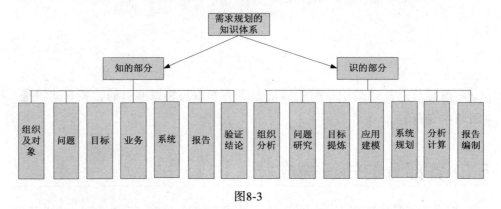

图8-3

### 2. 需求开发的知识

需求开发的知的知识是由认知报告、使用实例、系统需求、验证结论构成的，识的知识是由规划认知、需求分析、报告编制、需求验证等构成的。需求开发的知识体系构成如图8-4所示。

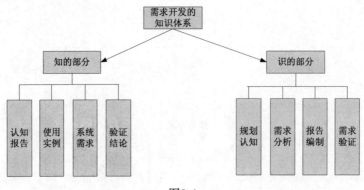

图8-4

### 3. 需求管理的知识

需求管理的知的知识是由版本、变更、跟踪构成的，识的知识是由版本管理、变更控制、需求跟踪构成的。需求管理的知识体系构成如图8-5所示。

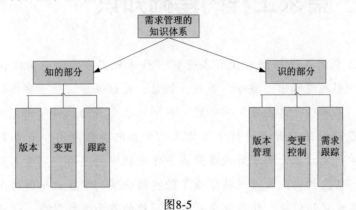

图8-5

# 第9章

# 需求工程的基础知识

　　需求工程的基础知识包括形式逻辑、科学研究方法论、系统论、控制论和信息论。形式逻辑中，演绎、推理、假设、论证等方法对于解决软件需求中"不完整、不准确、总在变、不一致"等问题很有帮助。科学研究方法论中讲述了形式逻辑方法在普通的科学研究工作中如何具体应用，业务需求分析可以借鉴科学研究方法论实现形式逻辑在具体领域中的应用。"老三论"对于系统、控制、信息的构成及其规律给出了经典的论述。掌握此知识对于理解本书提出的业务系统和软件系统在抽象层面是一致的将会很有帮助。这些基础知识也是其他工程的基础知识，是具有普适意义的。在这里只做简单的介绍，各知识的详细信息读者可以看专门的论著。

## 9.1　基础知识简介

　　形式逻辑是专门研究逻辑思维方法，形式逻辑是由概念、定义、划分、推理、归纳、演绎、论证等要素所组成的。掌握形式逻辑的知识，可以帮助我们正确地进行思维和准确地表达思想。

　　系统论是根据概念、系统性质、关系和结构把对象有机地组织起来，构成模型、研究系统的功能和结构，着重从整体上去揭示系统内部各要素之间及系统与外部环境的多种多样的联系、关系、结构与功能。

　　在控制论中，"控制"的定义是：为了"改善"某个或某些受控对象的功能或发展，需要获得并使用信息，以这种信息为基础而选出的、于该对象上的作用，称为控制。由此可见，控制的基础是信息，一切信息传递都是为了控制，进而任何控制又都依赖于信息反馈来实现。信息反馈是控制论的一个极其重要的概念。通俗地说，信息反馈就是指由控制系统把信息输送出去，又把其作用结果返送回来，并对信息的再输出发生影响，起到制约的作用，以达到预定的目的。

信息论是运用概率论与数理统计的方法研究信息、信息熵、通信系统、数据传输、密码学、数据压缩等问题的应用数学学科。信息论将信息的传递作为一种统计现象来考虑，给出了估算通信信道容量的方法。信息传输和信息压缩是信息论研究中的两大领域。这两个方面又由信息传输定理、信源—信道隔离定理相互联系。

科学研究方法在本质上是认识方法，它贯穿于科学研究的整个过程。面对新的业务、要改造的信息系统，我们首先要提出问题，然后从问题出发进行观察、实验、分析，最后给出解决问题的方案，而这些工作的正确方法正是科学研究方法。

> 航标灯：需求工程的基础知识是具有普适意义的，也是其他工程领域需要的基础知识。

人与人、组织与组织、人与系统交互的是信息、物质、能量，交互的双方都是一个系统，系统皆是有控制的，系统与系统交互的载体由信息交流开始，然后再由物质、能量的交互，信息是由概念、形式、逻辑构成的。所以学好形式逻辑和老三论（系统论、信息论、控制论）对于认知已有的系统是必备知识。而对于新的、未知的事物，我们是在基础必备知识基础上，采用的科学研究方法论，是用来认知新的、未知的事物事半功倍的方法。

> 航标灯：需求分析将面向多个业务领域，掌握这些基础知识，你可以快速熟悉任何业务领域。

## 9.2 形式逻辑

专门研究逻辑思维方法的一门学科称为形式逻辑。形式逻辑是一门以思维形式及其规律为主要研究对象，同时也涉及一些简单的逻辑方法的科学。形式逻辑是由概念、定义、划分、推理、归纳、演绎、论证等要素所组成的。掌握形式逻辑的知识，可以帮助人们正确地进行思维和准确地表达思想。形式逻辑是认识客观世界的辅助工具，也是论证思想、描述思想和表达思想的必要工具。形式逻辑对于我们在进行需求分析中的业务研究工作时迅速掌握新领域的知识、理解新领域的词汇提供帮助。

> 航标灯：掌握形式逻辑的知识，可以帮助人们正确地进行思维和准确地表达思想。

概念、判断、推理是形式逻辑的三大基本要素。概念包括外延和内涵，内涵是指概念的含义、性质，外延是指概念包含事物的范围大小；判断从质上分为肯定判断和否定判断，从量上分为全称判断、特称判断和单称判断；推理是思维的最高形式，概念构成判断，判断构成推理，从总体上说，人的思维就是由这三大要素决定的。它要求思维满足同一律、矛盾律、排中律和理由充足律。这四条规律要求思维必须具备确定性、无矛盾性、一贯性和论证性。

> 航标灯：形式逻辑是一门以思维形式及其规律为主要研究对象，同时也涉及一些简单的逻辑方法的科学。

## 9.2.1 概念

### 1. 概念的含义和特征

概念是反映事物的特有属性（固有属性或本质属性）的思维形态。举例来说，关于金属的概念，是反映金属的特有属性的；关于人的概念，是反映人的特有属性的。

属性是什么呢？我们通常把一个事物的性质与关系称为事物的属性。事物与属性是不可分的，事物是有属性的事物，属性也都是事物的属性。一个事物与别的事物的相同或相异，就是一个事物的属性与别的事物属性的相同或相异。具有相同属性的事物就形成类，具有不同属性的事物就分别形成不同的类。

组成某类的个别事物称为某类的分子。分子与类之间有属于关系，换句话说，分子属于某类。

一个事物有许多属性，在这些属性中，有些是事物的特有属性，有的是偶有属性。特有属性，就是该类事物有而别的事物都不具有的那些属性；而偶有属性，就是某类中的个别事物具有但不是该类中所有事物都具有的属性。比如人的特有属性是能制造和使用生产工具、有思想等，这些属性是人人都具有的，但是如肤色、文化程度等这些属性都是人偶有的属性。

事物的特有属性有些是本质属性，有些是固有属性。本质属性就是某类事物的有决定性的特有属性；而固有属性是某类事物的派生的特有属性。比如三条直线所构成的封闭平面图形这个属性与三内角之和等于180°的平面图形这个属性都是三角形的特有属性。但前者是本质属性，后者是固有属性，因为后者都可以根据前者推导而来。

概念和感觉、知觉、印象有质的区别。感觉、知觉与印象都是反映事物的具体形象的；而概念却是具有抽象性的，是抽象思维与理性认识阶段的产物。

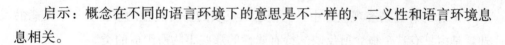

小故事

一位中学老师给学生讲中国近代史，在课堂提问时向某学生提出一个问题："你是怎样认识孙中山的？"这位学生居然回答说："我根本不认识孙中山。"全班同学听了这个回答哄堂大笑，老师也被弄得啼笑皆非。

启示：概念在不同的语言环境下的意思是不一样的，二义性和语言环境息息相关。

### 2. 概念与语词

概念是人们头脑中的思想。概念的表达、记载、传承必须借助于有声的、有形的事物做中介，这种有声的、有形的中介就是语词。语词是概念的语言形式，概念是语言的思想内容。

同一概念的语词可以不同，也就是说不同语词可以表达同一事物、表达同一概念。如大夫与医生是两个不同的词语，但表达的是同一概念。同一词语也可以表达不同的概念，比如逻辑，有时表达的是思维的规律，有时表达关于思维规律的科学。所以语词与概念即相互联系，又相互区别。

语词在语法学中分为实词和虚词。实词分为名词、动词、形容词、量词等。虚词分为介词、连词、语气词等。一般来说，实词是表达概念的，如人、国家、主体、客体等都是表达概念的。而虚词一般是不表达概念的，只是名词的标记或语句的标记，但也有个别虚词是表达概念的，如虚词中的连词如果、那么、或、并且等，这些词语反映了事物之间或事物情况之间的关系。

> 航标灯：概念借助词语有了形，但同一概念会有多个词语，二义性就是这样产生的。

### 3. 概念的内涵与外延

概念的内涵是其所反映的事物的特有属性，而概念的外延是具有概念所反映的特有属性的事物。

概念所反映的事物的特有属性与客观存在的事物的特有属性是有区别的。概念的内涵是属于思想方面的认识内容，事物的特有属性是属于事物方面被认识的对象，概念的内涵有依据事物的特有属性，并且日益逼近，能完全反映事物的特有属性，但两者仍然不能等同。概念的内涵是概念必须具有的内容，因而任何一个概念都是有内涵的。

> 航标灯：概念的内涵是指事物的属性构成。

概念的外延是客观世界中具有概念所反映的特有属性的事物。一个概念的外延是由具有这个概念所反映的特有属性的那些事物所组成的类。

概念明确是正确思维的首要条件。没有明确的概念，就不会有恰当的判断，就不会有合乎逻辑的推理与论证。所谓概念明确，就是概念的内涵和外延都明确。概念的内涵与概念的外延是互相制约的。概念的内涵确定了，在一定条件下，概念的外延也跟着确定了；同时，概念的外延确定了，在一定条件下，概念的内涵也跟着确定了。概念内涵的多少与概念外延的多少二者之间具有反比关系。

如果一个概念a的内涵比另一个概念b的内涵多，那么概念a的外延就比概念b的外延少；同时，如果概念a的内涵比概念b的内涵少，那么概念a的外延就比概念b的外延多。这就是概念的内涵与外延的反比规律。

### 4. 概念的种类

概念按其特性可以分为单独与普遍概念、集合与非集合概念、正与负概念、相对与绝对概念等。

根据概念的外延是一个事物还是多个事物，概念可以分为单独概念与普遍概念。单独概念是指外延是一个唯一的事物。时间和空间是唯一的，表示时间与空间的概念也是唯一的，特定时间与空间中的个别事物或事件也是唯一的。普遍概念是指外延是由多个事物组成的。普遍概念是不受时间与空间的限制的。普遍概念可以表达多个事物，在用普遍概念作主项的判断中需要对主项的数量进行界定。

集合概念是反映集合体的概念。非集合概念是不反映集合体的概念。集合体与类是不同的，类是许多事物组成的，具有同构性；而集合体是由许多事物作为部分有机组成的部分，组成部分可以是不同属性的事物。

正概念是反映具有某种属性的事物的概念。负概念是反映不具有某种属性的事物的概念。表达负概念的语词总是包含"不"与"非"这些词。负概念总是相对于一个特定范围的，在这个范围里的事物在具有某个属性时就不能同时具有这个属性。

相对概念是反映具有某种关系的事物的概念。绝对概念是反映具有某种性质的事物的概念。比如兄弟、大的、重的、好的等都是相对概念。相对概念涉及某种关系，而关系总是涉及另一个或另一些事物的。由于相对概念的相对性，我们不能用一个相对概念去定义另一个与它相对的概念。

### 5. 概念间的关系

客观世界中的两个或两类事物之间具有多种多样的关系。在任何两个或两类事物之间却有一种最普遍的关系，就是同异关系。同异关系既存在于两个数量之间，也存在于两种物质之间，既存在于两个人之间，也存在于两种思想之间。这种两类事物之间的同异关系就是形式逻辑的研究对象。两个概念或两个类之间存在有全同关系、上属关系、下属关系、交叉关系和全异关系。

全同关系的定义是：如果所有a都是b，同时所有b都是a，那么a与b就有全同关系，或都说a全同于b，或者说a与b是全同的。全同关系也是同一关系或重合关系。在判断语句中，如果两个概念具有全同关系，那么主项与谓项是可以互换的。

上属关系的定义是：如果所有b都是a，但是有的a不是b，那么a与b就有上属关系，或者说a上属于b。比如IT业与软件业就有上属关系，因为所有软件业都是IT业，但信息设备制造业不是软件业，而是属于IT业。

下属关系的定义是：如果所有a都是b，但是有的b不是a，那么a与b就有下属关系，或者a下属于b。比如软件业与IT业务有下属关系。类之间的包含关系也是一种上属或下属关系，比如a类与b类有包含关系，也就是说a类全同于b类或上属于b类。

交叉关系的定义是：如果有的a是b，有的a又不是b，而且有的b又不是a，那么a与b就有交叉关系，或者说a交叉于b，或者说a与b是交叉的。比如党员与工人，有些工人是党员，有些工人不是党员。

全异关系的定义是：如果所有a都不是b，那么a与b就有全异关系；或者说a全异于b，或者说a与b是全异的。全异关系又叫排斥关系。全异关系还可以进一步分为矛盾关系与反对关系。

## 9.2.2 定义与划分

### 1. 定义的整体认识

定义是揭示概念内涵的逻辑方法。概念的内涵就是概念所反映的事物的特有属性。揭示概念的内涵同时也就是揭示概念所反映的事物的特有属性的逻辑方法。

定义是由三部分组成，即被定义项、定义项和定义联项。被定义项就是其内涵被揭示的概念。定义项就是用以揭示被定义项的内涵的概念。定义联项就是表示被定义项与定义项之间必然联系的概念。比如人是能制造和利用生产工具的动物，人是被定义项，能制造和利用生产工具的动物是定义项，因而是定义联项。定义具有总结和巩固概念的作用、明确概念的作用、检查概念的作用和传递概念的作用。

定义有真实定义和语词定义。真实定义就是揭示事物的特有属性的定义。

146

真实定义又叫事物定义。语词定义就是规定或说明语词的意义的定义。语词定义分为说明的语词定义和规定的语词定义。真实定义与语词定义的区别如下。

（1）从语言表达形式上，真实定义的被定义项是一个词或词组，它表示一类事物，也表达一个概念。

（2）真实定义的定义联项是表示事物与属性之间或者事物与事物之间的必然联系。

（3）真实定义的被定义项在独立于定义项的情形下是有意义的，而语词定义的被定义项在独立于定义项的情形下却是没有意义的。

（4）真实定义是关于事物的判断，总是真的或假的。规定的语词定义却不是一个判断，是没有真假问题的。说明的语词定义虽然是一个真的或假的判断，但却是一个关于语词的判断，而不是一个关于语词所表示的事物的判断。

做出一个正确的定义，需要我们具备关系定义对象的具体知识。定义规则有以下四条：

（1）定义项中不能直接或间接地包括被定义项，如果定义项直接或间接地包括被定义项，则是一种定义的错误，一般称为循环定义的错误。

（2）定义项除非必要不应该包括负概念。

（3）定义项中不能包括含混的概念和语词。

（4）定义项的外延与被定义项的外延必须是全同的。

> 航标灯：概念的定义是需求分析的工作之一，其中的事项分拆后，要给出每个构成部分的定义。

### 2. 划分的整体认识

概念有内涵和外延两个方面。定义是明确概念的内涵说明的逻辑方法，而划分是明确概念的外延说明的逻辑方法。划分就是把一个概念的外延分为几个小类的逻辑方法。小类是大类的种，大类是小类的属，所以划分也是把一个属分为几个种的逻辑方法。

把一个大类分成几个小类，前者称为划分的母项，后者称为划分的子项。

把一个母项划分为几个子项，必须根据一个标准来进行。这种划分时所根据的标准，称为划分标准或划分依据。划分的标准可以是一个属性，也可以是几个属性。划分的标准究竟采取哪些属性，是根据实践的要求来决定的。

划分的规则是进行划分时必须遵守的规则，也是检查一个划分是否正确的规则。划分规则有以下三条：

（1）划分的各个子项应当互不相容，各个子项之间都是全异关系；

（2）各个子项之和必须穷尽母项，各子项之和等于母项；

（3）每次划分必须按照同一划分标准进行。

二分法是一种特别的划分，如果把一个母项划分成两个子项，一个子项具有某种属性，而另一个子项恰好缺乏这个属性，这样的划分就是二分法。二分法的两个子项是有矛盾关系的，二分法是遵循划分的规则的。

 航标灯：划分也是需求分析的工作之一，其中的事项的归类就是划分的意思。

### 3. 定义与划分的关系

划分与定义是从不同方面来明确概念的，划分是明确概念的外延，而定义是明确概念的内涵。真实定义的定义项在一般情况下是属加种差，而划分就是把一个属分为几个种。划分给定义提供了一定的条件。把某类加以划分，我们需要知道该类具有哪些特有属性的事物，也即是需要知道这类事物的定义，所以定义又给划分提供了一定的条件。

定义与划分分别揭示了概念的两个方面。最好的明确概念的方法，是以内涵定义为主，以外延定义为辅。

航标灯：概念、定义和划分是解决需求中无二义性的关键方法之一。

## 9.2.3 演绎与归纳

归纳就是从个别事物概括出一般原理的思维方法。人类认识的前进运动，总是从实践到感性认识，从感性认识到理性认识，又从理性认识再到实践。这个认识过程是从个别到一般和从一般到个别的循环往复中实现的。从个别中获取一般的知识，虽然不是只靠归纳取得的，但却不能没有归纳。因为如果不从许多个别或特殊的事物中概括出一般的东西，就无从得到一般的知识。从个别、特殊中概括出一般性知识的思维发展过程正是归纳的过程。

**小故事**

英国哲学家伯特兰·罗素有一个关于归纳主义者火鸡的故事。在火鸡饲养场里，有一只火鸡发现，第一天上午9点钟主人给它喂食。然而作为一个卓越的归纳主义者，它并不马上做出结论。它一直等到已收集了有关上午9点钟给它喂食这一经验事实的大量观察；而且，它是在多种情况下进行这些观察的：雨天和晴天、热天和冷天、星期三和星期四……它每天都在自己的记录表中加进新的观察陈述。最后，它的归纳主义良心感到满意，然后进行归纳推理，得出了下面的结论："主人总是在上午9点钟给我喂食。"可是，事情并不像它所想象的那样简单和乐观。在圣诞节前夕，当主人没有给它喂食，而是把它宰杀的时候，它通过归纳概括而得到的结论终于被无情地推翻了。大概火鸡临终前也会因此而感到深深遗憾。

启示：归纳在生活中会经常用到，一定要基于大量的真实材料。

**航标灯**：需求分析的析就是归纳，就是从个别到一般，目的是要整理出构成事项的要素和组织规则。

演绎就是从一般原理中引申出个别结论的思维方式。从一般到个别的知识虽然不是靠演绎获得的，但是也不能没有演绎。因为如果把某种一般知识应用于特殊或个别的场合，得出有关特殊或个别的结论，就不能不运用演绎。

归纳和演绎在思维活动中都是不可缺少的，割裂两者关系，无论是归纳还是演绎，都将显现自身的局限性，归纳的局限性具体表现在以下几个方面：首先归纳出来的结论不一定是被归纳事物的共同本质。因为归纳过程实质上只是从许多个别事物中抽出共同属性的过程，而这种共同的属性并不一定就是事物的本质。演绎也有局限性。首先演绎的出发点即一般原则是否真实，是需要证明的，但演绎本身不能解决自身前提是否真实的问题。

 **航标灯：分析的目的是归纳，归纳的目的是演绎。**

归纳和演绎各自都有其局限性，那么应该把它们联系起来，使它们互补。归纳和演绎的辩证关系表现如下：

（1）归纳和演绎相互依赖。归纳和演绎相互提供前提。归纳是演绎的基础，为演绎提供了前提。因为演绎是从一般到个别的思维方法，而演绎又不能为自己准备好作为出发点的一般原则。而归纳确是从个别概括出一般的知识。所以归纳可以为演绎提供前提。演绎也能为归纳提供前提。因为任何归纳都是从个别出发，以认识个别为前提的。而演绎的结果能取得关于个别的知识，因而也能丰富归纳的前提。归纳和演绎相互补充。归纳和演绎在人们发现真理、研究事物规律性的过程中总是互相补充的。归纳可以从个别中概括出一般来，所以发现事物的一般规律总离不开归纳。在这一过程中往往又需要演绎的帮助。在许多情况下，只有在一般原理的指导下，运用演绎才能真正认识个别。

（2）归纳和演绎相互渗透。从人的认识过程来看，归纳中有演绎，演绎中有归纳。由于从个别到一般和从一般到个别是人类认识的两个互相渗透的过程，在前一过程中，既有从个别到一般，又有从一般到个别，只不过是以从个别到一般为主。从人的思维结构来看，也体现着归纳中有演绎，演绎中有归纳。

（3）归纳和演绎相互转化。归纳和演绎互相提供前提，归纳可以转化为演绎，演绎可以转化为归纳。归纳既然可以为演绎提供前提，那么归纳准备了演绎的条件；而演绎得出的正确结论可以为归纳提供前提。

 **航标灯：形式逻辑中的演绎是解决"需求完整性"的关键方法。**

## 9.2.4 分析与综合

分析与综合是和归纳和演绎有密切联系的思维方法。当人们的认识由个别到一般时，就必须对个别事物各方面的具体规定性有所认识，才能从中区分出本质的与非本质的东西、必然的和偶然的东西，这就需要对个别事物进行具体的分析。而当人们取得了关于对象本质的一般认识时，又需要从本质的一般的特征出发，按照事物的内在联系，把各方面的规定性结合起来，以取得关于该事物全面的、本质的、具体的认识，这就需要在分析的基础上进行综合。

分析是把整体分解为各个部分来认识的方法。每一个事物都是由若干部分，即方面、特性、因素和阶段组成的。这些部分错综复杂地联系着，形成一个统一的整体。为了认识它的本质，只从整体上粗略认识是不行的，还必须把整体分为不同的方面、特性、因素和阶段等部分，然后再分别予以考察，以区别它的内部联系和外部联系、必然联系和偶然联系、本质联系和非本质联系。

 **航标灯：分析是把整体分解为各个部分来认识的方法。**

分析的方法多种多样。不同的科学有不同的研究对象，不同的对象有不同的特性，分析不同的特性需要不同的方法。常用的基本分析方法有以下几种。

（1）定性分析法，其作用是要判定事物所具有的各种属性。

（2）定量分析法，它的作用是要判定事物的各种因素、属性的数值和数量关系，量的计算可以增加对质的认识。

（3）因果分析法，它的作用是为了找出引起事物变化发展的原因，进而找出事物发展的规律性和方向。

 **航标灯：分析分为定性分析、定量分析和因果分析。**

综合是把对于事物的各个部分认识有机地结合成整体认识的方法。思维的综合活动是从分析结束的地方开始的。分析把整体分解为各个部分来认识并从中揭示事物的本质和内部联系，这是一个从具体到抽象的过程。虽然这种认识超出了感性的具体认识，但还处在理性的抽象阶段，没有获得关于对象的具体而全面的认识。因此还必须进一步把这些单纯规定联结成一个整体，这是就综合的任务。综合不是主观地任意把不相干的部分扯在一起，而应该是同一个整体的各部分的联结。综合不是各个部分的机械相加，也不是各种因素的简单叠加，而是按照对象各部分间的有机联系，从总体上把握事物的方法。综合不是从外部现象的联结上来认识事物，而是研究事物的本质怎么体现在事物的各个方面，怎样通过多样性的外部现象表现出来。综合的实质在于通过把被分解的各个单纯的规定综合起来，暴露事物发展过程中的矛盾在其总体上、在其联结上的特殊性，使对象作为统一的整体在思维中再现出来。总之，综合是由理性的抽象上升到理性的具体的过程，是思维中再现具体的过程。

> 航标灯：综合是把对于事物的各个部分认识有机地结合成整体认识的方法。

分析和综合既相互对立又统一。其具体表现在以下几个方面。

（1）分析和综合互为前提。分析是通过调查研究，发现问题，提出问题，深入内部，然后揭示事物的本质，为综合准备了基础。综合必须从事物的本质出发，把各部分联成一个整体，暴露事物发展过程中矛盾在总体上、在其相互联结上的特殊性。

（2）分析和综合互相补充。在认识过程中，分析和综合是互为前提的。对于一个新事物的认识，一般来说首先有分析，后有综合，但在有的情况下，却是先有综合，后有分析。

（3）分析和综合互相渗透。在分析中有综合，在综合中有分析。在分析中进行综合，是因为当对某一情况进行分析了解时，一定要联系到整体，也要联系到其他方面。

（4）分析和综合互相转化。从分析和综合互为前提、互相补充、互想渗透中可以清楚地看出分析和综合是互相转化的。人们认识过程，是一个在实践的基础上由浅入深、由现象到本质的过程。

> 航标灯：需求分析是分析和综合两种方法的应用，分析方法是先定性、再定量、后因果。分析是分而治之，综合是合而为一。

## 9.2.5 抽象和具体

抽象和具体是同分析和综合密切联系的思维方式。认识开始时，客观事物是作为一个具体的整体出现在人的面前的，人们对它的认识是感性的具体认识。通过分析，抽象出单纯的规定性，从中区别出本质的东西和必然的规律性，这是由感性的具体上升到抽象的规定。认识过程是把多样抽象的规定按其固有的联系在思维中统一起来，形成反映事物本质的整体认识，这就是由抽象上升到具体的过程，而后面的这种具体认识已经是理性的具体认识。

客观存在着的事物都是具体的。作为认识结果的具体，是客观事物的具体性反映。它有两种表现。

（1）感性具体。即能为感官直接感觉到的客观事物表面现象的认识。感性具体具有表现性和直观性。

（2）理性具体。理性具体是在思维中对客观事物各个内在的因素、特性等多样规定性的统一的认识。理性具体是内在的、深刻的。

具体上升到抽象，就是将完整的表象转化为抽象的规定。抽象的规定较之感性的具体无疑是认识上的一大进步，同时它又有很大的局限性，抽象是客观事物某个方面属性的反映，它不是混沌的、笼统的，而是明晰的、深刻的，但相对于客观事物的整体性、全面性而言，它则是孤立的、片面的。

抽象上升到具体，就是把各种抽象规定联系起来，在思维中再现客观事物的具体性。我们把关于事物的各种抽象规定综合起来，发现它们内在的、必然的联系，这样达到了对事物完整的科学的认识。

从具体—抽象—具体的思维运动过程中，科学抽象方法具有极其重要的作用。科学抽象是在对感性具体进行分析的基础上，舍弃其中的非本质的东西，抽象出本质的东西。只有通过这种科学的抽象，才能揭示事物的本质和必然性，形成科学概念。

总体上把握抽象和具体这对范畴，还必须科学地揭示两者的关系。抽象和具体是对立统一关系。抽象和具体是对立的，抽象是客观事物某一种规定性在思维中的显现，具体则是客观事物的多样规定性统一在思维中的显现。抽象和具体是相互渗透的。抽象和具体相互转化。抽象和具体的相互转化表现在认识过程中从感性的具体转化为思维的抽象，又从思维的抽象转化为理性的具体。

> 航标灯：业务分析的关键方法是抽象。需求分析是先抽象，软件编码是后具体。抽象水平的高低将决定软件水平的高低。

## 9.2.6 类比和假说

类比，就是根据两类对象或两个对象在一些属性上的相同，并且已知一个对象具有某种属性，推出另一个对象也具有某种属性。类比法所得到的结论与演绎结论不同，类比结论是或然的，而演绎结论是必然的。类比的思维过程是从个别到个别。与归纳相比，归纳的思维过程是从个别到一般。

类比的作用主要表现在以下几个方面。

（1）类比是模拟实验的逻辑基础。模拟是一种实验方法，所谓模拟就是按照研究对象的一些属性和功能，用人工方法建立与被研究对象相似的模型。模拟这种方法又叫黑箱工作法，是认识事物结构的一种科学方法。

（2）类比是科学技术发明的重要工具。

（3）类比促进假说的诞生。科学技术的发展发明离不开假说，而假说的建立和更新则又与类比法运用密切相关。类比是人们认识世界的主要工具。

> 航标灯：需求是可变的，是一个事实，但用假说的方法可以提前做出推测，预留出解决方案，可变也就变成了不变。

假说是人们以已知的经验事实和科学理论为根据，对未知现象或规律性所做出的推测性解释。科学假说有以下两个特点。

一是科学假说是以经验和科学理论为依据；

二是任何科学假说都具有推测的性质，科学假说常以不充分的事实、不完善的理论为依据，对被研究对象的性质、规律性没有确切的认识，只是一种猜想。

科学发展的形式是假说。假说的形成是一个过程。假说形成阶段是一个创造性的思维过程，没有固定的公式。假说的提出需要注意以下几点：

（1）创立假说必须以事实为根据，但不能被所谓的事实完备性困扰。

（2）在熟悉已有科学理论的同时突破旧理论的框架，否则就失去创新精神，不能建立新假说。

（3）坚持实践，勇于修正。

航标灯：信息系统不是对物理现实的照搬和复制，面向未来用类比和假说之法可以借助信息系统对物理现实进行创新改造。

## 9.2.7 论证

### 1. 论证的基本知识

论证是由断定一个或一些判断的真实性，进而断定另一个判断的真实性，这就是论证。例如，我们根据"情况各不相同的许多人严重缺乏维生素甲时都患了夜盲症"与"这些人服了大量维生素甲以后，夜盲症消除了"这两个真实的判断，通过论证得到"这些人患夜盲症是由于严重缺乏维生素甲"这个新的认识。

论证是由论题、论据和论证方式三部分构成的。论题就是其真实性需要加以确认的那个判断。论据就是确认论题的真实性时所根据的判断。论证方式就是由论据到论题的联系方式，即推理形式。

### 2. 论证和推理的关系

1）论证和推理的不同点

推理是从前提得出结论，论证是判断论题的真实性。推理是根据一个或几个判断（即前提）而得出另一个判断（即结论）。论证是由断定一个或几个判断（即论据）的真实性，进而断定另一个判断（即论题）的真实性。

推理只断定前提和结论间的关系，论证除了断定两者关系，还断定论题的真实性。推理只是断定前提与结论之间有必然关系（演绎推理）或者有或然关系（归纳推理）。推理并不一定断定前提的真实性。推理有时断定了前提的真实性，有时又没有断定前提的真实性而只假定前提的真实性。但是，论证却不只是断定了论据和论题之间有必然关系或或然关系，而且还由断定论据的真实性，进而断定论题的真实性。

2）论证和推理的密切联系

一个论证必然具有一个论证方式，而论证方式就是一个推理形式或几个推理形式的总和。论证是必须应用推理的，推理总是为论证服务的。论证的论据相当于推理的前提，论证的论题相当于推理的结论，而论证方式相当于推理形式。

### 3. 论证的方式

形式逻辑可以根据不同的标准对论证进行分类。和论题之间却只有或然关系。根据论据与论题之间的关系，可以把论证分为演绎论证与归纳论证两种。

1）演绎论证

演绎论证就是论据与论题之间有必然关系的论证。也就是说，其论证方式为演绎推理形式的论证。演绎论证在许多逻辑书中被称为证明。演绎的论据往往是一般的原理，而论题往往是特殊的场合。我们在进行演绎论证时，应该注意是否把一般原理正确地应用到特殊场合。如果我们把一般原理应用到不适合这一原理的特殊场合，尽管一般原理是对的，那也不能必然地确立论题的真实性，即不能达到论证的目的。

2）归纳论证

归纳论证就是论据与论题之间有或然关系的论证。也就是说，其论证方式为归纳推理形式的论证。直接论证就是不经过对矛盾论题的虚假性的论证，而是直接论证论题的真实性的论证。间接论证就是通过论证矛盾论题的虚假性，进而确立论题的真实性的论证。间接论证需注意以下两点。

第一，只有论题的矛盾判断才能作为矛盾论题。论题的反对判断不能作为矛盾论题。因为，我们由一个判断的反对判断是假的，不能必然推出这个判断是真的。

第二，在利用充分条件假言推理，从否定后件"q"进而否定前件（矛盾论题）"p"时，必须注意，如果p则q 是否真正成立。只有在"如果p则q"真时，才能由否定"q"进而否定矛盾论题"p"。很多逻辑读物讲到反证法。所谓反证法就是间接论证。因为反证法就是由证明矛盾论题是假的，进而证明论题是真的。

间接论证是根据排中律（即两个互相矛盾的判断不能都是假的）进行的。论题与矛盾论题是两个互相矛盾的判断。根据排中律，既然矛盾论题是假的，那么论题必然是真的。

小故事

> 陈君佐是维扬人，以行医为职业，善于讲诙谐幽默的话。朱元璋当皇帝时，陈君佐经常出入皇宫。朱元璋很喜欢和陈君佐说笑，常常和他谈起军队中的艰苦生活。
>
> 一天，朱元璋问陈君佐："我像前代的哪一位君王？"陈君佐回答："像神农。"朱元璋问为什么？陈君佐回答："如若不像神农，怎么能够尝得百草？"
>
> 朱元璋听后想了想，猛然明白了，不由得大笑起来。原来，军队中曾经缺粮，士兵们常吃草梗树叶，朱元璋和士兵们同甘共苦，故而陈君佐才这样说。
>
> 启示：学会论证，可明辨是非。

**4. 论证的规则**

论证有论题、论据、论证方式三个因素。论证的规则也就是关于论题、论据与论证方式的规则。论证有正确的，也有错误的。论证的规则是一个正确的论证所必须遵守的；不遵守论证规则的论证是不正确的论证。

1）关于论题的规则

论题必须明确，不能转移或偷换论题。

2）关于论据的规则

论据应当是已确知为真的判断。论据的真实性不能是依赖于论题的真实性来证明的。犯这种错误的论证可以分为两种:窃取论题与循环论证。

3）关于论证方式的规则

论据必须能正确地推出论题。正确的论证方式必须是一个或一些正确的推理形式，必须遵守正确推理的规则。如果一个论证所采用的论证方式是演绎推理，那么它就应遵守演绎推理的规则；如果一个论证所采用的论证方式是归纳推理，那么它就应遵守归纳推理的规则。

航标灯：论证方法是解决需求分析不准确、不一致的根本方法。

# 9.3 科学研究方法论

认识世界和改造世界是人类的任务和目的，要完成这种任务和达到这种目的必须有一定的方法，因此方法包括认识方法和实践方法。科学研究是一种社会认识活动，是对未知领域的探索活动。科学研究方法在本质上是认识方法，它贯穿于科学研究的整个过程。科学研究方法论则是关于科学研究方法的理论，它是一门思维科学，是联系理论和实践的中介，具有反思性、普适性、经济性和开放性等特征。

 航标灯：形式逻辑是各种逻辑方法的介绍，科学研究方法论是讲述形式逻辑方法在研究工作中具体如何应用的。

科学研究方法论的研究对象是指一定研究过程所要认识的客体，它的特点制约和规定了这一理论的性质和特点。有什么样的研究对象就会形成相应的研究方式和方法，从而具有其独特的性质。

 航标灯：业务需求分析是科学研究方法论的一个具体应用之一。

## 9.3.1 方法论研究对象

科学研究方法论的研究对象是什么？我们必须先回答，什么是方法？什么是科学？这两个前提性的问题。

什么是方法？黑格尔把方法理解为主体认知客体的手段和工具。列宁把方法看成是事物的内在的东西或事物的内在原则和灵魂，就是指事物本身的规律。事物的规律既是事物的主体认识和把握的对象，又是主体用来认识和把握事物的手段和工具。因为只有认识客观规律和按客观规律办事，主体才能摆脱盲目必然性的束缚而获得自由。所以方法本身就是对象的内在原则和灵魂，事物本身的规律是方法的客观依据，方法归根到底就是规律的依据。

规律包括客体的运动规律和主体对客体的作用规律。客体的运动规律又包括具体客体的运动规律和客体间相互作用的规律。在主客体的相互作用中，一方面，客体与客体间的相互关系如位置、方向、运动顺序和运动结果包含因果关系，这种客观性将在主体的头脑中被构建和沉淀为观念形态的事实因果关系。另一方面，主体对客体的各种作用之间的因果关系也通过内化，在主体的头脑中被构建和沉淀为观念形态的逻辑因果关系。主体在头脑中把观念形态的事实因果关系和观念形态的逻辑因果关系进一步在头脑中有机地统一起来。这种统一的观念形态的认识格局就是被主体认识和把握了的客观规律。然后主体运用这种观念化了的客观规律去认识和把握新的客观事物，规律也就转化为方法。

主体头脑中观念形态的认识格式经过物化，就可以转化为物质形态的工具，因此工具也是方法，是物化了的方法或物化了的规律。主体头脑中的观念形态的认识格局不仅可以物化为工具，而且也可以客观化为客观化精神，即存在于一定的物质载体中的理论成果。因此一切科学的理论成果也属于方法，它们是方法的一个重要组成部分。所以物化的工具及其运用过程和客观化精神的科学理论成果构成了方法总体。

> 航标灯：**方法是主体认知客体的手段和工具，归根到底就是规律的依据。**

什么是科学？科学是指自然科学、社会科学和人文科学构成的总体。科学是指关于事物规律性知识的理论知识。无论是自然科学、人文科学或社会科学，由于它们的研究对象都是客观的事物，都要获得关于研究对象的规律性认识，所以人文科学和社会科学也属于科学。科学研究方法包含自然科学研究方法、人文科学研究方法和社会科学研究方法。科学研究方法论就应该是关于自然科学、人文科学和社会科学的研究方法的理论。

依据科学研究的领域不同，可以将其分为自然科学研究方法、人文科学研究方法和社会科学研究方法。这三个领域即有共同性，也有各自的特殊性。依据科学研究的普遍性程度，可以划分为最一般方法，即哲学方法；应用于各领域的一般方法，如逻辑方法、非逻辑方法、系统方法和数学方法；应用于某个领域的特有方法，如实验方法或社会调查法。依据科学研究的阶段来划分，可以将其划分为发现问题、确定课题、制订计划、收集资料、实验加工、建立体系、检验评价等阶段。科学研究过程是一个具有客观逻辑的过程，而科学研究的每一个阶段又都运用一定的方法的研究。

## 9.3.2 方法论研究性质

### 1. 科学研究方法论是关于思维问题的研究

科学研究方法论的研究对象既然是科学研究的方法，那么科学研究方法论就是一门思维科学。科学研究方法论研究的对象包括主体头脑中观念形态的认识格局、物化的认识格局（即物质工具及其运用）和作为客观化精神的认识格局（即科学理论成果）三个方面，归根到底，科学研究方法论是关于思维问题的研究。

（1）从科学研究方法所研究的作为主体头脑中观念形态的认识格局来看，科学研究方法论是一门思维科学。主体头脑中观念形态的认识格局既来源于实践活动内化基础上的思维活动的结果，也是主体在头脑中进行思维活动的结果。主体的实践活动是一种物质活动，但主体的实践活动的内化为观念形态的过程又是一种思维活动。主体一旦在头脑中建立了观念形态的认识格局，就会利用这些认识格局进行新的思维活动去认识新的客体。研究主体在科学研究过程中怎样运用头脑中原有的认识格局，如概念、判断和推理等思维形式，如何运用比较和类比、归纳和演绎、分析和综合、抽象和具体、假设和理论等逻辑思维方法，所以科学研究方法论是一门思维的科学。

（2）在科学研究过程中，运用什么样的物质形态的工具和怎样运用这些物质形态的工具，也说明科学研究方法论是一门思维科学。在研究过程中，进行观察和实验所应用的工具体现了人类的知识和自然物的结合，是认识结构物化的产物。人类活动的工具中凝结着人类思维活动的过程、方式、因素和成分。科学研究过程中，人们运用什么物质形态的工具和如何运用这些物质形态的工具，是人们认识结构和思维及其方式的物化和物化过程。因此研究科学研究的一部分，即研究科学研究的工具及其应用方法和运用过程，归根结底，也就是在研究人们的思维活动及其方式。

（3）在科学研究过程中要运用现有的理论成果，也表明科学研究方法论是一门思维科学。理论成果即关于事物运动的客观规律，是人们认识结构的客观化。一方面，它是人们实践活动内化和思维活动的对现实存在的客观规律的正确反映的结果；另一方面，它又是人们进行新的实践活动和思维活动的指导，指出应该怎样去进行相应的实践活动和怎样去思考相应的现实存在并揭示其内在的规律。

**2. 方法是联系理论和实践的中介**

科学研究方法论是关于科学研究的方法和理论，因而它也是一门沟通理论和实践从而具有中介性质或工具性质的科学。在认识和改造对象的过程中，方法始终起着重要的作用，并具有双重指向的性质。一方面它帮助人们能正确有效地获得关于对象的本质和规律的认识；另一方面它又能指导人们对客观对象进行正确而有效的实践改造，达到使客观对象满足主体合理需要的目的。科学研究方法论把科学研究的方法作为自己的研究对象，它告诉人们进行某种科学研究应该运用哪些方法和如何运用这些方法去实现揭示客观对象的本质和规律的目的。同时科学研究方法论又告诉人们如何通过方法的运用去构建科学理论体系和检验、评价这些理论成果，并为进行新的科学研究提供新的方法。

根据上述描述，科学研究方法论是一种关于思维问题的研究，也是一门理论联系实践的方法科学。

## 9.3.3 方法论研究特征

科学研究方法论作为一门科学，它具有反思性、普适性、经济性和开放性的特征。

（1）反思性特征。反思是人的一种自我认识的活动，是人对自己的经验活动的一种直接或间接的反映。科学研究方法论从其起源上看具有间接反思的性质。方法的形成依赖于人们的经验活动，是人们对自己的经验活动的有效性进行规范化和规律化的结果。科学研究方法论具有反思的性质，还表现在它所研究的某些非逻辑思维方法的形式也具有反思性质，这种非逻辑思维方法的形式（如直觉和灵感）也是主体对自身经验活动的一种自我认识（即直接的自我体验）。

> 航标灯：反思是人的一种自我认识的活动，是人对自己的经验活动的一种直接或间接的反映。

（2）普适性特征。方法论要研究和揭示的不只是个别科学研究活动的有效的逻辑结构的形式和非逻辑思维方法的形式，更重要的是要研究和揭示科学研究活动的一般有效的逻辑结构的形式和非逻辑思维方法的形式，以及研究和揭示某个或某几个领域的科学研究活动的有效的方法。

（3）经济性特征。由于科学研究方法论所研究的方法是人们对于自己的科学研究活动的有效性反思，是有效的科学研究活动的规范化和规律化，并且是在总结大量的科学研究的经验基础上形成的，因而是符合最优化原则的理论认识。这些符合最优化原则的理论认识对于人们进行科学研究活动的意义，就在于它们能使科学研究活动以花费最少的人力、物力和时间达到最有成效的结果。

（4）开放性特征。方法不是凝固不变的，而是随着人们的实践活动的发展而发展的。随着社会实践的扩展，人们会不断地遇到新的认识对象，而研究和把握新的认识对象，就会导致对原有认识方法界限的突破而产生新的认识方法，从而使科学研究方法论的内容得到扩充和发展，因此科学研究方法论具有开放性。

### 9.3.4 科学研究的过程

按科学研究的阶段来划分，可以将其划分为始于问题、确定课题、制订计划、收集资料、实验加工、建立体系、检验评价等阶段。科学研究过程是一个具有客观逻辑的过程，而科学研究的每一个阶段又都运用一定的方法进行研究。

#### 1. 始于问题

科学研究就是对人类未知的问题做出解答。科学研究固然是为了解决问题，但往往是引出更深的问题。

所谓问题，是主体为达到目的需要解决而尚未解决的各种矛盾，它是理性认识的逻辑起点。在问题概念中，包含了指引整个理性认识的方向的必然性因素，它是对未知的认识，是在目前条件下确实有可能知道的那些对象。

 **航标灯**：需求分析工作始于问题。

发现问题的过程就是分析矛盾的过程。问题是怎样被发现、被提出的呢？

这既与客体本身发展的状况有关，也与主体自身的状况有关。有时，问题是在主体被动情况下发现的。客观事物在其自身的发展过程中暴露出了矛盾，迫使人们予以注意，从而提出问题。而在理论研究和科学认识过程中，则要求主体自觉地运用辩证思维，揭露矛盾，从而提出问题。在理论研究过程中，发现问题有以下4个途径。

（1）在寻求经验事实之间的联系的过程中发现问题。世界上的万事万物都处在相互作用和普遍联系之中，从经验事实中寻求联系的方式并做出理性概括，这是提出问题的最基本通道。

（2）从已有的理论与经验事实之间的矛盾中发现问题。事物都是不断运动和变化的，在现实中出现了一些新的事物或新的现象，而原有理论已无法解释它时，可以发现问题。

（3）在多种理论的比较之中发现问题。每一种理论都是对世界的理性认识，各种理论都是从不同的侧面认识世界。对这些理论进行比较，可以找出它们之间的差别，由此启发思想，提出问题。

（4）从一种理论内部的逻辑缺陷中发现问题。问题的重要性首先在于它是主体为达到目的需要解决而尚未解决的矛盾。在目的与现实之间，总是存在着大大小小的差异和矛盾，这就是人们需要着力去解决的问题，它是科学研究的起点。科学研究始于问题，科学研究就是一个不断提出问题、解决问题、认识客观规律的过程。

 **航标灯：问题的分析是业务需求分析的核心。**

**2. 确立课题**

科学研究，首先要发现和确定课题。狭义上说，选题是指定研究或论著的题目，广义上说，是指选择研究领域，确定研究方向。

选题是科学研究的重要一步，也是难度最大的一步，它来自于实践和认识中出现的必须解决的问题。选择一个什么样的题目本身就是一项研究工作。选择什么样的题目需要一定的学识水平，即对问题的敏感。课题的具体类型很多，有新老、大小、难易之分。老问题，这类问题过去就有很多人研究过、讨论过，但没有解决或没有完全解决。对于老问题的研究要有所突破，必须具备要有新资料、要有新的研究方法两个条件。新问题，这类问题很少或者没有前人的成果可以利用，资料需要自己去寻找。

课题的选择是以事先发现的问题为其前提的，而且也必须事先对问题的意义做出判断，课题的选择还要具有可行性和合理性。一般来说课题选择要遵循以下几个原则：

（1）课题必须有意义。意义的标准在于符合客观需求。选题时要善于找出那种最迫切需要解决的问题。

（2）可实现性。可实现性是指具有客观条件，如人、财、物等；要量力而行，事可为而不为，事不可为而强为都是不可取的。

（3）新颖性、独创性。选定的课题是前人未曾解决或未完全解决的问题，通过研究应有创新和时代感。

选题结束后，需要进行课题论证。必须说明为什么要选择这个问题？选择这个问题研究要达到什么目标？当前国内外对这个问题的研究达到什么水平？还存在什么问题？研究者的课题从哪些方面入手？大致的理论框架是什么？列出参考资料。这些都是报告要求描述的内容。

> 航标灯：把你要做的软件项目作为一个科研课题来对待。

### 3. 制订计划

计划是如何开展课题的具体设想。它初步规定了课题研究各方面的具体内容和步骤，是科学研究工作的核心，是实现科学研究方向、任务的提纲。

计划应具备以下特点：

（1）计划必须具有指导性和学术方向性。课题作为研究过程的起点，必定包含研究者对该问题的独到见解和思想。由于见解和思想比较抽象，在具体计划中就需要不断深化，以达到从实质上去把握研究课题。

（2）计划要为研究工作提供论证和评价的依据，并为课题实施提供全面的、系统的工作程序。研究计划水平的高低是一个课题质量与研究者科研水平的重要反映。研究计划要围绕主题制定的详细纲要和目录，计划中的每一条纲领都需要做出合乎课题实际的解释与阐述。

（3）计划要进行逻辑设计、制订组织方案。计划需要明确规定研究范围和目标，具体规划出整个研究步骤，规划好研究课题中各个因素的逻辑关系。研究计划应确定研究形式，是观察、实验还是理论分析，是定性研究还是定时研究。计划中要有研究步骤和起止时间，对于时间的分配，应当有足够的估计，各阶段的时间要留有余地。计划中的组织形式包括统一的管理组（负责管理）和统一的课题组（分工负责、分散研究）。

### 4. 实验调查

科学研究并不是空中楼阁，它是以事实和资料为基础的，在确定了问题之后，接下来要做的就是收集资料并不断积累资料，以便研究工作的顺利展开。资料的收集可采用观察、实验的语词法，也可采用文献研究法和社会调查法。

观察和实验是收集第一手资料的重要方法。观察是人们通过感官或者借助一定的科学仪器，有目的、有计划地考察和描述客观对象的方法，可分为直接观察和间接观察。由于客观事物和过程非常复杂，有些客体不能直接观察，就需要进行科学实验。实验是利用一定的物质手段，人为地制造或改变某些条件，控制或复制自然过程，以认识客体的本质和规律的方法。在社会科学研究中，社会调查有观察的成分，社会方案推行中的试点则类似于科学实验。

文献研究法是对已有的认识成果进行研究的方法。从研究问题的已有成果开始，就是带着问题查找资料。人们对事物的认识是连续的、继承的、没有止境的。学习已有的成果是继承学科遗产的问题。已有的成果主要包括资料、研究方法和结论三个方面。其中最主要的是方法，其次是结论，然后才是材料。研究文献最主要的目的是了解获得结论及获得结论的方法。文献研究的方法包括信息推进法、内容分析法和次级分析法。

社会调查研究是社会科学中收集第一手数据用以描述一个难以直接观察的问题的最优方法。社会调查研究方法的采用是因为：一是有些研究所需的材料有许多是没有文字记载的，二是书面材料常有错识，三是有些问题只有在调查过程中才能发现。社会调查可以采用普遍调查、典型调查或抽样调查。抽样调查，就是从研究对象的整体中选出一部分代表加以调查研究，然后用所得结果推论和说明总体的特性。

资料的整理包括审核、对资料内容进行摘要、标题、分类。资料分类的方法多种多样，但主要有两种方法，一是按历史发展轨迹，按地域、时间顺序排列资料，通常以时间为经，以地域为纬；二是按理论的逻辑形式整理，即按观点、按问题进行分类，以便把零散的资料组织成为一个系统。

 航标灯：文献研究法是对已有的认识成果进行研究的方法。

### 5. 推理假设

科学史告诉我们，任何科学研究都不是单一思维活动形式的产物。人类所获得的所有科学成果都是逻辑思维、形象思维和灵感思维综合运用的结果。推理假设是定性的研究。

逻辑思维方法是人类认识过程中经常使用的一些基本的和主要的思维方法。它是在概念的基础上进行判断、推理的思维方法，为人们获得间接的知识或探求新的知识提供必要的逻辑工具。逻辑思维方法主要有形式逻辑方法和辩证逻辑方法两大类。形式逻辑要求思维的确定性、无矛盾性；辩证逻辑则要在此基础上达到思维的灵活性、完整性，体现思维的运动、变化和发展。

形象思维是人类思维的基本形式之一。它从动物的直觉转化而来，是整个人类思维的母体、源头和起点。形象思维在科学研究中是必不可少的，科学发现和科学创造都离不开生动、具体的形象思维。

灵感思维作为人类创造性思维活动的重要形式，已成为目前思维科学研究的新领域。全面揭示科学发现中的灵感思维的本质、特征及其内在活动的机制，无疑具有重要的意义。

 航标灯：推理假设的应用是确保完整性和准确性的。

### 6. 系统研究

系统科学方法是现代科学研究中的新的思维方法。系统科学方法的特点之一就是用严密的形式化推理来描述客观事物的联系和变化，而客观事物的联系与变化必然在量的方面有所反映和表现，数学方法就是对这些联系和变化的概括。数学方法所达到的抽象程度大大超过了其他学科，它在逻辑上的严密性和精确性是其他科学所不能比拟的。系统研究是定量研究。

系统科学方法是在20世纪中叶产生的，以系统思想为核心的一组新学科群，主要包括系统论、信息论、控制论（即老三论）、突变论、耗散结构论和协同论（即新三论）。系统科学为人类研究规模巨大、关系复杂、参数众多的复杂问题提供了新的思路和方法。

数学是研究客观世界的空间形式和数量关系的科学。把数学作为工具应用到解决实际问题和理论研究中的方法称为数学方法。我们经常说数学是自然科学的基础。事实证明，数字方法不但在自然科学领域中起到基础性作用，而且还日益渗透到社会科学领域中。

 **航标灯：基于一个逻辑完整的前提下才能开始需求分析工作。**

### 7. 体系建立

科学理论体系必须建立在科学研究的基础上。由于科学分类的缘故，科学理论划分为自然科学理论、社会科学理论及某些边缘性科学理论。作为对对象的研究成果，理论体系都必须用特定的方法去构建。

建立科学理论体系，同样必须遵循唯物辩证法的原则。体系建立需要遵循以下一些原则。

（1）反映论原则：科学研究必须从研究对象实际出发，从现实的关系出发，充分占有材料，从对大量材料的分析中找出内在规律性，这是建立科学理论体系的基础，也就是反映论原则。坚持唯物主义的反映论不能没有观察。对于客体的观察需要借助大量的仪器和设备。观察一定要客观，同时要有一定的目的性和选择性。概念是对客观对象进行理性加工的产物，概念和对象是不能等同的。科学理论体系除了概念还需要有定律、原理、定理等，它们都属于判断，由经验到科学理论是一个由概念到定律和学说的艰巨过程。

（2）由知性到理性发展的原则：科学理论体系是由概念、判断、推理形成的知识系统，它既要给人关于对象的确定性，但又不同于感性具体的认识，又要揭示事物内在的本质及其规律。所谓知性思维，是人们对研究对象的精确性认识。这种认识在于把对象分解为各个部分、方面或阶段，对它们进行分析，找出其特点，并给出规定。知性思维的特点是严谨性、确定性和无矛盾性。知性主要是从间断性、静止性、方面性的角度反映事物，而把事物的连续性、运动性、全面整体性暂不考虑，所以它是具有片面性的。所谓理性思维，是由静止到运动、由间断到连续、由方面到整体的转变。理性在知性的基础上将客体变成许多规定的综合，因而是多样性的统一。理性具体所表达的已不是在生动、直观中所表达的关系事物的直接联系和外部的规定性，而是从矛盾性、变动性、过程性方面考察事物，它把握住了对象内部必然联系中的重要方向和关系，它所提供的是现象与本质、必然和偶然、个别和一般等的对立面统一。

任何一门科学的理论体系都离不开一定数量的概念、范畴、原理和定律。理论体系存在不同的具体形式，制定理论体系的方法有公理化方法、历史化方法及历史和逻辑统一法。

（1）公理化方法：公理化方法是从少数基本概念和不加证明的公理和假设中，逻辑地演绎出一系列新的概念和证明一系列的定理，从而推理出整个理论体系的方法。公理论体系是由概念、定理和逻辑推进三个部分构成，比如《几何学原本》中给出了23个定义、5条公理和9条定理。公理化方法的特点是演绎推理结论是合乎逻辑的、演绎推理的方面是从普遍到特殊。公理化方法的理论体系有三个原则，即无矛盾性、完备性、独立性。

（2）历史化方法：历史化方法是按照客观对象在发展过程中所有历史经历阶段的该客观对象的具体阶段、具体形态和具体过程来制定关于事物的理论体系，从而反映对象的本质及发展规律的一种方法。历史化方法的特点一是按照一定的时间顺序跟踪客观对象的全过程；二是必须详述客观对象运动发展中大量丰富内容，尽可能地反映全部具体实在。

（3）逻辑与历史统一法：为了能够全面地反映事物的发展，以揭示事物的本质，我们在对事物的认识中，必须运用历史和逻辑相统一的方法，以建立反映对象发展规律的演化学的理论体系。历史与逻辑相一致的方法中，历史是指客观存在的历史发展过程和人的认识的历史发展过程；逻辑是指客观历史过程在理论形态上的概括反映，是历史的东西在逻辑思维中的再现。

航标灯：软件需求规格说明就是在前期各阶段工作成果的基础上进行体系建立。

### 8. 评价检验

评价是对价值的认识。科学研究成果的评价是对科学研究中所获得的科学认识的成果与人的需要之间的关系的认识，或者是对科学理论体系的价值认识。科学研究成果的评价活动同科学研究中的认识活动相比在主体、客体、性质等方面都有很大的不同。评价主体是评价者，客体是客体的属性与主体需要之间的关系，从性质上来评价是从主体需要出发，它一定带有主体的主观需求。

科学研究成果的评价是对科学理论价值的认识。科学理论的价值在于它所具有的属性能够满足人的需求。价值体现在两个方面：（1）科学理论作为精神产品，给人以真、善、美的启迪；（2）科学理论具有普遍性的优点，可以满足人们指导实践活动的需要。

评价标准是人们在评价活动中应用于对象的价值尺度的界面。评价标准有两个基本前提，一是人的需要和利益，二是客观对象的属性和规律。评价标准既要有其认值价值的标准，也要有其实践价值的标准。评价标准包含事实标准、需要标准和逻辑标准。

科学理论经过评价得到认可后，就需进入实践检验阶段。实践是检验真理的标准，科学理论是一种理论，所以只有经得起实践检验的理论才是有价值的理论。实践检验理论的过程一定要采用逻辑的形式进行表述，实践的检验结果也要通过逻辑的形式被人所理解。

航标灯：业务需求分析的过程是借鉴科学研究的过程建立的。

## 9.4 系统论

系统论是20世纪继相对论、量子力学以外，对社会产生巨大冲击，引起人类思维方式发生巨大变革的科学。系统论是根据概念、系统性质、关系和结构，把对象有机地组织起来，构成模型、研究系统的功能和结构，着重从整体上去揭示系统内部各要素之间及系统与外部环境的多种多样的联系、关系、结构与功能。信息系统本身是一个系统，需求分析的目的是为后续软件开发编制系统提供科学依据；需求分析的研究对象业务领域是一个运行着的业务系统，也有着系统的性质和规律。所以掌握系统论的知识在业务域和系统域都具有指导作用，而且可以从系统的角度，找出两个系统之间的映射关系。

> 航标灯：业务系统分析和信息系统分析都是以系统论为基础的。

### 9.4.1 基本认知

宇宙、自然、人类，一切都在一个统一的运转的系统之中。系统论是研究系统的一般模式、结构和规律的学问，它研究各种系统的共同特征，用数学方法定量地描述其功能，寻求并确立适用于一切系统的原理、原则和数学模型，是具有逻辑和数学性质的一门新兴科学。

系统思想源远流长，但作为一门科学的系统论，人们公认是由美籍奥地利人、理论生物学家L.V.贝塔朗菲（L.Von.Bertalanffy）创立的。他在1952年发表了"抗体系统论"，提出了系统论的思想。确立这门科学学术地位的是1968年贝塔朗菲发表的专著：《一般系统理论基础、发展和应用》（《GeneralSystemTheory: Foundations,Development, Applications》），该书被公认为是这门学科的代表作。

系统一词来源于古希腊语，是由部分构成整体的意思。今天，人们从各种角度研究系统，对系统下的定义不下几十种。如说"系统是诸元素及其行为构成的集合"、"系统是有组织的和被组织化的全体"、"系统是有联系的物质和过程的集合"，"系统是许多要素保持有机的秩序，向同一目的行动的东西"等。一般系统论则试图给一个能描述各种系统共同特征的一般的系统定义，通常把系统定义为：由若干要素以一定结构形式联结构成的具有某种功能的有机整体。在这个定义中包括了系统、要素、结构和功能四个概念，表明了要素与要素、要素与系统、系统与环境三方面的关系。

> 航标灯：主体和对象基于物质、能量、信息交互是系统构成要素的另一种描述。

系统论认为，整体性、关联性、等级结构性、动态平衡性、时序性等是所有系统的共同的基本特征。这些既是系统所具有的基本思想观点，而且也是系统方法的基本原则，表现了系统论不仅是反映客观规律的科学理论，具有科学方法论的含义，这正是系统论这门科学的特点。

系统论的核心思想是系统的整体观念。贝塔朗菲强调，任何系统都是一个有机的整体，它不是各个部分的机械组合或简单相加，系统的整体功能是各要素在孤立状态下所没有的性质。他用亚里士多德的"整体大于部分之和"的名言来说明系统的整体性，反对那种认为要素性能好，整体性能一定好，以局部说明整体的机械论的观点。同时认为，系统中各要素不是孤立地存在着，每个要素在系统中都处于一定的位置上，起着特定的作用。要素之间相互关联，构成了一个不可分割的整体。要素是整体中的要素，如果将要素从系统整体中割离出来，它将失去要素的作用。

系统论的基本思想方法，就是把所研究和处理的对象当做一个系统，分析系统的结构和功能，研究系统、要素、环境三者的相互关系和变动的规律性，并优化系统观点，世界上任何事物都可以看成是一个系统，系统是普遍存在的。大至渺茫的宇宙，小至微观的原子，一粒种子、一群蜜蜂、一台机器、一个工厂、一个学会团体……都是系统，整个世界就是系统的集合。系统是多种多样的，可以根据不同的原则和情况来划分系统的类型。按人类干预的情况可划分自然系统和人工系统；按学科领域可分成自然系统、社会系统和思维系统；按范围划分则有宏观系统和微观系统；按与环境的关系划分有开放系统、封闭系统、孤立系统；按状态划分有平衡系统、非平衡系统、近平衡系统和远平衡系统等。

系统论的任务不仅在于认识系统的特点和规律，更重要的还在于利用这些特点和规律去控制、管理、改造或创造一系统，使它的存在与发展合乎人的目的需要。也就是说，研究系统的目的在于调整系统结构，使系统达到优化目标。

系统论的出现使人类的思维方式发生了深刻变化。以往研究问题，一般是把事物分解成若干部分，抽象出最简单的因素来，然后再以部分性质去说明复杂事物。这是笛卡儿奠定理论基础的分析方法。这种方法的着眼点在局部或要素，遵循的是单项因果决定论，虽然这是几百年来在特定范围内行之有效、人们最熟悉的思维方法。但是它不能如实地说明事物的整体性，不能反映事物之间的联系和相互作用，它只适应认识较为简单的事物，而不胜任于对复杂问题的研究。在现代科学的整体化和高度综合化发展的趋势下，在人类面临许多规模巨大、关系复杂、参数众多的复杂问题面前，就显得无能为力了。正当传统分析方法束手无策的时候，系统分析方法却能站在时代前列，高屋建瓴、综观全局、别开生面地为现代复杂问题提供了有效的思维方式。所以系统论连同控制论、信息论等其他横断科学一起所提供的新思路和新方法为人类的思维开拓新路，它们作为现代科学的新潮流，促进了各门科学的发展。系统论反映了现代科学发展的趋势，反映了现代社会化大生产的特点，反映了现代社会生活的复杂性，所以它的理论和方法能够得到广泛应用。系统论不仅为现代科学的发展提供了理论和方法，而且也为解决现代社会中的政治、经济、军事、科学、文化等方面的各种复杂问题提供了方法论的基础，系统观念正渗透到每个领域。当前系统论发展的趋势和方向是朝着统一各种各样的系统理论，建立统一的系统科学体系的目标前进。有的学者认为，"随着系统运动而产生的各种各样的系统理论，而这些系统论的统一业已成为重大的科学问题和哲学问题。"

系统论目前已经显现出几个值得注意的趋势和特点。第一，系统论与控制论、信息论、运筹学、系统工程、电子计算机和现代通信技术等新兴学科相互渗透、紧密结合的趋势；第二，系统论、控制论、信息论正朝着"三归一"的方向发展，现已明确系统论是其他两论的基础；第三，耗散结构论、协同学、突变论、模糊系统理论等新的科学理论，从各方面丰富发展了系统论的内容，有必要概括出一门系统学作为系统科学的基础科学理论；第四，系统科学的哲学和方法论问题日益引起人们的重视。在系统科学的发展形势下，国内外许多学者致力于综合各种系统理论的研究，探索建立统一的系统科学体系的途径。

一般系统论创始人贝塔朗菲就把他的系统论分为两部分，即狭义系统论与广义系统论。狭义系统论着重对系统本身进行分析研究；广义系统论则是对一类相关的系统科学来例行分析研究。其中包括三方面的内容：（1）系统的科学、数学系统论；（2）系统技术，涉及控制论、信息论、运筹学和系统工程等领域；（3）系统哲学，包括系统的本体论、认识论、价值论等方面的内容。有人提出试用信息、能量、物质和时间作为基本概念建立新的统一理论。瑞典斯德哥尔摩大学萨缪尔教授在 1976年一般系统论年会上发表了将系统论、控制论、信息论综合成一门新学科的设想。在这种情况下，美国的《系统工程》杂志也改称为《系统科学》杂志。

我国有的学者认为系统科学应包括系统概念、一般系统理论、系统理论分论、系统方法论（系统工程和系统分析包括在内）和系统方法的应用五部分。我国著名科学家钱学森教授多年致力于系统工程的研究，十分重视建立统一的系统科学体系的问题，自1979年以来，多次发表文章表达他把系统科学看成是与自然科学、社会科学等相并列的一大门类科学，系统科学像自然科学一样也区分为系统的工程技术（包括系统工程、自动化技术和通信技术）；系统的技术科学（包括运筹学、控制论、巨系统理论、信息论）；系统的基础科学（即系统学）；系统观（即系统的哲学和方法论部分，是系统科学与马克思主义的哲学连接的桥梁）四个层次。这些研究表明，不久的将来系统论将以崭新的面貌矗立于科学之林。

值得关注的是，我国学者林福永教授提出和发展了一种新的系统论，称为一般系统结构理论。一般系统结构理论从数学上提出了一个新的一般系统概念体系，特别是揭示系统组成部分之间的关联的新概念，如关系、关系环、系统结构等；在此基础上，抓住了系统环境、系统结构和系统行为及它们之间的关系及规律这些一切系统都具有的共性问题，从数学上证明了系统环境、系统结构和系统行为之间存在固有的关系及规律，在给定的系统环境中，系统行为仅由系统基层次上的系统结构决定和支配。这一结论为系统研究提供了精确的理论基础。在这一结论的基础上，一般系统结构理论从理论上揭示了一系列的一般系统原理与规律，解决了一系列的一般系统问题，如系统基层次的存在性及特性问题，是否存在从简单到复杂的自然法则的问题，以及什么是复杂性根源的问题等，从而把系统论发展到了具有精确的理论内容，并且能够有效解决实际系统问题的高度。

 **航标灯：系统论可以让人们清楚系统构成的基本要素。**

## 9.4.2 八大原理

### 1. 整体性原理

系统整体性原理指的是，系统是由若干要素组成的具有一定新功能的有机整体，各个作为系统子单元的要素一旦组成系统整体，就具有独立要素所不具有的性质和功能，形成了新的系统的质的规定性，从而表现出整体的性质和功能不等于各个要素的性质和功能的简单加和。

从相互作用是最根本原因来看，系统中要素之间是由于相互作用联系起来的。系统之中的相互作用，就是大量线性相互作用，这就使得系统具有了整体。对于线性相互作用，其各方面实际上是可以逐步分开来讨论的，部分可以在不影响整体性质的情况下从整体中分离出来，整体的相互作用可以看做各个部分的相互作用的简单叠加，也就是线性叠加。而对于非线性相互作用，整体的相互作用不再等于部分相互作用的简单叠加，部分不可能在不对整体造成影响的情况下从整体中分离出来，各部分处于有机的复杂的联系之中，每一个部分都是相互影响、相互制约的。这样就有了每一个部分都影响着整体，反过来整体又制约着部分。近代科学信奉原子论的分析观点，恰恰与近代科学信奉线性律，以追求运动方程的线性解为自己的崇高目标相一致。而当数学家最先证明实际上线性系统的测度几乎为零，即系统几乎都是非线性系统，这就已经告诉人们世界在本质上是一个非线性的世界，现实的系统几乎都是非线性系统。而从整体与部分的关系看来，这恰恰是说，系统具有整体性是必然的、普遍的和一般的。

系统的整体性，常常又被说成系统整体大于部分。古人已经天才地猜测到整体不同于部分，整体大于部分。

小故事

"盲人摸象"的故事众所周知，抱着腿的认为大象就是一根柱头，摸着身体的认为象是一面墙……这则故事其实含意深刻，盲人"眼"中的象显然不符合实际，但他们完全错了吗？象腿的确是大象的一部分，盲人并非完全无凭无据，他的错误在于以局部代替了整体。盲人以他所感受到的局部"真实"代替了整体的真实，因此我们说，这是因其认识问题、思考问题的方式发生了偏差，从而导致了结果错误。

启示：整体和部分不是简单的加和关系。

所谓的整体大于部分，作为一个关于整体与部分关系的最一般哲学命题，其实质是说系统的整体具有系统中部分所不具有的性质，系统整体不同于系统的部分的简单加和，即机械和。系统整体的性质不可能完全归结为系统要素的性质来解释。一般系统论的创立者贝塔朗菲就曾指出："整体大于部分之和"，这句话多少有点神秘，其实它的含义不过是组合特征不能用孤立部分的特征来解释。系统是由要素组成的，整体是由部分组成的，要素一旦组合成系统，部分一旦组合成整体，就会反过来制约要素、制约部分。所谓的"整体大于部分"也是这种情况的概括。系统具有整体性，但是不能归结为整体论。按照原子论传统，高层次现象归结为低层次实体来解释，事物整体行为归结为部分来加以解释，相应的，事物的质就归结为量来进行解释。片面地强调分析，体现的正是这样的原子论传统。从原子论出发，进行研究时要把对象整体分解为部分，整体就仅仅在对于部分的研究之中来加以理解，从而整体也就等同于部分了。换言之，部分也就取代了整体。事实上，这种理解也就把世界仅仅分解为了支离破碎的部分，如果说还有整体的话，那么整体就等同于部分的简单加和。这正是原子论的分析观。传统的整体论虽然正确地看到了原子论观点的局限性，而试图从整体上来把握事物，这无疑有其合理性。但是，由于时代科学水平的限制，这样的整体往往成为一种没有具体内容的整体也就是没有内容的整体性，或者也可以是暧昧不清的整体性。一方面，这样的整体论，往往成为伪科学或非科学的避难所，在一定的意义上，近代科学中的种种生命理论，活理论正是这样的整体论。另一方面，这种整体论实际上又在很大程度上不再鼓励对于对象进行科学研究，整体就是整体，从而实际上在科学的名义下就取消了科学。

**航标灯**：整体和部分的关系对于系统功能划分具有帮助作用，对于为什么要进行严格的变更控制从这里可找到答案。

### 2. 层次性原理

系统的层次性原理指的是，由于组成系统的诸要素的种种差异包括结合方式上的差异，从而使系统组织在地位与作用、结构与功能上表现出等级秩序性，形成了具有质的差异的系统等级，层次概念就反映这种有质的差异的不同的系统等级或系统中的高级差异性。

系统的层次性犹如套箱。系统是由要素组成的。但是，一方面，这一系统又只是上一级系统的子系统——要素，而这一级系统又只是更大系统的要素。另一方面，这一系统的要素却又是由低一层的要素组成的，这一系统的要素就是这些低一层次要素组成的系统。一系统被称为系统，实际上只是相对于子系统（即要素）而言的，而它自身则是上级系统的子系统，即要素。客观世界是无限的，因此系统层次也是不可穷尽的。高层次系统是由低层次系统构成的，高层次包含着低层次，低层次属于高层次。高层次和低层次之间的关系首先是一种整体和部分、系统和要素之间的关系。高层次作为整体制约着低层次，又具有低层次所不具有的性质。低层次构成高层次，就会受制于高层次，但却也会有自己的一定的独立性。有机体由器官组成，各个器官统一受有机整体的制约。但与此同时，各个器官又有自己的独立性，在发挥自己的功能时，有着一定的独立性。一个系统，如果没有整体性，这个系统也就崩溃了，不复存在了。相反，一个系统，如果系统中的要素完全丧失了独立性，那也就变成了铁板一块了。这时，系统也就不存在了。

**小故事**

大海对小水滴说："我周游了全世界，知道了我有多伟大，你看，世界上百分之七十一都由我掌管，你们小水滴算个什么！"小水滴说："你别骄傲自大了，小河、泉水、湖……都是由成千上万个我们组成的，你也不例外。没有了我们，你不过是个坑！"

启示：层次间具有相互依赖关系，没有层次的系统是不存在的。

系统的层次区分是相对的，相对区分的不同层次之间又是相互联系的。往往可以看到这样的情况，不仅相邻上下层次之间受到相互影响、相互制约，而且多个层次之间相互联系、相互作用，有时甚至是多个层次之间的协同作用。系统发生自组织时，系统中出现了众多要素，多个不同的部分，多个不同的部分和多个层次的相互间行为，使得系统涨落得以响应，得以放大，从而造成整个系统发生变化，进入新的状态。

 **航标灯：系统无论多么庞大，多么不同，其层次都表现出相似性。**

系统的不同层次往往发挥着不同层次的系统功能。如在大脑的三个主要层次中，最内层的爬虫复合体部分，信息加工主要涉及机体的生理活动，包括调节躯体、内脏活动、对环境作本能性适应等。次内层是边缘系统，这里的信息加工不仅涉及躯体内脏的活动，还体验着感情和情绪，与记忆密切相联系，即涉及机体的心理活动。最外层的新皮层，这里的信息加工不仅与机体的调节、情感和情绪的调节相联系，更重要的是与理智和智慧相联系，这里调节着认识、学习、意志、抽象、预见等高级的反映意识活动。这里所说的三个主要层次，大致相当于古皮层、旧皮层和新皮层三个层次。一般而言，低层系统的要素之间具有较大的结合强度，而高层次系统的要素之间的结合强度则要小一些，随着层次的升高，结合强度也越来越小，这正如从客观世界最一般物质层次所表现的那样。要素之间结合强度较大的系统具有更大的确定性，反之，要素之间结合强度较小的系统，则具有较大的灵活性。

 **航标灯：信息系统的体系架构设计的关键就是层次划分的设计。**

### 3. 开放性原理

系统的开放性原理指的是，系统具有不断地与外界环境进行物质、能量、信息交换的性质和功能，系统向环境开放是系统得以向上发展的前提，也是系统得以稳定存在的条件。

对于事物的发展变化，内因是变化的根据，外因是变化的条件，外因通过内因起作用。为使外因通过内因起作用，这就需要系统与环境之间、内因与外因之间发生相互联系和相互作用。否则，内因就只能滞留于内因之中，而外因则总是处于内因之外，而内因对于外因来说，只是潜在可能性。同样，外因对于内因来说，也只是潜在的可能性。一个封闭的系统，系统与环境之间是没有任何联系的，内因与外因就是不可能发生任何联系的，是没有相互作用的。现实的世界中，现实的系统都是开放系统。系统总是处于与环境的相互联系和相互作用之中，通过系统与环境的交换，潜在的可能性就有可能转化为现实性，转化为现实的东西。于是，通过开放，内因与外因发生相互作用，相互转化，引起系统发生质量互变。最初是系统从环境引入某种量的变化，发生某种量的变化，进一步发展，终于发生了质的变化，量变转变成质变，进而又开始了新的量变。系统的开放，通常说的是向环境的开放。实际上，由于系统层次的相对性，那么从系统的层次性角度来看，这种向环境的开放即意味着系统的低层次向高一层次的开放。这同时也就意味着系统的层次具有相对性，系统的环境也就具有相对性。反过来看，我们甚至可以说，系统的开放同时也指系统向自己的内部开放。系统向高层开放，使得系统可以与环境发生相互作用，可以发生与环境之间的既竞争又合作的作用。而系统向低层开放，使得系统内部可能发生多层次的，多水平的在差异之中的协同作用，更好地发挥系统的整体性功能。这样来理解开放就更为全面了，就不再把开放仅仅理解为外在的东西，而成为内在的东西了。对外开放，对内搞活，实际上正是反映了这样的开放。

> 航标灯：**系统就是由主体和对象（外部环境）间物质、能量、信息的交互所构成的一个整体。**

### 4. 目的性原理

系统目的性原理指的是，组织系统在与环境的相互作用中，在一定的范围内，其发展变化不受或少受条件变化或途径经历的影响，坚持表现出某种趋向预先确定的状态的特性。

近代科学以来，目的论是以作为机械论的对立面出现的，人们觉得机械论有不令人满意之处，尤其是机械论对于生命现象的描述难以令人满意。但是近代科学的目的论更难令人满意。总体上显得似是而非，似乎只有在生命界才表现得最为充分，运用于其他领域只不过是一种拟人化或拟生命化的东西。在实践上，它往往摆脱不掉神秘的超自然力量的阴影，与全能的主宰、第一推动力有着千丝万缕的联系，难登科学大雅之堂。系统科学的兴起，赋予目的性以全新的科学解释，使之重新成为一个重要的科学概念。控制论的创立者们从系统的行为角度分析了系统的复杂行为。把行为这样的概念变成了一个科学概念。维纳等人的一个重要结论就是："一切有目的的行为都可以看做需要负反馈的行为。"因此，按照控制论的观点，目的行为也就成了受到负反馈控制的行为的同义语。这样，"目的"概念就变成了一个科学概念，从原来似乎只适用于生物界的行为得以延拓，用来描述一般非生物系统类似人所具有的目的性行为。系统的目的性在系统的发展变化之中表现出来，因此就必定是与系统的开放性相联系的。也就是说，一个合目的运动的系统，必定是一个开放系统。由于系统是开放的，通过系统与环境的物质、能量和信息的交换，使得系统受到环境的影响，从而该系统得以影响环境，并在一定意义上识别环境，即针对环境的实际情况做出反应、做出调整、做出选择，使自己潜在的发展能力得以表现出来。这样一来，系统对于环境的输入必须做出反应，而且又要把自己的对于环境的反应输出给环境，从而影响环境。进而系统又要对于受到影响后发生了改变的环境的输入做出新的反应，于是，在这种周而复始的开放、交换之中，系统的潜在的发展能力得以表现，所谓目的性也就表现于其中了。而且，所谓的系统的潜在发展能力并非某种超自然的神秘力量，它是由系统内部的复杂的反馈机制发挥作用的结果。从系统与环境之间的相互作用类型（即线性作用与非线性作用方面），我们可以把系统分为单因果系统与目的的系统。近代科学的遗产之一是独立质点的单向因果联系。在分析就是在一切旗帜下，整体被分解为部分，直至被分解为质点，生命有机体被分解为细胞，行为被分解为反射，知觉被分解为点状的感觉，相应的，因果关系也是单向的线性的关系。所谓的系统，也只是孤立单元的单因果系统，它与环境之间的作用也是线性的相互作用，而且正是系统内部的线性的相互作用成为系统与外部的线性相互作用的根据。这时，系统的不同部分之间、不同要素之间的相互联系被忽略不计，相互作用似乎实际上不存在。相应的，环境向系统的一定输入必定引起系统向环境的一定输出，即一定的原因必定引起一定的结果。简单的线性系统就是这样的因果系统。与此相反，目的系统则是系统与环境之间存在着复杂的非线性相互作用的系统。这种复杂的非线性相互作用表现为系统的复杂的反馈机制的建立。结果在相当大的范围内造成环境向系统进行不同的输入时，系统能够通过自己的反馈调节基本相同的输出，使系统仍保持不变的发展方向。在这样的意义上，系统之所以具有目的性，其根本原因在于系统内部及系统与环境的复杂的非线性相互作用。系统的目的性表现出系统发展方向的确定性方面。由于自组织系统自保持、自调节、自稳定，因而系统的发展就表现出某种确定性的方向。这种确定方面在系统发展完成之后，人们回过头来考察系统的发展时，往往觉得系统的发展是多么确定不移，是多么合乎预定的目标，以至配得上称为"果决性"，即结果决定原因。其实，这不过是一种表面现象。这种确定性与机械决定论的决定性或确定性是有着原则性的区别的，机械论的决定论，一旦安装开始条件给定了，一切也就完全决定了。原因一定，结果也就一定，由一定的原因就可以推出一定的结果。而由系统的内在非线性相互作用所带来的发展变化的确定性则与此不同。在一定的发展阶段，在一定的范围之内，无论环境条件怎样改变，系统总是要朝着某种确定的方向发展，异因同果，具有等终结性。

> 航标灯：系统的目的性，换句话说，是为了解决问题的，系统的大小是由问题来决定的。

### 5. 突变性原理

系统突变性原理指的是，系统通过失稳，从一种状态进入另一种状态是一种突变过程，它是系统质变的一种基本形式，突变方式多种多样，同时系统发展还存在着分叉，从而有了质变的多样性，带来系统发展的丰富多彩。

突变现象的普遍存在，使之很早就受到人们的重视，在20世纪后半叶终于产生了专门研究突变现象的突变论。托姆的突变论研究的是连续作用的原因所导致的不连续结果。它认为"原因连续的作用有可能导致结果的突然变化"。突变理论研究的是几乎处处稳定的系统。系统状态发生改变，在系统科学中也称为"相变"，这是系统的质变。相变有平衡相变和非平衡相变之分。平衡相变形成的新结构是一种死结构（如结晶），而非平衡相变形成的结构只能在开放系统条件下依靠物质和能量的耗散来维持其稳定性，即在演化发展中维持其稳定性，是一种活结构。系统自组织演化的相变，当然也只能是非平衡相变。

从无序到有序，从一种耗散结构到另一种耗散结构，从低级循环到高级循环，从一种有序态到另一种有序态，从一种混沌态到另一种混沌态，都是非平衡相变。通常人们在两层意义上谈论突变。一层是在系统的要素层次，另一层是在系统的层次上。生物学中所谓的基因突变，就是在系统的要素的层次上来谈论突变的。对于系统要素的突变，如果从系统整体上看，就可以被看做系统之中的涨落，这里不论是个别要素的结构功能发生了变异，还是仅仅是个别要素的运动状态显著不同于其他要素，都可以一律看做系统中要素对于系统稳定的总体平均状态的偏离。系统中要素的平衡是相对的，不平衡才是绝对的。系统中要素的突变总是时常发生的，突变成为系统中的发展过程中的非平衡性因素，是稳定之中的不稳定，同一之中出现的差异。当这种差异得到系统中其他子系统（即要素）的响应时，使子系统之间的差异进一步扩大，便加大了系统内的非平衡性。而特别是当它得到整个系统的响应时，涨落放大，整体系统一起地动起来，系统发生质变，进入新的状态。这就是自组织理论的一个重要结论：通过涨落达到有序。

### 6. 稳定性原理

系统稳定性原理指的是，在外界作用下开放系统具有一定的自我稳定能力，能够在一定范围内自我调节，从而保持和恢复原来的有序状态，保持和恢复原有的结构和功能。

静止即稳定，平衡即稳定，这是一种机械论的观点，有其片面性。它是以牺牲系统自我运动和自我发展能力为代价的稳定性。而系统的稳定性是系统在发展和演化之中的稳定性。系统的稳定性，首先是一种开放中的稳定性。开放是系统发展变化的前提，也是"活"系统得以保持系统稳定的前提。这同时也意味着系统的稳定性都是动态中的稳定性。耗散结构理论之所以称为耗散结构，就是强调系统的稳定性是在与环境的动态交换之中才得以保持的。在系统理论中，系统稳定性、目的性问题得到了进一步研究。维纳与坎农的助手罗森勃吕特发现了"负反馈"调节机制的重要作用。一个组织系统之所以具有受到干扰后能够迅速排除偏差，恢复到正常的稳定状态，其关键在于其中的负反馈机制。系统的稳定性原理，并不仅仅就稳定性来谈稳定性，而是在稳定与失稳的矛盾之中来把握稳定性。一般而言，在工程技术上，人们特别钟爱系统的稳定性，总是把系统中的稳定性——无论是动态的稳定性还是静态的稳定性——作为积极的东西来对待，而对系统中的不稳定因素作为消极的东西来对待。这对于工程技术，无疑是极为重要的。但是，我们却不能将工程上追求相对静止的态度无条件地推广为最一般的观点。一般而言，工程系统是一种被组织起来的系统，而不是一种自组织系统。自组织系统总是处于演化之中的，无论它是物理化学系统，还是生物系统以至社会系统。所谓的系统稳定性，决非绝对意义上的稳定性。任何时候，任何条件下，系统之中总是存在涨落的，这就已经表明系统的稳定性总是不完全的，总是在稳定之中存在着不稳定的。事实上，很多时候，即使系统在整体上是稳定的，系统之中也可能存在局部的不稳定性。而且，正是因为系统中存在不稳定的因素，这种最初是个别的、局部的不稳定的因素，在一定条件下得以放大，超出了系统在原先条件下保持自身稳定的条件，系统保持自身稳定的能力遭到破坏，才使得系统整体上失稳，从而进入新的稳定态。由此看来，系统中的不稳定因素反而成为系统演化发展的积极因素。

### 7. 自组织原理

系统的自组织原理指的是，开放系统在系统内外两方面因素的复杂非线性相互作用下，内部要素的某些偏离系统稳定状态的涨落可能得以放大，从而在系统中产生更大范围的更强烈的长程相关，自发组织起来，使系统从无序到有序，从低级有序到高级有序。

一系列系统理论对于认识系统的自组织有着特别重要的意义。按照历史顺序，首先出现的是以既成系统为研究对象的一般系统论、控制论和信息论。对于控制论研究做出重要贡献的艾什比最先于20世纪50年代提出了"自组织系统"。20世纪60～70年代兴起的耗散结构理论，协同学、超循环理论、突变论、混沌学和分形学则是以系统的发生、发展为重点，探讨了系统的自组织演化问题。耗散结构对于理解系统演化的前提条件有基本的重要性。协同学阐述了子系统之间的竞争和协同推动系统从无序到有序的演化，超循环论指出相互作用构成循环，提出了循环等级学说，从低级循环到高级循环，不同的循环层次与一定的发展水平相联系，揭示了系统的自组织演化发展采取了循环发展形式。突变论与系统自组织演化的相变理论密切联系在一起，揭示原因连续的作用有可能导致结果的突然变化，揭示出相变的方式和途径、相变的多样性。对混沌和分形的研究，使得我们对于系统自组织的复杂性、系统自组织发展的整个过程有了更深刻的理解。于是这些系统自组织理论使我们认识到，充分开放是系统自组织演化的前提条件，非线性相互作用是自组织系统演化的内在动力，涨落成为系统自组织演化的原始诱因，循环是系统自组织演化的组织形式，相变和分叉体现了系统自组织演化方式的多样性，混沌和分形揭示了从简单到复杂的系统自组织演化的图景。

组织这一概念，通常可以作为名词来使用，也可以作为动词来使用。在作为名词来使用时，指的是系统内部的相互联系及其表现。也就意味着，如果说系统内的相互作用是系统组织的内容方面，那么系统组织的形式方面就体现为系统的结构形式和系统内要素之间的联系方式。由此看来，系统的组织就是一个与系统的结构非常近似的一个概念，其区别主要在于，当人们使用组织概念时，除了包括系统的结构以外，往往还包括系统作为一个客观实体的含义。自组织表示系统的运动是自发的，不受特定外来干预而进行的，其自发运动是以系统内部的矛盾为根据，以系统的环境为条件的系统内部以及系统与环境的交互作用的结果。系统的自组织包含系统的自发运动，同时还强调了这种系统的自发运动过程也是一个自发形式一定组织结构的过程。他组织，也称为系统的被组织。与系统的自组织恰恰相反表示的是系统的运动和形成组织结构是在外来特定的干预下进行的，主要是受外界指令的结果，在极端的情况下，完全是按外界指令进行运动、进行组织的。当然，系统的自组织与他组织也是相对的，对于一个系统内部的子系统而言，子系统的运动和组织总是受到特定的制约，不可能有完全自由的自发运动和自组织，勿宁说是他组织的。

传统思维把系统中的涨落仅仅看做某种不利于系统稳定存在的因素，系统的自组织理论中，涨落则被赋予了新的意义，而并非全然消极的东西。通过涨落达到有序，这是系统自组织理论中的一个重要的基本结论。首先，涨落是使系统"认识"，进化阶段中更有有序状态的诱因。没有涨落促使系统偏离原来的状态，系统仅仅停留在原来的状态上，就不可能发现可能的"山外青山楼外楼"。通过涨落，首先是个别子系统超越常规，认识到其他新的状态，认识山外青山楼外楼，而后，当新的发现得到其他子系统的响应，并在整个系统内得以放大时，系统就被诱导进入新的或更有序的状态。其次，随机涨落驱动了系统中的子系统在取得物质、能量和信息方面的非平衡过程中，使得系统中出现了差异，而且加大这样的差距，特别是在临界区域附近的涨落，由于非线性相互作用得以放大时，又进一步加剧了这种过程，使得慢变量与快变量区分开来，使快变量消失，使慢变量成为系统自组织的支配力量。由此可见，涨落本来是不稳定因素，但在一定条件下也可以变为建设性因素，诱发系统的自组织过程。系统的自组织真正得以实现，其内在根据则在于系统内部的复杂的相互作用，这是非线性相互作用。在线性相互作用下，各种相互作用之间缺乏相互联系，不能产生合作作用，同时也谈不上竞争作用。系统实际上就不是一个有机的整体。但在非线性相互作用下，各种相互作用之间密不可分，相互之间有了竞争，同时也就有了合作，相互牵制，牵一发而动全身，表现出强烈的整体行为。作为个别的涨落才有可能得以被放大为整体的行为，从而引起系统的自组织，使系统的合乎规律的运动通过随机性表现出来。

### 8. 相似性原理

系统的相似性原理指的是，系统具有同构和同态的性质，体现在系统的结构和功能、存在方式和演化过程具有共同性，这是一种有差异的共性，是系统统一性的一种表现。

> 航标灯：业务系统和信息系统具有相似性，这是业务和系统之间有一定映射关系的理论基础。

系统具有某种相似性，是种种系统理论得以建立的基础。如果没有系统的相似性，就没有具有普遍性的系统理论。系统具有相似性，最根本原因在于世界的物质统一性。系统的相似性不仅仅是指系统存在方式的相似性，也指系统演化方式的相似性。几何的、相对静止的相似性，体现的是系统存在方式上的相似性。运动规律的、显著变动之中的相似环，体现的就是系统演化的相似性。系统演化的全过程——大圆圈，也体现从混沌到有序，再从有序到混沌的相似性。系统演化的每一相对完整的阶段——小圆圈，从一种有序到另一种有序的发展，也表现为相似性。系统理论追求系统的一般性，相似性也体现着一般性，用贝塔朗菲的话来说，要发现种种系统研究中的共性。显然，系统的一般性是不能代替系统的特殊性的。系统之间的差异是绝对的，而相似是有条件的。相似性不仅仅可以是任何结构意义上的可见的相似性，也可以是功能的、无形的意义上的非实体的相似性。系统规律的相似性、思维活动的相似性和关系的相似性等都是后一种意义上的相似性原理。

### 9.4.3 五大规律

#### 1. 结构功能律

即关于结构和功能相互关联，相互转化的规律。一定的结构必然具有一定的功能并制约着随机涨落的范围时，随机涨落可以引起局部功能的改变，当涨落突破系统内部调节机制的作用范围，涨落得到系统整体的响应而放大，造成系统整体结构的改变，而新的结构又制约新的随机涨落的范围。这样结构和功能动态地相互作用，系统不断地演化。

#### 2. 信息反馈律

即信息反馈的调控作用影响系统稳定性的内在机理。负反馈强化系统的稳定性，正反馈使系统远离稳定状态，但正反馈可以推动系统的演化，因为在一定条件下，涨落通过正反馈得以放大，破坏系统的原有稳定性，使系统进入新的稳定状态。

#### 3. 竞争协同律

即系统的要素之间，系统与环境之间存在整体统一性和个体差异性，通过竞争和协同推动系统的演化发展。自组织理论认识到在竞争基础上的协同对于系统演化的重大意义。非线性相互作用构成竞争和协同辩证关系的自然科学基础。系统中普遍存在的涨落说明系统要素之间总是处于竞争状态，涨落得到系统的响应而得以放大说明协同在发挥作用。竞争是系统演化的创造性因素，协同是系统演化确定性、目的性的因素。

#### 4. 涨落有序律

即系统通过涨落达到有序，实现系统从无序向有序，从低级有序向高级有序发展。系统演化过程中的分叉通过涨落实现，说明必然性通过偶然性表现出来。

### 5. 优化演化律

即系统不断演化，优化通过演化实现，表现系统的进化发展。耗散结构理论阐述了系统优化的一些基本前提，协同学着重讨论了系统优化的内部机制，超循环理论说明超循环组织形成就是系统优化的一种形式。系统优化最重要的是整体优化，"形态越高，发展越快"是系统优化的一条基本法则。系统优化是系统演化的目的。随着系统形态的发展，复杂系统的稳定性可以通过通信能力的改善和优化来保证。

## 9.5 控制论

抽象是为了证明具象的存在。抽象是以信息为载体的。控制是为了使实做能达到目标，就必须对实做的事进行抽象，这种抽象表现为信息，实做的抽象信息与目标的信息进行比较，基于比较进行正反馈、负反馈或不反馈。所以实做信息、目标信息、比较处理逻辑、基于信息比较的反馈是控制的核心研究对象。

自从1948年诺伯特·维纳发表了著名的《控制论——关于在动物和机器中控制和通讯的科学》一书以来，控制论的思想和方法已经渗透到了几乎所有的自然科学和社会科学领域。维纳把控制论看做一门研究机器、生命社会中控制和通信的一般规律的科学，是研究动态系统在变的环境条件下如何保持平衡状态或稳定状态的科学。他特意创造"Cybernetics"这个英语新词来命名这门科学。"控制论"一词最初来源希腊文"mberuhhtz"，原意为"操舵术"，就是掌舵的方法和技术的意思。在柏拉图（古希腊哲学家）的著作中，经常用它来表示管理的艺术。

 **航标灯**：需求总在变化，知道控制的原理，就可以驾驭需求的变化。

### 9.5.1 基本认知

控制论是研究动物（包括人类）和机器内部的控制与通信的一般规律的学

科，着重研究过程中的数学关系。综合研究各类系统的控制、信息交换、反馈调节的科学，是跨人类工程学、控制工程学、通信工程学、计算机工程学、一般生理学、神经生理学、心理学、数学、逻辑学、社会学等众多学科的交叉学科。

1834 年，著名的法国物理学家安培写了一篇论述科学哲理的文章，他进行科学分类时，把管理国家的科学称为"控制论"，他把希腊文译成"Cybernetigue"。在这个意义下，"控制论"一词被编入19 世纪许多词典中。维纳发明"控制论"这个词正是受了安培等人的启发。

在控制论中，"控制"的定义是：为了"改善"某个或某些受控对象的功能或发展，需要获得并使用信息，以这种信息为基础而选出的基于该对象上的作用，就称为控制。由此可见，控制的基础是信息，一切信息传递都是为了控制，进而任何控制又都依赖于信息反馈来实现。信息反馈是控制论的一个极其重要的概念。通俗地说，信息反馈就是指由控制系统把信息输送出去，又把其作用结果返送回来，并对信息的再输出发生影响，起到制约的作用，以达到预定的目的。

航标灯：控制是借助对被控制物中抽象出来的信息进行处理来达到控制目的的。

## 9.5.2 相关原理

控制论是以信息为基础的，是基于信息的统计判断做出决策。然后反馈到控制的输入端，以调节输出。

1）信息论

信息论是运用概率论与数理统计的方法研究信息、信息熵、通信系统、数据传输、密码学、数据压缩等问题的应用数学学科。信息论将信息的传递作为一种统计现象来考虑，给出了估算通信信道容量的方法。信息传输和信息压缩是信息论研究中的两大领域。这两个方面又由信息传输定理、信源—信道隔离定理相互联系。

2）反馈论

反馈论包括从功能的观点对机器和物体中（神经系统、内分泌及其他系统）的调节和控制的一般规律的研究。离散控制理论在计算中也有很广泛的应用，如开方公式：$X（n+1）=Xn+[A/X×（k-1）-Xn]1/k$

例如，开3次方，即$K=3$；

公式：$X（n+1）=Xn+[A/X×2-Xn]1/3$

例如，$A=5$，5在1的3次方和2的3次方之间，$X0$无论取1.1，1.2，1.3，1.4，1.5，1.6，1.7，1.8，1.9，2.0都可以。假如我们取2为初始值

第一步：$2+（5/2×2-2）1/3=1.7=X1$

第二步：$1.7+（5/1.7×1.7-1.7）1/3=1.71=X3$

第三步：$1.71+（5/1.71×1.71-1.71）1/3=1.709=X4$

第四步：$1.709+（5/1.709×1.709-1.709）1/3=1.7099=X5$

每计算一次，比上一次多取一位数，计算次数与精确度成正比。取值偏大公式会自动调小，负反馈；如第二步到第三步，取值偏小公式会自动调大，如第三步到第四步，正反馈。

> 航标灯：管理的PDCA思想来自于控制论，从哪里来到哪里去也是控制论的体现。

### 9.5.3 四大特征

1）第一个特征

要有一个预定的稳定状态或平衡状态。例如，在上述的速度控制系统中，速度的给定值就是预定的稳定状态。

2）第二个特征

从外部环境到系统内部有一种信息的传递。例如，在速度控制系统中，转速的变化引起的离心力的变化，就是一种从外部传递到系统内部的信息。

3）第三个特征

这种系统具有一种专门设计用来校正行动的装置。例如，在速度控制系统中，通过调速器旋转杆张开的角度控制蒸汽机的进汽阀门升降装置。

4）第四个特征

这种系统为了在不断变化的环境中维持自身的稳定，内部都具有自动调节的机制，换言之，控制系统都是一种动态系统。

## 9.5.4 作用及价值

在现代管理系统中，人、财、物等要素的组合关系是多种多样的，随时变化且受环境影响很大，内部运行和结构有时变化也很大，加上组织关系错综复杂，随机因素很多，处在这样一个十分复杂的系统中，要想实现既定的目标，执行为此而拟定的计划，求得组织在竞争中的生存和发展，不进行控制工作是不可想象的。

在早期的管理活动中，往往是通过财务审计来进行控制工作的。那时组织规模不大，涉及的范围较小，业务活动种类也比较简单，所以进行业务审计的目的是防止有限的资金在使用过程中出现浪费或流失，并保障能得到最大的收益。随着社会和科学技术的进步，组织的活动规模越来越大，活动内容也增加，并日益复杂，因而控制工作的内容也越来越多，已不仅仅是审计所能概括得了的。但尽管如此，财务审计仍不失为一种重要的控制法。

在现代的管理活动中，无论采用哪种方法来进行控制工作，要达到的一个目的，也就是控制工作的基本目的是要"维持现状"，即在变化着的外环境中，通过控制工作，随时将计划的执行结果与标准进行比较，若发现有超过计划容许范围的偏差时，则及时采取必要的纠正措施，以使系统的运动趋于相对稳定，实现组织的既定目标。

控制工作要达到的第二个目的是要"打破现状"。在某些情况下，变化的内外部环境会对组织提出新的要求。主管人员对现状不满，要改革创新，要开拓新局面。这时，就势必要打破现状，即修改已定的计划，确定新的现实目标和管理控制标准，使之更先进、更合理。

 **航标灯：控制的两个目的，一是维持现状，二是打破现状。**

在一个组织中，往往存在以下两类问题。

（1）经常产生的可迅速、直接影响组织日常经营活动的"急性问题（Acuteproblem）；

（2）长期存在会影响组织素质的"慢性问题"（Chronicproblem）。

解决急性问题，多是为了维持现状。而打破现状，须解决慢性问题。在各级组织中，大量存在的是慢性问题，但人们往往只在意解决急性问题而忽视解决慢性问题。这是因为慢性问题是在长期的活动逐渐形成的，产生的原因复杂多样。人们对于其存在已经"习以为常"，以至适应了它的存在，不可能发现或者即使是已经发现了也不愿意承认和解决。慢性问题所带来的是对组织素质的影响，而急性问题是经常产生的，对人的工作和利益会产生显而易见的影响，故容易被人们发现、承认和解决。因此，要使控制工作真正起作用，就要像医生诊治疾病那样，重点解决慢问题，打破现状，求得螺旋形上升。

要打破现状，解决慢性问题，是需要一定时间的。这段时间就叫做"理突破过程"。例如，在企业管理中，要分析企业的产品质量，可以将产品的优等品率作为考核评价指标之一。若一个企业要把产品的优等品率从原来的80%提高到95%，就需要有一个过程。

尽管在日常活动中，控制工作的目的主要是前述两个，但进行控制工作的最佳目的是防止问题的发生。这就要求管理人员的思想应当向前看，把系统建立在前馈而不是简单的信息反馈的基础上，在应发生偏离的情况出现以前，就能预测到并能及时采取措施来加以防止。

为了实现上述目的，控制工作在管理活动中的重要性是显而易见的，可以从以下两方面来理解：

### 1. 控制工作的重要性体现在任何组织、任何活动都需要进行控制

这是因为即便是在制订计划时进行了全面的、细致的预测，考虑到了各种现有目标的有利条件和影响实现的因素，但由于环境条件是变化的，主管人受到其本身的素质、知识、经验、技巧的限制，预测不可能完全准确，制订的计划在执行过程中可能会出现偏差，还会发生未曾预料到的情况。这时控制工作就起了执行和完成计划的保障作用，以及在管理控制中产生新的计划、新的目标和新的控制标准的作用。通过控制工作，能够为主管人员提供有用的信息，

使之了解计划的执行进度和执行中出现的偏差，以及偏差的大小并据此分析偏差产生的原因；对于那些可以控制的偏差，通过组织机构，追究责任，予以纠正；而对于那些不可控制的偏差，则应立即修正计划，使符合实际。

**2. 控制工作的重要性还表现在它在管理的五个职能中所处的地位及其相互关系上**

控制工作通过纠正偏差的行动与其他四个职能（计划、组织、激励、领导）紧密地结合一起，使管理过程形成了一个相对封闭的系统。在这个系统中，计划职能选择和确定了组织的目标、战略、政策和方案及实现它们的程序。然后，通过组织工作、人员配备、指导与领导工作等职能去实现这些计划。为了确保计划的目标能够实现，就必须在计划实施的不同阶段，根据计划制订的标准，检查计划的执行情况。这就是说，虽然计划工作必须先于控制活动，但其目标是不会自动实现的。一旦计划付诸实施，控制工作就必须穿插其进行。它对于衡量计划的执行进度，揭示计划执行中的偏差及指明纠正措施等都是非常必要的。同时，要进行有效的控制，还必须制订计划，必须有组织保证，必须要配备合适的人员，必须给予正确的指导、激励和领导。所以说控制工作存在于管理活动的全过程中，它不仅可以维持其他职能的正常运动，而且在必要时，还可以通过采取纠正偏差的行动来改变其他管理职能活动。虽然有时这种改变可能是很简单的，例如，在指导中稍作些变动即可。但在许多情况下，正确的控制工作可能导致确立新的目标，提出新的计划，改变组织机构，改变人员配备及在指导和领导方法上做出重大的改革。

> 航标灯：软件需求的变更控制和跟踪就是要使需求与开发过程形成一个相对封闭的系统。

### 9.5.5 管理与控制

管理系统是一种典型的控制系统。管理系统中的控制过程在本质上与工程的、生物的系统是一样的，都是通过信息反馈来揭示成效与标准之间的差，并采取纠正措施，使系统稳定在预定的目标状态上的。

管理控制也是一种控制，管理控制与控制有相似之处，管理控制与控制又有区别，控制是普适的，而管理控制是管理领域中控制的具体应用。

### 1. 管理应用

从控制系统的主要特征出发来考察管理系统，可以得出这样的论：管理系统是一种典型的控制系统。管理系统中的控制过程在本质上与工程的、生物的系统是一样的，都是通过信息反馈来揭示成效与标准之间的差，并采取纠正措施，使系统稳定在预定的目标状态上的。因此，从理论说，适合于工程的、生物的控制论的理论与方法，也适合于分析和说明管理控制问题。

> 航标灯：管理系统是一种典型的控制系统。

维纳在阐述他创立控制论的目的时说："控制论的目的在于创造一种言和技术，使我们有效地研究一般的控制和通信问题，同时也寻找一套恰当的思想和技术，以便通信和控制问题的各种特殊表现都能借助一定的概念分类。"的确，控制论为其他领域的科学研究提供了一套思想和技术，以至在维纳的《控制论》一书发表后的几十年中，各种冠以控制论名称的边缘学科如雨后春笋般生长出来。如工程控制论、生物控制论、神经控制论、经济控制论及社会控制论等。而管理更是控制论应用的一个重要领域。以至可以这样认为，人们对控制论原理最早的认识和最初的运用是在管理方面。从这个意义上说，控制论之于管理恰似青出于蓝。用控制论的概念和方法分析管理控制过程，更便于揭示和描述其内在机理。

### 2. 管理与控制

在管理工作中，作为管理职能之一的控制是指：为了确保组织的目标及为此而拟定的计划能够得以实现，各级主管人员根据事先确定的标准或因发展的需要而重新拟定的标准，对下级的工作进行衡量、测量和评价，并在出现偏差时进行纠正，以防止偏差继续发展，今后再度发生；或者根据组织内外环境的变化和组织的发展需要，在计划的执行过程中，对原计划进行修订或制订新的计划，并调整整个管理工作程序。因此，控制工作是每个主管人员的职能。主管人员常常忽视了这一点，似乎控制工作是上层主管部门和中层主管部门的事。实际上，无论哪一层的主管人员，不仅要对自己的工作负责，而且还必须对整个计划的实施目标的实现负责，因为他们本人的工作是计划的一部分，他们下级的工作也是计划的一部分。因此各级的主管人员，包括基层主管人员都必须承担控制工作这一重要职能的责任。

管理活动中的控制工作是一完整的复杂过程，也可以说是管理活动这一大系统中的子系统，其实质和控制论中的"控制"一样，也是信息反馈。从管理控制工作的反馈过程可见，管理活动中的控制工作与控制论中的"控制"在概念上相似之处如下。

（1）两者的基本活动过程是相同的。无论是控制工作还是"控制"都包括三个基本步骤：①确立标准；②衡量成效；③纠正偏差。为了实施控制，均需在事先确立控制标准，然后将输出的结果与标准进行比较；若出现偏差，则采取必要的纠正措施，使偏差保持在容许的范围内。

> 航标灯：需求管理工作就是确定标准、衡量成效、纠正偏差。

（2）管理控制系统实质上也是一个信息反馈系统，通过信息反馈，揭示管理活动中的不足之处，促进系统进行不断的调节和改革，以逐渐趋于稳定、完善，直达到优化状态。同其他系统中的控制一样，在现代化管理中有许多情况要正反馈。两个组织之间的竞赛或竞争就是一例，你追我赶，相互促进。

（3）管理控制系统和控制论中的控制系统一样，也是一个有组织的系统。它根据系统内的变化而进行相应的调整，不断克服系统的不稳定性，而使系统保持在某稳定状态。

管理与控制的区别，体现在以下两个方面。

（1）控制论中的"控制"实质上是一个简单的信息反馈，它的纠正措施往往是即刻就可付诸实施的。而且若在自动控制系统中，一旦给定程序，那么衡量成效和纠正偏差往往都是自动进行的，而管理工作中的控制活动远比上述的更为复杂和实际。主管人员当然要衡量实际的成效情况，将它与标准相比较及明确地分析出现的偏差和原因。但是为了随之做出必要的纠正，主管人员必须为此花费一定的人力、物力和财力去拟订计划并实施这一计划，才有可能纠正偏差以达到预期的成效。

（2）简单反馈中的"信息"是一个一般意义上的词汇，即简单的"信息包括能量的机械传递、电子脉冲、神经冲动、化学反应、文字或口头的消息及能够借以传递'消息'的任何其他手段"。对于一个简单反馈的控制系来说，它所反馈的信息往往是比较单纯的。维纳的信息是物质、能量、信息及其属性的标识（原维纳信息定义的逆）。而对于管理控制工作中的"信息"来说，它是根据管理过程和管理技术而组织起来的在生产经营活动中产生的，并且经过了分析整理后的信息流或信息集，它们所包含的信息种类繁多、数量巨大。这种管理信息（包括管理控制工作中的信息）和管理系统结合在一起，就形成了一个系统——管理信息系统。这种系统由于既要反映产品的生产过程，以便使信息系统能起到控制产品生产过程和产品价值形成过程的作用；又要适应管理决策的需要，使信息系统能起到为各级管理服务的作用，使信息的流动符合管理决策的需要，使信息系统成为进行科学管理严格执行计划的有力工具。

因此，我们要求它具有如下功能。

（1）处理信息及时、准确；

（2）控制计划和经营管理，使之处于最佳状态；

（3）便于进行方案比较和择优；

（4）有助于进行预测工作。

管理是否有效，其关键在于管理信息系统是否完善，信息反馈是否灵敏正确、有力。灵敏、正确和有力的程度是一个管理制度或一个管理职能部门是否有充沛生命力的标志，这就是现代管理理论中的反馈原理。要"灵敏"，就必须有敏锐的"感受器"，以便能及时发现变化着的客观实际与计划之间的矛盾。要"正确"，就必须有高效能的分析系统，以过滤和加工管理的各种消息、情报、数据和信息等，"去粗取精、去伪存真、由此及彼、由表及里"。"有力"就是把分析整理后得到的信息化为主管人员强有力的行动，以修正原来的管理动作，使之更符合实际情况，以期达到管理和控制的目的。

按照"控制论"的观点，生物或机械等各种系统的活动均需要控制。进行这种控制活动的目的是设法使系统运行中所产生的偏差不致超出允许范围而维持在某一平衡点上。

对管理来说，控制工作的目的不仅要使一个组织按照原定计划维持其正常活动，以实现既定目标；而且还要力求使组织的活动有所前进、有所创新，以达到新的高度，提出和实现新的目标。也就是说，管理的五个职活动通过信息反馈形成了一个闭合回路系统。管理活动无始无终，一方面要像控制论中的"控制"一样，使系统的活动维持在一平衡点上；另一方面还要使系统的活动在原平衡点的基础上求得螺旋形上升。全面质量管理中推行的PDCA 工作法，实际上就体现了这个特点。

 航标灯：需求的变更、版本、状态、跟踪等需求管理活动都离不开控制。

# 9.6 信息论

信息论是运用概率论与数理统计的方法研究信息、信息熵、通信系统、数据传输、密码学、数据压缩等问题的应用数学学科。

信息论将信息的传递作为一种统计现象来考虑，给出了估算通信信道容量的方法。信息传输和信息压缩是信息论研究中的两大领域。这两个方面又由信息传输定理、信源—信道隔离定理相互联系。

香农被称为是"信息论之父"。人们通常将香农于1948年10月发表于《贝尔系统技术学报》上的论文《A Mathematical Theory of Communication》（通信的数学理论 ﾉ作为现代信息论研究的开端。这一文章部分基于哈里·奈奎斯特和拉尔夫·哈特利先前的成果。信息论被广泛应用于编码学、密码学与密码分析学、数据传输、数据压缩 、检测理论和估计理论。

## 9.6.1 基本认知

信息论是一门用数理统计方法来研究信息的度量、传递和变换规律的科学。它主要是研究通信和控制系统中普遍存在着信息传递的共同规律及研究最佳解决信息的获得、度量、变换、存储和传递等问题的基础理论。

信息论的研究范围极为广阔。一般把信息论分成以下三种类型。

（1）狭义信息论是一门应用数理统计方法来研究信息处理和信息传递的

科学。它研究存在于通信和控制系统中普遍存在的信息传递的共同规律，以及如何提高各信息传输系统的有效性和可靠性的一门通信理论。

（2）一般信息论主要是研究通信问题，但还包括噪声理论、信号滤波与预测、调制与信息处理等问题。

（3）广义信息论不仅包括狭义信息论和一般信息论的问题，而且还包括所有与信息有关的领域，如心理学、语言学、神经心理学、语义学等。

物质、能量与信息是组成世界的三大要素。人们已经很深入地了解了物质与能量，而对信息的认识才刚起步。那么信息是什么？它又是以何种方式存在的？它有着怎样的作用？以下是我的猜想，希望对人类进一步认识世界有一定帮助。

非世界三要素的信息定义：信息是事物及其属性标识的集合。包含三要素的信息定义：

（1）信息是确定性的增加——逆Shannon信息定义；

（2）信息就是信息，信息是物质、能量、信息及其属性的标示——Wiener信息定义的逆；

（3）信息（information）是客观事物状态和运动特征的一种普遍形式，客观世界中大量地存在、产生和传递着以这些方式表示出来的各种各样的信息。然而，这只是对于我们所生活的三维空间而言的，信息还有更深层的本质。那么，难道信息还存在于四维空间（这里所说的四维空间不包括时间，而是空间的四维状态）中吗？是的，但要明确一点，信息只存在于四维空间，三维空间中的信息只是四维空间中真实信息的影子。信息大量存在于四维空间中，其本质是在四维空间中存在的一种信息子（informer，假想的存在于四维空间的组成信息的基本单位）的规则排布。

 **航标灯：系统间最主要的一个分析就是交互信息的分析。**

## 9.6.2 性质与机制

信息有以下性质：客观性、广泛性、完整性和专一性。首先，信息是客观存在的，它不是由意志所决定的，但它与人类思想有着必然联系。同时，信息又是广泛存在的，四维空间被大量信息子所充斥。信息的一个重要性质是完整性，每个信息子不能决定任何事件，须有两个或两个以上的信息子规则排布为完整的信息，其释放的能量才足以使确定事件发生。信息还有专一性，每个信息决定一个确定事件，但相似事件的信息也有相似之处，其原因的解释需要信息子种类与排布密码理论的进一步发现。

在平常状态下，信息子杂乱无章地分布于四维空间中。当三维空间中的分子摩擦碰撞时，其中的能量逃逸到四维空间中，启动了信息子的规则排布，排布好的信息子又将能量释放出来，进入三维空间，引起其他分子的摩擦碰撞，如此循环下去。如果被引起摩擦碰撞的分子恰好是决子（decider，决定事件的因子，如引起神经冲动的钠钾离子、引起雷电的电荷），并且有一定物质的量的决子被引起摩擦碰撞时，事件发生。当然，不同分子摩擦碰撞产生的能量不同，其引起的信息子的排布形式的种类也不同，因而决定的事件也不同。

然而，在宇宙爆炸前只有信息存在，一个决定因素（现在还不了解这个因素是什么）导致了信息子的偶然规则排布，一部分信息子转化为能量（信息子转化为能量是有一定条件的，这只有在宇宙爆炸前或初期才能实现），能量再在一定条件下转化为物质，并继续转移转化，最终形成了我们现在的宇宙。因此，信息子的有序排布是事件发生的根本原因，物质摩擦碰撞是事件发生的直接原因，而能量的传递是事件发生的必要条件。

 **航标灯：做软件系统离不开对数据和信息的分析。**

## 9.6.3 应用领域

### 1. 信息与通信

信息就是一种消息，它与通信问题密切相关。1948年贝尔研究所的香农在题为《通讯的数学理论》的论文中系统地提出了关于信息的论述，创立了信息论。维纳提出的关于度量信息量的数学公式开辟了信息论的广泛应用前景。1951年美国无线电工程学会承认信息论这门学科，此后得到迅速发展。20世纪50年代是信息论向各门学科冲击的时期，20世纪60年代信息论不是重大的创新时期，而是一个消化、理解的时期，是在已有的基础上进行重大建设的时期。研究重点是信息和信源编码问题。到20世纪70年代，由于数字计算机的广泛应用，通信系统的能力也有很大提高，如何更有效地利用和处理信息，成为日益迫切的问题。人们越来越认识到信息的重要性，认识到信息可以作为与材料和能源一样的资源而加以充分利用和共享。信息的概念和方法已广泛渗透到各个科学领域，它迫切要求突破香农信息论的狭隘范围，以便使它能成为人类各种活动中所碰到的信息问题的基础理论，从而推动其他许多新兴学科进一步发展。目前，人们已把早先建立的有关信息的规律与理论广泛应用于物理学、化学、生物学等学科中去。一门研究信息的产生、获取、变换、传输、存储、处理、显示、识别和利用的信息科学正在形成。

## 2. 信息科学

信息科学是人们在对信息的认识与利用不断扩大的过程中，在信息论、电子学、计算机科学、人工智能、系统工程学、自动化技术等多学科基础上发展起来的一门边缘性新兴学科。它的任务主要是研究信息的性质，研究机器、生物和人类关于各种信息的获取、变换、传输、处理、利用和控制的一般规律，设计和研制各种信息机器和控制设备，实现操作自动化，以便尽可能地把人脑从自然力的束缚下解放出来，提高人类认识世界和改造世界的能力。信息科学在安全问题的研究中也有着重要应用。

> 航标灯：有关联的人与人、人与系统、系统与系统都是通过信息来进行交互的。

# 第10章

# 需求工程的专有知识

　　需求工程的专有知识包括软件工程、软件体系架构和信息资源规划。软件工程说明了软件开发各活动的输入、处理、输出及其活动间关系，这些活动的输入与软件需求息息相关。软件体系架构说明了任何一个软件系统都是有层次的，软件需求中的非功能需求对架构设计有直接影响。信息资源规划对于如何在需求规划中建立业务数据模型和在需求分析中建立数据体系提供了借鉴方法。这些专有知识是做任何一个软件系统都必须具备的。

## 10.1 软件工程

　　航标灯：需求工程的专有知识涉及软件开发、体系架构和信息资源这些专属软件所需的知识。

　　软件工程是一门研究用工程化方法构建和维护有效的、实用的和高质量的软件的学科。它涉及程序设计语言、数据库、软件开发工具、系统平台、标准、设计模式等方面。在现代社会中，软件应用于多个方面。典型的软件比如电子邮件、嵌入式系统、人机界面、办公套件、操作系统、编译器、数据库、游戏等。同时，各个行业几乎都有计算机软件的应用，比如工业、农业、银行、航空、政府部门等。这些应用促进了经济和社会的发展，使得人们的工作更加高效，同时提高了生活质量。

### 10.1.1 发展阶段

　　软件是由计算机程序和程序设计的概念发展演化而来的，是在程序和程序设计发展到一定规模并且逐步商品化的过程中形成的。软件开发经历了程序设计阶段、软件设计阶段和软件工程阶段的演变过程。

（1）程序设计阶段：程序设计阶段出现在1946～1955年。此阶段的特点是：尚无软件的概念，程序设计主要围绕硬件进行开发，规模很小，工具简单，无明确分工（开发者和用户），程序设计追求节省空间和编程技巧，无文档资料（除程序清单外），主要用于科学计算。

（2）软件设计阶段：软件设计阶段出现在1956～1970年。此阶段的特点是：硬件环境相对稳定，出现了"软件作坊"的开发组，开始广泛使用产品软件（可购买），从而建立了软件的概念。随着计算机技术的发展和计算机应用的日益普及，软件系统的规模越来越庞大，高级编程语言层出不穷，应用领域不断拓宽，开发者和用户有了明确的分工，社会对软件的需求量剧增。但软件开发技术没有重大突破，软件产品的质量不高，生产效率低下，从而导致了"软件危机"的产生。

（3）软件工程阶段：自1971年起，软件开发进入了软件工程阶段。由于"软件危机"的产生，迫使人们不得不研究、改变软件开发的技术手段和管理方法。从此软件开发进入了软件工程时代。此阶段的特点是：硬件已向巨型化、微型化、网络化和智能化四个方向发展，数据库技术已成熟并广泛应用，第三代、第四代语言出现。第一代软件技术：结构化程序设计在数值计算领域取得优异成绩；第二代软件技术：软件测试技术、方法、原理用于软件生产过程；第三代软件技术：处理需求定义技术用于软件需求分析和描述。

## 10.1.2　工程目标

软件工程的目标是：在给定成本、进度的前提下，开发出具有适用性、有效性、可修改性、可靠性、可理解性、可维护性、可重用性、可移植性、可追踪性　软件工程、可互操作性和满足用户需求的软件产品。追求这些目标，有助于提高软件产品的质量和开发效率，减少维护的困难。

（1）适用性：软件在不同的系统约束条件下，使用户需求得到满足的难易程度。

（2）有效性：软件系统能最有效地利用计算机的时间和空间资源。各种软件无不把系统的时/空开销作为衡量软件质量的一项重要技术指标。很多场合，在追求时间有效性和空间有效性时会发生矛盾，这时不得不牺牲时间有效性换取空间有效性或牺牲空间有效性换取时间有效性。时/空折中是经常采用的技巧。

（3）可修改性：允许对系统进行修改而不增加原系统的复杂性。它支持软件的调试和维护，是一个难以达到的目标。

（4）可靠性：能防止因概念、设计和结构等方面的不完善造成的软件系统失效，具有挽回因操作不当造成软件系统失效的能力。

（5）可理解性：系统具有清晰的结构，能直接反映问题的需求。可理解性有助于控制系统软件复杂性，并支持软件的维护、移植或重用。

（6）可维护性：软件交付使用后，能够对它进行修改，以改正潜伏的错误，改进性能和其他属性，使软件产品适应环境的变化等。软件维护费用在软件开发费用中占有很大的比重。可维护性是软件工程中一项十分重要的目标。

（7）可重用性：把概念或功能相对独立的一个或一组相关模块定义为一个软部件。可组装在系统的任何位置，降低工作量。

（8）可移植性：软件从一个计算机系统或环境搬到另一个计算机系统或环境的难易程度。

（9）可追踪性：根据软件需求对软件设计、程序进行正向追踪，或根据软件设计、程序对软件需求的逆向追踪的能力。

（10）可互操作性：多个软件元素相互通信并协同完成任务的能力。

## 10.1.3　工程过程

软件生产是一个最终能满足需求且达到工程目标的软件产品所需要的步骤。软件工程过程主要包括开发过程、运作过程、维护过程。它们覆盖了需求、设计、实现、确认及维护等活动。需求活动包括问题分析和需求分析。问题分析获取需求定义，又称为软件需求规约、需求分析生成功能规约。设计活动一般包括概要设计和详细设计。概要设计建立整个软件系统结构，包括子系统、模块及相关层次的说明、每一模块的接口定义。详细设计产生程序员可用的模块说明，包括每一模块中数据结构说明及加工描述。实现活动把设计结果转换为可执行的程序代码。确认活动贯穿于整个开发过程，实现完成后的确认，保证最终产品满足用户要求。维护活动包括使用过程中的扩充、修改与完善。伴随以上过程，还有管理过程、支持过程和培训过程等。

### 10.1.4 工程原则

软件工程的原则是指围绕工程设计、工程支持及工程管理在软件开发过程中必须遵循的原则。软件工程的原则有以下四项。

1）选取适宜开发范型

该原则与系统设计有关。在系统设计中，软件需求、硬件需求及其他因素之间是相互制约、相互影响的，经常需要权衡。因此，必须认识需求定义的易变性，采用适宜的开发范型予以控制，以保证软件产品满足用户要求。

2）采用合适的设计方法

在软件设计中，通常要考虑软件的模块化、抽象与信息隐蔽、局部化、一致性及适应性等特征。合适的设计方法有助于这些特征的实现，以达到软件工程的目标。

3）提供高质量的工程支持

"工欲善其事，必先利其器"。在软件工程中，软件工具与环境对软件过程的支持颇为重要。软件工程项目的质量与开销直接取决于对软件工程所提供的支撑质量和效用。

4）重视开发过程的管理

软件工程的管理直接影响可用资源的有效利用、生产满足目标的软件产品、提高软件组织的生产能力等问题。因此，仅当软件过程得以有效管理时，才能实现有效的软件工程。

这一软件工程框架告诉我们，软件工程的目标是可用性、正确性和合算性；实施一个软件工程要选取适宜的开发范型，要采用合适的设计方法，要提供高质量的工程支撑，要实行开发过程的有效管理；软件工程活动主要包括需求、设计、实现、确认和支持等活动，每一活动可根据特定的软件工程采用合适的开发范型、设计方法、支持过程及过程管理。根据软件工程这一框架，软件工程学科的研究内容主要包括软件开发范型、软件开发方法、软件过程、软件工具、软件开发环境、计算机辅助软件工程（CASE）及软件经济学等。

## 10.1.5　开发方法

国外大的软件公司和机构一直在研究软件开发方法这个概念性的东西，而且也提出了很多实际的开发方法，比如生命周期法、原型化方法、面向对象方法等。下面介绍几种流行的开发方法。

1）结构化方法

结构化开发方法是由E.Yourdon 和 L.L.Constantine 提出的，即所谓的SASD方法，也可称为面向功能的软件开发方法或面向数据流的软件开发方法。Yourdon方法是20世纪80年代使用最广泛的软件开发方法。它首先用结构化分析（SA）对软件进行需求分析，然后用结构化设计（SD）方法进行总体设计，最后是结构化编程（SP）。它给出了两类典型的软件结构（变换型和事务型），使软件开发的成功率大大提高。

2）面向数据结构的软件开发方法

Jackson方法是最典型的面向数据结构的软件开发方法，Jackson方法把问题分解为可由三种基本结构形式表示的各部分的层次结构。三种基本的结构形式就是顺序、选择和重复。三种数据结构可以进行组合，形成复杂的结构体系。这一方法从目标系统的输入/输出数据结构入手，导出程序框架结构，再补充其他细节，就可得到完整的程序结构图。这一方法对输入/输出数据结构明确的中小型系统特别有效，如商业应用中的文件表格处理。该方法也可与其他方法结合，用于模块的详细设计。

3）面向问题的分析法

PAM（Problem Analysis Method）是20世纪80年代末由日立公司提出的一种软件开发方法。它的基本思想是考虑到输入/输出数据结构，指导系统的分解，在系统分析指导下逐步综合。这一方法的具体步骤是：从输入/输出数据结构导出基本处理框；分析这些处理框之间的先后关系；按先后关系逐步综合处理框，直到画出整个系统的PAD图。这一方法本质上是综合的自底向上的方法，但在逐步综合之前已进行了有目的的分解，这个目的就是充分考虑系统的输入/输出数据结构。PAM方法的另一个优点是使用PAD图。这是一种二维树形结构图，是到目前为止最好的详细设计表示方法之一。当然，由于在输入/输出数据结构与整个系统之间同样存在着鸿沟，这一方法仍只适用于中小型系统。

4）原型化方法

产生原型化方法的原因很多，随着系统开发经验的增多，我们发现软件工程需求分析并非所有的需求都能够预先定义，而且反复修改是不可避免的。能够采用原型化方法是因为开发工具的快速发展，比如用VB、DELPHI等工具我们可以迅速开发出一个可以让用户看得见、摸得着的系统框架，这样，对于计算机不是很熟悉的用户就可以根据这个样板提出自己的需求。

## 10.2 软件体系架构

软件体系架构是对未来建成的软件系统的一种预先的抽象，软件体系架构是软件工程中的重要工作，也是需求工程中的重要工作，两者的不同在于一个是基于顶层、宏观的，而另一个是面向实现的、微观的。体系是指整体系统，即由多个子系统构成的系统，称为体系。而架构是指间架结构，间是指数量，架是指层次，结是指系统间的组织，构是指层次中的内容。所以软件体系架构是在系统定量后，对系统性质进行归类，再理出其时序，然后说明系统间的组织方式，再对系统的内部构成加以描述。

软件体系架构由逻辑架构、开发架构、数据架构、运行架构、物理架构五部分构成，还有一些划分将集成架构和安全架构也纳入进来。在本节中我们重点讲这五个架构，其他架构的知识用户可以参考其他书籍。

### 10.2.1 基础知识

软件体系架构的准确定义到现在依然没有。下面只是一些组织和专家给出的定义。

Mary Shaw给出的定义是，软件系统的架构将系统描述为计算组件及组件之间的交互。这里的组件是广义的，可以是一个系统、一个框架和一个功能类。计算组件也是泛指，可以是处理组件、数据组件和连接组件。这种定义的特点是强调架构关注的客体是软件及软件本身为描述对象，并且明确软件是由承担不同计算任务的组件组成的，这些组件通过相互交互构成一个整体。

RUP，即统一过程中对软件架构的定义是，架构是软件系统的组织、选择组成系统的结构元素和它们之间的接品，组合这些元素使其成为更大的子系统，用于指导这个系统组织的架构风格。软件架构并不仅仅注重软件本身的结构和行为，还要注重使用、功能性、性能、弹性、重用等性能要素。这个定义的特点是强调人是架构实践的主体，以人的决策为描述对象；另一个是明确指出架构是由组织、元素、子系统和架构风格组成的。

软件体系架构的思想是先分而治之，再合而为一。分而治之是将系统分为不同的部分，并注意每一个部分的构成；合而为一是通过对系统间的交互关系，建立系统与系统间的交互组件，使系统合成一体。分而治之是对软件系统的依次分解，从系统到模块、函数，定义出模块的职责、模块的对外接口、模块间采用的交互机制、模块的约束属性；分层次依次展开也是分而治之的一种方式，其方式是先制定与技术无关的层次，而后再明确层次所采用的技术。

软件体系架构需要对子系统、框架两个概念有所认知。子系统是一个系统，是可以独立运行的，提供相关的系统功能，可独立运行是其最大的特点；框架是不能独立运行的，框架是对某个系统或多个系统都需要重用的软件组件，如spring、structs等都是一些常用的框架。架构是在子系统、框架中都有的，不同的子系统有不同的架构，不同的框架也有不同的架构。

软件架构是为用户而设计的，使他们关注的功能需求和运行期质量属性得以满足；软件架构是为客户而设计的，支撑客户的业务目标和约束条件实现；软件架构是为开发人员而设计的，满足开发人员分工和协作的要求；软件架构是为管理者而设计的，为他们能够进行分工管理、协调控制和评估监控提供清晰的基础。

软件架构视图是展现的一种方式。一个软件架构视图是对于从某一个视角或某一点上看到的系统所做的简述，简述中涵盖了系统的某一特定方面，而省略了与此方面无关的实体。软件架构视图是采用线、框、块等图形符号及文字来描述的。

软件架构是由逻辑架构、开发架构、运行架构、物理架构、数据架构五种架构构成的。逻辑架构关注的是功能，不仅包括用户可见的功能，还包括支撑这些功能实现的辅助功能模块；开发架构关注的是程序包，不仅包括应用程序还包括SDK、框架和类库，以及支撑这些的系统软件或中间件，开发架构和逻辑架构存在一定的映射关系；运行架构关注的是进程、线程、对象等运行时概念，以及相关的并发、同步、通信等问题；物理架构关注的是目标程序及其依赖的运行库和系统软件最终安装或部署到物理机器，以及如何部署机器和网络来配合软件系统的可靠性、可伸缩性等要求；数据架构关注持久化数据的存储方案，不仅包括实体及实体间关系的数据存储格式，还包括数据传递、复制和同步等策略。

软件架构的设计过程是从概念性架构到实际架构的两阶段过程。概念性架构是对系统设计的最初构想。概念性架构通过主要的设计元素及它们之间的关系来描述系统；符合软件架构的定义，从架构=组件+交互角度而言，概念性架构包括概念组件及其关系的抽象交互机制；概念性组件是粗粒度的；概念性架构重在点明关键机制。实际架构是具体技术、具体平台的应用，是对具体实现的一种设计。实际架构涉及了开发人员最为关系的接口、子系统、交互机制、共同点的具体实现。实际架构由逻辑架构、开发架构、数据架构、物理架构、运行架构5个维度去描述，是概念架构的细化，是对实际开发工作的指导。

成功的软件架构具有几个特点：（1）良好的模块性，每个模块职责明晰，模块之间松耦合，模块内部高内聚实现了信息隐藏；（2）适应功能的需求变化、适应技术的变化，应保持应用相关模块和领域通用模块的分离，技术平台相关模块和独立于具体技术的模块分离；（3）对系统的动态运行有良好的规划，标识出哪些是组织模块，哪些是执行模块，并明确模块间协同的机制，如排队、消息等机制；（4）对数据有良好的规划，不仅包括数据持久化方案，还应包括数据传递、数据复制和数据同步的策略；（5）明确的、灵活的部署规划，要具有可移植性、可伸缩性、持续可用性和互操作性等质量属性要求。成功的架构是适用的架构，而不是最好的架构，因为我们还需考虑经济性、技术复杂性、发展趋势和团队水平等方面的因素。

## 10.2.2 概念架构

概念架构，也称为总体架构，是站在整个系统全局的高度，一是从构成角度来描述系统的层次构成、层内系统构成及系统的功能构成，二是从组织的角度来描述系统间的时序关系。概念架构中引入了大量在用户需求中未描述的，而应用系统要运行，又必须具备的辅助功能模块，如我们通常说的门户系统、平台系统、统一用户系统、数据库系统、负载均衡系统。这些系统的引入有些是因为整体系统的性能需要，如高可靠性、动态可伸缩性；另一些在系统需求没有显性描述，但应用系统又必须依赖的，如统一用户管理系统、平台系统等。

概念性架构一般采用分层架构来描述。随着分布式应用的普及，分层架构也有了新的发展。经典的分层架构的层指逻辑层，而现在的分布式应用的分层也指物理层。逻辑层是一种功能和职责的组织单元，而物理层是一种支持分布式部署的组织单元。其实物理层也要求功能和职责的高聚合性，只不过是通过多个逻辑层映射到一个物理层这种方式实现的。如J2EE的概念性架构，它更关注可分布式部署的物理层概念及它们之间的交互关系，如图10-1所示。

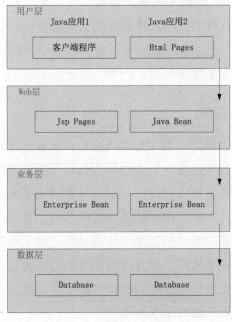

图10-1

207

概念性架构是紧抓大局，不拘小节。虽然概念性架构都跳不出架构=组件+交互的基本定义，但它们在描述架构的具体方式上差异还是存在的，有的重逻辑层表达，有的重物理层。在层与层的连接上，连接表达的含义也不同，有的是依赖方向，有的是控制方向，有的是数据流向。

### 10.2.3　实际架构

由于概念性架构是高度抽象的，所以在描述同一类的许多软件产品上概念架构是趋同的。这是因为概念性架构往往和具体技术和具体平台选择无关，而实际架构则不然。

实际架构是由具体的逻辑架构、物理架构等5种架构构成，可以指导后续实际的开发过程。概念性架构只不过是实际架构5种视图架构的高度抽象，是对逻辑架构和物理架构的一种抽象。实际架构需要关注以下关注点。

（1）接口：在实际架构中，接口占据非常核心的地位，是组织类与执行类之间面向行为的抽象。

（2）子系统：实际架构是通过子系统和模块来分割整体系统的，每个子系统都有明确的接口，有明确的工作职责和工作边界。

（3）交互机制：实际架构中的交互机制应是实在的，如基于接口编程、消息机制或远程方法调用等。

### 10.2.4　从概念到实际

概念性架构设计，确定了最为关键的设计要素和交互机制。但概念架构是不可直接实现的，开发人员拿到概念性架构设计方案依然无法开始具体的开发工作。需要我们运用更多具体的设计技术，设计出能够为实际开发提供更多指导和限制的实际架构。实际架构是软件开发的基础，实际架构中包含了软件系统如何组织等关键决策，模块的技术细节被局部化到了小组内部，不同小组的成员需要精通的技术各不相同，并且内部细节不会成为小组间协同沟通的主要内容，它们只通过事先定好的系统间接口进行交互。概念架构、实际架构和开发实现之间的层次关系图如图10-2所示。

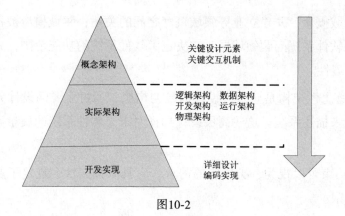

图10-2

从上图我们可以看出，这三者间的关系是上承下接，不断细化，时间上是自上而下的。

实际架构和概念架构有关系，但要细化实际架构，还需要领域模型和关键需求作为细化的依据。架构细化的模型关系图如图10-3所示。

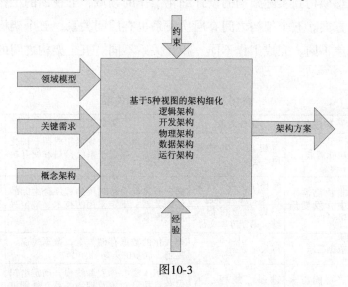

图10-3

在这个模型中，各个构成部分对架构细化的作用分别如下。

（1）关键需求是对软件架构设计起关键作用的需求，包括功能需求、性能需求、商业需求，架构细化必须满足这些需求。

（2）领域模型是以面向对象方面对问题领域的模拟和抽象，它揭示了重要的业务领域概念，并建立业务领域概念之间的关系；领域模型被不断精化之后成为最终软件系统问题领域层，它决定了软件系统的功能范围，并影响软件系统的可扩展性。

（3）概念性架构是对系统设计的最初构想，通过主要的设计元素及它们之间的关系来描述系统，这些高层设计选择对未来软件系统的质量和功能起着关键影响。

（4）约束可以视为一类特殊的需求，它具有强制性，规定了业务和技术上的标准和限。

（5）经验是指软件架构师必须运用过去自身的和同类型项目的经验。

## 10.2.5 五视图架构

五视图架构是指逻辑架构、开发架构、数据架构、运行架构、物理架构。五视图是概念架构到实际架构的设计细化工作的领域，五视图的工作成果构成了架构设计方案。五个架构之间有层次关系也有层间关系，五个架构的关注不同、工作对象不同、完成工作不同、相互关系不同。五个架构之间的关系如表10-1所示。

表10-1 五个架构之间的关系

| 架构名称 | 关注点 | 工作对象 | 完成工作 | 相关架构 |
|---|---|---|---|---|
| 逻辑架构 | 功能需求 | 逻辑层、功能模块、类 | 细化功能单元、发现通用机制、细化领域模型、确定子系统接口和交互机制 | 开发架构 |
| 开发架构 | 非功能需求中开发期质量属性 | 源程序文件、配置文件、源程序包、编译后的目标文件、第三方库文件 | 确定开发和直接利用的程序包之间的依赖关系、确定采用的技术、确定采用的框架 | 逻辑架构 |
| 数据架构 | 数据需求 | 持久化数据 | 持久化的数据存储方案，数据传递、复制、同步的策略 | 逻辑架构 |
| 运行架构 | 非功能需求中运行期质量属性 | 进程、线程、对象；并发、同步、通信 | 确定引入哪些进程和线程、确定组织对象、执行对象及控制关系、处理进程线程的创建销毁、通信资源争用等问题、上下传协议的设计 | 开发架构 |
| 物理架构 | 非功能需求中安装和部署的需求 | 计算机、网络、硬件设施；软件包部署到这个硬件资源 | 确定物理配置方案，确定程序和数据映射到物理节点上 | 运行架构 |

**航标灯：非功能需求是系统的运行架构、物理架构、开发架构三个架构设计的主要依据信息。**

通过上表我们可以看出逻辑架构是开发架构和数据架构的依赖和约束信息，开发架构是运行架构的依赖和约束信息，运行架构是物理架构的依赖和约束信息。五视图在细化时的时序关系图如图10-4所示。

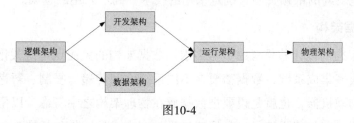

图10-4

逻辑架构在细化之后，开发架构和数据架构的细化工作可以同步展开。在开发架构和数据架构完成后方可进行运行架构设计，物理架构在运行架构完成后展开细化工作。

### 1. 逻辑架构

逻辑架构的设计着重考虑的是功能需求，即系统向用户提供什么样的服务。逻辑架构关注的点主要是行为职责的划分，这不仅应包括用户可见的功能，还应包括为实现用户功能而必须提供的辅助功能模块，最终将不同的职责分配给逻辑层、功能模块、类等不同粒度的逻辑单元。

逻辑架构设计应完成细化功能单元、发现通用机制、细化领域模型、确定子系统接口和交互机制。发现通用机制，就是找出一个功能运行的业务主线，如从字串语言转化、权限判断、功能调用、处理返回、语言转化这种每一个外部功能请求都需经过的路线。细化领域模型是通过类的层次设计不断细化。确定子系统接口和交互机制，是根据子系统的功能抽象和子系统与子系统是层间关系还是层内关系来定出接口和交互机制。

**航标灯：功能需求和接口需求是系统的逻辑架构设计的主要依据信息。**

### 2. 开发架构

开发架构的设计着重考虑开发期质量属性。例如，可扩展性、可重用性、可移植性、易理解性、易测试性等。开发架构的关注点是在软件开发环境中软件模块的实际组织方式，如具体涉及源程序文件、配置文件、源程序包、编译后的目标文件、第三方库文件等。

开发架构和逻辑架构存在一定的映射关系，逻辑架构中的逻辑层一般会映射到开发架构多个程序包。开发架构的设计应完成的工作是确定开发和直接利用的程序包之间的依赖关系、确定采用的技术、确定采用的框架。

### 3. 数据架构

数据架构的设计着重考虑数据需求。数据架构的关注点是持久化数据的组织。对于很多集成系统，数据需要在不同系统之间传递、复制、暂存，这会涉及不同的物理机器，也就是说要把数据放在物理架构之中考虑，以便体现集成系统的数据分布与传递特征。数据架构设计应完成的工作包括持久化的数据存储方案，数据传递、复制、同步的策略。

 **航标灯：数据需求是系统的数据架构设计的主要依据信息。**

### 4. 运行架构

运行架构的设计着重考虑运行期质量属性。例如，性能、可伸缩性、持续可用性等。运行架构关注的是进程、线程、对象等运行时概念，以及相关的并发、同步、通信等问题。

开发架构一般偏重程序包在编译期的静态信赖关系，而这些程序运行起来会表现为对象、线程、进程等。运行架构关注的是运行时单元的交互。运行架构是在开发架构的基础上，从宏观上规划多条控制流的并发和同步。

运行架构的设计工作包括确定引入哪些进程和线程、确定组织对象执行对象及控制关系、处理进程线程的创建销毁通信资源争用、上下传协议的设计等问题。

### 5. 物理架构

物理架构的设计着重考虑安装和部署的需求。物理架构描述运行软件的计算机、网络、硬件设施等情况，还包括如何将软件包部署到这个硬件资源上，以及它们运行时的配置情况。物理架构还要考虑软件系统和包括硬件在内的整个IT系统之间如何相互影响的。相对于运行架构而言，物理架构重视目标程序的静态位置问题，而运行架构关注目标程序的动态位置及动态执行情况。

物理架构就是要定义程序如何映射到硬件上，以及数据如何在硬件上保存和传递。也就是说物理架构要关注功能的分布和数据的分布两个方面。

物理架构设计的工作包括确定物理配置方案，确定程序和数据映射到物理节点上。

# 10.3 信息资源规划

信息工程方法论是詹姆斯·马丁在20世纪80年代创立的一套理论与方法，其中最重要的是建立在"以数据为中心"和"数据稳定性"基本原理之上的总体数据规划。该方法论提出了主题数据库的概念，以主题数据库规划、设计和实现来建设信息化系统，是信息工程的主要内容。国内一些高校和学者将其引进以后进行了大量的研究和拓展工作，提出了一系列应用方法，如信息资源规划方法论等，已广泛地应用于企业信息化和政府信息化等多个领域。需求分析人员掌握这套方法可以建立以数据为核心的业务模型和系统模型，为科学地进行系统规划提供了依据。

> 航标灯："三分技术、七分管理、十二分数据。"说到底业务系统和信息系统都是对数据的处理。

## 10.3.1 信息资源规划概念

什么是信息资源规划？即Information Resource Planning，简称IRP。信息资源规划是指对企事业单位或政府部门生产经营活动或各项管理活动的信息，对信息的采集、产生、获取、处理、传输和使用进行全面规划。

IRP方法和理论是高复先教授作为学术带头人在实践研究中逐步形成的一套理论和方法。高复先教授于1986年就把西方先进的信息工程和数据管理的理论、方法引进到国内。

信息工程（IE）通过总体数据规划等方法，解决分散信息系统的集成和集成化信息建设问题。信息资源管理（IRM）通过信息资源管理基础标准及数据管理等手段，解决信息系统集成的核心——数据环境问题。因此进行总体数据规划和建立信息资源管理基础标准都是同等重要的。我们从信息系统集成的研究中，找到了两者的结合点——总体数据规划中的实体分析和主题数据库的建立，必须以数据管理标准的建立与实施为基础，否则，总体数据规划的成果无法在集成化的系统开发中落实。在进行总体数据规划的过程中进行数据管理标准化工作（不是先搞总体数据规划后再搞数据管理标准，也不是先搞数据管理标准后再搞总体数据规划），通过数据标准化工作使总体数据规划更为扎实，使总体数据规划成果更能在集成化的信息系统建设中发挥指导作用。因此也可以说：将信息资源管理基础标准的建立贯穿于总体数据规划的过程，就是信息资源规划的过程。

信息资源规划的要点是：

（1）遵循"以数据为中心"和"数据稳定性"基本原理的数据总体规划方法；

（2）在总体数据规划过程中建立信息资源管理基础标准；

（3）在需求分析和系统建模两个阶段的规划过程中落实有关的标准规范。

## 10.3.2 信息工程概论

信息工程（Information Engineering，IE），是美国管理与信息技术专家詹姆斯·马丁在20世纪80年代初提出的一整套理论和方法。信息工程的产生—和其他科学技术的出现一样，有它自己的特殊原因和动力，它是解决数据处理危机的必然结果。

### 1. 信息工程基本原理

詹姆斯·马丁在信息工程专著的序言中说"信息工程作为一个学科要比软件工程更为广泛，它包括了为建立基于当代数据库系统的计算机化企业所必需的所有相关的学科"，从这一定义中我们可以看出三个基本观点：

（1）信息工程的基础是当代数据库系统；

（2）信息工程的目标是建立计算机化的管理系统；

（3）信息工程的范围是广泛的，是多种技术、多种学科的综合。

 航标灯：信息工程作为一个学科要比软件工程更为广泛。

信息工程的基本原理是：

（1）数据位于现代数据处理系统的中心。借助各种数据系统处理软件，用户能够实现基于数据采集和维护更新。使用数据生成日常事务单据，如打印发票、出货单等，而其他管理人员也可进行信息查询和对数据进行汇总和分析。

（2）数据是稳定的，处理是多变的。一个系统使用的数据类是很少变化的，具体来说就是数据实体的类型是不变的，除了偶尔少量地加入几个新的实体外，变化的只是实体的属性值。对于一些数据项集合，我们可找到一种最好的方法来表达它们的逻辑结构，即稳定的数学模型。

（3）最终用户必须真正参加开发工作。从规划到设计实施每一个阶段都应该有用户的参与，因为只有用户才能真正了解在整个业务过程中对信息的需要。

## 2. 主题数据库的认识

主题数据库是一种逻辑概念的数据库，它与领域内的各种业务主题相关，而不是与具体的计算机应用程序相关。在一个典型的业务领域中，我们可以建立的典型主题库有：产品、客户、供应商、账户、员工、公文、规范、政策等。各种计算机应用程序是使用这些主题数据库的，有的程序只存取一两个主题数据库，有的计算机程序要与多个主题数据库交互。

主题数据库设计的另一个目标是加快应用项目开发的速度。随着主题数据库的增多，新的软件系统被提出之后，借助平台程序的配置程序可以快速生成软件。主题数据库是先于应用程序而存在的。主题数据库有以下特征。

（1）主题数据库不是面向单证报表，而是面向业务主题的数据组织存储。例如，企业需要建立的典型主题数据库有：产品、客户、零部件、供应商、订货、员工、文件资料、工程规范等。其中，产品、客户、零部件等数据库的结构，是对有关单证、报表的数据项进行分析整理而设计的，不是按单证、报表的原样建立的。这些主题数据库与企业管理中要解决的主要问题相关联，而不是与通常的计算机应用项目相关联。

（2）信息共享（不是信息私有或部门所有）。主题数据库是对各个应用系统"自建自用"的数据库的彻底否定，强调建立各个应用系统"共建共用"的共享数据库。不同应用系统的计算机程序均可调用这些主题数据库。例如，库存管理调用产品、零部件、订货数据库；采购调用零部件、供应商、工程规范数据库，等等。

（3）数据一次一处输入系统（不是多次多处输入系统）。主题数据库要求企业对各经营管理层次上的数据源进行调研分析，强调数据的就地采集，就地处理、使用和存储，以及必要的传输、汇总和集中存储。同一数据必须一次、一处进入系统，保证其准确性、及时性和完整性，经由网络—计算机—数据库系统，可以多次、多处使用。

（4）由基本表组成。一个主题数据库的科学的数据结构，是由多个达到"基本表"（Base Table）规范的数据实体构成的，这些基本表具有如下特性。

- 原子性：基本表中的数据项是数据元素（最小的信息单元）；
- 演绎性：可由基本表中的数据生成全部输出数据（即这些基本表是精练的，经过计算处理可以产生全部企业管理所需要的报表）；
- 规范性：基本表中数据满足三范式（3-NF）要求，这是科学的、能满足演绎性要求、并能保证快捷存取的数据结构。

主题数据库是一种集约化的数据库环境。当一系统的主题数据库建成之后，它们就能够成为独立应用的数据资源。应用系统基于数据的各种功能会随着时间的推移不断发生变化，但数据类型本身却并不经常发生变化。因此将数据与应用数据的功能分开是具有意义的。数据结构和存储方式都独立于应用数据的各种系统，数据按照客户、产品、人员等业务主题相互联系地存放在由众多用户共享的数据库之中，系统开发人员只要描述稳定的数据库中数据的内在性质，建成的数据库与所要编程的功能或数据流通过映射相关，这就使数据成为一种独立的资源。

> 航标灯：主题数据库是一种逻辑概念的数据库，它与领域内的各种业务主题相关，而不是与具体的计算机应用程序相关。

### 3. 总体数据规划工作开展

应用系统是基于数据的应用系统。早期的应用系统建设都是为了满足某个部门的工作需要，当多个部门都有了应用系统时，人们发现应用系统之间有很多信息是重复建设的，但当时由于建设时间不同、建设认识不同、建设方法不同，对于同指一个物的信息表述是不一致的，为了克服未来再建系统存在类似这样的问题，人们提出了总体数据规划。

人们通过对应用系统建设的过程研究发现，应用系统的发展有六个阶段，即起步、扩展、控制、集成、数据管理、成熟，这就是著名的诺兰模型。诺兰模型反映了一个组织计算机应用的发展过程。其中前三个阶段被称为计算机时代，而后三个阶段是信息化时代，其中要向后三个阶段进行就必须进行总体数据规划，也可以说从控制阶段到集成阶段，总体数据规划是一个转折点。

总体数据规划以数据为核心，从组织单位的全局角度出发，涉及各个层次的组织。其工作过程是从职能域开始，研究职能域的业务过程组成，再将业务过程分解成业务活动，分析业务活动和业务过程涉及的业务实体，再将实体归约成主体库。在主体库基础上研究应用系统与主体库关系，最后给出总体数据规划报告。

总体数据规划的实质，是运用信息组织技术将业务单位多年来形成的结构不合理、数据冗余混乱的数据库进行规范化重组织的工作，这样做可以取消或极大减少数据接口，实现高档次数据环境的系统集成。

> 航标灯：总体数据规划是需求工程需求规划工作中最重要的一个工作之一。

## 10.3.3 信息资源管理的基础标准

信息资源管理基础标准是进行信息资源开发利用的最基本的数据标准，包括：数据元素标准、信息分类编码标准、用户视图标准、概念数据库标准和逻辑数据库标准。这些标准决定了信息系统的质量，并且已经在电子政务信息化和企业信息化建设中被成功地推广应用。

### 1．数据元素标准

数据元素是最小的不可再分的信息单位，是一类数据的总称。数据处理系统中的"职工姓名"、"员工姓名"、"职员姓名"等，如不加以统一，其标识就可能是EMP-NAME、EMPLOYEE-NM、EMP-NM等。如果采用"员工姓名"这个统一标准，其标识为EMP-NM，这就是少数的"核心"数据元素；如果开发人员都这样做，可大幅度减少企业数据处理系统中所使用的数据元素的总数，并可大大简化其结构。数据元素的质量是建立坚实的数据结构基础的关键。在数据元素的创建和命名上作整体的考虑，借鉴化学元素的性质，就可以把握企业里有限数目的"核心"数据元素，这就需要建立数据元素标准——数据元素命名标准、标识标准和一致性标准。

数据元素命名规范是用一简明的词组来描述一个数据元素的意义和用途，其一般结构是：

$$\boxed{\text{修饰词—基本词—类别词}}$$

类别词是指能对数据对象作一般性分类的词，是数据元素命名中的一个最重要名词，用来识别和描述数据元素的一般用途或功能，一般不具有行业特征，条目比较少。如"时间"、"编号"和"数量"等。

基本词是指能对数据对象作进一步分类的词，是类别词的最重要的修饰词，它对一大类数据对象进一步分类，一般具有行业特征，条目比较多，如"设备"、"保险"等。修饰词一般是名词，而不是形容词或副词。

数据元素标识规范即数据元素的编码规范，使得计算机和管理人员能共同使用一种简明的标识。数据元素标识用限定长度的大写字母字符串表达，一般按英文单词首字母或缩写规则得出。

数据元素一致性控制是指要使数据元素命名和数据元素标识在全企业系统中保持一致，或者说不允许有"同名异义"的数据元素，也不允许有"同义异名"的数据元素。这里的"名"是指数据元素的标识，"义"是指数据元素的命名或定义。

数据元素的质量是建立坚实的数据结构基础的关键。如果在数据元素的创建和命名上不加以适当的考虑，整个数据结构的质量就会受到损害。结构良好的数据元素的重要意义，在于向各种用户提供便捷而准确的信息；数据库建立在清晰、简明、标准化的数据元素的基础上，就能保证用户方便快速地检索到所需要的信息。

**2. 信息分类编码标准**

1）信息分类编码的定义

信息分类编码是标准化的一个领域。管理专家认为："只有当我们学会了分类和编码，做好简化和标准化工作，才会出现任何真正的科学的管理。"在信息化时代，信息的标准化工作越来越重要，没有标准化就没有信息化，信息分类编码标准是信息标准中的最基础的标准。信息分类就是根据信息内容的属性或特征，将信息按一定的原则和方法进行区分和归类，并建立起一定的分类系统和排列顺序，以便管理和使用信息。信息编码就是在信息分类的基础上，将信息对象（编码对象）赋予有一定规律性的、易于计算机和人识别与处理的符号。具有分类编码意义的数据元素是最重要的一类数据元素。一般按照"国际标准—国家标准—行业标准—企业标准"的顺序原则，建立企业信息分类编码标准。

2）编码对象的分类规范

根据我们的研究和实践经验，将信息分类编码对象划分为A、B、C三种类型建立信息分类编码标准。

（1）A类：在信息系统中不单设编码库表，代码表寓于主题数据库表之中的信息分类编码对象。这类编码对象具有一定的分类方法和编码规则，其码表内容一般随信息的增加而逐步扩充，很难一次完成。虽然不单设编码库表，但其码表可以从数据库表中抽取出来作为一个虚表（是数据库表的一个投影）在信息系统中使用。这类编码对象一般在具体的应用系统中有较多的使用。如合同编号、供应商编号和船舶代码等，都是A类编码。

（2）B类：在信息系统中单独设立编码库表的信息分类编码对象，称为B类编码对象。这类码表内容具有相对的稳定性，可以组织力量一次编制出来。这类编码表一般都较大，像一些数据库表一样，在应用系统中往往被多个模块所共享，作为一些单独的库表管理是方便的。如世界国家地区代码、国家行政区划代码和参数功能标示码等，都属于B类编码。

（3）C类：在应用系统中有一些码表短小而使用频度很大的编码对象，如性别代码、货币种类代码和设备状态代码等，如果都设立编码库表，不仅系统运行时资源开销大（或内外存交换编码信息频繁），还给系统管理带来一系列的问题，把这类对象统一设一个编码库表来管理就可以了。

信息分类编码对象的如此划分，对在应用系统中做分类管理具有很重要的意义，这是我们在多年的信息系统建设的实践中归纳总结出来的，可以提高系统的开发效率和系统运行效率。

在信息分类编码集中，指标（Performance Indicators，PI）和关键指标（Key Performance Indicators, KPI）是两个重要的编码子集。指标（PI）编码集用来支持管理层的一般性统计分析，而关键指标（KPI）编码集用于支持决策层的信息服务。

> 航标灯：数据元素的命名和信息分类标准的编制是数据需求分析的核心工作。

### 3. 信息分类的基本方法

线分类法也称层级分类法，是指将初始的分类对象（即被划分的事物或概念）按所选定的若干属性或特征（作为分类的划分基础）逐次地分成相应的若干层级的类目，并排成一个有层次的、逐级展开的分类体系。

面分类法是将所选定的分类对象的若干个属性或特征视为若干个"面"，每个"面"中又可分成彼此独立的若干个类目。再按一定的顺序将各个"面"平行排列。使用时，可根据需要将这些"面"中的类目按指定的顺序组合在一起，形成一个新的复合类目。

关于代码，有一些要求，具体如下。

- 唯一性：对编码对象的若干取值可能的每一个，赋予唯一的代码，即一个代码只唯一地表示一个编码对象的取值。
- 合理性：代码结构要与分类体系相适应。

- 可扩充性：代码结构有一定的扩容能力。

- 简单性：结构尽量简单，代码长度尽可能的短。

- 适用性：代码尽可能地反映编码对象的特点，便于记忆和处理。

- 规范性：在一个分类编码标准中，代码的类型、结构及格式必须统一。

### 4. 用户视图标准

用户视图是一些数据的集合，它反映了最终用户对数据实体的看法，包括单证、报表、账册和屏幕格式等。用户视图是数据在系统外部（而不是内部）的样子，是系统的输入或输出的媒介或手段。

威廉·德雷尔认为用户视图与外部数据流是同义词，用户视图是来自某个数据源或流向某个数据接收端的数据流。

企业要建立网络化的信息系统，就要取消大量的报表信息传递，而以电子化的数据格式代替。为此，需要分析用户视图，建立用户视图标准。

1）用户视图的分类编码和登记规范

我们将用户视图分为三大类："输入"大类代码为"1"，"存储"大类代码为"2"，"输出"大类代码为"3"；四小类："单证"小类代码为"1"，"账册"小类代码为"2"，"报表"小类代码为"3"，"其他"（屏幕表单、电话记录等）小类代码为"4"；为区别不同的职能域的用户视图，需要在编码的最前面标记职能域的代码。

用户视图的登记规范，包括用户视图分类编码、名称、流向（输入、存储、输出）、生存期（日、月、年、永久等）和记录数等。

2）用户视图组成的规范化

用户视图组成是指顺序描述其所含的数据元素或数据项，一般格式是：

> 序号　数据元素/项标识　数据元素/项名称

对于用户视图组成的表述，不是简单地照抄现有报表的栏目，而是要做一定的分析和规范化工作。一般来说，存储类用户视图在表述其组成时要规范化到一范式。

> 航标灯：**数据需求的分析是从用户提供的一张张单证和报表中的业务数据元素分析开始的，这是一个简单而又枯燥的工作。**

### 5. 概念数据库标准

概念数据库是最终用户对数据存储的看法，是对用户信息需求的综合概括。简单说，概念数据库就是主题数据库的概要信息，用数据库名称及其内容的描述来表达。

### 6. 逻辑数据库标准

逻辑数据库是系统分析设计人员的观点，是对概念数据库的进一步分解和细化，一个逻辑主题数据库由一组规范化的基本表构成。基本表是按规范化的理论与方法建立起来的数据结构，一般要达到三范式（3-NF）。由概念数据库演化为逻辑数据库，主要工作是采用数据结构规范化的理论与方法，将每个概念数据库分解、规范化成三范式的一组基本表。

需要注意的是，要把概念主题数据库规范化到逻辑主题数据库，并且使行业内有关人员达成共识，是一项极其艰巨的工作。一般来说，这项工作不是一次性的，不是短时间可以完成的，也不是少数人可以完成的。要完成这项工作，决定性的因素是需要训练有素的规划团队，需要正确的理论与技术指导，还需要计算机辅助工具的支持。

## 10.3.4 信息资源规划过程

信息资源规划过程由业务需求分析和应用系统建模两个部分组成。业务需求分析包括业务功能分析和业务数据分析；而应用系统建模包括系统功能建模、系统数据建模和系统体系建模。其模型如图10-5所示。

信息资源规划过程中的业务需求分析与一般软件工程中的需求分析有两点不同：（1）分析业务范围不同。信息资源规划强调的是面向组织单位全局的需求分析，而软件工程的需求分析强调具体开发应用系统的需求分析。（2）对数据标准化的要求不同，信息资源规划的业务数据需求分析是建立在全局的数据标准基础上的，全局性的数据标准强调数据的集中统一的，而传统软件工程数据分析只做要开发的应用系统涉及的单证或报表。

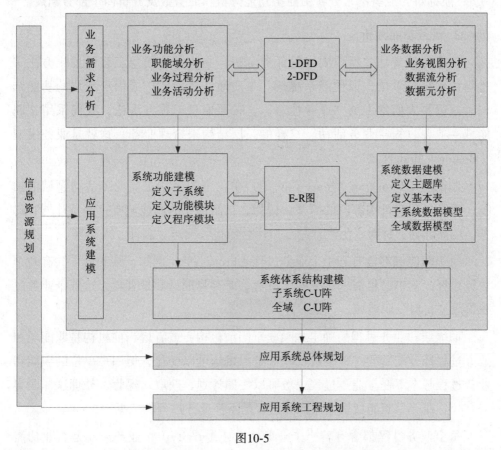

图10-5

 航标灯：信息资源规划是由业务需求分析和应用系统建模两部分组成。

信息资源规划过程中的应用系统建模是业务需求分析的继续。应用系统建模的目的是使用户对所规划的信息系统有一个统一的、概括的、完整的认识，从而科学地制定出通信网络、体系结构、系统开发、系统运维等方案。

### 1. 业务需求分析

业务需求分析包括业务功能分析和业务数据分析两个部分的分析工作。业务功能分析由职能域分析、业务过程分析、业务活动分析三个部分组成。业务数据分析由业务视图分析、数据流分析、数据元分析三部分组成。

**航标灯：业务需求分析由业务功能分析和业务数据分析两个部分组成。**

### 2．业务功能分析

信息资源规划之所以要进行业务分析，是为了按信息工程的思想方法来重新认识用户单位，以便能系统地、本质地、概括地把握用户单位的功能结构。这就是人们常说的"业务梳理"。按照信息工程方法论，我们采用"职能域—业务过程—业务活动"这样的三层结构来梳理业务，这就是业务模型（Business Model）。

职能域（Function Area）是对用户单位中的一些主要业务活动领域的抽象，而不是现有机构部门的照搬。例如，某制造厂的职能域有：经营计划、财务、产品计划、材料、生产计划、生产、销售、配送、会计、人事等。

每个职能域都含有若干个业务过程（Process）。例如，某制造厂共有37个业务过程，其中材料需求、采购、进货、库存管理、质量管理，这五个业务过程属于"材料"职能域。

职能域和业务过程的确定是独立于当前机构，或者说当前机构是职能域和业务过程经分配后的一种结构反映。组织机构可以变化，但用户单位的职能和业务过程基本不变。业务过程一般可以按照计划、获取、保管、处理这样四类来划分。在一个职能域里上一业务过程是下一业务过程的依据。

每个业务过程都含有若干个业务活动（Activity），业务活动是企业功能分析后最基本的不可再分的最小功能单元。对业务活动命名可采用一个动词，以表示该活动所执行的操作特征。如"采购"业务过程包括"提出采购申请单"、"选择供应商"、"编制采购订单"等业务活动。

如果将上述识别、定义企业的职能域、业务过程和业务活动看做是一件简单的事情，就难以进行全面业务梳理，建立有效的业务模型。因为业务模型的建立，需要业务人员与IT人员达成共识，需要一定的理论指导和反复讨论，而这本身也是提高企业管理人员素质的一项重要工作。在进行了业务梳理和业务模型的建立之后，才能进一步进行计算机化可行性分析与功能模型分析。

业务功能的模型，又称为业务分类分级表，它是一张图表。用于描述一个单位的职能和活动。首先我们要建立一套编码规范，其一，职能域编码规范，如表10-2所示。

表10-2 职能域编码规范

| 职能域编号 | 职能域名称 |
|---|---|
| 01 | 人事 |
| 02 | 客户 |
| 03 | 材料 |
| 04 | 生产 |
| 05 | 供应 |
| 06 | 销售 |
| 07 | 财务 |

其二，业务功能模型编码规则：

FXX　XX　XX

业务活动代码

业务过程代码

职能域代码

业务功能模型如表10-3所示。

表10-3 业务功能模型

| 业务功能模型代码 | 职能域—业务过程—业务活动名称 |
|---|---|
| F01 | 人事 |
| …… | |
| F03 | 材料 |
| F0301 | 材料需求 |
| F030101 | 基层材料上报 |
| F030102 | 材料计划编制 |
| F0302 | 材料采购 |
| F0303 | 材料入库 |

 **航标灯：业务功能分析由业务域、业务过程、业务活动的分析构成。**

### 3. 业务数据分析

业务数据分析是信息资源规划中最重要、工作量最大且较为复杂的分析工作，需要在对用户单位全局管理的信息进入深入调查研究的基础上完成。

1）业务视图分析

业务视图又叫用户视图（User View），它是一些数据的集合，它反映了最终用户对数据实体的看法。用户视图分类三大类，即输入大类、存储大类、输出大类。每个大类又分为四小类，即单证、账册、报表和其他小类。用户视图要分类进行登记，登记时要注意"按照一定的编码规划对每一张用户视图进行标识、用户视图的命名要能表示用户视图的意义和用途、用户视图的生存期要进行注明和分类、每一张用户视图需要给出其存储量"。

2）范式推导分析

用户视图登记完后，需要进行范式分析。可以按照数据库设计原理对用户视图进行范式分析，每一个视图都需符合三范式要求。

3）数据流分析

一级数据流程是反映每个业务域的业务数据的输入、输出、存储的数据流，用于反映业务域的数据的整体性。一级数据流程的基本组成要素有数据流名称、相关域、研究域、数据视图、数据视图性质等。每个业务域应该有一个一级数据流程，用于说明数据的输入来源，数据的输出去向，业务视图的名称和方向，从而对业务域有一个整体的把握。

二级数据流程是对某一业务域的业务事项和业务视图关系的细划。二级数据流程的基本组成要素有数据流名称、相关域、业务事项、生产视图、数据流向、使用视图等，从而对业务域的内部业务事项间的数据流向有一个整体把握。

> 航标灯：业务数据分析由业务视图分析、业务数据和业务数据流的分析构成。

### 4. 应用系统建模

信息资源规划过程中的应用系统建模是业务需求分析的继续。应用系统建模的目的是使用户对所规划的信息系统有一个统一的、概括的、完整的认识，从而科学地制定出所括通信网络、体系结构、系统开发、系统运维等方案。

系统功能建模确定所规划的系统应具有哪些功能，从全局、自顶向下地分析系统应该做什么，能做什么。系统数据建模是确定规划的系统应该有哪些业务主题数据库，即各功能模块的运作是在什么数据的支持下进行的，这些数据组织到基本表的层次应是什么样的结构。系统体系结构建模识别定义每一主题数据库、基本表被功能模块存取的关系，从而形成各子系统和全域的C-U阵。

### 5. 系统功能建模

系统功能建模就是要解决"系统做什么"的问题。经过功能需求分析所得出的业务模型，在很大程度上是当前业务流程的反映。要想得到信息系统下的新的业务流程，还需要做进一步的分析。

系统功能模型是对规划系统功能结构的概括性表示，采用"子系统—功能模块—程序模块"的层次结构描述，如图10-6所示。

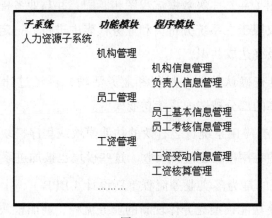

图10-6

由业务模型到功能模型存在如图10-7所示的对应关系。

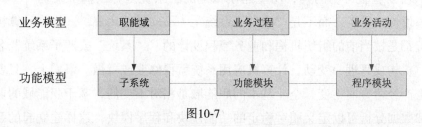

图10-7

并非所有的业务过程和业务活动都能实现计算机化的管理，经分析可以发现：有些业务过程、业务活动可以由计算机自动进行；有些业务过程、业务活动可以人机交互进行；有些业务过程、业务活动仍然需要由人工完成。

> 航标灯：业务事项与系统功能之间有一定的映射关系。

我们将能由计算机自动进行处理的、人机交互进行的过程和活动，按"子系统—功能模块—程序模块"组织起来，就是系统功能模型（Function Model）。

在进行系统功能建模时，要充分利用需求分析资料和有关的信息系统知识、经验，这些都是系统功能建模的重要资源。为此，需要注意：

（1）认真做好需求分析资料的复查工作，其中与功能建模直接相关的复查工作包括业务分析结果（即业务模型，重点是职能域和业务过程的定义）的复查和数据流程图（一、二级数据流程图相匹配，并与业务模型相一致）的复查。复查绝不能仅限于在系统分析员和业务代表中进行，一定要使业务部门负责人参与进来，最终达成共识。

（2）经过复查确认的业务过程和业务活动，再经过计算机化可行性分析，就会有相当多的部分被选入系统功能模型。

（3）企业已有应用系统行之有效的功能模块或程序模块应予以继承，还有其他应用软件的有用模块也应该吸收，这些模块也被加进系统功能模型。

（4）最重要的是为落实业务流程重新设计（BPR），上述几点都不是简单的堆砌，而是使功能模型充分体现新的业务流程，新旧模块需要有创新性的组合。

需要着重说明的是，功能建模拟定的子系统是"逻辑子系统"（面向规划、设计人员），而不是"物理子系统"（面向最终用户）。许多计算机应用系统都是按当前的组织机构和业务流程设计的，"系统"或"子系统"名目繁多。机构或管理一变动，计算机应用系统就得修改或重做。事实上，只要企业的生产经营方向不变，企业基本的职能域是相对不变的，基于职能域的业务过程和数据分析可以定义相对稳定的功能模块和程序模块，这样建立起的系统功能模型能对机构管理变化有一定的适应性。因此，"逻辑子系统"作为这些功能模块和程序模块的一种分类（或分组），是对全企业信息系统功能宏观上的把握。然后，在应用开发中按照面向对象信息工程，加强可重用模块的开发和类库建设，这些模块和类库部件都以存取主题数据库为基本机制，就可以按照最终用户对象，组装多种"物理子系统"。如果机构部门变化了，信息系统并不需要重新开发，只是需要对模块/部件做重新组装，因而能从根本上改变长期以来一直无法解决的计算机应用系统跟不上管理变化的被动局面。

### 6. 系统数据建模

数据库设计是为了获得支持高效率存取的数据结构，在信息资源规划第二阶段展开数据建模工作，就是数据库设计最重要的前导性工作。系统数据建模就是要解决系统的信息组织问题。

数据建模必须要具备实体与关系、表及其属性、基本表、E-R图等基本概念。实体与关系，按照关系模式的观点，现实世界中有联系的一些数据对象就构成一个数据实体。实体与实体之间存在着的联系，就是关系。表是一组有联系的数据的抽象。基本表是由管理工作所需要的基础数据所组成的表，而其他数据则在是这些数据的基础上衍生出来的，它们组成的表是非基本表。E-R图又叫实体关系图，是一种图形化表达表与表关系的图形。

数据模型分为概念数据模型和逻辑数据模型。概念数据模型是由一系列概念数据库构成的。概念数据库（Conceptual Database）是最终用户对数据存储的看法，反映了用户的综合性信息需求。逻辑数据库（Logical Database）是系统分析设计人员的观点，是对概念数据库的进一步分解和细化，一个逻辑数据库是由一组规范化的基本表（Base Table）组成的。

数据模型还可分为全域数据模型和子系统数据模型。全域数据模型是全局的所有主题库和基本表组成的模型。子系统数据模型是某个子系统所涉及的主题库及其基本表组成的模型。

数据建模工作依据的基础资料包括用户视图、数据流图、全域数据元素集和数据元素在用户视图中的分布分析，在此基础上经过定义业务主题、定义基本表、制定元素规范、整理数据模型几个步骤就能完成数据建模工作。

### 7. 体系结构建模

在信息工程方法论中，信息系统体系结构是指系统功能模型和数据模型的关联结构，采用C-U阵来表示。系统体系结构模型的建立，是决定共享数据库的创建与使用责任、进行数据分布和制订系统开发计划的科学依据。

系统体系结构模型分为：全域系统体系结构模型，即全域C-U阵，它表示整个规范范围所有子系统与主题库的关联情况；子系统体系结构模型，即子系统C-U阵，它表示一个子系统所有功能模块与基本表的关联情况。

全域系统体系结构模型中，行代表各子系统、列代表各主题数据库，行列交叉处的C代表所在行的子系统生成所在列的主题数据库，即负责主题数据库的创建和维护；U代表所在行的子系统使用所在列的主题数据库，即读取主题数据库的信息，A代表既生成又使用所在列的数据库。

子系统体系结构模型中，每一个子系统做一个C-U阵，其中各列代表基本表，各行代表各子系统的功能模块或程序模块。行列交叉处的C代表所在行的模块生成所在列的基本表，即负责基本表的创建和维护；U代表所在行的模块使用所在列的基本表，即读取基本表的信息，A代表既生成又使用所在列的基本表。

# 第11章

## 需求工程的特有知识

需求工程的特有知识包括需求规划、需求开发和需求管理三个部分。需求规划是新一代软件需求工程有别于传统的软件需求工程，需求规划就是想从"业务全局、系统全局、信息全局"的高度来做需求分析工作。由于需求规划是一个新的事物，所以本章将对需求规划的原理、思想、原则、研究对象、研究内容等方面做重点介绍。需求开发和需求管理已经有很多专著进行了介绍，但本书会从一个不同的视角对其知识进行介绍。

## 11.1  需求规划的特有知识

"盲人摸象"的故事告诉我们一个道理：看待事物要从顶层到底层，从整体到局部，而不能以点代面、以偏概全。新一代软件需求工程最大的突破就是引入了需求规划，就是要从业务全局、系统全局、信息全局的高度来做需求分析工作。局部做得再好也不能代表整体，如果与整体不能很好配套反而会成为整体中的短板。

> 航标灯：蚂蚁行走在大象背上觉得自己是在无垠的平原上，而大象此时正在东非大草原上进行一年一度的迁徙。千万别掉入到"参照物陷阱"中。

需求规划是将需求工程的业务需求从需求开发中抽离出来并将业务需求分析划分为业务主体和业务对象间的业务需求分析，对业务需求进行了深化，同时纳入了信息系统的宏观设计，需求规划成为与需求开发、需求管理并列的一个部分。新一代软件需求工程应是由需求规划、需求开发、需求管理三个领域的技术、方法、工具构成的，其中需求规划强调顶层和全局，以业务为核心，以三位一体作为研究对象，而需求开发重点放在业务向技术的转化。需求规划不仅仅为需求开发提供依据信息，还可为软件开发的设计、编码、测试等多个环节的开发活动提供依据信息。

 **航标灯：盲人摸象、只见树木不见森林的软件需求分析还在不断上演。**

## 11.1.1 需求规划是面向未来的

从"软件危机"到"需求危机"，从软件工程到需求工程，人们对软件开发的认识水平不断提高，人们发现软件技术的不断进步并没有能够从根本上解决软件开发的质量问题，出现"高质量的代码、不适用的业务功能"这种怪异的现象。需求工程正是针对"需求危机"从软件工程分化出来的。传统的需求工程将工程分为两部分，一部分是需求开发，一部分是需求管理。在需求开发中又将其分为需求获取、需求分析、需求编写、需求确认四项具体工作。在传统的需求工程中对于需求分析的定义和解释如下：

需求分析的基本任务就是分析和综合已收集的需求信息。分析的工作在于透过现象看本质，找出这些需求信息间的内在联系和可能的矛盾。综合的工作就是去掉那些非本质的信息，找出解决矛盾的方法并建立系统的逻辑模型。具体地说，需求分析的基本任务是提炼、分析和仔细审查已收集到的需求信息，找出真正的和具体的需求，以确保所有项目相关人员都明白其含义。

需求分析工作的研究对象是需求信息，需求分析的方法是分析和综合，需求分析的手段是建立逻辑模型，需求分析的目标是让项目相关人员能明白其含义。这种定义和解释与软件工程中的需求分析并没有本质的区别，只是做了一定的细化。

以下问题在传统需求工程中依然没有给出很好的解释。

（1）需求分析的研究对象到底是什么？

（2）需求分析的核心是什么？

（3）需求分析的科学方法是什么？

（4）需求分析的评价标准是什么？

（5）需求分析的分析过程是什么？

（6）需求分析的表述是什么？

可以通过对软件工程的需求分析和需求工程的需求分析的历史发展轨迹来寻找这些问题的答案，如图11-1所示。

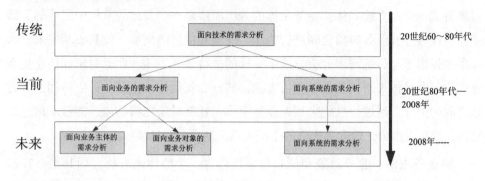

图11-1

上图将需求分析划分为三个阶段。

**1. 传统需求分析阶段**

该阶从20世纪60年代到上世纪80年代。这期间的需求分析工作是以"技术驱动"的，是典型的"面向技术的需求分析"，其特点是业务需要服从技术。

**2. 当前需求分析阶段**

该阶段是从20世纪90年代中期到2008年。这期间的需求分析工作是"二元的"，即面向业务的需求分析、面向系统的需求分析，其特点是业务和技术开始相互关联、相互制约。

**3. 未来需求分析阶段**

未来的需求分析工作是"三位一体的"，即面向主体的业务需求分析、面向对象业务需求分析、面向信息化的需求分析，其特点是以业务为核心，技术和业务是两头并重的。

业务主体和业务对象是从业务需求分析中进一步分化出来的，因为业务是主体和对象间的业务，离开对象的主体是不存在，离开主体的对象也是不存在的，这是系统论的经典论断。业务的需求与技术的支撑是一对矛盾体，相互竞争又相互协同。业务的主体和业务对象也是一对矛盾体，在未来需求分析中以业务为核心，就是将业务主体和业务对象之间的矛盾作为主要矛盾，而将业务需求与技术支撑作为次要矛盾来对待。

以往的软件系统是以支撑业务主体工作为目标的，而没有将业务主体和业务对象看成一个对立统一体。业务主体的分析应该是一个开放的系统中完成的，即业务主体通过和业务对象之间进行物质、能量和信息的交换，使其不断发展。所以本书提出了与传统需求分析方法不一样的，将业务主体、业务对象和信息化系统作为一个整体来研究的需求分析方法，其核心就是信息化是业务主体和业务对象之间的中介，通过信息化来加速业务主体和业务对象之间物质、能量、信息的交换，提高生产力，建立更先进的生产关系，从而推动社会的进步。

将业务主体、业务对象和信息化系统作为一个整体来分析，因其是站在整体和全局的角度所做的分析，和规划工作的概念比较吻合，所以可以将其称为需求规划。

> ⚓ **航标灯**：需求规划强调顶层和全局，以业务为核心，以三位一体作为研究对象。

传统的需求工程中的需求分析工作没有旗帜鲜明地提出从全局和顶层高度出发来做需求分析，还只是基于局域要求来做需求分析的。随着社会的进步和科学技术的发展，人们对信息系统的要求越来越高，不和外界系统做交互的，不是站在全局角度做的信息系统将越来越不适应未来发展的需要。

总而言之，需求规划对业务需求进行了深化，同时纳入了信息系统的宏观设计，需求规划成为与需求开发、需求管理并列的一个部分。新一代软件需求工程应是由需求规划、需求开发、需求管理三个领域的技术、方法、工具构成的，其中需求规划强调顶层和全局，以业务为核心，以三位一体作为研究对象，而需求开发重点放在业务向技术的转化。需求规划不仅仅为需求开发提供依据信息，还可为软件开发的设计、编码、测试等多个环节的开发活动提供依据信息。

## 11.1.2 需求规划的定义和思想

需求规划是把主体体系、对象体系、信息化体系及三者通过物质能量信息交互相互联系形成的一个整体作为研究对象，以科学研究、系统论、体系架构、信息资源等方法作为研究手段，将问题类的问题、根源、症结、目标，业务类的业务功能、业务数据、业务体系，系统类的系统功能、系统数据、系统体系，能力类的业务发展能力和系统支撑能力作为研究内容，将如何通过信息化顶层和全局的规划来支撑业务体系目标的实现作为其研究目标。

需求规划是一种科学研究工作，凡是科学研究总是自觉或是不自觉地受一定的世界观和方法论的支配。需求规划坚持同构不同质的认识观原则、逻辑思维和系统方法观原则、牵引系统发展价值观原则，在需求分析研究工作中自觉应用认识观、方法观、价值观作为指导，不仅有助于需求分析的成功，而且也将促进需求分析的健康发展。需求规划的指导思想模型如图11-2所示。

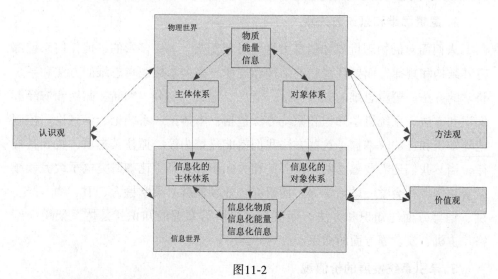

图11-2

## 1. 同构不同质的认识观

需求规划是将物理世界主体体系和对象体系通过物质、能量、信息进行信息交换构成的一个系统作为研究对象，它不是只研究其中某一个部分，而是将其作为整体来研究，其中物质、能量、信息与主体体系和对象体系的关系是研究的重点。

需求规划的目标是通过对物理世界系统的研究，给出映射到信息世界的主体体系、对象体系和交互的物质、能量、信息的系统，这两个世界的系统在结构上是对应的，都由对应的要素组成，但其要素的质不同，物理世界是人造物和自然物，而信息世界是数字化的人造物，而且在运作时的质也不同，信息世界在传递、存储、查询、共享方面不同于物理世界，在空间上可以将多个空间上的物信息化到一个逻辑空间上，使其感观上更像一个完整的整体。

需求规划者应建立物理世界和信息世界两个世界的观念，每个世界都是由主体（业务和对象）、客体（物质、能量、信息）、关系（主体与客体构成的关系）组成，两个世界的要素是相同的，但质地是不同的，其中两个世界在关系、时间、空间、行为方式等要素上表现出质的差距。两个世界不是取代关系，而是对立统一关系，信息世界可以促进物理世界的转变，物理世界也影响着信息世界。

### 2. 逻辑思维和系统方法观

人们面对的物理世界和信息世界是纷繁复杂、多姿多彩的，但任何系统都有其结构和规律，而要认清它的结构和规律，必须掌握逻辑思维的方法和系统科学的方法。逻辑思维的方法包括：概念、定义、划分、判断、归纳和演绎等知识和方法、系统科学知识和系统方法包括：本体论、系统论、信息论、控制论等知识和方法。掌握了这些方法我们就能化繁为简，抓住其本质，找到其规律，当然我们还需要熟悉两个世界的相关知识和背景，比如研究电子政务领域就必须掌握社会学、政治学等，而研究企业领域就必须掌握人、财、物、产、供、销等方面的知识和方法。而信息世界所需掌握的知识就是体系架构、网络、主机、安全等方面的知识。

### 3. 牵引系统发展的价值观

价值观就是某个时代人们对真善美的认识，价值观越高，对真善美的认识越深，真是对事物逻辑正确性的追求、善是利益要普及大多数人、美就是各方面都达到和谐。价值观驱动人们对物理世界存在的诸多问题的发现和研究，并提出目标不断逼近人们的价值观，而目标的实现正是人们价值观的体现。信息世界对于物理世界而言，是对物理世界存在问题的一个解决，这一问题的答案之一，也是人们目标实现的一个手段，并最终实现人们的根本目的，即价值的实现。

 **航标灯：需求规划有三观，认识观、方法观、价值观。**

### 11.1.3 需求规划的研究对象

以往的需求分析是从技术出发，是根据技术的要素、结构、功能、关系来映射到业务需求上。由于技术上的局限性，往往会使业务的要求不得不受到技术的制约，所以说以往的需求分析是以软件技术为核心，是以技术到业务作为研究对象的。这种观点持续了相当长的一段时间，无数的实践证明这个观点是有缺陷的。

需求规划的研究对象是什么呢？按照三位一体的需求规划整体观的思想，需求规划要研究的对象是由对象体系、主体体系、信息化体系三个部分组成的一个整体。主体体系在与对象体系以信息化体系为中介进行更加科学、系统、规范、快速的物质、能量、信息交换。需求规划的研究对象模型如图11-3所示。

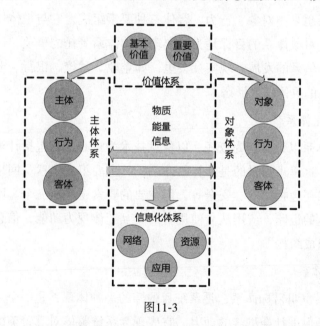

图11-3

人类社会是整个自然界的一个特殊部分，是在自然界发展一定阶段上随着人类的产生而出现的，是人们在特定的物质资料生产基础上相互交往、共同活动形成的各种关系的有机系统。这种交互就形成了请求方、服务方，在现代社会里形成的政府与百姓、生产者与消费者这样多组的对立统一体，双方相互竞争、相互协同，不断推动着社会的进步。而交互的事物有三种组成，即物质、

237

能量和信息。在这里我们把对立的双方，一方称为主体，一方称为对象。双方交互过程中所借助的中介物可以多种多样，在本书中是以信息化技术作为中介物，所以我们把主体体系、对象体系、信息化体系作为研究的对象。

### 1. 主体体系

主体体系是由主体、行为、客体组成，它本身也是一个系统，具有系统的整体性、层次性、开放性等性质。主体体系可以将行为、客体委托给具有专业知识、专项技能、专项服务的机构或个人，形成一种委托和受托关系。主体体系支付货币或物品来支付过程中产生的费用，比如在现实中储户和银行，是委托银行进行钱的管理；又比如学生和学校，是委托学校进行知识的传递。

### 2. 对象体系

对象体系也是由对象、行为、客体三种要素组成，它与主体体系构成一个对立统一体。对象体系的目标是为了实现主体体系受托的事项，通过事项的完成来保持自身体系的发展。现实社会里，如企业、学校、银行、电信、政府等都是对象体系的具体组成形态。

### 3. 信息化体系

信息化体系以计算机为依托，以信息技术为核心，它包括计算机体系和非计算机体系，这里重点讲的是计算机体系，其主要组成要素是网络、应用和信息资源，当然还包括终端、安全等，但主要的要素还是这三个。网络形成信息资源四通八达的道路，应用从与使用者的交互上体现为功能，信息资源是系统处理的内部组成结构。

### 4. 价值体系

价值体系也叫目标体系，是系统目的性的一种体现，是一个系统整体共有的追求，也是促进社会进步的动力。它表现为系统整体对真善美的追求，真的价值体现在系统对客观世界的认识程度和实践方法的正确性；善的价值体现在系统所体现出的反映全人类或人类大多数人的利益；美的价值则表现在系统能以其和谐性、普遍性、奇异性使人产生愉悦的情感和情绪。价值体系要素的取值随着历史的发展和社会的进步也呈涨落有序的态势，可以分化出基本价值和重要价值。

航标灯：任何信息系统都是主体和对象基于物质、能量、信息交换关系在信息世界的具体化。

## 11.1.4 需求规划的研究内容

需求规划工作中需要用到分析、综合、归纳、演绎等一系列逻辑方法。分析就是将整体拆解成部分加以研究，在此基础上进行综合，找出整体的结构、规律。

需求规划的目标是为软件开发工作的后续各环节提供准确的指导信息。需求规划的目的是希望基于需求规划开发出的软件产品能够支撑客户的业务目标实现。在需求规划工作展开时，作为实施需求规划的人员首先应在脑海中建立起一个完整的模型，即需求规划各组成部分的模型。通过对模型中各组成部分的研究和分析，最终形成一个完整的需求规划报告。它是一个需求规划工作内容的指导模型，也是面向用户的业务的解析模型，根据此模型可以将用户的业务按照模型各组成部分进行解构，分门别类地填充到模型中的各组成部分中。需求规划的内容模型如图11-4所示。

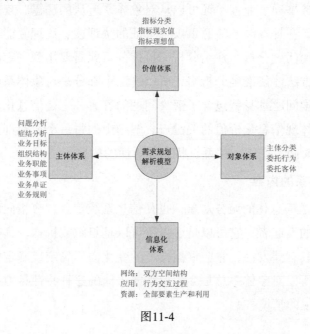

图11-4

239

从模型中可以看出，实际上是将需求规划的四个研究对象的主要属性进行了细划，需求规划人员在具体展开需求规划工作时可根据模型上标明的属性对各研究对象的属性进行分析，从中找出业务的要素、结构、关系和规律，从而把握住业务的关键，以便之后的信息化系统是能够支撑业务的。

### 1. 对象体系的内容

对象体系是信息化的建设主体，它一般是一个组织和机构，它为了满足委托体的需要、保证自己的竞争力、实现组织的价值，主动提出信息化建设的要求，体现了其主观能动性。但在传统的需求分析中，需求分析人员往往会根据受托主体的描述来进行分析，受托主体通常会站在自己工作的角度出发描述自己的工作任务，而忽视委托主体的存在，所以在三位一体的需求规划方法论中将业务体系引入，因为在实际工作中需求规划的变化关键点不是业务体系需求变化，而是业务体系受环境影响对对象体系提出了新的要求，才导致了需求的变化，所以在需求规划工作中一定要将对象体系和业务体系作为对立统一体来研究。对象体系在解构时主要包括问题分析、症结分析、目标分析、组织结构、业务职能、业务事项、业务单证、业务规则等几个部分，其中组织结构、业务职能、业务事项、业务单证可以从对象体系遵从的法律、规章、条例、措施中进行提取，在提取时要注意事项、单证的法理性，法理性能有效地控制需求的多变性；而问题分析、症结分析、目标分析就需要用到一定的业务背景知识和系统分析方法才能准确分析出，所以这三个部分是对象体系解构工作中的重点部分，科学问题本身就包含了解决问题的答案，也是信息化重点建设解决的部分，也是体现信息化价值的关键点。解构中的每一个要素都要给出名称、性质、数量、时间、空间、关系、状态等属性的描述。

### 2. 主体体系的内容

主体体系是信息化的服务对象，也是信息系统信息内容指向的主体，也是信息服务申请的发起者，它可以是个人也可以是组织或机构，其行为受规则和环境的影响，具有偶发性，它会根据情境的变化向不确定或确定的业务体系发出服务请求，所以对象体系总是会根据委托主体的这种特性尽力去营造满足受托主体感到愉悦的情境。

### 3. 价值体系的内容

价值体系也叫目标体系，行为是有目的的、系统是有目的的、人们的实践活动是有目的的，我们要去生产的系统如果不能实现价值和目标，那么这种实践活动只能是对人力、物力、财力的一种浪费。对目标体系的解构，是在列出目标之后，给出目标的现实值、理想值，并给出目标实现的相关举措关联起来，举例再和对象体系、业务体系的相关行为相结合，从而做到对目标的实现的有力支撑。需求规划的核心是业务、业务的核心是问题、问题的核心是目标，所以目标是生产软件系统的原因，也是考量系统价值的标准。

### 4. 信息化体系的内容

信息化体系是实现对象体系和业务体系之间进行物质、能量、信息交换时的一种中介，它是将三种交换物以信息方式进行标识，以信息方式进行传输、转换、存储、共享、识别、利用，通过信息化系统将交换过程中的信息记录下来，根据信息变化的情况来掌握当前的状态和下一步的变化趋势。信息化体系解构后由架构、网络、平台、应用系统、信息资源、终端、安全、协同、其他等部分组成，每一个部分继续解构后都要给出名称、性质、数量、时间、空间、关系、状态等属性的描述。

> 🚩 **航标灯：需求规划是对主体体系、对象体系、价值体系、信息化体系四个部分的分析和规划。**

## 11.1.5　需求规划的关键要素

一个系统抓住其结构、功能、要素、关系、层次几个关键要素，就可以抓住其整体，一个理论抓住其对象、方法、公式、目标、体系几个关键要素，就可以抓住其整体。要想做好需求规划也需要抓住几个关键要素，这样就可以抓住整体，各项工作都是围绕这几个关键要素来展开的。需求规划的关键要素有三类：问题类要素、业务类要素、系统类要素。

（1）问题类要素有问题、根源、症结、目标四个要素；

（2）业务类要素分行为和数据两部分，行为部分有业务域、业务事项、业务活动，数据部分有业务域、业务视图、业务数据流、业务字段、业务值五个要素；

（3）系统类要素分行为和数据两部分，行为部分包括子系统、功能模块、操作模块三个要素，数据部分包括子系统、主题库、基本表、数据字段、数据值四个要素。

三类要素中问题类的核心要素是问题，业务类的核心要素是业务域，系统类的核心要素是子系统，是认知各类其他要素的关键。三类要素的行为关系模型如图11-5所示。

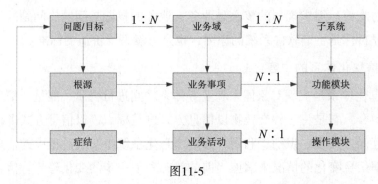

图11-5

上图是从问题中的行为角度出发研究的关系模型，从问题的行为现象出发，分析和业务类行为部分要素的关系，再从业务类行为部分要素与系统类行为部分要素的关系分析出子系统的组成，通过子系统实现对业务的支撑，实现目标，从而解决问题的行为诉求。三类要素的数据关系模型如图11-6所示。

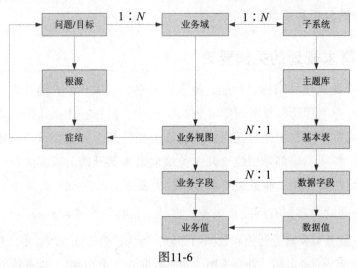

图11-6

上图是从问题中的数据角度出发研究的关系模型,从问题的数据现象出发,分析和业务类数据部分要素的关系,再从业务类数据部分要素与系统类数据部分要素的关系分析出子系统数据组成,通过子系统实现对业务的支撑,实现目标,从而解决问题的行为诉求。

两个模型之间是有关系的,在需求规划时要相互结合应用,因为行为和数据是相互独立又相互联系,但两个模型都是从问题出发、通过业务研究、得出子系统,说明问题对于整个需求规划的重要性。三类要素的协作关系模型如图11-7所示。

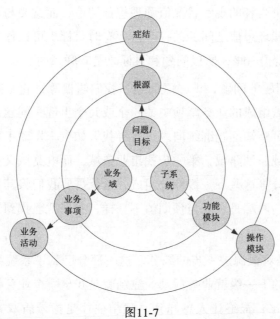

图11-7

### 1. 问题类要素

问题类要素有四个,分别是问题、根源、症结、目标,其中核心要素是问题。问题和目标是一个对立统一体,是一个事物的两面。我们在解决问题时经常会说到定向、定位、定点,问题的提出是定向,找到根源是定位,找到症结是定点。

(1)对于问题在科学研究与需求规划中已有描述,问题决定了研究的领域,即要解决的范围,如解决残疾人就业的问题,解决老百姓看病难的问题,解决企业自身发展的问题，数据质量不高的问题等，这些问题都是和相关的领域关联的，如解决残疾人就业问题，是政府和企业、社会都要参与共同解决问题。问题可以引出解决这一问题的主体是谁、问题的作用对象是谁、作用对象的行为出了什么问题，即问题的解决内容，这是问题的核心，问题的解决内容主要是用现实的状态或程度与理想的状态或程度的对比差距的语义词汇来表征，如就业难、看病贵，难、贵就是一种程度词汇。对问题的分析，一是找问题的性质是行为性还是数据性的；二是要找到问题关联的相关领域，这就是模型中对应的业务域；三是找到根源，即是业务域的哪些事项没有做到位；四是找到问题里的解决内容的现实状况值和理想预期值，而这又与目标相关，目标总是现实状况值和理想值之间的某一个值。有时目标也可以作为问题提出，如企业业绩比去年提升30%，所以问题和目标总是有联系的。

（2）引发问题的问题，即二级问题，我们叫根源，它是问题分层处理的一种方式。业务域组成的业务事项中的一个或几个出现了问题，这个问题就是根源，是从外部可感知问题继续向内进行寻找。如汽车发动不着这个问题，它关联的域有电路域、油路域，第一步找出业务域，而电路域又由供电部分、传输部分、控制部分等这些下一级部分组成，这就需要我们将其各部分先看成黑箱，测每一部分的两端是否能与预期值不一样，我们就能找到二级问题中是哪一部分出了问题。

（3）症结是对根源进一步的细分，这一部分已到了系统组成的最低一个层次。业务事项的下一级就业务活动。症结就是找出哪个业务活动不良运作，使得问题层层外化，最终让人感知到。症结往往是指矛盾双方基于物质、能量、信息的交互过程中表现出的一种程度或状态的不理想的相关业务事项，所以症结的提炼主要在物质生产、传递、服务的提供，信息的监测、发布这些业务事项中去选择，选择时的依据是业务事项的时间、空间、数量、频度、方式、关系等的当前取值与理想取值的差值，进而得出综合分析后的评判。比如，病房巡视这种事，时间上只定在上午、空间上只在重病房、频度是一上午两次，这样的业务事项就是明显过低，导致病人投诉医院的服务差，我们改善这一业务事项，就可以解决病人投诉服务差的问题。

（4）目标是在现实值和理想值的一种取值，目标可以分为总体目标、业务目标和作业目标，总体目标是站在整体角度设定的，是由几个业务目标来支撑的，是一种整体程度提升的期望，比如，企业今年的总体目标是整体节能40%。业务目标是对业务事项涉及的主体、行为、客体及业务事项间关系改善程度的一种期望，比如，在生产用电方面降低30 000度、行政办公用车方面节油××吨，业务目标是由作业目标来支撑的。作业目标是对业务事项中的某些业务活动在时间、空间、数量、方式、方法上的改善程度，比如，办公用车加油办理IC卡，实行定点定量加油加装。目标是决定业务域的质量的，目标定得越高，质量也就越高，对于实现手段付出的成本越高。从模型上来看，目标似乎只与业务活动相关，实则目标与业务域相关，总体目标与业务事项相关，即是业务目标，与业务活动相关即是作业目标。

分析问题时要注意不要一上来就要直指信息化，这会使业务整体性被破坏，整体性破坏后，信息化就只是对业务部分的实现，这样就不能很好解决问题。因为信息化只是一个手段，信息化能否达到效果，是通过对业务的支撑，通过业务域来解决问题的。所以在分析问题时，一定要以业务为核心。同时也要注意问题的提出也不能太宽泛，问题层次越高也越空，包含的业务域层次多和广度大，需要分析的业务事项和业务活动量太大，不利于真正解决问题。比如，解决医院整体管理水平低的问题就非常大，因为不知道要解决人、财、物、医、研、住、诊哪方面的管理水平低，而解决医院门诊挂号难的问题，就具体得多。

### 2. 业务类要素

业务类要素分行为和数据两部分，行为部分有业务域、业务事项、业务活动，数据部分有业务域、业务视图、业务数据流、业务字段、业务值五个要素。

（1）业务域是一个逻辑概念，是将有形的实体看成一个系统，然后对该系统的结构和功能的抽象，抽象的目的是从本质上把握其整体性和功能性，从而可以分析各组成要素的关系和规律，方便人们认识、研究和把握。我们通常对高校说其域的划分是"人、财、物、教、学、研"，企业是"人、财、物、产、供、销"，这都是一种域的划分。域的划分还是有规律的，系统与环境通过物质、能量、信息的交换来达到系统的发展，系统内部组成有主体、行为、客体三个要素，而环境组成也有主体、行为、客体三个要素，它们之间有物质、能量、信息三种中介物，以企业为例划分它的域，两边的主体，我们称为人事、客户，两边的主要客体都有财务和物资，两边的行为围绕三个物质是对立统一的，分别是针对物质的生产、供应、销售、购买，针对能量的是服务，针对信息的是监测、宣传，我们汇总一下一个企业的域是"人事、客服、财务、物资、生产、供应、销售、监测、宣传"。业务域不要混合于现实的组织结构，它是将现实实体看成整体的一种抽象。

（2）业务事项，也叫业务过程，业务事项有其目的性，是业务域内部的结构组成和功能的抽象，是围绕着业务域中的核心物为保持其秩序和动力，由服务主体给被服务主体提供的能量、物质、信息的工作，它是对具体业务活动的一种域的划分。比如，人事服务主体是由人事管理部门承担，为了保持员工的秩序和活力，围绕员工的主体性提供的服务有分类服务如干部管理、党员管理、职工管理，员工共性的客体性活动如档案、工资、福利、培训等，再比如客服，服务主体是由客户服务部门来承担，为保证客户的忠诚度，围绕客户的主体性会提供的服务有VIP客户管理、常规客户管理，针对共性的客体性活动如客户档案、服务咨询、礼品发放等。业务事项也是对业务活动整体的一种抽象，其抽象也具有主体、行为、客体的分类抽象方式。

（3）业务活动，是业务域的最小不可再分单元，一个业务活动只能由一人完成，多个业务活动组织一个业务事项。以员工管理这一业务事项为例，其业务活动有入职、升职、降职、奖励等，再比如发文管理这一业务事项，其业务活动有拟稿、审核、审批、会签、盖章、分发、归档等。

（4）业务视图，是通常在业务活动中用到的业务单证、业务报表、业务图表、业务文件等，其中业务视图可以分为结构化的和非结构化的两种。业务视图的作用可以分为输入、存储、输出三种。业务视图与业务活动相关。

（5）业务数据流，主要是说明业务域间和业务域内的业务视图的流转关系。业务域间和外部域的数据流主要是指业务域的输入业务视图和输出业务视图，是一个相关业务视图的总括，业务域内的数据流主要是指业务事项间业务视图的输入、输出、存储的关系。

（6）业务字段，主要是指业务视图上的业务字段，分析时需要对业务字段的名称、作用、长度、规则、关系等做出定义。

（7）业务值，主要是指业务字段的取值，这是业务数据分析的非常重要的一部分，分析时要对业务值的范围、含义等做出说明。

### 3. 系统类要素

系统类要素分行为和数据两部分，行为部分包括子系统、功能模块、操作模块三个要素，数据部分包括子系统、主题库、基本表、数据字段、数据值五个要素。

（1）子系统是一个域概念，和业务域直接映射过来，一一对应。但有时也可分成多个子系统与一个业务域对应，这主要是考虑信息系统依赖的环境支撑能力、信息数据安全及系统"建一个上一个用一个"的分期分批建设的系统建设方式等。比如，人事业务域，原本映射成一个人力资源管理子系统，但考虑工资管理这块属于企业需保密部分，就分出一个工资管理子系统，这样人事业务域就映射到两个子系统上，一个是人力资源管理子系统，一个是工资管理子系统。

（2）功能模块是一个逻辑概念，是用户与系统交互时的一种认知路径，和业务事项有映射关系，但是是一种同结构归约的映射关系，即有多对一关系，即多个事项映射到一个功能模块上。比如，人事业务域，有三个业务事项干部管理、党员管理、职工管理，这三个事项用到的业务视图是基本相同的，所以可以归约成一个功能模块——员工管理模块。

（3）操作模块是子系统与用户交互进入操作界面的认知路径的最后一个节点，和业务活动有映射关系，但是是一种同表归约映射关系，即多对一关系，即多个业务活动映射到一个操作模块上。比如，职工管理业务事项下有入职、离职、升职、降职、定岗、调岗等多个业务活动，实际上对同一张表的不同字段或同一字段的不同职值操作，我们将这些业务活动映射到一个操作模块上——员工信息维护。

（4）主题库是基本表分域管理的一种逻辑概念，它是针对原有各信息子系统信息孤岛、数据标准不一致的情况提出一种面向整体的数据划分理念。它按照基本表间强相关的作为一个信息聚类进行的一种划分方式。比如，与员工表强相关的表叫员工主题库，与产品强相关的划分为产品主题库，与客户强相关的划分为客户主题库。子系统与主题库有映射关系，但是是一种一对一或一对多的关系，从而实现了面向全局的数据划分方式。

（5）基本表就是指已经过三范式整理过的数据表，与业务视图有映射关系，一个业务视图是由一个或多个基本表组成的。

（6）数据字段就是基本表的组成字段，是经过规则处理过的，字段名称为汉语拼音或英文字段，组成规则为域词+类词+属词。和业务视图的字段对应，但是经优化整理的。

（7）数据值就是指数据字段的取值，取值含义与业务字段值一致，但是对于有规则取值字段，或只有某几个取值的字段，数据值将会进行特殊处理。

### 4. 对关键要素的认识

通过对三类关键要素的本身和相互关系的说明和分析，我们对需求规划工作的结构和功能就有了一个总体的把握，我们可以得出问题类要素是起点也是目的，业务类要素是中介是桥梁，系统类要素是目标；问题类要素是认知领域的要素、业务类要素是现实领域的要素、系统类要素是信息领域的要素；问题是对现实的再认识，业务是对现实状况的真实刻画，系统是根据再认识对现实的重新构造；系统不是对现实状况的照搬，而是通过再认识加工后的重新构造，所以软件系统离开问题类要素的分析是无源之水、无本之木，是没有根基的，是没有思想的，软件系统离开业务要素的分析是刻舟求剑、主观臆造，是终不能得或得而弃之的，是没有生命的；软件系统一定是从问题分析到业务分析遵循科学规律的一种认识和实践活动。

 **航标灯：需求规划要抓住问题类、业务类、系统类三类关键要素。**

## 11.1.6 需求规划的七个原则

### 1. 三位一体的整体性

信息化是手段，通过信息化手段实现主体体系、对象体系之间的有序的活动是目的。需求规划应将主体体系、对象体系、信息化体系作为整体，通过对三者间物质、能量、信息形成的强相关、互作用的关系的分析，在坚持集约化设计和实现的原则下，构建结构开放、数据规范、资源共享的信息系统，实现三位一体形成的整体系统的可持续发展。

### 2. 业务事项的法理性

需求规划的目标就是想通过信息化的手段来支撑业务事项的，以便使业务事项规范化、标准化、提高效率和效能。业务事项是对事项的整体性认识的需求，业务活动是业务事项的具体内容，业务单证是业务活动展开的场地、成果和证明。需求规划中需求总在变，需求不断增加是软件开发工作的两大毒瘤，人们在抱怨客户的同时，是否想过自己也有一定的责任。依法办事、依理办事就是说明要按照规则办事、按照规律办事，法律和规章已经界定了事项的主体、对象的行为和责任，而且法规是在相当长的一段时间保持其稳定性的。

在需求规划时应坚持研究业务事项的法理性。业务事项有法律依据的、有理论依据的、也有法理混合的，从法律和规章中整理出的事项是一定要做的，而且规则是相当长一段时间保持稳定的，还有一些创新的业务事项是法规没有规定的，对于这类事项需要从理论层面找到依据，如果在做需求规划时抓住业务事项的法理性，需求总在变、需求不断增加这两个问题将会在一定程度上得到解决。

> 航标灯：牵住业务事项法理的牛鼻子，不断变化的软件需求这条牛就会老老实实地跟着你走。

### 3. 业务研究的科学性

需求规划是软件开发工作的核心，业务研究是需求规划的核心。业务研究是一种科学研究活动，不是对当前业务工作活动的简单映射，而是要从业务所处的社会环境，业务产品的服务对象，和组织未来的业务目标整体出发，沿着问题提出，文献研究、现场调研、科学观察和科学实验等一系列业务研究路线，给出业务的组成结构、业务事项、业务活动、业务单证、业务规则所包含要素、结构、关系、层次和规律的研究成果。业务研究的成果不仅为信息化的后续工作提供依据，同时也是对业务系统规范化、标准化的一次全面梳理，梳理成果可对业务域的全面推行规范化和标准化建设起到作用，可以有效提升业务的效能，在竞争中处于领先地位。

### 4. 业务解构的第一性

对业务解构的工作是需求规划的第一重要的工作，是业务研究中的第一重要工作。系统论认为所有的事物都可以看做系统，系统具有整体性，而整体是由部分组成的，要想认识系统的整体性，就得由部分的研究开始，解构是将系统拆成部分的方法。解构是有方法和规律的，我们通过对事项本身和事项组成的主体行为客体进行解构，分别研究主体、行为、客体和事项的关系，找出其规律，从而从整体上认识业务，即有全局的又有部分的。需求规划工作者应掌握解构的方法，这样能够真正了解业务，使系统真正支撑用户的业务，赢得用户的认可。

 **航标灯：** 从整体到局部、从顶层到底层、从业务到技术。先要有全局。

### 5. 应用建模的中介性

应用建模是业务研究和系统规划的中介活动，是连接业务域和信息化域的桥梁，是信息化内部结构与用户交互时信息系统的外部功能的体现，是用户可以真实感受到信息系统与业务相关的可感知部分。业务建模时不是按照当前组织结构的划分进行域的划分，而是在将组织结构所有事项进行聚类后按职能域的划分，业务单位的组织结构是事项进行分配后的一种外部表现，组织结构经常处于动态变化中，但职能处于相对稳定状态。系统建模是在职能域划分的基础上进行的系统划分工作，其中功能模块的划分是系统建模的关键。功能模块按照主体聚类和客体聚类来划分。程序模块按照主体和客体的关键要素项的类型进行划分。体系建模是系统最小组织单元的程序模块与数据资源存取关系的建立，以数据资源为核心，说明程序模块间通过数据资源建立的输入/输出关系。

### 6. 分析计算的准确性

在科学研究活动中科学实验具有非常重要的作用，是科学研究活动中不可缺少的环节。在传统的需求规划中，分析计算基本上是空白，由于软件开发工作是一个过程活动，其活动的产物及产物质量只有在最终结果出来后才能触摸和计算，所以长期以来在需求规划期间只能做一个定性的评审而无法定量计算，这是有悖于科学精神的。在三位一体的需求规划方法论中，分析计算是一个重点，其目的就是在需求规划过程中，提倡对需求规划成果进行定性定量计算，它和最终出来的软件系统的定量数据有不一样的地方，但在数据的质层次上是一致的。分析计算可以检验需求规划成果的科学性，也为项目建设的投资预算提供准确依据。分析计算不仅要计算系统支撑能力，而且还要计算系统的业务发展能力。软件系统中的通信能力、会话能力、存储能力等一般都能根据以往工程经验来推导，而在这里不仅要计算这些能力，同时还要在规范性、开放性方面做计算来测算系统的业务发展能力，并将系统是否可持续发展作为一个原则贯穿到软件开发过程中。这样做出来的系统不仅能满足当前业务发展的需要，更能满足系统未来相当长一段时间的发展的需要，可以有效解决系统重复建设、资源浪费的信息化建设局面。

 **航标灯：分析计算是需求规划不可缺少的环节。**

### 7. 内容描述的精细性

如果说软件系统是用代码语言精确性组成的系统，那么需求规划应该是用自然语言精细化描述的软件系统的文档，从某种意义上来说，它们是同构的系统，不同的语言，所以需求规划要像代码语言强逻辑般用自然语言来描述系统，需求规划者需要用这种精细化的思想来要求自己。需求规划首先要选用自然语言来描述，需求规划是客户、用户和软件开发全过程人员都需要参照和依据的文件，而自然语言是各种不同知识背景、不同技能人员共同掌握的。自然语言虽然存在二义性，但通过图、表的方式可以加以辅助。需求规划从大的方面包括业务和系统两部分内容，业务描述应细化到业务活动一级，要给出业务活动的人员、时间、频度、地点、手段、情境、单证、规则、流转、对象等，需求规划应不仅能指导软件的开发，而且还能作为业务规范化标准化的文件；系统描述应细致到操作活动一级，要给出打开页面、选择行为、录入数据、确定提交、等待反馈的操作步骤，还应给出活动涉及的岗位、活动涉及的单证、单证中的数据取值。

> 航标灯：如果你要做一个飞机翅膀，那你首先要做一个飞机模型，仔细观察飞机翅膀和飞机其他部分的关系。

## 11.2　需求开发的特有知识

需求开发的目标是用户使用时需求规格说明和系统需求规格说明的编制。用户使用实例是假定系统已经存在的情况下的，将系统看成一个黑盒，站在系统使用者角度描述输入方式、输入过程中的提示、期望的输出、期望系统提供什么样的功能处理。用户实例是明确操作者需求的一种手段，也是系统需求说明编制的依据信息，系统需求说明是面向开发人员的，系统需求将给出系统、接口、功能、性能等方面的说明。对于需求开发的相关知识在软件工程的书籍中需求分析和需求开发部分都有详细描述，在本书中我们不再做详细描述，只对使用实例、系统、功能、性能、接口等关键概念作一个回顾，关于需求开发的定义、思想、内容、关键点等的知识请参考软件工程和需求工程类的书籍加以了解。

### 11.2.1　需求开发的定位

需求规划的工作为需求开发奠定了基础，需求规划给出了问题、目标、业务、系统的规划。需求开发工作主要任务是需求获取、需求分析、需求编制、需求验证。需求开发工作以技术为核心、以业务为辅助、面向开发人员，分析什么样的技术才能支撑业务。

> 航标灯：需求开发是在需求规划所做的系统整体规划下的分而治之的局部分析。

在需求开发工作中，规划认知和需求分析是需求开发工作的核心，需求编写只是两阶段成果按规范模板的编写。规划认知工作包括范围和目标分析、组织和对象认知、业务认知、用例分析，其中用例分析是规划认知工作的核心。需求分析工作主要包括系统关联分析、可行性分析、用户接口分析、功能分析、数据分析、非功能分析、优先级分析，其中用户接口分析、功能分析、数据分析、非功能分析是需求分析工作的核心。

在需求分析的基础上按照软件需求模板进行需求分析工作成果汇总。后期的软件开发阶段将在需求开发和需求规划的基础上展开。需求开发在需求规划和软件开发中的定位关系图如图11-8所示。

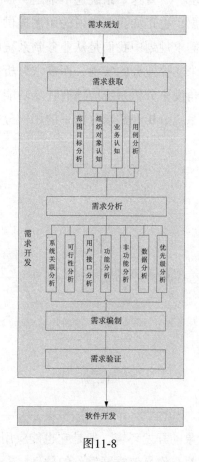

图11-8

需求开发工作是在需求规划框定的范围之下展开的，需求开发活动是在认知需求规划的基础上进行的，是对需求规划的进一步完善的细化。需求开发活动中最重要的是需求分析工作。就后期的软件开发工作而言，需求分析活动应该提供功能需求、非功能需求等不同需求的明确定义。

航标灯：如果心中有一个人的样子，你在画画时不会把人画成一棵树。

253

## 11.2.2 用例描述分析

需求规划中已给出组织与对象的分析、业务域到业务操作的分析、系统域到系统功能的分析，这是用例分析的基础。用例分析是规划认知工作的关键。用例分析是站在系统角度，尽管这个系统还不确定，描述用户与系统交互过程的输入、期望处理、输出，也正如我们常说的用例提供了设计所需要的系统所有黑盒的行为需求。在需求规划中我们是从业务到系统的映射的角度来分析系统应具有什么样的功能来支撑业务的实现，而需求分析中的用例需求分析是站在操作者与系统关系的角度来分析系统应该有什么功能来支撑用户在组织中职责的履行。需求规划的系统分析和需求分析下的用例分析之间的对比关系图如图11-9所示。

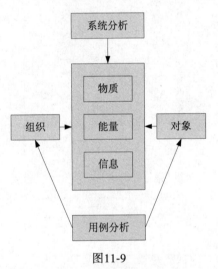

图11-9

用例来源于面向对象的开发环境，但是它也能应用在具有许多开发方法的项目中，因为用户关不关心你是怎样开发你的软件。一个用例描述了系统和一个外部执行者的交互顺序，这体现执行者完成一项任务并给某人带来益处。执行者是指一个人、一个软件系统、一个硬件。执行者可以映射到一个或多个可以操作的用户类的角色。用例为表达用户需求提供了一种方法，而这一方法必须与系统的业务需求相一致，分析者和用户必须检查每一个用例。

用例由用例图、用例简述或用例规约、用例实现三个部分构成。其构成模型如图11-10所示。

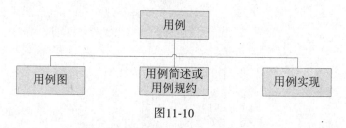

图11-10

用例图描述了软件系统为用户或外部系统提供的服务。用例图最重要的元素是参与者和用例。用例简述是一种文字性描述工具，用例规约是对用例的详述，用例规约一般包括简要说明、主事件流、备选事件流、前置条件、后置条件和优先级。用例规约的目的是界定软件系统的行为需求。所谓行为需求是指软件系统为了提供用户所需功能而必须执行哪些行为。用例实现，是指多个对象为了完成某种目标而进行的交互，用例实现是对某个服务项将其展开涉及界面、设备和相应的单证和行为等的描述，用例实现是对服务内在构成的细化展现。

> 航标灯：用例图只是用了一套与需求规划分析成果有映射关系的新的语素重新描述业务的需求。

## 11.2.3 系统关联分析

系统关联分析，又叫基础需求分析，是需求分析工作的第一步。首先需要给出开发系统的概念定义，有名乃万物之母。根据用例描述分析中涉及的人、服务、数据进行归类，对于归类的集合进行命名，就是系统之名。给出了系统命名之后，就存在对系统间接口、系统间交互、系统所需技术、遵循标准等的描述。系统关联分析的业务活动构成如图11-11所示。

系统间接口需求定义了系统和其他系统间的接口的细节。系统间接口不同于用户界面，也不等同于系统内部部件间的交互。

系统间交互需求定义了系统间接口特定类型的交互，是指接口间的具体内容，如对方发起一个什么样的请求，我以什么样的方式进行响应。如果说系统间接口定了是什么样的路，系统间交互需求就用什么样的车拉什么样的货。

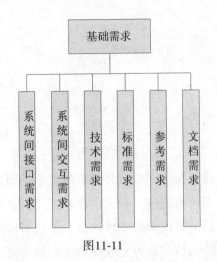

图11-11

技术需求定义了开发和运行系统所必需的技术。标准需求定义了系统的界面、数据、运行所要遵从的系列标准。参考需求是指编写系统关联需求时所要参考的各类文档。文档需求定义了需求产生的特定类型的文档。

## 11.2.4 界面需求分析

界面需求，也叫用户界面需求，也叫用户接口分析。它是对用例分析中操作过程的细节以图表的方式进行展现，界面需求分析不仅要给出界面上的构成要素的描述、还要给出界面间的时序关系及界面在操作过程中的提示页面、出错页面的描述。除了共性应用的界面，我们还需给出每一个功能所涉及的界面，但每一个功能涉及的界面都要遵循界面的统一标准。界面需求分析的业务活动构成如图11-12所示。

登录页面需求，需描述出不同用户登录时所需的输入项，不同身份还有相应的安全措施描述，比如指纹、验证码、证书等。

主页面需求，主页面是用户登录进去后的页面，是所有功能页面的统一入口，要给出一个让用户知道我是谁、我能干什么、我当前应该干什么、我下一步要干什么的一个清晰的指引进入功能的页面框架。

查询页面需求，当用户选择某个功能时，首先要进入一个查询界面，用于定位要操作的对象，查询页面需要提供多种查询方式，让操作者快速定位操作对象。

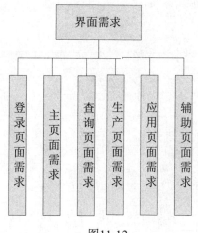

图11-12

生产页面需求，当用户选择增、删、改时，就需要进入这类页面，也就是我们常说的增删改页面。

应用页面需求，当用户需要的只是把选择的数据在不改变内容的情况下，进行打印、倒出、转换时，就进入了这种页面。

辅助页面需求是指在用户操作、提交过程中的提示、警示、进度提醒、状态提示等页面。

## 11.2.5 功能需求分析

功能需求由功能需求、数据需求、访问控制需求三个部分组成。其构成模型图如图11-13所示。

这种功能需求分析对传统的功能需求分析进行了进一步细化，这是在大量的现有软件系统基础上进行归纳提炼后，所形成的一种功能需求分析项。这种功能需求分析是一种整体的、精细的，改变了以往部分的、粗放式的分析。对于每一项的分析都需要包括基本细节、适用性、讨论、内容、模板、实例、额外需求、开发考虑、测试考虑等，这种描述方式叫需求模式描述法。对于大型项目、重点项目可以采用这种细化的功能需求分析方式，对于小型的项目可以适当裁减。在后面的章节中我们会对需求模式方法及这些功能需求如何应用进行详细的描述。

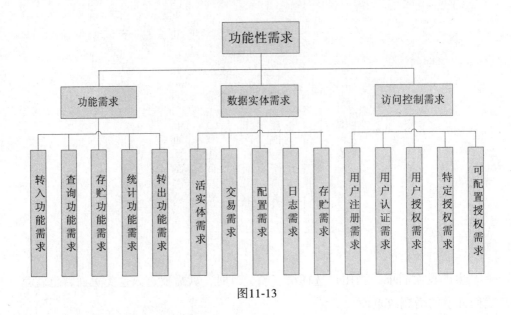

图11-13

## 11.2.6 数据字典需求分析

数据字典需求分析，又叫信息需求分析。它是对业务单证、业务报表、参考资料上的字段、字段取值、字段规则、字段间关系、字段与单证、数据的寿命、数据转入转出等的定义。它不是我们常说的系统数据库表设计，而是站在业务角度对业务所需的业务数据的一种细化描述。数据字典需求分析工作构成如图11-14所示。

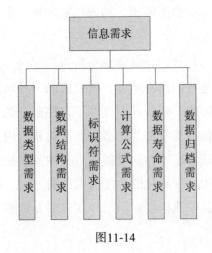

图11-14

数据类型需求是针对一个业务上的字段项或条目上的字段，给出字符、数字、值列表、日期、状态等数据类型的定义。

数据结构需求是对一张单证、一张报表上要构成的字段项关系的定义。标识符需求定义了一些有类型的记录分配唯一标识符的方式，并定义出标识符的构成规则。

计算公式需求定义了如何计算一个特定的值，比如，输入了数量，就可以根据数据×单价=总金额这个公式得出总金额。数据寿命需求定义了数据的保存时间，比如，公司通常保留一定年限的财务记录。数据归档需求定义了是否需要从一个设备移动或者复制到另一个设备。

## 11.2.7 非功能需求分析

非功能需求分析由性能需求、适应性需求两个部分构成。同样也采用功能需求的需求模式表述法对每一个非功能需求给出描述。非功能需求分析的构成模型如图11-15所示。

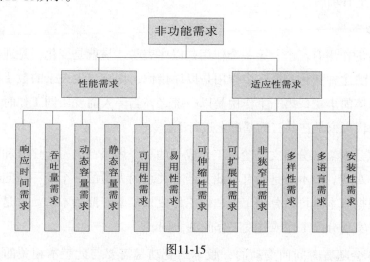

图11-15

非功能需求包括质量属性需求和约束需求。约束需求规定了开发软件系统时必须遵守的限制条件，如采用何种操作系统、何种开发技术、需要和哪些已有系统进行操作，这些可以视为技术性约束。质量属性需求分为运行期质量属性和开发期质量属性。开发期质量属性包含了和软件开发、维护和移植这三类

259

活动相关的非功能性要求，这类属性是开发人员、维护人员所关注的；运行期质量属性是软件系统在运行期间，最终用户能感受到的一类属性，这类属性将影响用户的满意度。在上面的图中各属性项已基本覆盖了这种维度的划分，只是名称不同而已。

> 航标灯：需求分析的成果由用例分析、关系分析、界面分析、功能需求分析、非功能需求分析五个部分构成。

## 11.3 需求管理的特有知识

需求管理的主要工作是变更控制、版本控制、需求跟踪、状态控制。履行管理和控制工作主要是基于事物和行为信息的抽象，通过这个抽象的信息与预定的目标信息作比较，从而达到调节的目的。对需求文档和需求文档行为的抽象，人们分别命名为版本、状态、变更、跟踪，人们正是基于这四个抽象信息来履行需求管理的。

### 1. 版本

版本的作用有三个，第一个作用是以序表易，易就是变化，是通过数字的变化来反映这种变化；第二个作用是以序指代，用有层次关系的数字符号来指代某个具体的事物；第三个作用是以一统之，当多人需要协同工作时，用同一个号来指代大家是在共有的基准上进行工作。

版本是对需求分析文档阶段工作成果的一个序号命名。此序号和版本中的内容唯一对应。版本号是所有与此文档有关系的人员的一个统一访问号，这样持有人根据版本号可以分别工作，但工作成果都基于此版本的。这是一种一统的方式，实现分段工作或并发工作间的协同。

版本会随着时间而变动的，版本的变动是需要与此版本相关的关系人共知，没有这个基准，大家就不是针对一个唯一来进行工作，就会造成工作正确，但工作成果已成历史这样的浪费。版本的变更，需要对变更的信息内容进行记忆，可以根据版本号向前回溯，回复到先前的版本状态。

版本控制的最简单方法是根据标准约定手工标记软件需求规格说明的每一

次修改。根据修改日期来区别文档不同版本容易产生错误，所以不被推荐。建议采用任何一个新的文档的第一版当标记为1.0（草案1），下一稿为1.0（草案2），在文档未被设置为基线前，草案数可以随着改进逐次增加。而当文档被采用后标记为1.0正式版，若只有较小的修改，可以为1.1版（草案1），若有较大修改可以改为2.0版（草案1）。

 航标灯：版本具有以序表易、以序指代、以一统之的作用。

### 2. 状态

每个需求文档有版本属性用来作为统一协同的一个识别号，但在协同时基于这个文档能开展怎样的工作，就是由状态来具体控制。比如，对于一个文件如果有人再修改，那就不能基于它来工作，需要变为修改完毕才能工作，这个修改和未修改是两个状态值。基于同一版本工作统一了大家对一个事物展开工作，而统一状态管理，是用于协调多人与该事物协同工作。如果版本是对空间及其量的大小的命名，那么状态就是对这一空间内物的行为属性的命名。状态是对某一个项的工作成果的阶段质量的定义，可以让大家看到此物所处的阶段。可以根据阶段来做好事前或事后的相应准备。

对于需求文档而言，每个需求项都需要有状态。建议将需求项定为五种状态值，即已建议、已批准、已实现、已验证、已删除。

航标灯：状态是对事物的时间数据的提取和管理的一种手段。状态是一事物主动向外部发出提示的信号灯，以便外部做出提前判断。

### 3. 变更

变更是对文档量和质的修改行为，量的修改是增加或减少，以条目为单位，如减少一个功能或增加一个功能，而质的修改是指条目的内容发生变化。对于变更的控制是对事前准不准，事中状态变化、事后进行发布三个方面的工作。变更与版本管理工作和状态管理工作是相关的。

航标灯：变更是在做乘法运算，越高层的变更其被乘数越大，乘积也就越大，哪怕变更只有一项。

### 4. 跟踪

跟踪指从需求开始到需求结束，对需求项与软件开发各活动关联关系的记录和分析。跟踪的目的就是保证数量和质量，比如，需求提出了10项功能完成了9项就少了1项，10个功能都开发了，但只有8个可用2个不可用。跟踪就是站在需求的角度，以需求作为参照物追踪需求项在开发过程中的流转。

> 🚩 **航标灯：跟踪是在做多叉树的遍历运算，工作虽不复杂但要确认到每个节点其工作量也很大。**

跟踪过程中还存在需求内容的变化、需求状态的变化、需求版本的变化，这也需要跟踪工作随需求变化而变化，如需求减少一个，就要通知后续各环节减少一个；需求变化了，就需要通知后续环节按新的需求进行研发。跟踪工作是需求管理工作和软件开发工作的一个纽带，把双方的信息加以互通，使得开发管理和需求管理能够同步。

**3**

# 第3篇 方法篇

# 第12章
## 需求工程的方法观

　　方法是人们智慧的体现，是知识的应用，是有规则的活动构成的一个序列。方法可以不断地重用，方法要简单实用，方法输出的成果要容易让人理解，从而使人和人之间达成共识。方法的使命就是要将问题的结构和规律展现出来，方法是将问题作为输入，依赖逻辑中的定义、划分、分析、综合、归纳、演绎这些活动，整理出问题的构成、找出内在的规律，借助图形、表格、模式、公式等形式，采用某种材质展现出问题的构成和规律。

## 12.1 什么是方法

　　方法是有目的行为集合，方法以工具的形态呈现给人们。方法是人们认识客体（任何事物）的手段和工具。方法本身就是客体的内在原则和灵魂的抽取，这种内在的原则和灵魂是客体本身具有的规律。只有认识客观规律和按客观规律办事，人们才能摆脱盲目的束缚。

> 　　航标灯：方法要简单实用，方法的过程要易掌握，方法的成果便于人和人之间达成共识。

　　人们运用已经认识和掌握的客观规律再去认识和改造客体，那么规律就转化为人们认识和改造客体的物方法。客体本身的规律是方法的客观依据，方法归根到底就是规律的应用。方法的认知模型如图12-1所示。

　　人们提出的问题是概念化的、内涵不完整、逻辑是混沌的，他们的目标是期望能够通过某种方法将问题解构，使问题成为从无名到有名、从无形到有形、从无序到有序一个内涵完整的、规律可见的结果，满足人们对问题认知的需要。人们的目标正是方法的目标，方法的使命就是要将问题的结构和规律展现出来，方法是将问题作为输入，依赖逻辑中的定义、划分、分析、综合、归纳、演绎这些活动，整理出问题的构成、找出内在的规律，借助图形、表格、模式、公式等形式，采用某种材质展现出问题的构成和规律。这种结果的表述可以使人们感知到，在不同人员间传递时较少产生歧义，很容易达成共识。通过方法整理出的结果不仅能解决提问题人的认知问题，而且也能解决与问题相关人员的认知问题，同时这种方法可以对同类问题重复使用，其结果的质量是可预期并可控的。

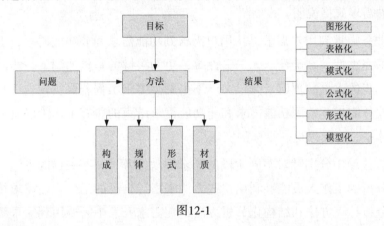

图12-1

**场景案例**：某日化国际巨头引进了一条香皂包装生产线，结果发现这条生产线有个缺陷：常常会有盒子里没装入香皂。总不能把空盒子卖给顾客啊，他们只得请了一个学自动化的博士设计一个方案来分拣空的香皂盒。博士拉起了一个十几人的科研攻关小组，综合采用了机械、微电子、自动化、X射线探测等技术，花了几十万，成功解决了问题。每当生产线上有空香皂盒通过，两旁的探测器会检测到，并且驱动一只机械手把空皂盒推走。

中国南方有个乡镇企业也买了同样的生产线，老板发现这个问题后大为光火，找了个小工来说："你他妈给老子把这个搞定，不然你给老子爬走。"小工很快想出了办法：他花了90块钱在生产线旁边放了一台大功率电风扇猛吹，于是空皂盒都被吹走了。

> 🚩 **航标灯**：知识已在那里，关键看你如何智慧地加以应用。方法之美在于简单。

## 12.2 需求工程的方法观

需求工程的目标是要得到一个完整的、准确的、无二义的、可跟踪的、容易理解的、可达成共识的软件需求规格说明，从而为后续的软件开发的设计、编码、测试提供一个坚实的基础。要得到高质量的软件需求规划说明，人们需要通过需求规划得到客户的业务需求，基于业务需求得到包括用例和行为的用户需求，基于用户需求得到功能需求和非功能需求，在此基础上才能得到所需要的软件需求规格说明。

从业务需求到用户需求，从用户需求到功能需求和非功能需求，上一步除了要确保完整性、准确性、无二义性等，更为关键的是传递到下一步时还要确保让下一步的人员易理解、无二义、不失真。需求工程若要实现这一目标，就需要从业务需求开始到功能需求和非功能需求结束的所有工作阶段有一套完整的方法体系，来支撑这一目标的实现。

在方法篇中分别针对不同阶段的需求活动推荐了一些关键的方法。希望从事需求分析的工作人员能够利用这些方法来指导自己的工作。在需求规划中需要用到分析计算方法和结构化分析方法，在需求开发中需要用到需求统一模式方法和面向对象分方法，在需求管理中我们需求用到版本管理、状态控制、能力跟踪工具。这些方法的输出结果表现形式都是易于理解和认知的表格化、图形化、模式化形式。

其他一些方法如需求形式化描述方法、面向问题域的需求分析方法，只是为了体现需求工程方法领域的完整性而编录进来，以便读者对需求工程方法有一个全面的认识。

# 第13章
## 分析计算方法

分析计算是需求规划方法与传统需求分析方法有本质区别的地方之一。分析计算包括系统支撑能力计算和业务发展能力计算。系统支撑能力的数据由通讯传输能力、请求响应能力、会话处理能力、实体交易能力、科学计算能力、数据交易能力、数据存储能力七个部分组成。业务发展能力的数据由信息规范化程度、架构开放程度、知识结构化程度、信息资源开放程序、系统离散程度五个部分组成。

## 13.1 分析计算的背景

分析计算是将业务研究成果、应用建模成果、系统规划成果录入到仿真分析平台中或采用系统基准测试方法进行人工测算，进行业务逻辑正确性分析、业务所需系统支撑能力、业务发展能力的计算，并给出数据结果，根据数据结果对上述业务研究、应用建模、系统规划的工作结果进行修正，同时该数据也是系统设计和系统测试时的参考数据。分析计算包括系统支撑能力计算和业务发展能力计算。系统支撑能力的数据由通讯传输能力、请求响应能力、会话处理能力、实体交易能力、科学计算能力、数据交易能力、数据存储能力七个部分组成。业务发展能力的数据由信息规范化程度、架构开放程度、知识结构化程度、信息资源开放程序、系统离散程度五个部分组成。

> 航标灯：需求规划需要定量分析，需求分析也需要定量分析，没有定量的概念总是让人心中没底。

当没有仿真分析平台时人们能否测算未来要建系统的业务发展能力和系统支撑能力呢？当然可以，因为仿真分析平台中采用的主要方法也是系统基准测试方法的一个工具而已，只要我们掌握系统基准测试方法，同样也可以进行人工测算。系统基准测试作为度量计算机系统性能和价格的一种手段，逐渐为软件测试界所认识和熟悉。目前国际上有两大基准体系，TPC和SPEC。

TPC（Transaction Processing Performance Council，事务处理性能委员会）组织的功能是制定商务应用基准程序（Benchmark）的标准规范、性能和价格度量，并管理测试结果的发布。TPC不给出基准测试程序的代码，而只给出基准测试程序的标准规范。

SPEC（the Standard Performance Evaluation Corporation，标准性能评估机构）服务器应用性能测试是一个全面衡量Web应用中Java企业应用服务器性能的基准测试。传统的需求分析方法认为对于一个应用系统需求分析只要给出功能的定义和性能的要求就意味着工作的完成。BOST需求分析方法认为需要进一步进行分析，给出系统的性能定量计算，在此基础上给出应用系统所需的支撑运行的硬件设备和软件等。

人们为了公平地比较不同的计算机系统的性能，开发出许多性能评价的基准测试（Benchmark）标准，我们常常听到的SPECint、SPECweb、TPC等就是一些专业组织推出的基准测试标准。基准测试原来只是为了测试服务器、CPU、浮点运算等硬件设备、后来又陆续推出数据库系统、应用服务器、Web服务器等系统软件。随着基准测试的不断深入和发展，当前也逐步将基准测试作为应用软件系统进行能力测量的一种手段，改变了以往应用软件只能在实际应用环境下进行能力测量的被动工作局面，可以在应用软件开发之前对应用软件系统所需的能力采用基准测试方法进行度量和测算，为应用软件系统所需支撑的软硬件设备选型提供了科学依据。

在基准测试体系中，TPC和SPEC是最常用、最普及的两大基准，深入了解其含义和奥秘，对于更好地在服务器采购中运用Benchmark工具相当重要。

# 13.2 TPC基准测试体系

TPC是由数十家会员公司创建的非营利组织，总部设在美国。TPC的成员主要是计算机软硬件厂家，而非计算机用户，其功能是制定商务应用基准测试程序的标准规范、性能和价格度量，并管理测试结果的发布。作为一家非营利性机构，事务处理性能委员会负责定义诸如TPC-C、TPC-H和TPC-W基准测试之类的事务处理与数据库性能基准测试，并依据这些基准测试项目发布客观性能数据。

TPC不给出基准测试程序的代码，而只给出基准测试程序的标准规范。任何厂家或其他测试者都可以根据规范，最优地构造出自己的测试系统（测试平台和测试程序）。为保证测试结果的完整性，被测试者（通常是厂家）必须提交给TPC一套完整的报告（Full Disclosure Report），包括被测系统的详细配置、分类价格和包含5年维护费用在内的总价格。该报告必须由TPC授权的审核员核实（TPC本身并不做审计）。TPC在全球只有不到10名审核员，全部在美国。

TPC推出过11套基准测试程序，分别是正在使用的TPC-App、TPC-H、TPC-C、TPC-W，过时的TPC-A、TPC-B、TPC-D和TPC-R，以及因为不被业界接受而放弃的TPC-S（Server专门基准测试程序）、TPC-E（大型企业信息服务基准测试程序）和TPC-Client/Server。而目前最为"流行"的TPC-C是在线事务处理（OLTP）的基准测试程序，于1992年7月完成，后被业界逐渐接受。

## 13.2.1 TPC-C基准测试标准

TPC-C是一种旨在衡量联机事务处理（OLTP）系统性能与可伸缩性的行业标准基准测试项目。这种基准测试项目将对包括查询、更新及队列式小批量事务在内的广泛数据库功能进行测试。对于数据库密集型应用来说，TPC-C被许多IT专业人员视为衡量真实OLTP系统性能的有效指示器。

### 1. TPC-C的测试规范

TPC-C测试规范中模拟了一个比较复杂并具有代表意义的OLTP应用环境：假设有一个大型商品批发商，它拥有若干个分布在不同区域的商品库；每个仓库负责为10个销售点供货；每个销售点为3000个客户提供服务；每个客户平均一个订单有10项产品；所有订单中约1%的产品在其直接所属的仓库中没有存货，需要由其他区域的仓库来供货。TPC-C测试包括5个典型的OLTP事务，如表13-1所示。

表13-1 测试规范

| 事务名称 | 事务说明 | 性能要求 | 发生频度 | 访问表数量 |
|---|---|---|---|---|
| 新订单 | 一个用户提交一个新的订单 | 小于5秒 | 45% | 8 |
| 支付 | 更新用户的账户余额以反映一个支付 | 小于5秒 | 43% | 4 |
| 交付 | 订单的交付(通过一个批事务处理实现) | 小于5秒 | 4% | 4 |
| 订单状态 | 返回用户最新订单的状态 | 小于5秒 | 4% | 3 |
| 库存水平 | 监控当前仓库库存 | 小于20秒 | 4% | 3 |

测试所针对的环境的模型如图13-1所示。

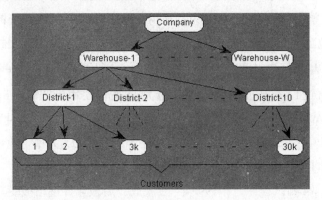

图13-1

测试流程的图示如图13-2所示。

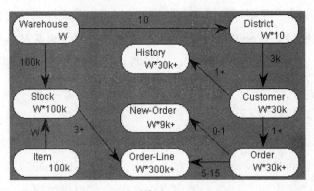

图13-2

## 2. tpmC的指标定义

tpmC（Transactions per minute C），是一种流量指标，它被定义为系统每分钟可以处理多少个新订单事务。与此同时，系统还在处理其他四种事务类型

270

（支付、订单状态、交付、库存水平）。所有5个TPC-C事务都有某个限定的用户响应时间要求，其中新订单事务的响应时间是5秒以内。因此如果一个系统的TPC-C值是100tpmC/min，说明该系统在每分钟处理其他的混合的TPC-C事务的工作的同时，可以产生100个新订单事务。

从TPC-C的定义不难知道，这套基准测试程序是用来衡量整个IT系统的性能，而不是评价服务器或某种硬件系统的标准，而且tpmC数值的高低直接受到各个环节的影响，如服务器、外设（如硬盘或RAID）、服务器端操作系统、数据库软件、客户端及其操作系统、数据库软件和网络连接等。

需要服务器采购用户注意的是，tpmC指标更多的是衡量从客户端到终端网络的性能区域，而不是通常误认为的服务器到企业端网络的性能。由此可见，如果用户是建立一套全新的业务系统，那么不妨多借鉴tpmC的性能指标。

### 3. TPC-C的计算公式

1）数据库服务器TPC-C计算公式

数据库服务器在忙时的数据库访问峰值（$X$），代表主机处理峰值应能达到每秒$X$个连接；每个连接平均需要访问$Y$个数据表。每个数据库访问相当于服务器$Z$的处理能力。数据服务器处理性能（Ls）的估算公式如下，Ls的计量单位为tpm：

$$Ls=XYZ/（1-\beta）/\gamma \ (tpm)$$

式中：

$X$——用户连接数（连接/s）；

$Y$——数据表连接数；

$Z$——数据访问值（tpm）；

$\beta$——系统自身消耗值，取值范围为25%~35%；

$\gamma$——系统忙时比例因子，取值范围为60%~80%。

在实际实用时还可以再加上一些加权因子，如工程经验值等。

2）应用服务器TPC-C计算公式

假定在系统发出的业务请求中，位列前三项的功能（如查询、更新、统计

功能等）分别命名为A、B、C，则应用服务器需要的处理能力为

$$Ly=U1N1（T1+T2+T3）/3XY/Z（tpm）$$

式中：

　　$U1$——系统同时在线用户数（人）；

　　$N1$——平均每个用户每分钟发出业务请求次数（次/人）；

　　$T1$——平均每次A业务产生的事务数（次）；

　　$T2$——平均每次B业务产生的事务数（次）；

　　$T3$——平均每次C业务产生的事务数（次）；

　　$X$——一天内忙时的处理量和平均数的比值；

　　$Y$——经验系数（实际量和估算量的比值）；

　　$Z$——服务器冗余值。

## 13.2.2　TPC-C基准测试的实际应用

某单位委托设计一套基于B/S技术的传输资源管理系统。通过采集用户需求并咨询相关软件开发商和硬件厂商，获取了以下信息。

（1）系统设计使用年限5年；

（2）系统在线用户数为100；

（3）软件开发商提供的系统参数，包括主要功能操作所产生的事务处理个数、每条记录占用的存储空间等信息。

### 1. 数据服务器TPC-C计算

每秒峰值为6000连接/s，即主机处理峰值应能达到6000连接/s；每个连接平均需要10个数据表访问，按照经验，每个数据库访问相当于服务器3～4 tpm的处理能力。系统本身要消耗30%的系统资源；系统忙时比例因子为70%。将上述值代入式（1）：

$$Ls=6000 \times 10 \times 4 /（1-30\%）/70\%=489\ 796tpm$$

因此数据库服务器TPC-C要求大于或等于500 000 tpm。

### 2. 应用服务器的TPC-C计算

系统最大同时在线用户数为300人；估算平均每个用户每分钟发出3次业务请求；系统发出的业务请求中，更新、查询、统计各占1/3；平均每次更新业务触发10个事务；平均每次查询业务触发15个事务；平均每次统计业务触发30个事务；一天内忙时的处理量为平均值的8倍；约定经验系数为1.6（实际工程经验）；服务器冗余值为30%。根据式（2），可得到应用服务器所需处理能力。

$$Ly=300 \times 3 \times （10+15+30）/3 \times 7 \times 1.6/0.7 \approx 264\ 000\ tpm$$

> 航标灯：定量计算远没有你想得那么复杂，方法总比困难多，只要你用一点点智慧。

# 13.3 SPEC基准测试体系

SPEC（the Standard Performance Evaluation Corporation，标准性能评估机构）是一个全球性的、权威的第三方应用性能基准测试组织，它旨在确立、修改以及认定一系列服务器应用性能评估的标准。SPEC服务器应用性能基准测试是一个全面衡量Web应用中Java企业应用服务器性能的基准测试。在这个基准测试中，系统模拟一个现代化企业的电子化业务工作，如客户定购查询、产品生产制造管理、供应商和服务器提供商管理等，给系统以巨大的负载，以全面测试运行典型Java业务应用的服务器性能水平。

由于它体现了软、硬件平台的性能和成本指标，被金融、电信、证券等关键行业用户作为选择IT系统一项权威的选型基准测试指标。目前主要包括针对CPU性能的SPEC CPU 2000（已有CPU 2006，但数据不是很多）、针对Web服务器的SPECweb 2005、针对高性能计算的SPEC HPC 2002与SPEC MPI 2006、针对Java应用的jAppServer 2004与JBB 2005以及其他针对图形系统、网络和邮件服务器的基准测试指标。其中CPU 2000和Web 2005两类是被引用最广泛的基准测试指标。

> 航标灯：SPEC服务器应用性能基准测试是一个全面衡量Web应用中Java企业应用服务器性能的基准测试。

### 13.3.1 SPCEweb 2005基准测试标准

#### 1. SPECweb 2005测试规范

SPECweb 2005测试的原理是通过多台客户机向服务器发出Http Get请求，这种请求完全模拟Internet用户对服务器的访问，请求调用Web服务器上的网页文件，这些文件从数千字节到数兆字节不等。在相同的时间里，服务器回答的请求越多，就表明服务器对数据的处理能力越强，它的内存与CPU、PCI通道之间的传输带宽越宽，服务器的硬盘子系统和网络子系统传输速度越快，服务器的Web性能就越好。

基于快速发展的Web技术，与上一代基准测试相比，SPECweb 2005基准包括许多新增强特性，其中包括：

（1）测量并发用户会话；

（2）相关动态内容：包括PHP和JSP实施；

（3）使用两个并行HTTP连接请求页面镜像；

（4）多种标准化的工作负载：银行业（HTTPS）、电子商务（HTTP and HTTPS）和支持（HTTP）；

（5）使用If-Modified-Since请求模拟器缓存效果。

SPECweb 2005的测试环境的模型如图13-3所示。

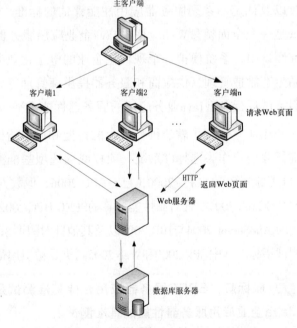

图13-3

### 2. SPECweb 2005的指标定义

HCPS（Http Connection per Second）为系统能同时响应的最大HTTP连接数。在测试HTTP连接数时，SPECweb 2005给了银行业、电子商务、HTTP支持三类应用测试程序。基中银行业用了登录、订单、查询等16个客户端业务分别进行三组测试，每组测试1800秒。其测试要求如表13-2所示。

**表13-2 测试要求**

| 业务名称 | 业务含义 | 频度 | 性能指标 | 备注 |
|---|---|---|---|---|
| 账户摘要 | 查询账户信息 | 15.11% | 小于2秒 | |
| 新增客户 | 增加一个账户 | 1.12% | 小于2秒 | |
| 存取款 | 对账户进行存取操作 | 13.89% | 小于2秒 | |
| 存取统计 | 对存取状况进行统计 | 2.23% | 小于2秒 | |
| 明细查询 | 查询账户明细信息 | 8.45% | 小于2秒 | |
| 统计查询 | 统计图表查询 | 16.89% | 小于2秒 | |
| 利率设置 | 对利率进行改动 | 1.22% | 小于2秒 | |
| 登录 | 用户登录系统 | 21.53% | 小于2秒 | |
| 退出 | 用户退出系统 | 6.16% | 小于2秒 | |
| 账单查询 | 账单付费信息查企业家 | 0.80% | 小于2秒 | |
| 提交订单 | 提交确认订单 | 0.88% | 小于2秒 | |
| 资金划拨 | 将资金划拨给指定账户 | 1.24% | 小于2秒 | |
| 提交利率 | | 0.88% | 小于2秒 | |
| 快速支付 | 快速存取款操作 | 6.67% | 小于2秒 | |
| 核对请求 | 请求核对相关信息 | 1.22% | 小于2秒 | |
| 转账 | 将资金转移到另一账户 | 1.71% | 小于2秒 | |

### 3. SPECweb 2005的计算公式

在系统发出的业务请求中，假定位列前三项的功能（如查询、更新、统计功能等）分别命名为A、B、C，则Web服务器需要的处理能力为

$$Ly=(N1+N2+N3)/（16Z）（hcps）$$

式中：

$N1$——A业务每秒钟发出业务请求次数（次）；

$N2$——B业务每秒钟发出业务请求次数（次）；

$N3$——C业务每秒钟发出业务请求次数（次）；

Z——服务器冗余值，一般为1.05。

## 13.3.2 SPECjAppServer 2004基本测试标准

### 1. SPECjAppServer 2004测试规范

SPECjAppServer 2004是一个新的行业标准基准测试，它用于度量基于Java 2 Enterprise Edition（J2EE）技术的应用服务器的性能和可伸缩性。SPECjAppServer 2004是由SPEC的Java小组委员会（包括BEA、Borland、Darmstadt University of Technology、Hewlett-Packard、IBM、Intel、Oracle、Pramati、Sun Microsystems和Sybase）开发出来的。值得注意的是，虽然SPECjAppServer 2004中的一些部分看起来与SPECjAppServer 2002类似，但是SPECjAppServer 2004更为复杂，与SPECjAppServer的以前版本相比具有实质区别。它实现了新的增强的workload，该应用程序涉及所有主要的J2EE平台服务，包括：

- Web容器，包括servlet和JavaServer页面；
- EJB容器；
- EJB 2.0容器托管持久性；
- JMS和消息驱动bean；
- 事务管理；
- 数据库连通性。

此外，SPECjAppServer 2004可以测试构成应用环境的底层基础架构的所有部分，包括硬件、JVM软件、数据库软件、JDBC驱动程序和系统网络。服务器供应商可以使用SPECjAppServer 2004度量、优化和展示产品的性能和可伸缩性。他们的客户可以使用它来更好地理解有关开发当前的J2EE应用程序的调整和优化问题。SPECjbb 2004基准测试借用了TPC-C基准测试的概念、输入产生和交易模式。只不过，SPECjbb 2004用Java类取代数据库中的表（Table），用Java对象取代数据库中的记录（Record）。

## 2. SPECjAppServer 2004业务模型

SPECjAppServer 2004 workload基于一个声称足够大、足够复杂、足以代表现实世界电子商务系统的分布式应用程序。基准的设计人员选择了制造商、供应链管理和订单/库存系统作为业务问题的"原型"进行建模。这是一个具有说服力的分布式问题，它是重量级和任务关键型的，并且需要使用一个强大而具有可伸缩性的基础架构。更重要的是，它需要使用中间件服务，包括对象持久性存储、缓存、分布式事务、集群、负载均衡、资源入池、异步消息传递、动态Web页面生成，以及其他。SPECjAppServer 2004基准的测试重点就是这些应用服务器的服务。

SPECjAppServer 2004 workload是以一个汽车制造商为模型构建的，该制造商的主要客户是汽车经销商。经销商使用一个基于Web的用户界面浏览汽车目录、购买汽车、出售汽车，并跟踪经销商产品清单。

- 客户域（customer domain）：处理客户订单和交互。
- 经销商域（dealer domain）：提供一个到客户域中的服务的基于Web的接口。
- 制造域（manufacturing domain）：执行"准时生产"（just-in-time）制造操作。
- 供应商域（supplier domain）：处理与外部供应商的交互。
- 公司域（corporate domain）：管理所有的客户、产品和供应商信息。

SPECjAppServer 2004 workload的测试要求如表13-3所示。

表13-3 测试要求

| 事务类型 | 事务频度 | 性能要求 |
|---|---|---|
| 订单交易 | 25% | 小于2秒 |
| 管理设置 | 25% | 小于2秒 |
| 查询 | 50% | 小于2秒 |

SPECjAppServer 2004 workload的测试的类图如图13-4所示。

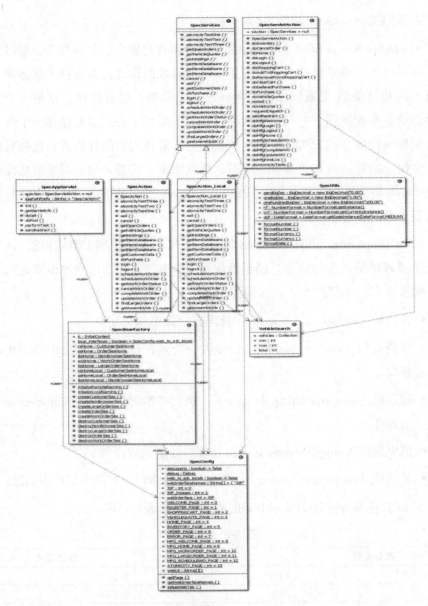

图13-4

## 3. SPECjAppServer 2004指标定义

JOPS（jAppServer Operations Per Second），每秒操作次数，它是基准测试的吞吐量。基准测试的吞吐量是由经销商和制造应用程序的活动决定的。

两个应用程序的吞吐量都与所选的事务注入率（Transaction Injection Rat）直接相关，后者确定了DealerEntry driver所生成的业务事务的数量，以及每个单位时间manufacturing driver所安排的工作订单的数量。基准测试后所得到的汇总性能指标称为JOPS，它表明了测量期间每秒的（成功）应用服务器操作数（JAppServer Operations Per Second）的平均值。

SPEC 2004测试采用JOPS（每秒总的操作次数）作为测试结果的衡量标准，JOPS为订单事务数加上制造工作订单数，再除以以秒为单位的测试时间。应用服务器的性能可用SPECjAppServer 2004指标体系的JOPS（每秒钟Java应用操作）衡量。

### 4. SPECjAppServer 2004的计算公式

在系统发出的业务请求中，假定位列前三项的功能（如查询、更新、统计功能等）分别命名为A、B、C，则J2EE应用服务器需要的处理能力为

$$Ly=(N1+N2+N3)/（43Z）（jops）$$

式中：

$N1$——A业务每秒钟运行涉及的类数量（次）；

$N2$——B业务每秒钟运行涉及的类数量（次）；

$N3$——C业务每秒钟运行涉及的类数量（次）；

$Z$——服务器冗余值，一般为1.05。

 航标灯：善用SPEC这套性能基准测试方法就能驯服性能这头怪兽。

## 13.4 国内基准测试的现状

就企业对服务器选型来说，仅仅靠"国际通用"的度量作为选型依据是不够的，因为服务器最终要服务于特定的软硬件环境下，不同的网络、数据库及应用系统，服务器的表现性能都会有差异，因此在进行性能评价时，通用的度量有可能不够准确，可以作为参考，但不是选型的唯一依据。从另外一个角度，我们可以借鉴基准测试的思想，根据实际情况进行定制统一的规则，来

横向比较服务器的处理能力，或者说将基准测试进行"本土化"。下面就中国移动服务器选型测试来介绍如何去实践基准测试。由于业务不断扩展，中国移动每年需要对小型机服务器、存储设备等集中采购，对于众多投标设备，应该如何选择并对设备划分档次成为迫切需要解决的问题。厂商提供的TPC或SPEC标称值只能在某些程度上反映设备的处理能力，但是这些测试结果是一个国际通用的结果，与中国移动的业务关系不大，因此需要重新定义测试的评价标准。通过选取统一的性能评价标准，对所有的小型机服务器，在相同业务、相同环境下进行性能综合测试，评价各款服务器在相同性能压力模型下获得的最大处理能力。

### 13.4.1 测试内容

小型机服务器的性能测试选取中国移动的业务支撑系统，简称BOSS，作为本次测试的软件系统，根据交易量规模、交易处理类型从中抽取若干个关键交易，实施压力测试，结果作为此次小型机性能评估依据。业务选取原则是：

- 业务交易量较大，对BOSS性能产生较大影响；
- 充分考虑不同业务处理方式的性能影响，如对数据库增、删、改、查操作。

基于以上原则，抽取如下业务，作为被测对象：

- 开户；
- 详单查询；
- 营业缴费；
- 资费变更。

### 13.4.2 测试方法

对每款小型机服务器，主要利用Loadrunner自动化测试工具，通过模拟大量虚拟用户对上述典型业务操作，不断对服务器进行负载压力测试，直至响应延迟不能满足要求的性能点，确定此时服务器的交易执行指标和各项资源监控指标，从而综合比较各款服务器的性能情况。测试场景如下：

压力测试将上述业务按比例混合后，在一个场景中进行负载压力测试，它们各自的业务比例和响应时间的要求如表13-4所示。

表13-4 响应时间

| 业务名称 | 响应时间要求（s） | 业务比例 |
|---|---|---|
| 开户 | 6 | 5% |
| 资费变更 | 10 | 15% |
| 营业缴费 | 3 | 50% |
| 详单查询 | 6 | 30% |

在测试终止条件以不断加压的方式，直至响应延迟不能满足要求的性能点，作为终止条件。其中，判断"响应延迟满足要求"是由以下公式决定。

当"时延加权值"大于90%，表示压力测试成功；反之，则表示压力已经超过了被测设备的性能上限。测试过程分为两个阶段，第一阶段中设置一个较大的步长，测试出被测设备的大致性能范围。其中，初始值可以由参测厂家的工程师指定。第二阶段中将在最后两步中寻找被测设备准确的性能，精度为10个用户。测试压力模型如图13-5所示。

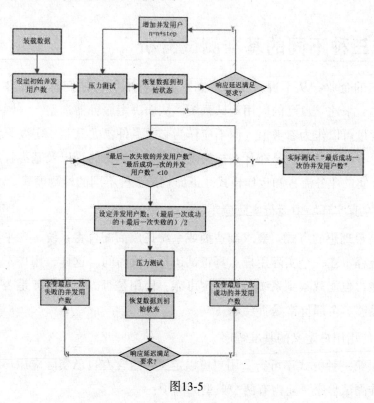

图13-5

测试时的运行环境如图13-6所示。

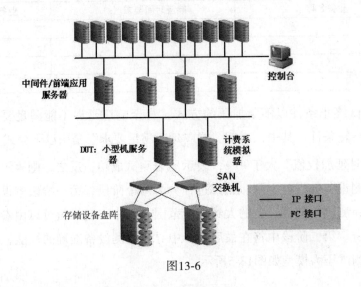

图13-6

## 13.5 三种不同的基准测试分析

成熟的企业，从不盲目相信"国际通用标准"，他们总是付出人力、物力、财力，来建立自己的应用测试系统，从而决定服务器选型。"国际通用标准"的度量可以作为参考值，而不应作为必要条件。尤其是一定要弄清这些流行的度量有什么含义，是在什么样的系统环境中测得的，以及基准程序是否符合企业真实的业务流程和运作模式。下面就是三种不同的检测模式。

1）在真实环境中运行实际应用

这是最理想的方式。要求制造商或系统集成商配合将系统（含平台、软件和操作流程）在一个实际用户点真正试运行一段时间。这样，用户不仅能看到实际性能，也能观察到系统是否稳定可靠、使用是否方便、服务是否周到、配置是否足够、全部价格是否合理。

2）使用用户定义的基准程序

如果第一种方式不可行，用户可以定义一组含有自己实际应用环境特征的应用基准测试程序。业内有两个典型的例子：

其一，近年来由于3层应用模型的风靡，SAP SD基准测试获得了众多厂商和用户的认可，于是在很多地方都能看见对SAP基准测试数据的引用；

其二，国家税务总局曾经开发自己的基准测试程序，以帮助税务系统进行服务器选型。这种方式在中国尤其重要，因为中国的信息系统有其特殊性。

3）使用通用基准测试程序

如果前两种均难实行，那么使用如TPC-C之类的通用基准测试程序未尝不可。但用户应当尤其注意实际应用是否与基准测试程序相符。绝大多数基准测试程序都是在美国制定的，而中国的企事业单位与美国的运作方式常常不一样，在使用TPC-C时，用户应该清楚地知道：自己的应用是否符合开发商模式？事务请求是否与测试模式近似？对响应时间的要求是否那么高？如果都不是，则tpmC值的参考价值就不太大了。那么不妨看看其他的更合适的测试指标，如SPECweb 2005等。

**场景案例**：这是一个发生在印度的饶有趣味的故事。传说，舍罕王打算重赏象棋的发明人——宰相西萨班达依尔。国王问他有何要求，这位聪明的大臣"胃口"看来并不大，他跪着说："陛下，请您在这个棋盘的第一个小格内，赏我一粒麦子，在第二个小格内给两粒，第三个格内给四粒，按照这样的比例关系，摆满棋盘上所有64格的麦粒，就把这些麦粒都赏给您的仆人罢。"国王听，认为这区区赏金，微不足道，于是满口答应说："爱卿，你所要求的并不多啊。你当然会如愿以偿。"说着，便令人把一袋麦子拿到宝座前。结果出乎国王的预料，按宰相的方法放，还没有放到20格，一袋麦子就已经用完了。一袋又一袋的麦子被扛到了国王面前。结果，国王发现，如果按此方法摆下去，摆到第64格，即使拿来全国的粮食也兑现不了他许下的诺言。因为按照宰相的要求需要有18，446，744，073，709，551，615颗麦粒（可改写为$1+2+2^2+2^4 \cdots 2^{63}$）。如果把麦粒折合成重量，那就要给宰相40 000亿蒲式耳才行。这样一算，这位看来"胃口"大的宰相所要求的麦子，竟是全世界在2000年内所生产的全部小麦。

> **航标灯**：凡事一定要有定量的思维和工作习惯很值得国内各行各业借鉴，差不多就行了永远出不了精美的产品。

# 第14章
## 结构化分析方法

结构化的分析（又称SA）方法是本书在需求规划中的业务建模、系统建模和体系建模所采用的方法。有人说SA方法已经过时，其实方法关键看你用到哪里。"尺有所长、寸有所短"，不可能有适用一切的方法。

## 14.1 SA方法的基本思想

SA方法与面向对象的建模方法相比，可以说是一种传统的需求分析方法。SA方法是由美国Yourdon公司和密歇根大学在开发ISDOS工具系统时提出的，自20世纪70年代中期以来，一直是比较流行和普及的需求分析技术之一。SA方法主要用于数据处理，特别是大型管理信息系统的需求分析，主要用于分析系统的功能，是一种直接根据数据流划分功能层次的分析方法。

SA方法的基本特点是：

- 表达问题时采用图形符号，这样利于非计算机专业人员理解；
- 设计数据流图时只考虑系统必须完成的基本功能，无须考虑如何具体实现这些功能。

作为对SA方法的完善和改进，20世纪90年代初起，人们对SA方法进行了扩充，比如，为了能够用于实时控制系统，在数据流图中加入了控制成分。除了数据流图，还有控制流图。这些改进使得SA方法不仅能表示数据转换，也能表示控制状态的变化。此外为使SA方法更加严格，人们对数据流图进行了形式化方面的研究。

 **航标灯**：利用SA方法可以进行业务建模、系统建模和体系建模。

对于一个大型的复杂的系统，人们会被其千丝万缕的关系纠缠着，会感到无从下手。传统的解决策略是把复杂系统分而治之，变成多个部分，然后对每个部分加以分析，这种方式就是我们通常说的分解。SA方法就是采用分解策略，把大型的复杂的软件系统分解成若干个人们易于理解和分析的子系统。这里的分解是根据软件系统的逻辑特性和系统内部各成分之间的逻辑关系进行的。在分解过程中，上层是下层的抽象，下层是上层的具体细节。

SA方法就是采用分解与抽象这样的基本逻辑方法。SA方法的基本思想是按照由抽象到具体，逐层分解的方法，确定软件系统内部的数据流、加工的关系，并用数据流图来表示。

> 航标灯：SA方法就是采用分解与抽象这样的基本逻辑方法。

对于一个复杂的软件系统，如工厂管理信息系统、财务管理信息系统，如何描述和表达它们的功能呢？如图14-1所示。

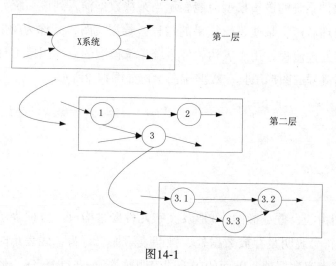

图14-1

从上图可看到，如果一个系统很复杂，可将其分解成若干个子系统，并分别标识上1，2，…等标识子系统。如果子系统还很复杂，如子系统3，可再将其分解为3.1，3.2，…等若干个子系统。如此继续下去，直到子系统足够简单和易于理解为止。

对系统进行合理分解之后，就可分别理解每个子系统的细节，然后理解所有的子系统，从而得到关于整个系统的理解。

> 航标灯：逐层分解来确定软件系统内部的数据流、加工的关系，并用
> 数据流图来表示。

## 14.2 SA方法的描述手段

SA方法的描述手段由以下三个部分组成。

- 一套分层的数据流图：主要说明系统由哪些部分组成，以及各部分之间的关系；

- 一本词典：为数据流图中出现的每个元素提供详细的说明；

- 其他补充材料：具体的补充和修改文档的说明。

### 14.2.1 数据流图

一个软件系统的逻辑模型应能表示当某些数据输入到该系统，经过系统内部一系列处理后产生某些逻辑结果的过程。数据流图，又称为DFD，DFD是描述系统内部处理流程、用于表达软件系统需求模型的一种图形工具，亦即描述系统中数据流程的图形工具。数据流图示例如图14-2所示。

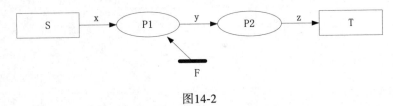

图14-2

DFD图由线、框、椭圆、T形及文字几种要素构成。方框表示数据来源和去向，T形符号表明是存放数据处，椭圆表示加工行为，线表示时序关系，线上注释文字表明数据项。上面的DFD图表明数据流x来自源点S，经过P1加工后变成数据流y，P1在加工时需要访问文件F，数据流y经P2加工处理后变成数据流z，数据流z去到终点T。

> 航标灯：用功能两端的数据变化来分析功能内部的处理方法，是其核
> 心思想。

1）数据流

数据流是由一组数据项组成的数据序列，通常用带标识的有向弧表示。比如，机票订单的数据流可表示为：客户信息+日期+航班号+目的地+金额，其中客户信息、日期和航班号等为数据项。数据流可以由单个数据项组成，也可由一组数据项组成。数据流可以从加工流向加工，从源点流向加工，从加工流向终点，从加工流向文件，从文件流向加工。流向文件或从文件流向加工的数据流可以不指定数据流名，但要给出文件名，因为文件可以替代数据流名。两个加工之间允许有多个数据流，这些数据流间是并列关系，无须标识它们之间的数据流动关系。此外由于数据流的好坏与DFD的易理解性密切相关，因此每个数据流要有一个合适的名字。数据流命名要从实际情况出发，一般与业务中的单证名称相同。

> 航标灯：**数据流是由一组数据项组成的数据序列，通常用带标识的有向弧表示。**

2）加工行为

对数据进行的操作我们叫加工行为。采用椭圆符号表示。加工与数据流或文件相连接。加工行为的命名应反映加工的作用，加工行为的命名原则如下：

- 最高层的加工命名可以是软件系统名字，如××管理信息系统；
- 加工的名字最好由一个谓语动词加上一个宾语组成，如检查合法性；
- 不能使用空洞或含糊的动词作为加工名，如计算、分类等；
- 当遇到未合适命名的加工时，可以考虑将加工分解，如检查并分类考生成绩，就可以分成检查成绩、分类成绩；

3）　　文件

文件是存放数据的逻辑单位，通常用图形符号 分别表示写文件、读文件和读写文件。另外在这个图形符号中还要给出文件名。文件的命名最好与文件中存放的内容相对应，文件名可等同于数据流名。

4）源点和终点

源点和终点用于表示数据的来源和最终去向，通常用图形方框表示。源点

287

和终点代表软件系统外的实体，如人或其他软件系统等，主要说明数据的来源和去处，使DFD列更加清晰。源点和终点一般是与系统关联的系统和用户，对于理解系统边界是有帮助的。

## 14.2.2 分层的DFD

面对大型复杂的软件系统，只用一张DFD来表征所有的数据流和加工，整个图就会变得相当复杂和难以理解，而且这些图也难以写下所有的内容。为了控制复杂性，通常可采用分层的方法。分层的方法体现了抽象的原则，在暂时不必了解许多细节时，只需给出一个抽象的概念。分层的方法不是一下子写进太多的细节，而是有目的地逐步增加细节，这有助于理解。

一套分层的数据流图由顶层图、中间层图、底层图构成。顶层图，也叫一级数据流图，其加工行为均为系统名，顶层图整个系统只有一张。中间层图，也叫二级数据流图，其加工行为为系统中的功能名，中间层图可以有多张。底层由一些不能再分解的加工组成，即功能内部的函数名，这些加工足够简单，亦称基本加工。所谓基本加工是指含义明确、功能单一的加工。

 **航标灯：分层的数据流图由顶层图、中间层图、底层图构成。**

DFD在画法上较为简单，但要画出完整的分层DFD还需注意以下事项。

（1）DFD图不是流程图：DFD注重于数据在系统中的流动，在加工间的多个并行的数据流之间不需考虑前后次序问题，加工只需描述做什么，不考虑怎么做和执行顺序的问题。流程图则需考虑对数据处理的次序和具体细节。

（2）DFD应该是完整的：在画DFD图时，可能会出现加工产生的输出流并没有输出到其他任何加工或外部实体，或者某些加工有输入但不产生输出。对于前者可能是遗漏加工或数据流多余；对于后者可能加工是多余的，或者遗漏了输出流等。因此在画完DFD时，有必要仔细检查所画的DFD图，以免在DFD中出现错误。

（3）DFD要前后一致：DFD的一致性的问题也称父图与子图的平衡问题，是指父图中某加工的入出与分解该加工的子图的入出必须完全一致，即入出应该相同。父图是指上层的图，子图是处理下层的图，子图对应父图的某个加工。具体地说，父图与子图的平衡是指子图的所有入出数据流必须是父图中相应的加工的入出数据流。总而言之，如果父图中有几个加工，则可能有几个子图对应，但父图中的某些基本加工可以不对应子图。层次的分解通常是对加工进行分解，但在有必要的情况下也可对数据流进行分解。

（4）分层DFD文件的表示：通常文件可以隶属于分层DFD中的某一层或某几层，即在抽象层中未用到的文件可以不表示出来，在子图中用到的文件则表示在该子图中。但是在抽象层中表示出的文件，则应在相应的某子图中表示。否则无法理解该文件到底被哪些具体的加工所使用。问题是文件要到哪一层才表示出来呢？作为原则，当文件共享于某些加工之间时，则该文件必须表示出来。

（5）分解层次的深度：逐层分解的目的是要把复杂的加工分解成比较简单和易于理解的基本加工。但是如果分解的层次太深，也会影响DFD的可理解性。究竟分解多少个层合适？这个问题没有准确的答案，应根据软件系统的复杂程度、人的能力等因素来决定。通过大量的实践，人们得到一些经验性的准则：

- 分解最好不超过7或8层，尽量减少分解层次；
- 分解应根据问题的逻辑特性进行，不能硬性分解；
- 每个加工分解为子加工后，子图中的子加工数不要太多，通常为7～10个；
- 上层可分解快些，下层应该慢些，因为上层比较抽象，易于理解；
- 分解要均匀，即避免在一张DFD中，有些已是基本加工，另外一些还要分解为多层；
- 分解到什么程度才能到达底层DFD呢？一般来说应满足两个条件：一个是加工能用几句或十几句就可清楚地描述其含义；另一个是一个加工基本上只有一个输入流和一个输出流。

> 航标灯：不断的分层就是对数据拆分和功能拆分后组合来支撑上层的功能和数据。

### 14.2.3 数据词典

DFD虽然描述了数据在系统中的流向和加工的分解，但不能体现数据流内容和加工的具体含义。数据词典就是用于描述的具体含义和加工的说明。由数据词典和DFD就可构成软件系统的逻辑模型。因此只有把DFD和DFD中每个元素的精确定义放在一起，才更有助于理解和分析。

所谓数据词典就是由DFD中所有元素的严格定义组成。其作用就是为DFD中出现的每个元素提供详细说明，即DFD中出现的每个数据流名、文件名称加工名都在数据词典中有一个条目以定义相应的含义。当需要查看DFD中某个元素的含义时，可借助于数据词典。数据词典的条目类型如下：

1）数据流条目：用于定义数据流

在数据流条目中主要说明由哪些数据项组成数据流，数据流的定义也采用简单的形式符号方式，如"="、"+"、"｜"和{x}。例如，机票订单可定义为：

订票单=顾客信息+订票日期+出发日期+航班号+目的地+…

对于复杂的数据流可采用自顶向下逐步细化的方式定义数据项。如订票单中的数据项顾客信息可细化为：

顾客信息=姓名+性别+身份证号+联系电话+…

当所有出现在DFD中的数据流都定义后，最后的工作就是对出现有数据流中的数据项进行汇总，然后以表格的形式汇总每一个数据项，表格模板如表14-1所示。

表14-1 汇总数据

| 标识符 | 类型 | 长度 | 中文名称 | 来源 | 去向 |
|--------|------|------|----------|------|------|
|        |      |      |          |      |      |
|        |      |      |          |      |      |
|        |      |      |          |      |      |
|        |      |      |          |      |      |
|        |      |      |          |      |      |
|        |      |      |          |      |      |

表格填写应注意以下事项。

- 标识符：按照标识符规则对数据项进行命名，如age；
- 类型：从整型、字符、字符串、日期等类型中选取一种，如年龄是一个整型；
- 长度：给出类型的占位长度；
- 中文名称：标识符指代物的中文名称，如age是指人的年龄；
- 来源：是指该数据项的数据生产的主体，如人事部门；
- 去向：是指该数据项会被哪些地方引用，如研发部门。

2）文件条目：用于定义文件

文件条目除说明组成文件的所有数据项外，还可说明文件的组成方式，如：

航班表文件=｛航班号+出发地+目的地+时间｝

组成方式=按航班号大小排列

3）加工条目：用于说明加工

加工条目主要描述加工的处理逻辑，即加工的输入数据流如何变换成为输出数据流的过程，以及在过程中所涉及的一些其他内容，如读写文件、执行的条件、执行效率要求、内部出错处理要求等。加工条目并不描述具体的处理过程，但可以按照处理的顺序描述加工应完成的功能，而且描述加工的手段，通常采用自然语言或者结构化的人工语言。

> 航标灯：采用数据流图法可以知道系统由什么数据构成，而功能的内部构成采用面向对象的方法更为有效。

# 14.3 SA方法的分析过程

作为软件系统主要是用计算机系统来简化人工数据处理，提高工作效率。我们称已存在的人工系统为当前系统，把待开发的计算机系统称为目标系统。从总体上看目标系统与当前系统在功能方面应当是基本相同的，区别在于实现方法上有所不同。

SA方法的分析过程如图14-3所示。

SA方法的分析过程由当前系统的具体模型创建、当前系统的逻辑模型创建、目标系统的逻辑模型创建、目标系统的逻辑模型完善四个业务活动组成。

图14-3

> 🚩 **航标灯：SA方法的业务具体模型、业务逻辑模型、系统逻辑模型这些概念还是不过时的。**

1）当前系统的具体模型建立

具体模型是当前系统的不失真的反映。软件开发人员在获取的需求信息的基础上，利用DFD将现实环境上的人、业务单证、业务活动及其相关关系表述出来。在这样的DFD中，会有许多具体的东西，如人、地点、名称和设备。

具体模型中会有许多具体的实物，因为在刚开始熟悉客户业务的时候，我们就是将所有本质和非本质的具体物全部照搬，随着我们不断熟悉客户业务后，我们就可以去掉非本质要素，以便于对具体系统的抽象。

2）当前系统的逻辑模型建立

当前系统的逻辑模型应反映当前系统必须满足的性质，其方式是对当前系统的具体模型做减法和抽象。减法就是去除掉具体模块中非本质要素。抽象是指将具体物名改为物的作用名，如开发票时都有红色联和白色联，通过单证的作用分析，可以将其命名为存根联和付款联。逻辑模型和具体模型之间的关系，前者是说做什么，后者是具体怎么做。

3）目标系统的逻辑模型建立

目标系统的逻辑模型是在当前系统的逻辑模型基础上再进一步抽象。对于当前系统的逻辑模型处理步骤如下：

- 确定当前系统的逻辑模型的改变范围，即决定目标系统与当前系统之间不可实现部分。此步就是沿着当前系统逻辑模型的底层DFD，逐个检查每个基本加工。如果该加工在目标系统中不能实现或包含具体因素时，则这个加工属于改变的范围。这样当前系统的逻辑模型变成了不需改变

和需改变两个部分。当把改变的部分进行修改后，就可获得目标系统的
逻辑模型。

- 把改变范围视为一个加工，并确定此加工的入出数据流，当该加工比较
  抽象时，可将其进行逐层分解，然后画出各层的DFD。

另一种方法是首先建立目标系统的顶层DFD和中间层的DFD，然后再参照
当前系统的逻辑模型，去掉其中所有具体因素和细化各子系统，最后可得到目
标系统的逻辑模型。

4）目标系统的逻辑模型完善

完善工作大致分为：

- 至今尚未说明的处理细节，如出错处理、系统的启动和结束方式。

- 某些需要的输入、输出格式或用户界面说明。

- 增加性能需求和其他一些约束限制等。

> 航标灯：有人说SA方法已经过时，其实关键看你用到哪里。"尺有所
> 长、寸有所短"，不可能有适用一切的方法。

# 第15章
## 面向对象分析方法

面向对象的需求分析（OOA）、面向对象的设计（OOD）、面向对象的编程（OOP）是已经体系化、工具化了的一整套软件开发方法。基于这套理论建立的统一建模语言（UML）和支持建模的工具已成为软件开发事实上的标准。在需求规划中本书选用SA方法作为业务建模、系统建模、体系建模的方法。在需求分析中本书采用面向对象的分析方法作为用例分析和功能需求分析的方法。

## 15.1 一些基础知识

面向对象的需求分析方法到目前为止已有许多不同的版本，其中具有代表性的是由G.Booch提出的面向对象设计方法（OOD），J.Rumbaugh等人提出的面向对象建模技术（OMT），I.Jacobson提出的面向对象的软件工程OOSE和Peter Goad\Ed.Yondon提出的面向对象的分析和设计方法OOAP。到20世纪90年代中期由J.Rumbaugh和G.Booch合作提出了综合OMT和OOD的需求建模方法。后来他们又结合I.Jacobson的OOSE提出了一个统一的面向对象的需求建模和高驻地方法，以及统一建模语言（UML）和支持需求建模的工具系统。

当前UML已成为国际标准，UML还在不断地完善发展。在本书中我们是采用UML的用例图、类图、序列图等作为功能需求分析的图形化工具，所以对UML的这些图形方法将作为重点介绍。关于面向对象的分析方法不在本书中做介绍，大家可以参考面向对象的分析设计方法了解相关的知识。

UML（Unified Modeling Language）是综合面向对象分析设计方法中使用的各种图形符号来进行分析和设计的技术，它给出了一套图形描述的语法和语义的语言。虽然叫语言，但与文字相比图形是其语言的构成要素。

UML以各种图形描述为主，分别表示面向对象方法中的不同方面的模型。这些图可以分为静态结构图和动态结构图两类，具体如下。

- 静态结构图：用例图、类图、组件图等。
- 动态结构图：状态图、活动图、序列图、协作图和配置图等。

UML的优点是易理解、易使用、规范化，可以自动化生成代码框架，没有语义是其最显著的缺点。当前UML规范说明中也给出了构成图的基本语义，力求改变这一缺点。

> 航标灯：面向对象分析中的几个图示方法将作为功能需求分析和用户需求分析建模的方法。

## 15.2 用例图

由参与者（Actor）、用例（Use Case）及它们之间的关系构成的用于描述系统功能的图称为用例图。用例图（User Case）也被称为参与者的外部用户所能观察到的系统功能的模型图，呈现了一些参与者和一些用例，以及它们之间的关系，主要用于对系统、子系统或类的功能行为进行建模。用例图展示了用例之间及同用例参与者之间是怎样相互联系的。用例图用于对系统、子系统或类的行为进行可视化，使用户能够理解如何使用这些元素，并使开发者能够实现这些元素。

用例图由参与者（Actor）、用例（Use Case）、系统边界、箭头组成，用画图的方法来完成。

> 航标灯：用例图是采用图形化的方式来描述用户在假设已存在的系统上如何完成业务的。

（1）参与者。参与者不是特指人，是指系统以外的，在使用系统或与系统交互中所扮演的角色。因此参与者可以是人、事物，也可以是时间或其他系统等。还有一点要注意的是，参与者不是指人或事物本身，而是表示人或事物当时所扮演的角色。比如小明是图书馆的管理员，他参与图书馆管理系统的交互，这时他既可以作为管理员这个角色参与管理，也可以作为借书者向图书馆借书，在这里小明扮演了两个角色，是两个不同的参与者。参与者在画图中用简笔人物画来表示，人物下面附上参与者的名称。参与者的图形符号如图15-1所示。

（2）用例。用例是对包括变量在内的一组动作序列的描述，系统执行这些动作，并产生传递特定参与者的价值的可观察结果。这是UML对用例的正式定义，对初学者而言可能有点难懂。我们可以这样去理解，用例是参与者想要系统做的事情。对于用例的命名，可以给用例取一个简单、描述性的名称，一般为带有动作性的词。用例在画图中用椭圆来表示，椭圆下面附上用例的名称。用例的图形符号如图15-2所示。

参与者名称                                用例名称

图15-1                                    图15-2

（3）系统边界。系统边界是用来表示正在建模系统的边界。边界内表示系统的组成部分，边界外表示系统外部。系统边界在画图中用方框来表示，同时附上系统名称，参与者画在边界的外面，用例画在边界的里面。系统边界的图形符号如图15-3所示。

系统名称

图15-3

（4）箭头。箭头用来表示参与者和系统通过相互发送信号或消息进行交互的关联关系。箭头尾部用来表示启动交互的一方，箭头头部用来表示被启动的一方，其中用例总是要由参与者来启动。

> 🪨 **航标灯：用例图中引入了计算软、硬件要素来取代用户现实业务中依赖的要素。**

用例图中包含的元素除了系统边界、角色和用例外，还有关系。关系包括角色之间的关系、用例之间的关系。

（1）角色之间的关系。由于角色实质上也是类，所以它拥有与类相同的关系描述，即角色之间存在泛化关系，泛化关系的含义是把某些角色的共同行为提取出来表示为通用的行为。

（2）用例之间的关系如下。

- 包含关系：基本用例的行为包含了另一个用例的行为。基本用例描述在多个用例中都有的公共行为。包含关系本质上是比较特殊的依赖关系。它比一般的依赖关系多了一些语义。在包含关系中箭头的方向是从基本用例到包含用例。在UML1.1中用例之间是使用和扩展这两种关系，这两种关系都是泛化关系的板型。在UML1.3以后的版本中用例之间是包含和扩展这两种关系。

- 泛化关系：代表一般与特殊的关系。它的意思和面向对象程序设计中的继承的概念是类似的。不同的是继承使用在实施阶段，泛化使用在分析、设计阶段。在泛化关系中子用例继承了父用例的行为和含义，子用例也可以增加新的行为和含义或者覆盖父用例中的行为和含义。

- 扩展关系的基本含义和泛化关系类似，但在扩展关系中，对于扩展用例有更多的规则限制，基本用例必须声明扩展点，而扩展用例只能在扩展点上增加新的行为和含义。与包含关系一样，扩展关系也是依赖关系的板型。在扩展关系中，箭头的方向是从扩展用例到基本用例，这与包含关系是不同的。

> 航标灯：用例图是承上启下的，承上是以新的图形符号来重构需求规划分析的业务事项，启下是为功能需求分析提供依据信息。

## 15.3 类图

类图（Class diagram）显示了模型的静态结构，特别是模型中存在的类、类的内部结构及它们与其他类的关系等。类图（Class diagram）由许多（静态）说明性的模型元素（如类、包和它们之间的关系，这些元素和它们的内容互相连接）组成。类图可以组织在（并且属于）包中，仅显示特定包中的相关内容。类图（Class diagram）是最常用的UML图，显示出类、接口及它们之间的静态结构和关系；它用于描述系统的结构化设计。类图（Class diagram）最基本的元素是类或者接口。

类图上的主要要素包括类、包、接口、关系等图形要素，这里只重点介绍类、包、接口、关系，其他的类图要素请参考UML的相关书籍。

（1）类。一般包含3个组成部分。第一个是类名；第二个是属性（attributes）；第三个是该类提供的方法。类名部分是不能省略的，其他组成部分可以省略。

类的书写规范：

- 正体字说明类是可被实例化的。
- 斜体字说明类为抽象类。

属性和方法书写规范：

- 修饰符 [描述信息] 属性。
- 方法名称 [参数] [：返回类型|类型]。

属性和方法之前可附加的可见性修饰符：

- 加号（+）表示public。
- 减号（-）表示private。
- #号表示protected。
- 省略这些修饰符表示具有package（包）级别的可见性。
- 如果属性或方法具有下画线，则说明它是静态的。

描述信息规范：

- 使用 << 开头和使用 >> 结尾。

类的图形符号如图15-4所示。

（2）包。包（Package）是一种常规用途的组合机制。UML中的一个包直接对应于Java中的一个包。在Java中，一个包可能含有其他包、类或者同时含有这两者。进行建模时，通常使用逻辑性的包，用于对模型进行组织；使用物理性的包，用于转换成系统中的Java包。每个包的名称对这个包进行了唯一性的标识。包的图形符号如图15-5所示。

图15-4                               图15-5

（3）接口。接口（Interface）是一系列操作的集合，它指定了一个类所提供的服务。它直接对应于Java中的一个接口类型。接口的图形符号如图15-6所示。

（4）关系。常见的关系有：继承（Generalization）、关联关系（Association）、聚合关系（Aggregation）、复合关系（Composition）、依赖关系（Dependency）。其中，聚合关系（Aggregation）、复合关系（Composition）属于关联关系（Association）。

一般关系表现为继承或实现关系（is a），关联关系表现为变量（has a），依赖关系表现为函数中的参数（use a）。

- 一般关系：表示为类与类之间的继承关系，接口与接口之间的继承，类对接口的实现关系。表示方法：用一个空心箭头+实线，箭头指向父类，或空心箭头+虚线，如果父类是接口，一般化关系的图形符号如图15-7所示。

图15-6                               图15-7

- 关联关系：类与类之间的连接，它使一个类知道另一个类的属性和方法。类与类之间是同层协作关系。表示方法：用实线+箭头，箭头指向被使用的类。关联关系的图形符号如图15-8所示。

- 聚合关系：是关联关系的一种，是强的关联关系。聚合关系是整体和个体的关系。关联关系的两个类处于同一层次上，而聚合关系两个类处于不同的层次，一个是整体，一个是部分。表示方法：空心菱形+实线+箭头，箭头指向部分。聚合关系的图形符号如图15-9所示。

图15-8                          图15-9

- 复合关系：是关联关系的一种，是比聚合关系强的关系。它要求普通的聚合关系中代表整体的对象负责代表部分的对象的生命周期，复合关系不能共享。表示方法：实心菱形+实线+箭头。复合关系的图形符号如图15-10所示。

- 依赖关系：是类与类之间的连接，表示一个类依赖于另一个类的定义。如果A依赖于B，则B体现为局部变量、方法的参数，或静态方法的调用。表示方法：虚线+箭头，箭头指向被依赖的一方，也就是指向局部变量。依赖关系的图形符号如图15-11所示。

图15-10                         图15-11

> 航标灯：类图是对用例图上的信息要素进行归类后体现为类内部属性和类间关系。

## 15.4 时序图

时序图（Sequence Diagram），亦称为序列图或循序图，是一种UML行为图。它通过描述对象之间发送消息的时间顺序显示多个对象之间的动态协作。它可以表示用例的行为顺序，当执行一个用例行为时，时序图中的每条消息对应了一个类操作或状态机中引起转换的触发事件。时序图中包括：角色、对象、生命线、激活期和消息。

（1）角色（Actor）。系统角色，可以是人或者其他系统、子系统。角色的图形符号如图15-12所示。

（2）对象（Object）。 对象代表时序图中的对象在交互中所扮演的角色，位于时序图顶部和代表对象实例。对象的图形符号如图15-13所示。

角色名

图15-12                    图15-13

（3）生命线（Lifeline）。生命线代表时序图中的对象在一段时期内的存在。时序图中每个对象和底部中心都有一条垂直的虚线，这就是对象的生命线，对象间的消息存在于两条虚线间。线的图形符号如图15-14所示。

（4）激活期（Activation）。 激活期代表时序图中的对象执行一项操作的时期，在时序图中每条生命线上的窄的激活期实例形状代表活动期。它可以被理解成C语言语义中一对花括号"{}"中的内容 。激活期的图形符号如图15-15所示。

图15-14                    图15-15

（5）消息（Message）。

消息是定义交互和协作中交换信息的类，用于对实体间的通信内容建模，用于在实体间传递信息。允许实体请求其他的服务，类角色通过发送和接收信息进行通信。消息的图形符号如图15-16所示。

图15-16

航标灯：时序图是以类作为要素对用例图进行重构。

## 15.5 协作图

UML交互图的另一种形式是协作图（Collaboration Diagram）。协作图和UML序列图在语义上相同，但协作图排列对象的方式比较自由，完全由绘图者的喜好决定。在协作图中，交互动作的次序由消息的编号决定。一些人偏爱这种绘图方式，许多功能比较完善的UML工具允许用户将一个图在协作图符号和UML序列图符号之间来回转换。一些开发者建议，用协作图来显示组件之间的交互过程，用UML序列图来显示组件内部各个类的交互过程。

协作图是在一种给定语境中描述协作中各个对象间的组织交互关系的空间组织结构的图形化方式，从定义中可以分析它的作用为：用对象间消息的传递来反映具体的使用语境的逻辑表达，一个使用情境的逻辑可能是一个用例的一部分或是一条控制流；它的交互关联显示对象交互的空间组织结构和一种对象间的关系，而不注重顺序；表现一个类的操作实现，协作图中可以说明类操作中使用的参数、变量、返回值。当表现一个系统的行为时，消息编号对应了程序中嵌套调用的结构和信号传递过程。

协作图由对象、消息、链等构成。

（1）对象：类的实例。对象的角色表示一个或一组对象在完成目标的过程中所起的部分作用。对象是角色所属类的直接或间接实例，在协作图中，一个类的对象可能充当多个角色。对象的图形符号如图15-17所示。

（2）消息：用来描述系统动态行为，它是从一个对象向另一个或几个对象发送信息，或由一个对象调用另一个对象的操作。它由三部分组成：发送者、接收者、活动。消息用带标签的箭头表示，它附在链上。链连接了发送者和接收者，箭头所指方向为接收者。每个消息包括一个顺序号以及消息的名称，其中顺序号标识了消息的相关顺序。消息的名称可以是一个方法，包含名字、参数表、返回值。消息的图形符号如图15-18所示。

图15-17　　　　　　　　　　　　　　图15-18

（3）链：表示两个或多个对象间的独立连接，是关联的实例。协作图中关联角色是与具体语境有关的暂时的类元之间的关系，关系角色的实例也是链。链表示为一个或多个相连的线或弧。链的图形符号如图15-19所示。

———————

图15-19

 航标灯：时序图是刚性的，而协作图是一种相对自由的方式。

# 15.6 状态图

状态图（Statechart Diagram）是描述一个实体基于事件反应的动态行为，显示了该实体如何根据当前所处的状态对不同的事件做出反应。通常我们创建一个UML状态图是为了以下的研究目的：研究类、角色、子系统或组件的复杂行为。状态图用于显示状态机（它指定对象所在的状态序列）、使对象达到这些状态的事件和条件，以及达到这些状态时所发生的操作。

状态图的符号集包括5个基本元素：初始起点、状态之间的转换、状态、判断点、终止点。

（1）初始起点：它使用实心圆来绘制，其图形符号如图15-20所示。

（2）状态之间的转换：它使用具有开箭头的线段来绘制；其图形符号如图15-21所示。

图15-20            图15-21

（3）状态：它使用圆角矩形来绘制；其图形符号如图15-22所示。

（4）判断点：它使用空心圆来绘制；其图形符号如图15-23所示。

图15-22            图15-23

（5）终止点：可以有一个或多个，它们使用内部包含实心圆的圆来绘制。其图形符号如图15-24所示。

图15-24

要绘制状态图，首先绘制起点和一条指向该类的初始状态的转换线段。状态本身可以在图上的任意位置绘制，然后只需使用状态转换线条将它们连接起来。一个状态图的实例如图15-25所示。

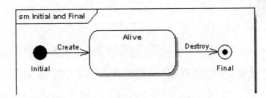

图15-25

 **航标灯：借助状态图可以对流程进行描述。**

# 第16章

# 需求统一模式方法

## 16.1 需求模式的来源

做程序开发的人员都应该记得软件设计模式（Design pattern），这是一套被反复使用的、被事实证明有效的、经过分类编目的，不仅提高了软件开发的质量，而且也提高了软件开发效率的模式。使用软件设计模式可以非常轻松地基于这些模式来实现代码的组织。需求统一模式和软件设计模式的思想一样的，也是将大部分软件系统的需求进行归类。经分析发现所有系统需求本质上彼此相似或者它们都会出现在大多数系统中，而且系统需求数量众多。比如系统都有查询功能，查询功能都有自己特定的需求，但本质上都是相同的。当定义一个业务系统时，相当大比例需求归属相对少量的类型。以一致的方式定义同样类型的所有需求是必要的。因此我们引入需求模式的概念，描述使用需求模式的每一个需求应该怎样定义。需求模式是定义一种特定类型需求的方法。需求模式应用于单个需求，一次帮助定义一个单一需求。例如，对于某一种报表需求可以使用报表需求模式帮助定义需求。一旦编写完需求，模式的工作任务就完成了。

 **航标灯：有软件设计模式，也同样有需求统一模式。**

使用需求模式有以下益处。

需求模式提供包含了哪些信息、提出忠告、提醒常见缺陷及指出其他应该考虑的问题的指导和建议。

需求模式不需要从头开始写每一个需求，因为模式给予了合适的出发点及开发的基础，可以大大节省时间。

需求模式及同种类型需求的一致性。

## 16.2 需求模式的要素

每个需求模式包含模式名称、基本细节、适用性、讨论、内容、模板、实例、额外需求、开发考虑、测试考虑10个要素。

> 航标灯：每个需求模式包含模式名称、基本细节等10个要素。

（1）模式名称。是整个模式的标题。每一个需求模式必须有一个唯一的名称来明确标识它。模式名称应该是有意义的。模式的名称应该尽可能简洁。

（2）基本细节。基本细节包括模式声明、所属领域、相关模式。模式声明主要是对模式的版本号、模式上次修改的日期、客户组织及需求规范语言的说明。每个需求都属于一个领域，这个领域都包括一些支撑的基础架构，比如一个报表需求，是需要一个报表基本架构来帮助产生报表的。相关模式是说明与之有关联关系或依赖关系的模式。

（3）适用性。适用性是说明该需求模式适用的场景。它应该是清楚的、简洁的，可以使读者尽快了解何时使用模式。每一个需求模式只适用于一种明确的环境，两种不同的环境通常要使用两种不同的模式。

（4）讨论。说明这种模式下的需求如何编写和该模式下的需求描述的重点。

（5）内容。该模式下的需求需要对哪些条目进行编写。每个条目的开始是这个条目的名称，然后是该条目是否可选，条目中应该描述的内容是什么。

（6）模板。模板是典型需求的填空定义。模式的内容小节可以描述需求可能涉及的各种可选主题，但不是与该模式下的需求都有关。模板决定了选择哪些主题。如果一个主题只有很少比例的需求，最好不要放入模板。模板是需求描述的最主要章节。

（7）实例。每个需求模式应该给一个实例来说明在实际中使用模式，以便使用该模式的需求分析人员可以参照实例编写需求。

（8）额外需求。前面说的都是基于某种需求模式应该做什么，这是不够的，因为可能有些需求还需要定义一些附加的说明才能说清楚。额外需求说明了某个模式下的需求应该考虑哪些额外需求。

（9）开发考虑。基于某种需求模式下的需求，开发考虑是给负责设计和实现软件开发的人员提出一些提示和建议，指出不要忘记的一些事情。

（10）测试考虑。主要是测试人员面对这种类型的需求时如何编写用户验收测试。这里测试考虑的主要内容包括评审这类需求时需要注意的部分、总体上指导如何测试这类需求、提醒一些应该注意的事项及提示如何处理。

 **航标灯：需求统一模式提供了统一的需求模式定义的方法。**

# 16.3　需求模式的类型

需求统一模式包括基础需求、信息需求、数据实体需求、用户功能需求、性能需求、适应性需求、访问控制需求、商业需求8类38种需求模式。

（1）基础需求模式。包括系统间接口、系统间交互、技术、遵从标准、参考需求、文档6种需求模式。系统间接口需求模式是描述待开发系统与外部系统之间的接口关系的说明，比如接口的持有者、接口所采用的技术。系统间交互需求模式是对系统间接口的进一步细化，主要说明接口间交互的信息内容、交互的发起方、发起时间和频度等。技术需求模式主要是定义开发和系统运行所必须要或者必须不要的技术，只给定一个技术范围而不指定某种技术。遵从标准需求模式定义系统必须遵守的一组特定的标准。参考需求模式定义了系统需要借鉴和参考的各种文档和规范。文档需求模式定义需要产生的特殊类型的文档，比如系统应包括用户指南、在线帮助、操作手册等定义。

 **航标灯：基础需求模式可以用于对系统关联关系及外部环境的描述。**

（2）信息需求模式。包括数据类型、数据结构、标识符、计算公式、数据寿命、数据归档6种需求模式。使用数据类型需求模式可以定义系统中所需要用到的数据类型如何被展示，比如日期、字符串等。数据结构需求模式定义了在系统中所需要使用的数据单证或数据表。标识符需求模式定义为一些类型的实体分配唯一标识符的方式或者指定一个数据项作为唯一标识符。使用计算公式需求模式可以定义计算某个值的公式，比如利息天数计算、利息税计算。

数据寿命需求模式定义一个特定类型的信息必须保留多长时间，比如保存交易12个月或在线保存订单90天。使用数据归档需求可以定义从一个存储设备移动或者复制数据到另一个设备。

> 航标灯：信息需求模式用于对数据及数据内部关系的描述。

（3）数据实体需求模式。包括活实体、交易、配置、日志4种需求模式。使用活实体需求模式定义一种实体，它的信息需要保存且有预期寿命，比如客户的信息卡信息。使用交易需求模式定义一个活实体生命中的一种事件发生时一个交易的功能，比如账号调整。使用配置需求模式定义参数值来控制系统如何运行，比如系统状态配置。使用日志需求模式定义系统功能中必须记录的某种和某类事件的记录，比如记录所有敏感数据的访问日志。

> 航标灯：数据实体需求模式是对数据有关的功能类进行描述，本质上就是信息系统功能类的描述。

（4）用户功能需求模式。包括查询需求、报表性需求、易用性需求3种模式。使用查询需求模式定义界面应该给用户显示的指定信息，比如最新订单查询。使用报表需求模式定义报表，该报表用于显示指定的信息给用户，比如外汇交易报表。使用易用性需求模式定义某种特定需求的人士使用系统的难易程度，比如要满足色盲人士的需要。

> 航标灯：用户功能需求模式用于对界面需求的描述。

（5）性能需求模式。包括响应时间、吞吐量、动态容量、静态容量、可用性5种模式。使用响应时间需求模式定义系统需要多少时间对一个请求做出反应，比如普通查询要小于3秒。使用吞吐量需求模式定义一个速率，系统必须能够以这种速率处理某些类型的输入或输出，如订单输入要保证客户每秒10个的速度输入订单。使用动态容量需求模式定义系统必须能够同时处理的某种实体的数量，比如并发客户数要保证100人同时登录。使用静态容量需求模式定义系统能够永久保存某种类型实体的数量，比如可以支撑5000客户，最终要能够处理1 000 000客户。使用可用性需求模式定义什么时候系统对用户是可用的，系统的正常开放时间及对于系统可用性的依赖程度，比如7×24小时都可用。

> 🚩 **航标灯：性能需求模式用于对包括响应时间、吞吐量、动态容量、静态容量、可用性等需求的描述。**

（6）适应性需求模式。包括可伸缩性、可扩展性、非狭窄性、多样性、多语言、安装性6种模式。使用可伸缩性需求模式使系统可以轻易进行扩展，通常是为了适应业务量的增长，比如系统可以满足几十万客户需要。使用可扩展性需求模式要求系统某个方面容易扩展，可以插入额外的软件，比如通知方式可插入一个插件。使用非狭窄性需求模式指定系统某个方面必须不被限制在一个业务环境中，比如不特定于只能在一个地区使用。使用多样性需求模式定义系统必须同时适应多种事物，每种事物有自己完全不同的用户界面或者它们的数据必须严格与其他数据区分，比如每种角色有不同的界面。使用多语言需求模式定义系统可以使用多种自然语言显示用户界面。使用安装性需求模式定义安装或升级系统的难易程度。

> 🚩 **航标灯：适应性需求模式用于对包括可伸缩性、可扩展性、非狭窄性、多样性、多语言、安装性等需求的描述。**

（7）访问控制需求模式。包括用户注册、用户认证、用户授权、特定授权、可配置授权、批准6种模式。使用用户注册需求模式定义新用户如何注册，重点获得以后认证用户时所需要的详细信息。使用用户认证需求模式定义用户在访问任何非公共信息或者任何不能匿名访问的信息时，使系统知道他们的身份。使用用户授权需求模式定义用户能做他们可以做的，只能看可以看的。使用特定授权需求模式定义一组用户授权可以做或可以看的一些事项。使用可配置授权需求模式定义哪些用户可以做什么配置，使用批准需求模式定义某个操作必须得到另一个人批准才可以发生。

> 🚩 **航标灯：访问控制需求模式用于对包括用户注册、用户认证、用户授权、特定授权、可配置授权、批准等需求的描述。**

（8）商业需求模式。包括多组织单元、费税2种模式。使用多组织单元需求模式定义系统必须能支持的一种组织模式，无论是特定类型的组织还是更复杂的组织。使用费税需求模式定义系统必须计算、报告、征收的费和税。

> 航标灯：8类38种需求模式不仅涵盖了功能需求和非功能需求，还细化了其他的软件需求。

# 16.4 需求模式的编写

需求模式最主要的目的是帮助定义一个新系统需要做什么。需求模式可以直接作用于思考，而不是通过中间的需求分析步骤。在定义系统期间可以在定义需求时、考虑需求是否完整的、评审需求规格时、实现需求时、测试需求时使用到需求模式。

## 16.4.1 编写原则

编写需求模式的最好方式是在收集尽可能多的需求的基础上，先编写需求实例，然后从头到尾编写模式的其他部分。下面是需求模式在编写时要注意的事项。

（1）价值判断：在编写模式之前，考虑编写这个模式实例是否有价值。是否有价值可以做一个简单的成本收益分析，成本收益分析有3个因素，一是此模式会使用多少次。二是每次使用模式可能提供多少价值。三是编写模式要花费多少时间。收益分析可以节省编写的时间，也可以提高系统质量。

（2）建立模式骨架：复制一个需求模式模板文档的内容，然后填写基本细节部分。

（3）编写适用性部分：描述模式是为了什么，心须尽可能精确，一两句话说明模式的本质。

（4）收集需求实例：构造所有能找到的实例列表。

（5）检查需求实例：检查的目的是找到它们的共同之处，以及相互间的区别。确定它们包含的信息，它们通常是不完整、不精确的、难以理解且我们需要做的就是整理它。

（6）描述需求信息：提炼实例的内容组成一套独立的部分，给每一项信息一个简洁的描述性名称。

（7）编写需求模板：找到最好的一个需求实例，设计一个需求摘要格式，它是描述性的、简洁的。模板不只一个，也可以是多个。

（8）编写讨论和内容部分：考虑这种类型需求应该关注什么，哪些方面需要考虑，哪些方面可能容易忽视。

（9）编制额外需求实例：集中在那些遵循模式实例的需求项，扩展它们的异常下的情况。

（10）确定额外需求的主题：无论是随性需求还是普遍需求，检查潜在的额外需求，把相似的需求放在一起。

（11）编写开发考虑部分：需要和有经验的资深开发人员讨论，将他们的意见写在这里，以便开发人员在完成此需求时得到提醒。

（12）编写测试考虑部分：需要和有经验的资深测试人员讨论，将他们的意见写在这里，以便指导测试人员在编写测试实例时要注意的关键点。

（13）评审模式：让分析师检查模式是否清晰和易用，让设计人员检查其实用性，请测试人员检查测试考虑部分的有效性。

## 16.4.2　编写范例

下面我们给两个常用的范例，一个是系统间交互需求模式，一个是查询需求模式，以便大家对需求模式有一个感性的认识。需求模式是一种归类的方式，一类事物其构成和规律都有相似性，所不同的只是系统、参数的不同，犹如父类和子类的关系。所以在大量的开发中，如制作打印功能时，我们都是继承一个打印功能然后再根据特殊要求进行局部修改，这是对经验的继承，也是对规律的继承。

> 航标灯：需求统一模式提供了一套分而治之做分析、规则统一来描述的软件需求分析方法。

### 1. 系统间交互需求模式

（1）模式名称：系统间交互需求模式。

（2）基本细节。

- 相关模式：系统间接口需求模式。

- 模式版本：V3.0。

- 模式组织：XX公司。

（3）适用性：使用系统间交互需求模式定义了系统间接口的特定类型的交互。

（4）讨论：一个通常的接口涉及很多不同类型的交互，比如一个信息卡支付服务可能主要用来让零售商借钱给持卡人，但是这个接口需要做很多事，比如取消交易及检查卡的信用额度。这些是与业务相关的功能，但是接口可能也拥有大量的更偏向技术和支持性的交互：发起一个连接、请求重发前一个消息、通知状态等。一个交互类型就是为了实现几个需求模式的目的，意味着交换特定类型的信息。

是否需求处理特定类型的交互很大程度上依赖于谁拥有这个接口，有4种不同的情况需要处理。

① 我方持有接口：根据交互类型的要求使接口完善是我们的责任，我们需要充分考虑各方的需要，来完善这个接口的定义。

② 他方持有，但我方可提建议：接口是由第三方提供，但我们可以将要求提给对方，让对方进行修正。

③ 他方持有，也不可变化，但我方知道是什么样的：我方需要编写这个接口已经知道的信息，以方便开发者阅读。

④ 他方持有、不可变化，也不清楚：这种情况是危险的，我们有可能自己要开发一个接口，而对接口不了解，将会使开发风险加大。

（5）系统间的需求模式应包括以下内容。

① 交互类型名称：比如查询交易状态。

② 接口名称和标识符：通过继承系统间接口需求模式，并说明是哪一个方法名称。

③ 交互目的：描述交互是为了什么，谁作为发起方。

**2. 查询需求模式**

（1）模式名称：查询需求模式。

（2）基本细节：

- 相关模式：报表模式。
- 模式版本：V3.0。
- 模式组织：XX公司。
- 模式分类：功能类。

（3）适用性：使用查询模式定义屏幕显示功能，显示给用户指定的信息。查询一词暗含显示的信息不能被这个功能修改。

（4）讨论：查询是一个系统最常用的功能，但也是最为重要的功能。如何决定需要什么查询，这是一件很随意的事，可以是任何人想起的事。毫无约束可能最后的结果是有一些查询没人使用。查询需求数量很大，对于查询首先要定义普遍性需求，要求每一项信息至少提供一个查询，然后关注特殊业务目的的查询。

量的查询是关于保存的信息，但也可能是有关系统硬件或者软件组件状态的动态信息，也可以是来自仪器的信息。

（5）内容：定义一个查询需求要指定以下信息。

① 查询名称：给每个查询一个明确的名称，以便区分出不同的查询。

② 查询作用：对在什么情况下、什么人、基于什么样的查询条件进行哪类的信息查询的说明。

③ 显示的信息：指定需要显示的信息。如果查询结果是一个列表，还需说明是否需要有合计信息或其他总结信息。有可能要说明不需要显示的信息。

④ 排序顺序：如果显示信息不只一条，需要描出其排序方式。如果用户

有多种排序需要，则还要标注出来。

⑤ 挑选标准：标准可以是用户选择或是固定的。如果用户可以控制显示哪些项，指定哪些值可用来作为挑选标准。

⑥ 浏览：描述用户在查询中的浏览方式。

⑦ 交互：如果用户查询交互需要特殊方式，在这里要描述出来。

⑧ 自动刷新：如果查询能刷新显示的数据，指定刷新如何被触发，频度是多长时间。

（6）模板。

| 摘要 | 定义 |
| --- | --- |
| 摘要名称 | 接口名称<br>接口标识符<br>交互目的描述<br>传递的信息 |

（7）需求实例。

| 摘要 | 定义 |
| --- | --- |
| 告警系统发出警告 | 接口名称：告警接口<br>接口标识符：infosys.alert（字串）<br>交互目的：允许发出一个警告，通知所有相关人员<br>传递的信息：<br>上行信息<br>消息标识符<br>消息正文<br>发送时间<br>　　下行信息<br>回应确认 |
| 仓库状态 | 接口名称：仓库信息接口<br>接口标识：store.getstate（仓库标识）<br>交互目的：在身份验证的基础上，提供仓库状态信息<br>传递的信息：<br>　　上行信息：<br>仓库标识<br>查阅人标识<br>发送时间<br>　　下行信息：<br>仓库标识<br>验证状态<br>仓库状态信息 |

（8）额外需求无。

314

（9）开发考虑。

考虑编写软件模拟产品，它的价值依赖于接口的重要性、复杂性、测试系统是否可以被另一个系统的所有者使用。

（10）测试考虑。

开发组织必须测试参与到接口中的每一个组件。单独对待每一个组件。测试时要关注交互的类型、隐含的交互（如弹性、流量、安全）、不可识别的交互。接口的一端处于第三方，检查是否有第三方系统的存在。如果不存在，我们需要开发一模拟系统来进行测试。

# 第17章

## 需求管理工具

需求管理的目的是保障软件需求整体的质量、进度和成本。需求管理的关键活动是对版本、基线、状态、变更、跟踪、统计等的管理活动。需求管理是通过每一个需求事项的管理作为手段，从而实现对整体需求的管控。借助需求管理工具可以做到文档与现实的一致、跟踪每个需求的状态、可以及时通知变更信息、建立与软件开发活动的关系链等，减轻需求管理工作的难度和强度。

## 17.1 需求管理工具的作用

软件需求文档由业务及信息化规划说明书、项目范围和目标、用户需求规格说明书、软件需求规格说明书等几个文档构成，这些文档将贯穿需求软件的开发全过程。需求文档的变更将影响软件开发，软件开发变化将会影响需求文档的变化。基于文档存储的方法有若干限制，例如：

（1）很难保持文档与现实的一致；

（2）通知受变更影响的设计人员是手工过程；

（3）不太容易做到为每一个需求保存增补的信息；

（4）很难在功能需求与相应的使用实例、设计、代码、测试和项目任务之间建立关系链；

（5）很难跟踪每个需求的状态。

需求管理工具采用多用户数据库来保存与需求相关的信息，可以有效解决这些问题。小型的项目可以使用电子表格来管理需求，既保存需求文档，又保存它的相关属性。大型的项目可以使用商业需求管理工具来管理文档，其中包括让用户从源文档中产生需求，定义属性值、操作和显示数据库内容、让需求以各种形式表现出来、建立跟踪能力联系链，让需求分项同其他软件开发工具相连接等功能。

> 🚩 **航标灯**：用需求管理工具可以做到对版本、变更、状态和跟踪等管理的精细化。

需求管理工具从实现方式上可以分为两类，一类是以数据库为核心，一类是以文档为核心。以数据库为核心的产品是把所有的需求、属性和跟踪能力存储在数据库中。以文档为核心的产品是使用Word或Adobe公司的FrameMaker等字处理程序制作和存储文档。表17-1是目前比较常用的商业需求管理工具。

**表17-1 商业需求管理工具**

| 工具 | 生产商 | 实现方式 |
| --- | --- | --- |
| Caliber-RM | Technology Builders,Inc | 以数据库为核心 |
| DOORS | QualitySystems and Software ,Inc | 以数据库为核心 |
| SQSrequireit | QualitySystems and Software, Inc | 以文档为核心 |
| ReqiusitePro | Rational Software,Inc | 以文档为核心 |
| RTM Workshop | Integrated Chipware,Inc | 以数据库为核心 |
| Vital Link | Compliance Automation,Inc | 以文档为核心 |

## 17.2 使用管理工具的好处

我们都知道人的记忆会随着时间的推移而衰减。随着开发工作的进行，开发人员慢慢记不清前面需求的细节，这时采用工具就变得十分有用。它可以帮助我们完成以下一些任务。

（1）管理版本和变更：项目定义出需求基线后，基线是每个版本所包括需求的集合在一个时点上的刻画。需求管理工具可以提供灵活的设定基线的功能。这些工具可以自动维护每个需求变动历史，这比手工操作要优越得多。可以记录变更决定的基本原则并可根据需要返回到以前的需求版本。通常这些工具包括一个内建的变动建议系统，它可以与变更请求所涉及的需求直接关联。

（2）存储需求属性：对每一个需求应保存一些属性，有关人员应能看到这些属性，选择合适的人员更新这些属性值。需求管理工具产生几个系统定义的属性，同时允许定义不同数据类型的其他属性。可以通过排序、过滤、查询数据库来显示满足属性要求的需求子集。

（3）帮助影响分析：通过定义不同种类的需求，如子系统需求、单个子系统和相关系统部件，如例子、设计、代码和测试等各个部分之间的联系链，工具可以确保需求跟踪。联系链可以帮助用来对特定需求所做变动进行影响分析，即通过确定影响涉及的系统部件来做到这一点。这些工具还可以查到功能需求的来源。

（4）跟踪需求状态：利用数据库保存需求可以很容易地知道某个产品包含的所有需求。在开发中跟踪每个需求的状态将可以支持项目的全程跟踪。当项目管理者知道某个项目的下一版本中有一定比例的需求已验证，一些未验证，还有一些没有实现，对项目的实际状况就能做到一目了然。

（5）访问控制：可以对每个人、每个小组进行访问权限控制。绝大多数工具允许共享需求信息，对于地域上分散的组织可以通过Web网页使用系统。系统在需求这一级别通过锁机进行多用户管理。

（6）与风险承担者进行沟通：典型的需求管理工具允许小组成员通过多线索电子对话讨论需求。当讨论达成一个新的结果或某个需求修改后，自动以电子邮件方式通知涉及的人员。

（7）重用需求：由于在数据库中保存了需求，使得在其他项目或子项目中重用需求变为可能，还可以避免信息冗余。

> 航标灯：需求管理工具和程序开发工具同等重要，尽管没有直接产生代码，但却能保证软件产品的质量。

## 17.3 需求管理工具的功能

需求管理工具允许定义不同种类的数据库元素，如业务需求、使用实例、功能性需求、硬件需求、非功能性需求和测试，这样就可以区分软件需求规格说明中的需求对象及其他有用信息。所有的工具提供了强大的功能用来定义每类需求的属性，这一点是它们相对于基于文本的软件需求规格说明方法的优势。

绝大多数需求管理工具某种程度上同Word集成，典型的方式是在Word上添加工具条。但vital link是基于FrameMaker，而不是Word。高级的工具提供丰富的输入、输出文件格式。有些工具允许从文档中挑选特定的文本，把它们看做离散需求，就如同在数据库中添加新需求。当挑选好作为需求的文本时，工具通常高亮显示需求，然后插入到Word书签和隐藏在文本中，还可以把文档编写不同的风格来扩展每个需求。文字处理后的文档可能并不完善，但可以通过使用文档风格和关键字来纠正。

工具对每个需求不仅有统一的内部标识符，还支持层次编码的数字标签。这些标识符通常是一个短文本字音，如UR代表用户需求（User Requirement），之后再跟一个唯一的整数。高级的工具提供类似于Windows资源管理的层次显示方法用来操作需求层次树。DOORS工具可以让用户看到层次结构的软件需求说明书。

工具的输出能力包括以用户定义格式或表单报告格式生成需求文档的能力。RM强大的文档加工功能使用户能在Word中用简单的命令定义一个软件规格说明模板，以指示页面布局、样本文本、从数据库中选取属性及使用文字的方式。文档加工功能以用户定义的查询条件从数据库中筛选信息，并用所定义的模板产生一个定制的文档。因此软件需求规格说明本质上是一个产生自数据库筛选内容的报告。

所有的工具都有在需求同其他系统元素间定义联系链的健壮跟踪能力。RTM允许为每个项目中的存储对象类别建立一个ER图，从而为项目定义一个由ER图组成的类别图表。通过定义两种类别中对象的联系链和基于图表中定义的类别联系可以实现跟踪能力。当完成以上工作后，一旦某个变更被采纳，工具自动根据跟踪信息把涉及的需求表示为可疑的，从而帮助用户分析需求变更的影响。

其他特点还包括建立用户小组、定义用户或用户小组对项目、需求、属性和属性值的读、写、创建和删除权限。还有些工具允许把非文本的Excel工单或图像作为需求的一方面，还包括一些学习帮助功能，如教学示范和项目实例。

# 第18章

## 需求形式化描述方法

　　图形化的需求描述比较直观和易理解，但缺乏数学的严格性也是不争的事实。形式化需求规格说明（简称形式化规格说明）意味着用严格的数学知识和符号来构建系统的需求模型，使需求模型更加严密、无二义性和易于推理。

## 18.1　什么是形式化描述

　　所谓形式化规格说明就是使用语法和语义限制的、被形式定义的形式语言描述的规格说明，也就是说由严格的数学符号及由符号组成的规则形成的规格说明。为了形式地定义描述语言，通常需要严格的数学和逻辑学知识。形式化规格说明的优点如下。

- 减少规格说明完成后的错误。

- 利用数学的方法进行分析，可以证明规格说明的正确性，或判断多个规格说明间的等价性。

- 相对自然语言规格说明的编制和支撑工具易于研制。

- 形式化规格说明的解释执行以及将其转换为源程序将成为可能。

- 形式化规格说明是多个不同技术的组合。这些技术组织在一起可以使用数学知识和符号来描述系统的行为和特性。形式化规格说明中主要使用的数据基础是集合论、逻辑学和代数学。形式化规格证明方法不同于基于图形符号的需求建模方法，主要是对系统行为建模，特别是功能性和并发的行为。形式化规格说明方法主要分为基于系统特性的方法、基于模型的方法、基于过程代数的方法。

**航标灯：需求形式化描述对于做精密的软件产品颇有益处。**

## 18.2 三种形式化描述语言

基于系统特性的方法是根据代数理论描述不同类型数据间的操作及操作间应满足的限制，代数方法常用于抽象数据建模，对于指定系统组件间接口情况特别有用。基于系统特性方法的代表语言是OBJ和ACTONE等。基于模型的方法是基于集合论和一阶逻辑的方法。基于这种方法的代表语言是Z、VDM和B方法。基于过程代数的方法关注的是并发过程间交互的模型。这类方法的代表语言是CSP、CCS、LOTOS等。

下面我们主要对基于模型方法的代表语言B、Z和基于过程代数的LOTOS语言做一个简介，其详细内容请参见相关的专业书籍。

### 1. 形式描述语言Z Notation

Z Notation是牛津大学提出的一种基于集合论与一阶逻辑的形式化规约语言，也称Z语言。

Z Notation的表示符号主要为数学符号与图表符号。

（1）数学符号由一组称为Z Toolkit的操作集所支持，操作集中的绝大多数成员形式化地定义在Z Notation中，可以用于Z规约的分析与推理。

（2）图表符号将数学符号组装为包的形式，从而提高Z规约的模块性，有利于大型系统的规约与分析。

在Z Notation所描述的系统中，系统的状态由一些抽象的变量所刻画。这些变量取值的变化表示系统状态的变迁，这样的变化是由对系统施加的操作所造成的。为了表示这样的变化规律，Z Notation为每个操作定义了操作运行前后的状态，分别称为前状态与后状态。一个操作就描述了前状态与后状态之间的约束关系。每个操作可以有前置条件，当前置条件满足时，该操作才发生。Z Notation不关心系统从前状态迁移到后状态的过程，迁移过程的描述可以放在系统的进一步细化或后续的设计中完成。

在Z Notation的语义解释中，系统从初始状态出发，非确定地选择一个满足前置条件的操作执行，使得系统状态发生变化。系统状态的变化序列就是Z规约的语义解释。

### 2. B方法

B方法是目前国际上较流行、简单易用的实用性软件形式化方法之一。它是由Z语言发展而来的。20世纪80年代初对Z规格语言的研究形成了B方法的背景。B方法的目的是增加Z的模块化能力，因为Z语言对大型系统的模块化处理能力不足。B方法使用伪程序代码来描述需求规约。B方法具有良好的模块化结构，抽象机是最基本的语法描述单元，抽象机之间通过组合子句相互关联形成层次状的体系结构。B方法有大量的工具支持，比如Aterlier B、B Toolkit等。

### 3. 形式描述语言LOTOS

LOTOS是一种标准的形式化描述方法，主要应用于通信系统及分布式系统的规约。

设计LOTOS的主要目的是建立一种高度抽象且具有强大数据基础的语言，可以用于分析描述复杂的系统。LOTOS由抽象数据类型和行为描述两个完整的子语言组成。目前LOTOS的工具集支持系统的规约、模拟、编译、测试及验证等多种功能，常用的工具包括CADP、LITE及LOLA。在LOTOS的模型中，一个系统被看做是一些相互通信的进程的集合。这些进程可以相互通信，也可以与所处的环境通信。进程的通信端口称为门。

使用LOTOS进行规约时，可以把系统看成黑箱。系统的特性或功能通过它与其周围环境交互作用而体现。如果将系统的交互行为看做事件，那么只需要对这些事件进行刻画即可得到系统的行为。按照LOTOS的语义，一个进程的行为最后被解释为一棵行为（事件）的树。

> 🚩 **航标灯：需求形式化描述难以掌握、学习曲线太陡是一个最大的障碍。**

# 第19章

# 面向问题域的需求分析方法

面向问题域（PD）的需求分析方法（PDOA）是由M.Jackson和P.Zave等人提出的一种新的需求分析方法。与结构化需求分析方法和面向对象的需求分析方法相比，其需求建模风格明显不同。

## 19.1 问题域分析方法思想

从20世纪90年代中期开始，M.Jackson和P.Zave等人在详细讨论和分析传统的结构化分析方法和面向对象的需求分析方法的基础上，对需求工程的本质进行了深入思考。他们认为软件问题的本质是配置机器M，在相关的域D内产生期望的效果R。机器M是可运行程序的计算机，包括输入/输出设备；期望的效果R即用户需求；与问题相关的域D即问题所处的客观世界。

问题域是定义用户需求的前提，因为用户需求与所处的客观世界紧密相关，仅依赖机器本身难以产生预期效果。因此需求工程的本质在于从待求解问题的角度，考虑待开发软件系统将与待求解问题相关域内产生的效果。为将这一思想应用于实践，他们提出了面向问题域的需求分析方法，从问题及其所处的问题域出发，考虑待开发软件系统的需求。

> 航标灯：面向问题域的需求分析方法的一些思考方法与需求规划有异曲同工之处。

PDOA方法的特点在于将关注重点定位在问题及其相关的问题域上，通过对问题及其问题域进行合理分类，为分析人员提供解决具体问题的相关指南。同时从问题域的角度出发，使用户参与整个需求过程，有利于更直观和更真实地反映问题域的信息和用户的需求。PDOA方法的过程可以大致分为以下几步。

（1）获取需求信息，界定和描述问题及问题域。

（2）划分问题域并开发相关的问题框架。

（3）根据问题框架的类型进一步描述问题域的相关特性。

其中第（3）步是关于子问题域的描述，是至关重要的指导原则。在该原则下可以针对每种类型的问题域列出有待分析和文档说明的问题域的各元素。这一步关注的就是明确哪些信息应该记录，描述的手段可以使用决策表方法，以便为需求定义提供充分的依据。关于PDOA分析过程的详细描述和实例请参考有关专业书籍。

## 19.2  问题域及划分

所谓问题域是指与问题相关的部分现实世界。问题域和问题相互依存，问题处于一定的问题域之中，脱离问题域的问题是不存在的。问题域包括所有与描述期望效果有关的事物，可用来产生这些效果的方法也是问题域的一部分。用来产生相关效果的方法可以分为直接方法和间接方法。直接方法是指机器的输入/输出设备，间接方法则包括用户及执行任务的其他计算机等。用户需求可视为通过计算机程序在问题域中施加的效果，这些效果是对用户预期的描述。例如，在问题域中执行某种类型的活动、使用问题域的部分信息、使用问题域中的参数保持在一定范围内等。用户需求描述中的每一个术语都代表了问题域中的相应事物，或者说必须用问题域的相应事物来指称。

航标灯：提出问题和分析问题的能力有时比解决问题的能力更重要。

与问题相对应的是问题的解决方案或称解系统。在软件开发中是指解决问题的软件系统。以往的需求分析方法或多或少直接以问题的解决方案为出发点，来考虑待开发软件系统的需求。由于从问题域与从机器域考虑同一问题的侧重点不同，所使用的技术、方法和表示符号等也不相同。而需求工程是一个获取并文档化用户需求信息的过程，用户所关心的是在问题域内产生的效果，对软件在机器域中如何具体实现并不关心。用户所拥有的也只是与问题域相关的知识，对具体实现所需的技巧和方法并不了解。故获取并文档化用户的需求信息必须从问题域出发。

要实现用户期望的效果，运行程序的计算机必须与问题所处的问题域进行交互，即在问题域和机器域的接口处执行某些动作和行为。它涉及计算机输入和输出设备的行为。M.Jackson认为软件设计作为一个整体，理论上需要做三个方面的描述：仅适用于问题域的描述、仅适用于机器域的描述和一般性描述，具体如下。

（1）仅适用于问题域的描述是指通过对问题域的研究，获得对该问题域特性及存在其中的问题特性的透彻理解并用文档进行说明，该文档称为需求分析文档。

（2）仅适用于机器域的描述是指运行在计算机上的程序，即开发后所生成的代码文本。

（3）一般性描述用于连接上述两种类型的描述，它主要对在问题域和机器的接口处应发生的行为进行描述，定义并创建系统的行为，使之在问题域中产生所需的效果，这种描述称为需求规格说明文档。

这三类描述除所处的域类型、关注内容不同外，相互之间也存在一定的关系，即需求规格说明文档可以看做把需求分析转换为接口处理描述，程序则是使计算机按需求规格说明文档中所描述的那样运行。其关系模型如图19-1所示。

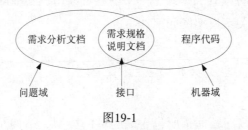

图19-1

航标灯：将问题域和系统域（即机器域）放在一起作需求分析的研究对象与需求规划不谋而合。

需求分析文档包括问题域知识描述（用K表示）和用户期望在问题域中产生的效果（用户需求，用R表示）两个部分组成。需求规格说明用S表示。三者间的关系可以表示如图19-2所示。

$$K, S \Longrightarrow R$$

图19-2

在K、S、R三者各自描述正确的前提下，S中所定义的行为能在K所描述的问题域中产生所期望的效果R。

为克服软件开发中传统的层次功能分解方法的不足，M.Jackson等人提出应该以并行方式对问题及问题域进行划分，所谓并行划分是指将每个子问题看成是整个问题的一个投影，通过不同角度投影，将整个问题分解为一系列相关联的子问题。基于子问题的需求是整个需求的一个投影，它的接口也是整个问题接口的一个投影。同时在划分子问题的过程中，以已知解决方案的相似问题为导向，对未知解决方案的整个待求解问题进行恰当分析和划分。由于已知问题的解决方案是有效的，故可保证对整个问题及其问题域的划分是合理和有效的。

## 19.3 问题框架定义

软件开发中经常出现的五类基本问题是需求式行为问题、命令式行为问题、信息显示问题、工件问题和变换问题。每类问题都有相应的问题框架，即五个问题有五个不同的基本问题框架来对应。

问题框架是一种模式。形式上一个问题框架由机器域M、问题域D和需求R三个部分组成。其关系模型图如图19-3所示。

图19-3

问题域D表示该问题框架所包含问题域的类型、结构及其中包含的过程和任务等，用矩形框表示。需求R表示期望在问题域中产生的效果，因而是对问题域的约束，用虚椭圆表示，需求对问题域的约束用指向问题域的带箭头的虚线表示。机器M表示待开发的软件系统，用带双线的矩形框表示，机器与问题域间的实线表示机器域和问题域在接口处的共享现象，共享现象包括实体、事件、状态等。

问题框架的作用类似于设计模式，只是前者用于问题的分析和描述，后者用于解决方案设计。采用五种基本的问题框架导向，可以先对整个问题及其问题域进行合理划分，然后依次对每个问题框架实例进行具体需求信息的获取、描述和建模。

下面分别对五类软件开发中经常出现的问题给出相应的问题框架。

（1）需求式行为问题框架。需求式行为是一种常见的行为。存在客观世界里的某个需求事项，其请求行为要受到控制，只有在满足特定条件时，才能有相应的返回。对于这类事项需要建立一个能够控制这个事项行为的机器。其问题框架如图19-4所示。

图19-4

控制机器即待开发的系统。受控制域用C标记，C1和C2是控制机器与受控制域的接口处的共享的两个事物。C1由机器控制，机器通过C1约束受控制域的行为。C2由受控制域C控制，它给机器提供请求。需求式行为是对受控制域中因果现象C3的约束，C3为期望的需求现象。比如常见的网页交互操作，就是一种典型的需求式行为。

（2）命令式行为问题框架。命令式行为是指客观世界存在某个事项，事项的行为要依据操作者发出的命令来控制。解决这个问题需要建立一个接收操作者命令的并施加相应的控制装置。其问题框架如图19-5所示。

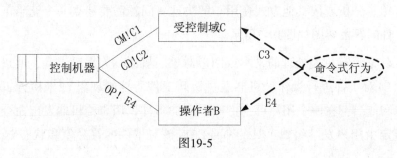

图19-5

控制机器、受控制域和它们的现象C1、C2、C3的含义与需求式行为问题框架一样，但不同的是存在一个操作者域B。操作者与控制机器共享事件E4，它由操作者控制向机器发出指令。命令式行为通过描述关于其行为的通用规则及关于它必须如何被控制，以响应操作者的命令E4的特定规则，来限制受控制域的行为。操作者B是自主的，比如人借助机器来操作远程的设备。

（3）信息显示问题框架。信息显示问题是指客观世界存在某个事项，其状态和行为的特定信息是连续的需求。需求建立的是一个能从客观世界获取相关信息，并按要求的格式呈现在要求的地方，如图19-6所示。

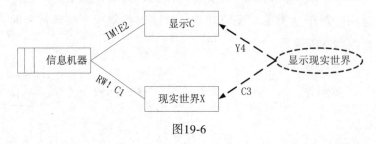

图19-6

提供信息的部分世界称为现实世界，信息在另一个部分世界中显示。要建立的机器称为信息机器，需求称为显示现实世界。它们之间的关系是机器通过观察现实世界所控制的因果现象C1来判定现实世界中的需求现象C3，同时机器必须通过触发与显示域接口上的事件E2，引起显示域的符号值和状态Y4的变化，使C3和Y4满足需求中所要求的对应关系，其中Y表示该共享现象是符号现象，比如现实世界的工作单证在软件系统中的显示。

（4）工件问题框架。工件问题是指需要一个工具，让用户创建并编辑特定类型的计算机可处理的文本或图形对象或简单结构，以便它们随后能被复制、打印、分析或按其他方式使用。解决这一问题需要建立一个充当工具的机器。工件问题框架图如图19-7所示。

工件是计算机能处理的文本或图形对象。机器称为编辑工具，通过控制事件现象E1对工件进行操作。机器通过访问工件所控制现象Y2来检查工作的当前状态和值。存在一个用户可自主地产生E3事件，用户给机器发出命令。命令效果规定由用户发给编辑工具的命令E3应该对工件的符号值和状态Y4有什么样的效果。

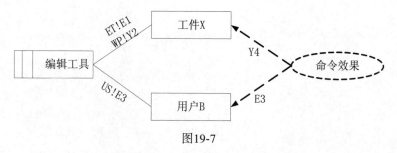

图19-7

（5）变换问题框架。变换问题是指存在一些计算机可读的输入文件，其数据必须变换，以给出所需要的特定输出文件。输出数据必须遵守特定的格式，按照规则从输入数据中导出。解决这一问题需要建立的是一个能从输入中产生输出的机器。变换问题框架模型如图19-8所示。

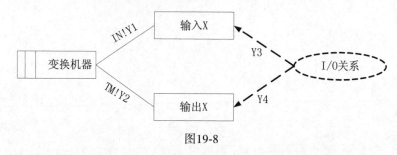

图19-8

输入域是给定的，输出域是由机器产生的。机器访问输入域的符号现象Y1，并确定输出域符号现象Y2。I/O关系需求规定了输入域符号现象Y3和输出域符号现象Y4之间的关系。Y1和Y3可以是相同的现象，也可以不同，Y2和Y4同样如此。

> 🚩 **航标灯：软件开发面临的五类基本问题都是与现实世界的问题有对应关系的。**

# 第4篇 规划篇

# 第20章
## 需求规划的思路和过程

需求规划工作是面向"全业务、全信息、全系统",采用分析综合、归纳演绎的逻辑方法整理出组织与对象的业务逻辑模型,在此业务的逻辑模型基础上进行系统的规划。需求规划的成果不是对现实的照搬,也不是对未来不切实际的展望,而是能够按照规划成果经过一段时间努力加以实现的且是适应未来变化的一个切实的方案。

## 20.1 需求规划的思路

需求规划工作是面向"全业务、全信息、全系统",采用分析综合、归纳演绎的逻辑方法整理出组织与对象的业务逻辑模型,在此业务的逻辑模型基础上进行系统的规划。需求规划引入到需求工程中后,与以往的需求分析有了很大的不同。

一是跳出以往将组织作为需求获取的单一来源,站在组织与对象关系的角度作为需求获取的来源。

二是通过对现实业务的分析和未来业务的分析,整理出一个逻辑业务模型,为需求获取奠定一个正确的基础。

三是站在业务顶层的、全局的高度提出对支撑未来业务所需的信息化系统规划,规则不仅是对业务的分析,也是对信息系统展望的分析。

> 航标灯:需求规划是面向"全业务、全信息、全系统",给需求开发等后续工作提供一个蓝图。

需求规划的成果不是对现实的照搬，也不是对未来不切实际的展望，而是能够按照规划成果经过一段时间的努力加以实现的且是适应未来变化的一个切实的方案。需求规划成果中包括形势分析、主体体系分析、对象体系分析、信息化体系分析等内容，因为需求规划中包括对组织、业务、信息系统的研究和分析，所以从事需求规划的人员需要具有形式逻辑、科学研究、体系架构设计、信息资源规划等知识。

需求规划工作是一个顶层的和全局的、着眼于现在和面向未来的工作、有业务也有信息系统的一个工作，如许多工作内容都需要有一套方法论。科学研究的过程是由提出问题、文献调研、实际考察、科学观察、科学实验、科学假说、系统论证、理论建立构成的，是一套严密的经过实践检验的方法论，所以我们借鉴科学研究方法并结合软件开发领域的特点，提出了由业务研究、应用建模、系统规划、分析计算、报告编制、需求验证组成的一套方法论。

> 航标灯：需求规划是将主体体系、对象体系、信息化体系作为一个整体来规划的。

需求规划工作的要领是"业务定性定量定细节、系统定性定量定宏观"，也就是说业务从顶层到细节是要做深入分析的，信息化系统只做到顶层规划，其细节和实现在需求开发和系统设计等后续环节进行细分。

## 20.2 需求规划的过程

需求规划工作是在继承科学研究方法论的前提下，结合软件开发领域的特点，将主体体系、对象体系和信息化体系作为研究对象，采用科学研究、体系架构设计、信息资源规划的方法，最终编制出具有系统化、科学化、前瞻性的体系需求规划成果。需求规划的工作过程如图20-1所示。

一级过程由6个环节组成，每个环节又由相应的二级过程来支撑。二级过程用于支撑一级过程，形成分层结构。可以将各项工作逐层分解，便于分析人员的专业化分工。

> **航标灯：需求规划由业务研究、应用建模、系统规划、分析计算等多个业务活动所构成。**

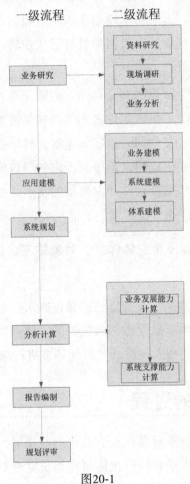

图20-1

# 第21章

## 业务研究

业务研究就是借鉴科学研究方法通过资料研究、现场调研还原一个完整的、准确的、逻辑的业务面貌，让人们对业务有一个科学的、全面的认知，在业务基础上找出业务中的问题，并提出业务改造的目标才是业务研究的最终目的，也就是说业务研究让我们在全面认知业务的基础上，提出业务改造的范围和目标，为业务改造奠定基础，指明方向。

## 21.1 业务研究的基本思想

什么是业务？业务的本质是事项，是事项的实做行为，也是对所做事项的总称。事项由主体、行为、对象、时间、空间、状态6要素构成。主体可以是人或系统，对象可以是人或物质、能量、信息中的一个或多个。业务要素的抽象模型如图21-1所示。

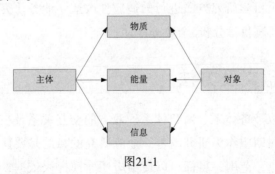

图21-1

主体是指提供服务的人、系统或设备之一；对象是提出请求的人、系统或设备之一；物质是指具有物理形态的可感知的物，如纸币、原材料等；能量是指行为，如打、说、传递都是能量，能量必须借物质空间的变化来体现其存在性；信息是指非物理形态但可感知的物，如语言、文字等。主体和对象的交互是借助能量面向物质或信息进行的请求和响应的双向行为过程。每一次交互都离不开时间、空间和结果。这个抽象模型的具体应用将体现在主体、对象、物质等构成项变成具体所指的组织、行为等，比如企业与客户之间的具体交互模型如图21-2所示。

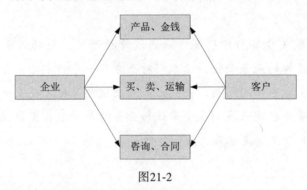

图21-2

一个企业与客户之间是基于产品的买卖关系，为了买卖关系的建立，两者间需要进行多次的信息交互和物质交互，而这些交互都是通过行为活动来实现的。具体的交互模型可以从高层不断向底层分层分解。基于这个模型是分析业务事项的一个具体方法。

 **航标灯：业务是由主体和对象间基于物质、能量、信息的交互关系构成的。**

业务研究就是利用主体和对象的交互模型进行业务事项的关系分析。业务研究的方法是遵循科学研究方法进行的适应性改造。业务研究工作分为资料研究、现场调研和问题目标分析3个业务活动。

## 21.2  目的意义及方法

业务研究是以业务体系、对象体系、双方的交互关系及在当前社会环境下双方对价值的共同期望作为研究内容。业务研究的目的是要认识业务的要素、结构、层次、规律、范围、目标，以便给应用建模提供依据，也就是为改造业务提供依据。业务成果包括职能分析、问题分析、症结分析和目标分析等。

 **航标灯：业务的法理性依据是业务研究中的关键。**

业务研究和传统需求分析并不是通过用户描述业务来获取需求，而是主动去研究业务的来源、法律依据和理论依据来获取需求。这样做的原因是基于用户的业务事项依据法理的具体实现，是对法理的具象，而法理是业务核心的一种高度抽象。

> 航标灯：只知业务的当下，不知业务从哪里来到哪里去犹如刻舟求剑终不能得。

业务研究是以组织结构和对象结构为单位展开的，业务研究的最小粒度单元行为上到业务活动、资源上到业务单证。业务研究分为资料研究、现场调研和业务分析三个环节，具体如图21-3所示。

图21-3

资料研究是通过业务资料的形式化收集、逻辑化存储后，对业务进行初步分析，划分出其组织结构、职能域、业务过程、业务活动、数据视图和数据流，提炼出当前存在的问题。

现场调研是通过选择具有代表性的组织，在初步分析的基础上通过工作人员访谈、现场观摩后，达到对初步分析的结论做证明，对资料研究的错漏做补充，对实际人员的素质、技能、工作量等做了解。

业务分析，是在资料研究和现场调研充分的情况下，进行进一步分析和综合，明确业务域的职能、问题、症结和目标。

业务研究是整个需求规划过程的核心环节。业务研究的成果是业务建模的基础。

## 21.3 资料研究

资料研究是业务研究工作中的初始环节，也是整个需求分析的初始工作环节。资料研究的目的是通过业务资料的初步分析，整理出业务单位组织结构、职能域、业务过程、业务活动、业务单证及当前存在的问题等信息，使需求分析人员对业务有一个具体、细致的把握。资料研究的工作过程模型如图21-4所示。

资料研究的第一步是收集资料，收集资料的目的是为了能为下一步业务梳理提供来源，资料收集一定要全，另外一定要做好存储管理工作。

第二步是业务梳理，业务梳理的目的是对业务单位的整体业务状况有一个初步的了解，如组织结构、内部对象、业务对象等。

第三步是初步分析，在对业务了解的情况下，参照业务的理想状况，提出问题、分析根源、症结、设定目标，对业务的功能和数据分析其规律，并演绎出全部业务域事项的活动。

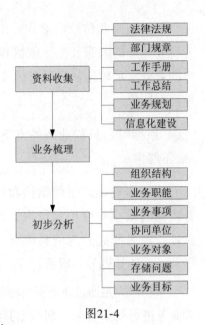

图21-4

> ⚓ **航标灯：业务研究从资料研究开始，资料研究从资料收集开始。**

## 21.3.1 资料收集

资料是业务单位过去工作的总结，是资料研究工作的主要对象。资料收集工作又是整个需求分析工作的第一个环节，所以至关重要，因为后续的各种分析研究的很多成果实际上都是对这些收集来的资料进行再加工的成果，所以做好资料收集关系到整个研究的工作质量。资料收集工作有四个工作任务，分别是资料获取、资料分类、资料存储和资料维护。其过程模型如图21-5所示。

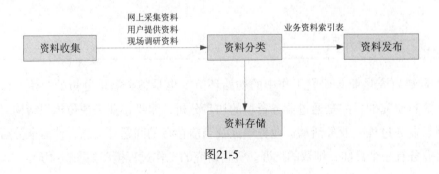

图21-5

### 1. 资料获取

业务资料是业务研究工作的第一手材料，是熟悉业务的宝贵资源，是业务单位长期以来经不断实践和总结形成的工作成果，能够反映业务单位的组织结构、业务职责、业务流程、业务规范等，对于需求分析人员全面、系统地认识业务单位的整体状况起着至关重要的作用。业务资料将在业务研究工作相当长的一段时间内需要不断查阅和使用，业务资料一般数量大、内容多，所以要对其进行分门别类的整理，同时对资料内容进行主题词抽取，这样可以方便需求分析人员快速定位、查找。

业务资料的获取方式包括网上采集、用户提供、现场调研三种。网上资料采集，可以通过业务单位自身的网站、业务单位所处行业网站进行业务材料的收集。用户提供材料，需求分析人员可向用户单位索取涉及业务工作的有关材料，这些材料是在网上发布不全或涉及一些特殊情况不对外提供的材料，是业务材料来源的不可缺少的来源之一。现场调研材料，现场调研的工作一是验证调研前对资料的研究结果，二是补充和改正调研前对资料研究的不足。在现场调研过程中，尤其是在业务单位的具体执行部门或一线部门，可以根据前期资料研究的实际情况有针对性地提出资料的索取，这些材料将是对上述两类材料的有力补充。资料收集的内容范围包括法律法规、条例措施、部门规章、工作规划、领导讲话、工作总结、工作手册、文件选编、学术专题、标准规范、信息化资料等类型。

### 2. 资料分类

资料分类的工作主要是对收集的资料进行通读，是需求分析人员了解业务的一种必要手段。通读过程中一方面是理解业务，加深记忆；另一方面需要对材料中的重点内容，如工作规范、岗位职能、工作表单、业务流程进行标注，因为这些内容是后面进行分析工作时主要的研究对象。通读过程中，分析人员需要填写《业务资料索引表》，这是资料分类的一项重要工作。业务资料索引表的表格模板如表21-1所示。

表21-1 资料索引表的模板

| 资料编号 | | 资料名称 | |
|---|---|---|---|
| 内容类型 | | 版本号 | |
| 主题词 | | | |
| 摘要 | | | |
| 载体类型 | | 采集方式 | |
| 来源单位 | | 采集时间 | |
| 存储路径 | | | |
| 填表人 | | 填表时间 | |

此表的填写需注意如下事项。

- 资料编号：按照预先规定好的资料编号规则进行资料编号分配。如MR-1，MR是（Material Requirement）资料需求的英文简称，1是资料分析的序列号。

- 资料名称：资料的封面名称或根据资料的内容给予相应的命名。

- 内容类型：根据内容是法律法规、条例措施、部门规章、工作规划、领导讲话、工作总结、工作手册、文件选编、学术专题、标准规范、信息化资料等哪一种类型进行选择，如果没能合适的可自行增加。

- 版本号：是资料自身的版本号，如果没有则无须填写。

- 主题词：用于资料快速查询和定位的一个或多个词汇。

- 摘要：对资料的一些核心论点或核心思想的描述。

- 载体类型：从纸质、电子两者中选择一种。

- 采用方式：从网上采集、用户提供、现场调研三种中选取一种。

- 来源单位：资料的提供单位。

- 存储路径：资料存放的相应名录名称。

### 3. 资料存储

资料存储是对资料进行电子化的过程。存储的资料分为《业务资料索引表》和业务资料两类，分别存在同一个目录下的两个子目录中。为了存储资料，最好准备一台专用的计算机，并指定小组中专人来负责管理该计算机和资料存储工作。需求分析人员将需要存储的资料统一交由专人进行存储。为安全起见，资料一定要做好备份工作。

**4.资料维护**

资料维护工作主要是资料信息发布，资料进行借阅、归还等的管理。资料维护人员需要给资料查询和借阅都分配权限，对纸质材料一定要进行严格管理。尤其是当纸质资料非常重要的情况且将来要归还给客户，一定要注意其借阅和归还的情况。

> 航标灯：收集来的资料不仅伴随着需求工程工作，而且也伴随着软件工程工作。

## 21.3.2　业务梳理

业务梳理的目的是对业务单位的整体业务状况有一个初步的了解，如组织结构、内部对象、业务对象、业务单证、业务数据。业务梳理的工作方法是通过收集回来的资料用解构方法和去重方法来梳理。业务梳理的工作任务包括业务机构、业务岗位、业务对象、业务事项、业务活动、业务流程、业务视图、业务内容等的梳理。只有在业务梳理的情况下，才能使需求分析人员对业务单位有一个认知，从而在此基础上才能做更深入的分析。业务梳理的工作原则，是在不失真的情况下，基于现有的业务资料对现状进行梳理。

业务梳理的工作主要包括业务组织分析、对象组织分析、交互关系分析三个业务活动。业务梳理的工作过程模型如图21-6所示。

业务组织梳理主要是对业务组织的部门、业务相关的协同组织、业务岗位的说明进行梳理；对象组织梳理主要是对与业务组织有交互关系的对象组织的梳理。交互关系梳理是对双方的交互物、基于物的行为关系的梳理。

图21-6

> 航标灯：业务梳理就是对资料做分解和归类，为初步分析奠定坚实的基础。

### 1. 业务组织梳理

任何一个组织实体都建立相应的组织机构，每个组织机构都有其职能、上下级关系。我们了解一个单位的业务，都是从认识组织机构开始的，所以组织机构的梳理是业务分析工作的第一步。

每个组织机构都会设定工作岗位，每个工作岗位都有其工作职责和工作规范，其工作职责是通过岗位上日常工作活动本身来体现。了解工作岗位是认识业务活动的必要手段。每个组织都不是孤立存在的，必有其相关协同的组织机构，在每一个组织机构的工作职能中都会有与相关组织机构的协同工作要求。通过对业务机构的组织机构和岗位职责划分的业务资料研究，需求分析人员可以分析出其组织机构、机构职能、协同单位、业务岗位、岗位职责等为进一步分析后续业务奠定基础。

业务组织分析工作相对简单，主要通过对涉及组织的法律法规、部门规章、组织机构材料进行分析。分析过程主要工作是对《组织机构明细表》、《协同机构明细表》、《工作岗位明细表》进行填写，如图21-7所示。

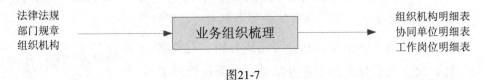

法律法规　部门规章　组织机构　→　业务组织梳理　→　组织机构明细表　协同单位明细表　工作岗位明细表

图21-7

业务组织分析主要是对组织机构和职能、协同单位和职能、工作岗位和职能3个部分进行分析。组织机构和职能分析，是根据业务资料描述，将机构名称、上级机构、机构职能、人员数量、机构类型等填充到《组织机构明细表》。《组织机构明细表》的模板如表21-2所示。

表21-2 组织机构明细表

| 机构名称 | | 机构编号 | |
|---|---|---|---|
| 机构性质 | | 机构编制 | |
| 机构地址 | | | |

| 上级机构 | |
|---|---|
| 下级机构 | |
| 机构职能 | |
| 1 | |
| 2 | |

填写此表要注意以下事项。

- 机构名称：组织机构或部门对外名称，如中华信息公司、销售部。

- 机构编号：是该部门或组织分配的法人号或内部编号。

- 机构性质：从支撑型、业务型、管理型三种维度选取其中一种，如人力资源部门是支撑型组织、研发部门是业务型组织、管理中心是管理型组织。

- 机构编制：当前组织机构或部门的岗位数量。

- 机构地址：机构所在的省、市、区、县的具体位置。

- 上级机构：本组织需要接受其领导并向其报告的机构或部门的名称。

- 下级机构：由本组织进行调度和工作分配的组织。

- 机构职能：机构负责的各种事项。

协同单位和职能分析，是根根业务资料描述，将单位名称、单位职能、协同事项等信息填充到《协同机构明细表》。《协同机构明细表》的模板如表21-3所示。

**表21-3　协同机构明细表**

| 机构名称 | | 机构编号 | | | |
|---|---|---|---|---|---|
| 机构地址 | | | | | |
| 机构职能 | | | | | |
| 1 | | | | | |
| 2 | | | | | |
| 协同事项 | | | | | |
| 编号 | 事项名称 | 事项描述 | 协同时间 | 次数 | 协同方式 |
| | | | | | |
| | | | | | |
| | | | | | |

填写此表要注意以下事项。

- 机构名称：组织机构或部门对外名称。

- 机构编号：是该部门或组织分配的法人号或内部编号。

- 机构地址：机构所在的省、市、区、县的具体位置。

- 机构职能：机构负责的各种事项。

- 协同事项：是对与业务组织具有交互的事项。协同事项的描述要给出事项的名称，即事项描述的简称。协同时间是指事项指定的操作时间，比如是每月月底进行工作总结上报；次数是指这个事项操作的次数，比如早、中、晚各报一次；协同方式是指事项交互的手段，比如采用邮寄方式进行上报。

> 航标灯：业务组织的梳理对于找到系统关联性很有帮助，一个组织一定会有其上级、下级和横向协同的相关组织。

岗位和职能分析，是根据业务资料描述，将岗位名称、岗位职责、岗位素质、岗位技能、岗位资格、岗位数量等信息填充到《工作岗位明细表》。《工作岗位明细表》的模板如表21-4所示。

表21-4 工作岗位明细表

| 代码 | 岗位名称 | 机构名称 | 工作职责 | 条件要求 | 技能要求 | 岗位数量 |
|------|----------|----------|----------|----------|----------|----------|
|      |          |          |          |          |          |          |
|      |          |          |          |          |          |          |

填写此表要注意以下事项。

- 代码：机构给该岗位定义的代码，如钳工代码01，铣工代码02。

- 岗位名称：岗位代码指岗位的名称，如高级程序员。

- 工作职责：对这个岗位工作事项的描述。

- 条件要求：对这个岗位人员必须具备的学历、专业、身体等要求。

- 技能要求：岗位人员所要掌握的语言、工具、方法等的要求。

- 岗位数量：这个岗位人员的数量。

航标灯：组织的部门划分是业务域分析的依据，先不失真地把所有部门梳理出来。

### 2. 对象组织梳理

对象组织的分析是需求规划重点要求的部分。业务组织的存在和职能的设定，是根据对象组织的存在和需要管理或服务的事项来设定的。这里的对象组织是与业务组织进行物质、能量、信息交换的对象，它包括对象个体和对象组织两种类型。在现实工作中业务单位总是通过与对象的交互来实现自己的业务目标。通过研究对象的要素、结构、功能和规律，能够清楚对象对业务组织的诉求，才能更好地认识业务组织。

对象组织梳理相对于业务组织梳理要困难一点，因为大多数时间业务单位更多的是对自身的机构和职能会做出文字上的描述，而对于对象组织和诉求在文字上的描述大部分存在于工作规范中，需要在分析时从业务单位的工作规范中仔细查找和提炼。对象组织的分析主要通过对涉及组织的法律法规、部门规章、组织机构材料进行分析。梳理过程主要工作是对《个体对象明细表》、《组织对象明细表》进行填写，如图21-8所示。

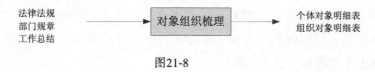

法律法规 部门规章 工作总结 → 对象组织梳理 → 个体对象明细表 组织对象明细表

图21-8

在对对象组织进行梳理时，需要分析法律法规、部门规章、工作总结等资料。在法律法规中描述了业务主体对哪些对象、哪些行为提供什么样的服务和管理；在规章制度类业务资料中描述了业务主体在与对象进行交互工作时应遵守的各项规则；在工作总结类业务资料中会说明与对象或对象组织的交互情况。

《个体对象明细表》的模板如表21-5所示。

表21-5 个体对象明细表

| 编号 | 对象名称 | 对象说明 | 相关对象 | 对象职能 | 对象数量 | 对象素质 | 对象目标 |
|------|----------|----------|----------|----------|----------|----------|----------|
|      |          |          |          |          |          |          |          |
|      |          |          |          |          |          |          |          |
|      |          |          |          |          |          |          |          |

填写此表要注意以下事项。

- 编号：按照对象编号规则进行序列号分配。如OR-1，OR是Object Requirement对象需求的简称，1是顺序号。

- 对象名称：是指编号指代对象的名称，如VIP客户。

- 对象说明：是对对象名称的简要说明，如VIP客户是指在我行存款100万元以上的客户。

- 相关对象：可以是业务组织的某个岗位，也可以是对象中的某个与之相关的对象，如16岁女孩这个对象，可以和未婚先孕的对象相关；比如VIP客户和VIP客房管理者有相关。

- 对象职能：是对对象与业务组织有关事项的说明，如需要存款、需要取款、需要咨询等。

- 对象数量：是指这类对象当前与业务组织建立有关联的数量。

- 对象素质：对象总体当前的文化、利用信息化等的平均水平。

- 对象目标：对象对业务组织的期望，比如希望能够在存取未发生时立刻有短信通知或希望办理存取款业务时能够更快一些。

《组织对象明细表》的模板和《个体对象明细表》的模板是一样的，只是它是法人对象，同时在相关对象上作为法人会有自己明确的相关对象。《组织对象明细表》的模板如表21-6所示。

表21-6 组织对象明细表

| 编号 | 对象名称 | 对象说明 | 相关对象 | 对象职能 | 对象数量 | 对象素质 | 对象目标 |
|------|----------|----------|----------|----------|----------|----------|----------|
|      |          |          |          |          |          |          |          |
|      |          |          |          |          |          |          |          |
|      |          |          |          |          |          |          |          |
|      |          |          |          |          |          |          |          |
|      |          |          |          |          |          |          |          |
|      |          |          |          |          |          |          |          |
|      |          |          |          |          |          |          |          |
|      |          |          |          |          |          |          |          |
|      |          |          |          |          |          |          |          |
|      |          |          |          |          |          |          |          |

填写此表要注意以下事项。

- 编号：按照法人对象编号规则进行序列号分配。如COR-1，OR是 Company Object Requirement法人对象需求的简称，1是顺序号。

- 对象名称：是指编号指代法人对象的名称，如银行、企业。

- 对象说明：是对法人对象名称的简要说明，如银行是为个人与法人提供金融服务的单位。

- 相关对象：是指法人单位管理和服务的对象。如银行的相关对象包括个人户、对公户、其他金融机构等，再比如药品生产企业的相关对象是药店、医院、解决某一种病的人群。

- 对象职能：是对法人对象与业务组织有关事项的说明，如提交资金报表、接受政府职能部门监管等。

- 对象数量：是指这类法人对象当前与业务组织建立有关系的数量。

- 对象素质：法人对象总体利用信息化等的平均水平。

- 对象目标：法人对象对业务组织的期望，比如希望审批时间能够更快一些，对于相关的信息能够在网站上及时发布并通知企业相关负责人。

 航标灯：业务是一个关系对，只有主体没有对象的分析是不完整的分析。

### 3. 交互关系梳理

交互关系是指业务组织和对象组织间基于物质、能量、信息交互时所形成的关系。业务组织在交互关系中一般是处于生产、提供的位置，对象组织在交互关系中一般是处理消费、接收的位置。双方交互关系的形成是通过双方基于物质、能量、信息的交互行为来实现的。业务组织发起的行为称为主动行为，对象组织发起的行为称为被动行为。

交互关系的梳理包括物的梳理、行为的梳理和行为与物的关系梳理。物的梳理包括物质、能量、信息的梳理，行为的梳理包括主动行为、被动行为的梳理，行为和物的关系梳理主要是对行为和物的结合关系和行为对物产生的作用的梳理。交互关系的梳理是在清楚了业务组织组成、职能和对象组织组成和职能的基础之上，重点梳理双方在履行职能时涉及的物、行为及其关系。

347

交互关系的梳理由物的梳理、行为的梳理、物和行为关系梳理三个步骤组成。其梳理主要通过对涉及组织的法律法规、部门规章、组织机构材料和业务组织梳理成果、对象组织梳理成果进行处理。梳理的主要工作是对《涉及物明细表》、《涉及行为明细表》、《物和行为关系明细表》进行填写，如图21-9所示。

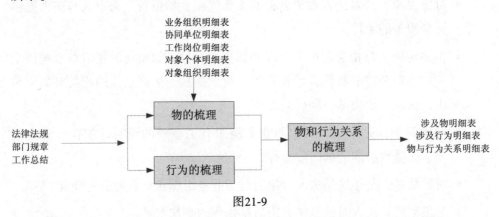

图21-9

物的梳理是通过对材料阅读将材料中涉及的物质、能量、信息的内容提炼出来并加以梳理，填写到《涉及物的明细表》中；行为的梳理是通过对材料阅读将材料中涉及的主动行为、被动行为的内容提炼出来并加以梳理，填写到《涉及行为的明细表》中；在物的梳理和行为的梳理基础上，通过物和行为的组合梳理后，将梳理成果填写到《物与行为关系明细表》中。

（1）物的梳理。物的梳理工作分两部分，一部分是物的提炼，第二部分是物的属性分析。物的提炼工作主要是将材料阅读中所涉及的物的词汇提炼出来，对物的词汇进行命名和定义，物可分为物质、能量、信息三种类型。物质是一种有形实体物，如产品、材料、设备、场地等；能量是指一种通过人的活动输出的物质，如咨询、答疑等；信息是一种有形的、可满足人们认知需要的物，如语言、文字、图形、语音等。物的属性分析是对物的特有属性进行分析，分析方法参考形式逻辑分析中的方法。物的属性包括物的标识、名称、类型、组成、数量、时间、地点、作用、形态等。《涉及物的明细表》的模板如表21-7所示。

表21-7 涉及物的明细表

| 编号 | 名称 | 类型 | 作用 | 组成 | 数量 | 所属 | 时间 | 地点 | 备注 |
|------|------|------|------|------|------|------|------|------|------|
|      |      |      |      |      |      |      |      |      |      |
|      |      |      |      |      |      |      |      |      |      |
|      |      |      |      |      |      |      |      |      |      |
|      |      |      |      |      |      |      |      |      |      |
|      |      |      |      |      |      |      |      |      |      |
|      |      |      |      |      |      |      |      |      |      |
|      |      |      |      |      |      |      |      |      |      |
|      |      |      |      |      |      |      |      |      |      |
|      |      |      |      |      |      |      |      |      |      |
|      |      |      |      |      |      |      |      |      |      |

填写此表要注意以下事项。

- 编号：按照物的编号规则进行序列号分配。如TR-1，OR是（Thing Requirement）物的需求的简称，1是顺序号。

- 名称：是编号指代物的名称，如产品、项目、支票等。

- 类型：指物质、能量、信息3种类型之一；如产品是一种物质，文件是一种信息物。

- 作用：是描述物在工作中起到的效果，比如水桶能够解决用户装水的问题，合同用于确认两者之间的买卖关系。

- 组成：是指物由核心的几部分组成，比如合同是由买卖双方、产品型号及数量、金额、交货时间及其他条款组成。

- 数量：指物的组成部分的内容属性数量的和，比如合同上共有20个关键属性项。

- 所属：是指物的交互关系中此物的所有权属于业务组织还是对象组织。

- 时间：是指物在交互过程中的交易时间、交易时段、物自身的有效时间等。

- 地点：是指物的存放处或使用处。

- 备注：指物的其他不能在上述描述中包含的部分的属性。

（2）行为的梳理。行为的梳理工作也分两部分，一部分是行为的提炼，另一部分是行为的属性分析。行为的提炼工作主要是将材料阅读中所涉及的行为的词汇提炼出来，对行为的词汇进行命名和定义，我们将行为分为主动行为、被动行为两种类型。主动行为是指业务组织或对象组织主动发起的行为，被动行为是指业务组织和对象组织响应的行为。行为从作用上可以分为生产、应用、传递三类，生产行为包括创建、扩展、销毁等，应用行为包括增加、修改、查询、统计等，传递行为包括发送、打印、提交、备份等。在分析过程中行为词汇一般都是以和作用物相结合后所表现出的效果来命名的，所以在提炼时需要注意行为词汇的特性。行为属性的分析即对行为特有属性的分析，分析方法参考形式逻辑分析中的方法。行为的属性包括行为的标识、名称、类型、条件、频度、时段、时点、作用、状态、关系等。《涉及行为的明细表》模板如表21-8所示。

表21-8 涉及行为的明细表

| 编号 | 名称 | 类型 | 作用 | 方法 | 条件 | 所属 | 时间 | 地点 | 设备 | 备注 |
|------|------|------|------|------|------|------|------|------|------|------|
|      |      |      |      |      |      |      |      |      |      |      |
|      |      |      |      |      |      |      |      |      |      |      |
|      |      |      |      |      |      |      |      |      |      |      |
|      |      |      |      |      |      |      |      |      |      |      |
|      |      |      |      |      |      |      |      |      |      |      |
|      |      |      |      |      |      |      |      |      |      |      |
|      |      |      |      |      |      |      |      |      |      |      |
|      |      |      |      |      |      |      |      |      |      |      |
|      |      |      |      |      |      |      |      |      |      |      |
|      |      |      |      |      |      |      |      |      |      |      |

填写此表要注意以下事项。

- 编号：按照行为的编号规则进行序列号分配。如AR-1，AR是（Action Requirement）行为需求的简称，1是顺序号。

- 名称：是编号指代行为的名称，如打印、编制、审核等。

- 类型：指主动行为、被动行为两种类型之一，如发送是主动行为，接收就是被动行为，常用于交互关系的双方。

- 作用：描述行为在工作中起到的效果。比如通过发送活动可以将这个文件发送给对方。
- 方法：是描述行为的算法或步骤。比如发送是将货物从货仓领出装车，然后由司机送达到对方。
- 条件：是指行为发生的前、后置条件，比如发送行为，前置条件是用户已经下了订单，后置条件是用户正在等待货物到达且准备好了场地。
- 所属：是指行为发起者的名称。
- 时间：是指行为的发生时间、发生时段、占用时间、发生频度等。
- 地点：是指行为的发生地点。
- 设备：是指行为所需借助的物理工具。
- 备注：指行为的其他需要说明的内容。

（3）物和行为关系的梳理。

物和行为关系的梳理是在物的梳理和行为的梳理基础之上进行的组合关系梳理。组合关系的梳理包括物和物的关系、行为和行为的关系、物和行为的关系梳理。物和物的关系梳理包括构成、一对一、一对多、多对多关系等的分析；行为和行为的关系梳理包括行为串行关系、并行关系、分支关系、循环关系的分析；物和行为的关系梳理包括输入物、输出物、依赖物、协助物的关系分析。

《物和物关系明细表》的模板如表21-9所示。

表21-9　物和物关系明细表

| 编号 | 物名称A | 物名称B | 关系类型 | 关系说明 | 备注 |
|------|---------|---------|----------|----------|------|
|      |         |         |          |          |      |
|      |         |         |          |          |      |
|      |         |         |          |          |      |
|      |         |         |          |          |      |
|      |         |         |          |          |      |
|      |         |         |          |          |      |
|      |         |         |          |          |      |

填写此表要注意以下事项。

- 编号：按照物与物的编号规则进行序列号分配。如MMR-1，MMR是（Material&Material Requirement）物与物关系需求的简称，1是顺序号。

- 物名称A：是A物的名称，如部件等。

- 物名称B：是B物的名称，如零件等。

- 关系类型：是指构成、一对多、一对一、多对多关系类型中的一种，如部件和零件属于构成关系。

- 关系说明：是指这种关系是通过什么样的行为形成的，比如通过零件组装形成部件。

- 备注：对关系的补充说明。

《行为和行为关系明细表》的模板如表21-10所示。

表21-10　行为和行为关系明细表

| 编号 | 行为名称A | 行为名称B | 关系类型 | 关系说明 | 备注 |
|------|-----------|-----------|----------|----------|------|
|      |           |           |          |          |      |
|      |           |           |          |          |      |
|      |           |           |          |          |      |
|      |           |           |          |          |      |
|      |           |           |          |          |      |
|      |           |           |          |          |      |
|      |           |           |          |          |      |
|      |           |           |          |          |      |

填写此表要注意以下事项。

- 编号：按照行为与行为的编号规则进行序列号分配。如AAR-1，AAR是（Action&Action Requirement）行为与行为关系需求的简称，1是顺序号。

- 行为名称A：是A行为的名称，如拟稿等。

- 行为名称B：是B行为的名称，如审核等。

- 关系类型：是依赖、顺序、并发、分支、循环关系类型中的一种，如拟稿和审核属于顺序关系。

- 关系说明：是指这种关系是基于什么样的事情形成的且关系之间的序号是怎么说明的，比如拟稿和审核是在公文处理过程中形成的时序关系，拟稿在先，审核是继拟稿之后的行为。
- 备注：对行为关系的补充说明。

《物和行为关系明细表》的模板如表21-11所示。

表21-11 物和行为关系明细表

| 编号 | 物名称 | 行为名称 | 关系类型 | 关系说明 | 备注 |
|------|--------|----------|----------|----------|------|
|      |        |          |          |          |      |
|      |        |          |          |          |      |
|      |        |          |          |          |      |
|      |        |          |          |          |      |
|      |        |          |          |          |      |
|      |        |          |          |          |      |
|      |        |          |          |          |      |
|      |        |          |          |          |      |
|      |        |          |          |          |      |
|      |        |          |          |          |      |

- 编号：按照行为与物的编号规则进行序列号的分配。如AMR-1，AMR是（Action&Material Requirement）物与行为关系需求的简称，1是顺序号。
- 物名称：是指某物的名称，如公文等。
- 行为名称：是指某行为的名称，如修改等。
- 关系类型：是输入、输出、依赖、关联关系类型中的一种，如修改和公文是输入，即待修改公文是修改行为的输入关系。
- 关系说明：是指这种关系是基于什么样的事情形成的这种关系且关系之间的物与行为的算法是什么的说明，比如修改公文，是依据行文逻辑对字词进行改错和顺序调整的业务活动。
- 备注：对物与行为关系的补充说明。

航标灯：业务梳理的关键是找出主体和对象间物理、能量、信息的交互物与交互行为。

353

### 21.3.3 初步分析

初步分析是资料研究工作中体现其价值的工作，是对前期业务梳理工作的一种归纳和总结。初步分析也是综合运用逻辑思维方法和系统科学方法的思维活动。初步分析是站在组织的角度，以组织和内、外部对象的交互关系全生命周期为主线，采用流程的方式来描述交互关系涉及的行为、岗位和单证。以流程为核心是对业务梳理的组织、对象、物和行为的一种组合方式，因为流程总是将多个组织和对象基于多个物为达成某个目标按行为时序关联起来的一种方法。

> 航标灯：业务梳理是在做拆分工作，那么初步分析就是在做组合工作。

流程可以让组织看到部门与部门、岗位与岗位之间的协作关系，可以避免只以自身工作岗位谈事情，而忽视了上下左右关系，让其站在全局来看自身工作职责的落实。

流程可以分为业务流程和管理流程。业务流程是指对象与组织之间基于交互物的一个从关系开始到关系结束的流程，管理流程是组织内部的各部门间为达成某个目标的一个从开始到结束的流程。管理流程是业务流程某个环节的内部处理流程，所以管理流程是与业务流程某个处理环节相关的。管理流程是为了保障业务流程的流转质量所做的控制管理，业务流程是让外部对象对整个事件的处理全过程清楚自己以什么时间、什么方式和哪种岗位或组织进行交互的时序过程。

> 航标灯：任何一个组织都是在有限的业务流程和多个管理流程构成的矩阵里运行的。

在业务流程和管理流程分析的基础上，可以对流程各环节的具体事项进行分析，也就是我们所说的业务事项分析，业务事项分析要给出业务过程、业务活动、业务单证、业务规则、涉及的业务流程，是对流程各环节的一种细分，而这种细分的事项正是业务岗位的工作事项。所以从业务梳理进行归纳组合，然后再对组合后的事项进行分解还原，是一个闭环的操作，但前后的区别是一个是不知业务主线的梳理，而另一个是基于业务主线的还原，也就是说知道了每个业务岗位工作事项的来源。

初步分析的工作过程由业务流程分析、管理流程分析和业务事项分析三个业务活动构成。初步分析的处理过程如图21-10所示。

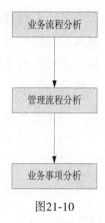

图21-10

### 1. 业务流程分析

业务流程是指组织面向对象进行物质、能量、信息交互关系的全生命周期，即从开始到结束由双方的时序业务活动构成的过程。这里的对象是对象组织梳理出来的，业务活动是在交互关系中梳理出来的物与行为的关系项。业务流程主要以面向对象的交互物类型来定义业务流程。

一些组织有多种不同的对象，比如企业要面对供应商、经销商和直接客户，面对供应商就有采购的业务流程、面对经销商就有代理的业务流程、面向直接客户就有销售的业务流程；有一些组织为某一种对象提供服务，比如有一些担保公司只为中小企业提供担保服务，那么它就有一个担保业务流程。有时我们也可以把组织之外的协同组织、外部应聘人员看做对象，比如企业要向上级政府部门提交税务报表、财务报表，所以要有报税业务流程和提交财务信息的流程，企业需要向社会招聘人员，所以要有人力资源的业务流程。还有一些业务流程虽然不直接涉及业务对象，但是为用户提供交互物相关的工作活动，如企业的研发活动和生产活动，所以企业需要有研发流程和生产流程，它是间接为业务对象提供服务的。

鉴于上面的分析我们可以看出业务流程虽然主要是以面向对象的交互物类型来定义业务流程，但当涉及多个业务流程且业务流程间又有关系时我们可以按域来划分流程。域的划分可以分为支撑业务域、输入业务域、加工业务域、输出业务域几个部分。支撑业务域是支撑输入业务域、加工业务域、输出业务域的，如企业有人、财、物、产、供、销六大块，其中人、财、物就是支撑业务域，供对应着输入业务域、产对应着加工业务域、销对应着输出业务域。支撑业务域是其他业务域有相应流程环节或相关交互物所要发生关联的，比如销售业务流程中的收款就需要财务的支撑。

在业务流程分析中，我们是先进行域内流程分析，然后再进行域间流程分析。域内流程分析是从外到内，即先将与外部对象基于某类物的交互关系的业务流程分析清楚，然后再到内部某类物状态转换所需的域，然后再到支撑域。域内流程分析完成，还是按照从外到内的方式，将各域间有关联关系的行为或事物标注出来。

一个业务流程的分析模板如表21-12所示。

**表21-12 业务流程的分析模板**

| 流程名称： | | | | |
|---|---|---|---|---|
| 流程简述： | | | | |
| 交互物： | | | | |
| 服务对象： | | | | |
| 流程的环节定义 | | | | |
| 序号 | 环节名 | 操作者 | 操作对象 | 业务规则 |
| | | | | |
| | | | | |
| | | | | |
| | | | | |
| 流程图 | | | | |
| | | | | |

填写此表需注意以下事项。

- 流程名称：依据该流程的服务对象、交互物、达到的目标，用简短的文字来命名该流程。

- 流程简述：对流程的作用、目的、意义做一个简要的描述。

- 交互物：是从交互关系中梳理出的面向对象的交互物中继承过来的。

- 服务对象：是从对象组织中梳理出的对象中继承过来。

- 流程的环节定义：是按照交互物与组织、对象双方交互关系建立的全生命周期来进行环节定义，并给出每个环节的操作者和要遵循的规则。任何一个关系的建立到结束，基本都遵循申请、受理、处理、交付、反馈、归档、结束这样一个规律。

- 流程图：按照流程图的画法规则将流程的表格化的环节定义变成图形化的描述。
- 业务流程分析应遵循一个原则：即将主要的核心的业务流程分析出来，其他的一些非核心的，也即各个企业都共有的，如人力资源管理、财务管理等域的流程可以不用描述。

> 航标灯：一个组织能生存是因为与对象做着交互，而交互过程总是按照规则由开始到结束不断重复的。

### 2. 管理流程分析

管理流程是针对业务流程的各个环节设置的为了确保业务质量制订的内部管控流程。没有管理流程的保障业务流程将是失控的，因为业务流程一般是由业务执行人员和业务对象人员基于交互物的操作者，业务执行人员的业务理解力和操作上的失误都会给业务造成损失。如果某个业务环节的工作质量不高，那么势必会导致以下环节的工作质量的降低，所以在业务流程环节间增加一个管理控制，可以纠正由于业务理解力不高和操作失误造成的错误，或根据管理者所掌握的情况对业务进行放弃。所以管理流程是组织内部为保障工作质量、降低风险的一个措施和手段。

> 航标灯：有做事的就会有管事的，做事的人如果都有责任心，那么管事的当然乐得清闲。

两个不同的组织在面向同样的服务对象、提供同样的服务的情况下，会取得不同的效果，其关键的不同是管理流程上的不同，这就是管理流程所能带来的贡献。没有脱离业务流程的管理流程，也没有不受管理流程的业务流程。通过管理流程和业务流程的对应关系，也可以分析出组织中哪些管理流程是无效的，哪些管理流程是可以自动化的。

管理流程的域的划分与业务流程域的划分是一致的，管理流程和业务流程是某个域里不可缺少的两个部分。

一个管理流程的分析模板如表21-13所示。

**表21-13 管理流程的分析模板**

| 流程名称： | | | | |
|---|---|---|---|---|
| 流程简述： | | | | |
| 交互物： | | | | |
| 业务流程名： | | | | |
| 业务流程环节： | | | | |
| 流程的环节定义 | | | | |
| 序号 | 环节名 | 操作者 | 操作对象 | 业务规则 |
| | | | | |
| | | | | |
| | | | | |
| | | | | |
| | | | | |
| | | | | |
| 流程图 | | | | |
| | | | | |

填写此表需注意以下事项。

- 流程名称：依据该流程的管理原则和管理目标，用简短的文字来命名该流程。

- 流程简述：对该流程的作用、目的、意义做一个简要的描述。

- 业务流程名：该管理流程关联的业务流程。

- 业务流程环节：管理流程所对应的业务流程环节。

- 交互物：是从交互关系中梳理出的面向组织的交互物中继承过来的。

- 流程的环节定义：是按照对业务流程的环节事项，组织内部的执行层、管理层、决策层针对该事项需要做什么样的工作的定义，并给出每个环节的操作者和要遵循的规则。管理流程的特点是按层级进行定义的，基本遵循执行层申请、管理层审批、决策层批核、相关部门知晓这种方式进行环节的定义。

- 流程图：按照流程图的画法规则将流程的表格化的环节定义变成图形化描述。

> 航标灯：管理流程是为了对业务事项的控制而建立的，其目的是保证质量、进度和成本。

### 3. 业务事项分析

业务事项是在业务流程分析和管理流程分析的基础上，对流程中的环节进行再拆解，拆解的最小粒度是一个具体的岗位的业务活动。它是对流程的细分，业务事项支撑流程的完成，流程将各事项的工作连接起来服务于业务对象。一个业务事项由业务域、业务过程、业务活动、业务依据、业务单证、业务流程、业务岗位等构成。业务域是在前述所说支撑域、输入域、加工域、输出域的基础上对业务活动维度的一种重新划分，业务域包括资源域、关系域、行为域，其中行为域就是由输入域、加工域、输出域共同组成的，支撑域拆分成两部分，一是资源域，二是关系域。资源域包括主体、对象、物质、信息、能量五大部分，资源域主要是定义这些事物，比如组织管理、客户管理、产品管理等都是资源域。关系域是由主体、对象与物质、能量、信息其中一种组合所形成的关系定义，比如项目创建、合同创建等；行为域是基于关系的全生命周期的环节构成的。

> 航标灯：有了流程的框架，每一个业务事项都不会孤立地存在。自己的工作是和周边工作息息相关的。

业务事项来源于流程中环节的细分，分解到业务活动后又和工作岗位的工作职责相关联。从工作岗位直接映射的业务事项是一种基于物理现实的描述，由于许多工作岗位的定义并不是严格按照逻辑来定义的，如果将它作为业务事项的输入则分解出的业务事项的完整性、准确性是不够的，也不能完全覆盖其工作岗位的工作。而从流程环节中所推导出的业务事项，最后落实的工作岗位上职责的对应，可以突出其是有价值的业务活动，而这些有价值的业务活动也是最需要进行信息化的工作活动。我们基于这个重点再来分析该工作岗位的其他工作职责与重点业务活动的关联性，如果确实有关联，要将其纳入到业务事项中。这样整理出的业务事项既有重点性、准确性，而且还具有价值性。分析出的业务事项同样也可用于企业岗位职责再造。

> 航标灯：流程是解决事项间的时序关系，那么业务事项就是要说清具体如何做的。

《业务事项分析表》模板如表21-14所示。

表21-14 业务事项分析表

| 编号 | 业务域名 | 业务域类型 | 业务过程 | 业务活动 | 活动简述 | 业务单证 | 业务依据 | 业务规则 | 业务工具 | 相关流程 | 工作岗位 |
|---|---|---|---|---|---|---|---|---|---|---|---|
| | | | | | | | | | | | |
| | | | | | | | | | | | |
| | | | | | | | | | | | |
| | | | | | | | | | | | |
| | | | | | | | | | | | |
| | | | | | | | | | | | |
| | | | | | | | | | | | |
| | | | | | | | | | | | |
| | | | | | | | | | | | |
| | | | | | | | | | | | |
| | | | | | | | | | | | |

填写此表需注意以下事项。

- 编号：依据业务事项编号定义规则给出序列号，如BR-1，BR是（Business Requirement）业务事项需求的简称，1是序号。

- 业务域名：从资源域、关系域、行为域三类域中选其1，比如业务活动是客户信息维护，按照规则属于资源域，其命名是客户信息域。

- 业务域类型：从资源域、关系域、行为域三类域中选其1。

- 业务过程：业务过程是多个业务活动组合关系的抽象，它可以是并列的协同关系，也可以是层次的依赖关系。如客户信息域包括的业务过程应有类型定义、客户维护、信息查询、客户统计等业务过程，其中类型定义由类型增加、删除、修改等业务活动构成。

- 业务活动：是拆解到能由一个人操作完成的工作项，如客户类型信息中的录入工作。

- 活动简述：是对业务活动的任务来源、任务处理方式、任务处理去处进行简要的描述。

- 业务单证：在业务活动过程中要用到的工作单证，如客户申请单。

- 业务依据：在业务活动中需要参照的工作手册、工作范例等，如进行客户信息维护时需要客户的复印件。

- 业务规则：对业务活动中的前、中、后置约束条件的描述，如录入前要检查用户的填写是否规范。

- 业务工具：对业务活动开展时要借助的外部工具加以说明，如验钞时要用到验钞机。

- 相关流程：如果业务活动是某个业务流程或某个管理流程中的一个环节的业务活动，则需说明流程的名称。

- 工作岗位：可以是业务组织的工作岗位，也可以是对象组织中的一类人，这里主要是看业务活动的操作者是谁进行定义，一般继承于业务组织梳理和对象组织梳理。

> **航标灯**：至此业务梳理和初步分析已描绘出了客户的业务全景视图，可以向客户展示了。

# 21.4 现场调研

　　资料研究让我们从过去积累的大量纸面材料中认识了客户业务，并利用逻辑方法梳理出了组织与对象在交互过程中的业务主线，并围绕这条业务主线建立起了包含业务域、业务过程、业务活动、业务岗位、业务单证、业务规则的业务知识体系。业务知识体系的基础是大量纸面材料，俗话说得好，"书上得来终觉浅、唯有实践出真知"，所以我们还要用实践去证明业务知识体系的科学性。现场调研正是用实践证明业务知识体系的科学性的一种手段。

> 航标灯：书上得来终觉浅、唯有实践出真知。

现场调研是佐证、纠正和补充对业务的认知，是通过选择具有代表性的组织及工作人员访谈、现场观摩后，达到对资料研究分析的业务成果的验证，对资料研究错漏的补充，对实际人员的素质、技能、工作量的摸底，可以分析出业务人员和服务对象的比例、业务岗位的工作频度和强度等。现场调研工作任务包括编制方案、介绍方案、现场调研、资料汇总、业务校正。其工作过程模型如图21-11所示。

（1）方案编制。为了做好现场调研的工作，制订了一个完整且细致的工作方案，既便于用户方做好调研的各项工作安排，又便于需求分析人员对调研时的内容、方式、注意事项等有一个系统的把握。编制方案包括调研目的、调研内容、调研计划、调研方法等。编制人员可参照《现场调研方案》的模板格式进行编写，如图21-12所示。

图21-11

```
调研目的：
调研时间：
调研内容：
1.
2.
……调研计划：

调研人员：

调研对象：

调研方法：

调研材料：
```

图21-12

《现场调研方案》编写时需注意以下事项。

- 调研目的：对这次调研活动的依据、背景、范围、目的、意义等进行一个概述，让调研对象对调研活动有一个全面的了解。
- 调研时间：应对此次调研活动的到达时间、离开时间、关键节点时间等时间点和时间段给出描述，以便调研对象能提前做出工作安排。

- 调研内容：给出调研的范围和调研的重点，比如调研物资发放过程中申请、领取、确认、统计、上报中存在的问题。
- 调研计划：依据调研范围的描述，对每一个调研项且给出具体的时间点，相应的调研人员、调研对象等。
- 调研人员：给出需求规划组织中参与此次调研人员的姓名、职务、联系方式等信息。
- 调研对象：给出业务组织或对象组织中此次调研活动中被调研人员的姓名、职务、联系方式等信息。
- 调研方法：对调研的方法进行大致的说明，比如对群体讨论、个别访谈、实地走访、材料查看等方法进行说明。每一个调研项会根据实际情况进行调研方法的选择。
- 调研材料：列出此次调研活动中调研组织提供的材料和业务组织需准备的材料清单和具体材料。

（2）成果介绍。业务组织依据调研方案召集业务组织中的领导和骨干参与成果介绍会议。会议的议题包括三个：一是现场调研方案的介绍；二是业务初步分析成果介绍；三是业务人员与调研人员对工作具体计划落实的讨论。

现场调研方案的介绍由方案编制者对本次调研活动的一个总体情况进行介绍，突出调研重点和关键注意事项，同时让调研组织人员和业务组织成员双方见面接洽。

业务初步分析成果介绍是本次会议的重点之一，由于参会人员都是业务组织的领导和骨干，通过分析成果介绍和讨论，明确分析成果中无异议、有问题、多余的部分，这个结果使调研工作主要针对有问题的部分展开。

业务人员与调研人员在对集体业务初步分析成果确认的基础上，分别就双方要负责部分的具体计划进行如何落实的讨论，并整理出行动方案。

航标灯：你是去给客户展现他们的业务，而不是让客户告诉你业务。

（3）现场调研。现场调研是分组、分域顺序展开或同时展开。现场调研分为现场访谈、现场观摩、资料收集3方面。现场访谈是根据《现场调研方案》中的调研内容进行一对一访谈，访谈过程需要进行访谈纪要的填写，有必要时进行全程录音。现场观摩是到具体的办事窗口，对办事人员和前来办事的对象进行随机访谈，并对窗口的办事流程和办理实景进行拍摄存档。资料收集也是按照资料研究中资料收集的类型进行，并填写《业务资料索引表》。

（4）资料汇总。各调研小组将现场访谈、现场观摩、现场收集的资料和《业务资料索引表》同时提交给资料维护人员，由资料维护人员按照资料管理办法对资料进行标引和存档。

（5）业务校正。业务校正是在现场调研所获取的资料按照资料研究中的业务梳理和初步分析的方法进行处理，对原有的分析成果进行补充、纠正和去除，最终得到一个完整的、经过确认的、合理的业务组织的业务全景视图。

> 航标灯：最终得到的是一个完整的、经过确认的、合理的客户的业务全景视图。

# 21.5 业务分析

通过资料研究和现场调研的工作努力我们得到了一个完整的、准确的、符合逻辑的业务全景视图。认识世界的目的是改造世界，改造世界的目的是满足人们对未来的追求。改造世界不是一开始就对业务进行全盘改造，而是有重点、有难点、有焦点、有关键点地进行改造，是一种循序渐进的改造。

> 航标灯：大处着眼、小处着手，高高举起、轻轻放下，是时候缩小业务范围了。

这时候我们就要从业务全景中取出部分作为改造的范围。范围如何界定，是我们面临的首要问题，在范围界定之后，改造到什么程度，是我们面临的第二个问题。科学研究方法论告诉我们一个道理，即"问题决定范围、目标决定深度"。

**航标灯：问题是理想和现实之间的差距。**

问题是现实与理想之间的差距，人们对于未来有很多美好的期望，人们希望工作更有效、能服务更多的人，而现实是工作强度大、工作难度高、服务人群有限，这之间就产生了差距。人们现实的工作可以是全部不满意，也可以是局部不满意，如果是全部不满意，要解决也需要将这些不满意分优先级，要从局部的、关键的地方进行改进，所以问题决定范围。

目标是从现实走向未来路上设定的路标，未来可以接近但永远不可能到达，未来总是随着目标的实现在不断地向前前进。范围如果说是定量，从全部中定出部分，那么目标就是定质，是对每个部分实现程度的要求。比如我们说工作强度大，那么通过改造将工作强度降到50%，再比如服务人群有限，那么通过改造将服务人群在现在的基础上提升1倍。目标的确定，就需要我们考虑借助什么手段或工具才能实现这一目标。同样范围内的一个业务事项，由于目标不同，实现的手段或工具也有所不同，尽管解决的问题是一个，但效果却不同，这正是目标的不同而带来的不同。

 **航标灯：目标是理想和现实之间的一个路标，你不可能一夜就进入理想国。**

通过上述分析可以得出这样一个推论，那就是在问题分析和目标分析的基础上我们就能得到一个业务组织期望的有范围有目标的业务改造视图，为我们的业务改造工作指明方向，而这正是业务研究工作的目的。所以业务分析工作包括问题分析、目标分析和改造视图定义3个业务活动。业务分析的工作过程模型如图21-12所示。

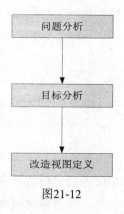

图21-12

问题分析是在前期业务分析成果的基础上，通过对问题现象、问题根源、问题症结的分析，来确定问题所对应的业务改造事项。

目标分析是在问题分析的基础上，通过对总体目标、业务目标、作业目标的分析，来确定业务改造事项的改造程度。业务事项改造后面向业务组织的目标能达到什么程度，面向业务组织服务对象的目标能达到什么程度。

改造视图定义，是对原有的业务分析成果先做量的减法，再做质的加法。量的减法是从全局事项中减去当前不需要改造的业务事项，质的加法是在减法的基础上对每个事项加上质量属性的要求，如处理时间要求、同时处理能力要求等。

> 航标灯：问题决定范围、目标决定深度。

## 21.5.1 问题分析

问题是理想和现实的差距。问题提出就是在业务组织分析、对象组织分析、交互关系分析的基础上，找出问题，并对问题做出描述。这里的问题描述由问题现象、问题根源、问题症结三部分描述组成。

问题现象、问题根源、问题症结的提炼是整个需求规划的核心之一。这些问题主要是指在业务体系和对象体系通过物质、能量、信息交互中出现的问题。问题的目的是找到问题根源和问题症结所在，但需求则是从问题现象入手来找到问题根源和问题症结所在。问题分析采用的是一种逆推法，也就是说要找出业务改造范围，要把业务组织和业务对象看成一个整体系统，从这个整体系统与外部对象进行交互入手来分析，这个引入的外部对象就是业务对象的对象，是一个对照物。问题分析的关系模型如图21-13所示。

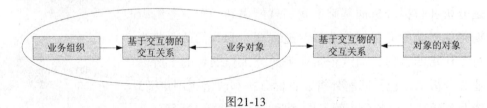

图21-13

问题现象要站在对象组织服务的对象角度进行分析，也即站在对象的对象角度进行分析，对象组织接受业务组织的服务后，会对服务对象再进行服务的交互，而对象的对象对于这种交互就会有相应的反应，如不满意、不认可等，而这就是我们说的问题现象。比如药监部门是业务组织，药品生产企业是对象组织，百姓是买药的人，在这三者之间，百姓买到药吃到后没有效果或有副作用，这就是问题的现象，即对象的对象表现出的反应是问题现象，问题现象是公众普遍可感知、可度量的。

问题根源是站在对象组织的角度进行分析，对象的对象所表现出来的反应是与对象组织提供的服务质量有关，而这正是导致问题现象产生的根源。还是以上面的例子来说明，百姓反映买到的药没有效果或有副作用，要么是药企没有具体说明药的用法，要么生产的药根本就有质量问题。

业务症结是站在业务组织的角度进行分析，对象组织的问题产生的原因与业务组织提供的服务质量有关，是某些业务事项不落实或没有这些业务事项导致的，这就是业务症结。以上面的例子来说明，药企没有清楚说明药的具体用法或生产的药有质量问题，是因为药监部门没有规定药企必须在药品上有详细的说明并且对药企的药品生产进行严格的质量把关。

> ⚓ 航标灯：问题很实在，它由公众可感知的问题现象、对象自身的问题根源、主体的不到位而产生。

我们通过对将业务单位的工作总结、业务组织梳理、对象及组织梳理作为研究对象，采用逻辑思维方法和系统方法对问题、根源、症结及其相互间的关系加以分析，将分析结果填入相应的工作表单中。问题分析过程由问题现象分析、问题根源分析、问题症结分析、三者关系分析四个业务活动组成。问题分析的工作过程模型如图21-14所示。

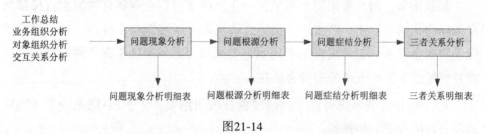

图21-14

分析工作主要根据对业务资料和已有分析工作成果按照问题分析方法分别将分析成果填入到《问题现象分析明细表》、《问题根源分析明细表》、《问题症结分析明细表》、《三者关系分析明细表》四张表中。

问题分析过程中用到的主要材料包括工作总结、业务组织分析、对象组织分析、交互关系分析四个部分。工作总结材料中通常会由业务单位根据实际工作的情况对存在的问题进行总结，并对产生问题的原因作分析，是问题提炼过程的主要依据材料；业务组织分析材料，是我们前期分析的工作成果，我们已经清楚了组织的结构、职能划分、岗位数量等，这些材料和成果是我们分析问题症结的主要依据材料；对象组织分析材料，是前期对对象组织分析的成果，我们已经清楚对象和业务组织会有哪些交互，这些材料和成果是分析问题根源时的主要依据材料。

**1. 问题现象分析**

问题现象分析是站在对象的对象角度的分析，对业务组织和对象组织作为一个整体在与对象的对象交互过程中存在的公众可感知、社会可测量的与社会价值不相符的问题现象进行描述。问题的现象往往会形成当下全社会关注的热点和问题，解决这些问题是众人所企盼的，也是业务组织和业务对象所要优先解决的问题。举例而言，环保部门和造纸生产企业这一业务组织和对象组织所构成的一对关系，通常可以说出由于环保部门不作为、造纸企业偷排污水导致居民周边环境污染这一问题现象。

问题现象分析就是要对刚才这种现象加以分析、描述，描述的内容包括是什么人、对什么现象、现实情况是什么样的、期望的状况是什么样的、差距有多大。

**场景案例**：湖北省荆门市东宝区一生产净水材料企业将含酸废水直接排放在未经硬化的水池中，酸水渗入地下，造成附近子陵镇红庙村13、14、15组居民无法安全饮水，工厂附近生产用水也要到数百米外肩挑手提。附近有居民被迫开始搬迁至工厂上游的旧校舍居住。

将这些分析结果填写到《问题现象分析明细表》。表21-15是一个《问题现象分析明细表》的模板。

表21-15 问题现象分析明细表

| 编号 | 对象名称 | 现象名称 | 现象描述 | 交互物 | 交互类型 | 现实值 | 理想值 | 差距 | 备注 |
|------|----------|----------|----------|--------|----------|--------|--------|------|------|
|      |          |          |          |        |          |        |        |      |      |
|      |          |          |          |        |          |        |        |      |      |
|      |          |          |          |        |          |        |        |      |      |

各项说明如下。

- 编号：按问题现象的编号分配规则给问题现象分配一个序列号。
- 对象名称：是从《对象个体明细表》和《对象组织明细表》中继承来的对象名称（这两张表中包括对象和对象的名称）。
- 问题名称：是对问题现象的简要命名，如河水污染。
- 问题现象：是对因对象组织面向对象的对象提供了某种服务，给对象的对象所带来的不满意的描述，如河水污染带来了环境恶化。
- 交互物：是从交互关系梳理中继承来的交互物名称，可以是信息、物质、能量中的一种，比如说企业排放的污水。
- 交互类型：是指物质、能量、信息中的一种，因为带来危害的可以是物质如药品，可以是能量如装修服务，可以是信息如一篇不负责任的报道。
- 现实值：是对交互物带来的不好结果的量化统计描述。比如80%的当地居民产生强烈不满，又比如当前当地实有蓝天数为150天。
- 理想值：是对交互物带来的不好结果的国际或国内公认的最高或最低的取值标准，比如国外理想的蓝天数是270天。
- 差距：是现实值和理想值的差值，比如蓝天数当地与国外相比差120天。
- 备注：是对表中未说明部分的补充。

### 2. 问题根源分析

问题根源分析，是站在对象组织角度进行分析。在问题现象分析时，我们已经列出了问题现象，问题根源分析是主要针对这些问题现象中对象的交互物所导致的。而交互物是由对象组织相关业务活动生产的，这些业务活动由于不能严格执行标准或不能完全按标准展开而导致交互物出现质量问题。这些由于业务活动不规范或业务原料有问题，就是问题现象产生的根源。

下面仍以上节中的例子造纸企业偷排污水导致环境污染这一问题来分析，偷排污水的主要原因是修建污水处理设施过高、偷排污水的处罚不重。所以在问题根源分析时我们主要将对象在生产过程中的行为进行分析，并将分析结果填写到《问题根源分析明细表》。

**场景案例**：污染源来自天邦净水材料公司，它主要以生产用于净化自来水的聚合氯化铝粉末产品为主。其原材料是废盐酸和铝酸钙粉，由于该公司没有相应的环保措施和设备，导致生产后多余的数千立方米废盐酸水渗漏到下游，而且从2004年建厂后，多次违规偷排生产后的废盐酸水，导致下游的水源被酸化，土地盐质化。

表21-16是一个《问题现象分析明细表》的模板。

表21-16 问题现象分析明细表

| 编号 | 对象名称 | 根源名称 | 根源描述 | 根源行为 | 现实值 | 理想值 | 差距 | 备注 |
|---|---|---|---|---|---|---|---|---|
| | | | | | | | | |
| | | | | | | | | |
| | | | | | | | | |
| | | | | | | | | |
| | | | | | | | | |
| | | | | | | | | |
| | | | | | | | | |
| | | | | | | | | |
| | | | | | | | | |

各项说明如下。

- 编号：按问题根源的编号分配规则给问题根源分配一个序列号。

- 对象名称：是从《对象个体明细表》和《对象组织明细表》中继承来的对象名称（这两张表中包括对象名称）。

- 根源名称：是对问题根源的简要命名，如处罚不严。

- 根源描述：是对对象组织行为进行约束不够或动力不足导致对象组织采取不合规的行为的描述。如没有污水处理措施，修建其成本太高。

- 根源行为：造成问题现象产生的交互物，是哪些不合规行为事项导致产生这种交互物的，如检验行为、采购行为、生产行为。

- 现实值：是对根源行为当前采用的标准、处理次数、投入资源、设备等的定量描述，比如投放到市场上的产品从1000件中抽取一件来检查，以确定该批次产品的合格率。

- 理想值：是同样的行为目前国际或国内处理所采用的标准和规范的要求。如该类投放到市场上的产品国际公认是从100件中抽取一件来检查。
- 差距：是现实值和理想值的差值，比如与国外的抽检行为相比相差10倍。
- 备注：是对表中未说明部分的补充。

### 3. 问题症结分析

问题症结分析是站在业务组织角度进行分析。在问题根源分析时，我们已经分析了产生问题的根源行为是什么。问题症结分析就是分析业务组织中哪个岗位负责此事，而且是否按规定履行职能而导致问题根源行为的发生。

在上面分析问题根源时，我们分析出造纸企业偷排污水导致环境污染的根源是修建污水处理设施过高、偷排污水的处罚不重。站在环保部门角度这些行为的产生应该是部门对污水处理设施的建立没有给出相应的政策和资源、对污水排放的监管不到位、污水排放后的处罚不严厉导致企业私自偷排污水。

所以在对问题症结进行分析时，要把握的关键点是问题症结分析需要站在业务组织角度对产生问题的根源相关的职能履行现状的分析，是因为业务组织履行的手段不够先进、质量不高而导致问题根源的产生，所以我们重点对业务组织的业务职能进行分析，如工作手段、工作质量等，并给出其现实值和理想值，并将结果填写到《问题症结分析明细表》。

**场景案例：** 环保部门对企业下达整改通知书，主要有五点内容：一是要求企业在生产工艺上做到零排放；二是将已经存在的废水处理掉；三是对厂区内酸池加高围堰，做好应急预案；四是对生产过程的完善，做好废水池的防渗处理；五是对企业进行处罚。

表21-17是一个《问题症结分析明细表》的模板。

表21-17 问题症结分析明细表

| 编号 | 业务组织 | 症结事项 | 症结事项简述 | 症结关键 | 现实值 | 理想值 | 差距 | 备注 |
|------|----------|----------|--------------|----------|--------|--------|------|------|
|      |          |          |              |          |        |        |      |      |
|      |          |          |              |          |        |        |      |      |
|      |          |          |              |          |        |        |      |      |
|      |          |          |              |          |        |        |      |      |

各项说明如下。

- 编号：按问题症结的编号分配规则给问题症结分配一个序列号。

- 业务组织：是从《业务机构明细表》、《协同单位明细表》和《工作岗位明细表》中继承来的组织名称或岗位名称。

- 症结事项：是对导致问题根源行为产生的事项的简要命名，从《业务事项分析表》继承而来，如合格证发放。

- 症结事项简述：是对当前症结事项采取的标准、利用的工具、处理的方式、处理的频度等的描述。如对抽检工作事项的描述是：每3个月一次从100家企业中抽取1家企业进行实地水样抽检。

- 症结关键：是从对问题根源行为产生的症结事项简述中分析出事项是标准、工具、方式和频度哪个产生问题根源行为的权值更大。比如在抽检上频度太长、抽检范围太大导致根源问题产生。

- 现实值：是对症结事项涉及的标准、工具、方式、工作量、工作强度等进行定量描述，如目前抽检方式是人工方式。

- 理想值：是对同样的事项目前国际或国内处理所采用的标准和规范、工具、方式、工作量等的定量描述，如目前国外采用的抽检方式是自动化方式。

- 差距：是现实值和理想值的差值，比如与国外的抽检行为相比，我方不能实时实现抽检。

- 备注：是对表中未说明部分的补充。

 **航标灯**：问题症结是关键，它决定了哪些业务事项需要进行改进。

### 4. 相互关系分析

问题现象、问题根源、问题症结三者关系分析就是将问题现象与哪些问题根源相关、问题根源与哪些问题症结相关进行关联。在上述分析过程中因为有一一对应的关系，所以三者关系应该很方便地建立，但要注意的是这三者之间有一些是一对多的，即一个问题根源可以和多个问题现象相关，一个问题根源和多个问题症结相关，所以在关联关系分析时要注意把握。

表21-18是一个《三者关系明细表》的模板。

**表21-18 三者关系明细表**

| 编号 | 现象名称 | 根源名称 | 症结名称 | 关系说明 | 备注 |
|------|----------|----------|----------|----------|------|
|      |          |          |          |          |      |
|      |          |          |          |          |      |
|      |          |          |          |          |      |
|      |          |          |          |          |      |
|      |          |          |          |          |      |
|      |          |          |          |          |      |
|      |          |          |          |          |      |
|      |          |          |          |          |      |
|      |          |          |          |          |      |

各项说明如下。

- 编号：顺序号。

- 现象名称：继承于《问题现象分析明细表》。

- 根源名称：继承于《问题根源分析明细表》。

- 症结名称：继承于《问题症结分析明细表》。

- 关系说明：对三者间是一对一、一对多，或多对多关系的总结说明。

- 备注：是对表中未说明部分的补充。

 **航标灯：问题症结找到，问题根源就能解决，问题现象将得到改善。**

## 21.5.2 目标分析

问题现象分析找出了当前的热点问题、重点问题、焦点问题，确定了问题的范围，然后又进一步找出了业务对象的根源问题，再追溯到业务组织的具体事项，给我们找到了解决问题的办法。问题的范围有了，解决问题的入手点也有了，但解决到什么程度，是需要全盘考虑的。因为在问题分析时，我们都是以理想值作为参照物与现实相比而找出差距的，而现实要达到理想是需要大量的人力、物力、财力的投入的，但当下的问题又不得不解决，只是要确定一个解决的程度，也就是要在现实和理想中选取一个可以实现的目标值。

问题现象分析是一种从外向内、由远及近的逆推法,那么目标的分析就是自顶向下的分层递进的分解法。我们将目标分为总体目标、业务目标、作业目标三层。总体目标是站在业务对象角度提出的,比如三年内我们要实现对区内1万家企业的财务信息实时入库,提升对全区企业财务状态的动态跟踪水平,其中3年、1万家就是总体目标;业务目标是站在业务组织角度提出的,是对总体目标实现的支撑,比如为了实现3年内1万家信息的实时入库,在现有人数60人不变的情况下,分三年投入1000万元建立现代化的信息采集系统,使人均采集水平由现在的1人100家提升到1人500家,其中60人不变、1000万元建设系统、人均效率提升5倍就上业务目标,60人×500家/人=30 000家,可见这个总体目标是可以实现的;作业目标是站在业务岗位的角度提出的,是通过对业务事项的流程、工具、方法技术的改进来实现业务目标的支撑,比如,原来一家企业信息的采集,从采集、审核、入库要2天时间,采集半天、审核1天、入库半天,采用信息化工具后采集、审核、入库只需要0.5天,业务办理水平提升了4倍。总体目标、业务目标、作业目标对未来的信息化建设提出了相应的质量要求。

> 🚩 **航标灯**:问题现象分析是一种从外向内、由远及近的逆推法,那么目标的分析就是自顶向下的分层递进的分解法。

目标分析将工作规划、工作总结等业务资料以及问题根源症结的分析成果等作为基础,运用逻辑思维方法和系统科学方法,分析出各类目标的目标值、与理想值的差距、目标实现等要素,并填写到相应的表格中。

目标分析过程由总体目标分析、业务目标分析、作业目标分析三个业务活动构成,如图21-15所示。

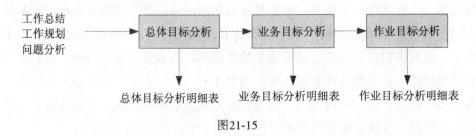

图21-15

分析工作主要根据对业务资料和已分析工作成果按照目标分析方法将分析成果填写到《总体目标分析明细表》、《业务目标分析明细表》、《作业目标分析明细表》三张表中。

目标分析工作主要依据工作总结、工作规划、问题提炼成果三类材料。工作规划是业务单位根据自身实际状况对未来各项工作所做的规划，其中已包含要实现的目标，是目标设定工作的主要依据材料；业务单位自身会根据实际工作的情况对存在的问题进行总结并分析问题出现的原因，并提出具体的解决措施，以及落实措施所需的时间、人员、设施等要求；问题提炼的工作成果，对各问题的现实值和理想值做了充分分析，其中理想值和目标值的作用是相同的，目标值可以大于理想值也可以小于理想值，对于目标设定是一个重要参考。

问题和目标两者要相互联系、相互比较地进行分析和综合，不能孤立地对待；目标一定要量化，最主要的是时间、空间的量化，这样在系统定量计算时才有依据，才能评判出信息化系统对于目标实现的贡献程度；一定要注意每类目标面向的对象，将对象的属性进行拆分作为目标分项进行分析。

 **航标灯：目标是由总体目标、业务目标、作业目标构成的。**

### 1. 总体目标分析

总体目标是站在对象角度和社会角度，根据业务组织的实际状况，基于对社会普适价值观的认识程度而确立的。比如以一个面向中老年人提供保健产品的企业为例，其总体目标设定要站在中老年人、投资者角度、社会成员角度，对于中老年人总体目标设定为覆盖的区域、覆盖的人群数量、服务的满意度较上一年提高多少，对于投资者角度总体目标设定为回馈投资者的利润较上一年提高多少个百分点。所以在对总体目标进行设定时，应将重点放在对对象组织分析成果中的对象个体、对象组织进行目标设定上，将当前目标值、今后目标值、期望实现时间等要素分析出来，并填在《总体目标明细表》中，如表21-19所示。

表21-19 总体目标明细表

| 编号 | 目标名称 | 目标说明 | 目标对象 | 目标类型 | 现状值 | 目标值 | 实现时间 | 备注 |
|---|---|---|---|---|---|---|---|---|
|  |  |  |  |  |  |  |  |  |
|  |  |  |  |  |  |  |  |  |
|  |  |  |  |  |  |  |  |  |
|  |  |  |  |  |  |  |  |  |
|  |  |  |  |  |  |  |  |  |
|  |  |  |  |  |  |  |  |  |
|  |  |  |  |  |  |  |  |  |
|  |  |  |  |  |  |  |  |  |
|  |  |  |  |  |  |  |  |  |

各项说明如下。

- 编号：顺序号。

- 目标名称：是对目标内容说明的简称，如覆盖比例。

- 目标说明：是对目标内容的设定情况进行说明，如该产品覆盖国内省份的比例。

- 目标对象：是从《对象个体明细表》和《对象组织明细表》中继承来的对象名称，如育龄妇女。

- 目标类型：从定量或定性两种类型中选其一。

- 现状值：是当前的针对这类目标对象的统计值，如覆盖程度不到50%。

- 目标值：是基于现状目标值需提高或下降的要实现的目标值，如覆盖程度提高到70%。

- 实现时间：对设定目标值实现的启动时间、时间段和结束时间描述。

- 备注：是对表中未说明部分的补充。

> 航标灯：总体目标是站在对象角度提出的，对象的满意度提升是业务改进的关键。

## 2. 业务目标分析

业务目标是站在业务组织的管理者角度，根据业务组织的实际状况，依据

376

总体目标的实现将其分解到业务组织的各职能域的实现目标上。还以上一节的例子来讲解，要实现对中老年人覆盖的区域、覆盖的人群数量的增长，在销售职能域就需要新建网点，在宣传职能域就需要加大广告力度，在生产职能域就需要扩大产能。所以在业务目标设定时应重点以业务组织分析成果中的业务组织为单位，对其所负责的职能域进行目标设定，将目标现状值、今后目标值、实现时间等要素项分析出来，并填写在《业务目标明细表》中，如表21-20所示。

表21-20 业务目标明细表

| 编号 | 目标名称 | 目标说明 | 业务域 | 目标类型 | 现状值 | 目标值 | 实现时间 | 备注 |
|---|---|---|---|---|---|---|---|---|
|  |  |  |  |  |  |  |  |  |
|  |  |  |  |  |  |  |  |  |
|  |  |  |  |  |  |  |  |  |
|  |  |  |  |  |  |  |  |  |
|  |  |  |  |  |  |  |  |  |
|  |  |  |  |  |  |  |  |  |
|  |  |  |  |  |  |  |  |  |
|  |  |  |  |  |  |  |  |  |
|  |  |  |  |  |  |  |  |  |

各项说明如下。

- 编号：顺序号。

- 目标名称：是对目标内容说明的简称，如内部审批时限。

- 目标说明：对目标内容的设定情况进行说明，如内部审批时限从3天缩减到1天。

- 业务域：该目标实现所在业务域，可以是1个域也可以是多个域，如申请、审核、审批三个行为域（业务域分为资源域、关系域、行为域）。

- 目标类型：从定量或定性两种类型中选其一。

- 现状值：是当前业务域的时间指标、空间指标等，如申请完成需20分钟、审核完成需60分钟。

- 目标值：是基于现状目标值需提高或下降的要实现的目标值，如申请完成降低到5分钟。

- 实现时间：对设定目标值实现的启动时间、时间段和结束时间进行描述。

- 备注：是对表中未说明部分的补充。

> 航标灯：业务目标是站在业务组织角度来制订的总体目标在各业务域的分解。

### 3. 作业目标分析

业务目标是站在业务组织的执行层角度，根据业务组织的实际状况，依据制订的业务目标实现将其分解到业务组织的各工作岗位的作用项上，针对作业项制订目标。还以上一节的例子来讲解，要实现对中老年人的服务满意度提高的总体目标，业务组织面向财务部门、仓库部门提出了加快货物周转速度的业务目标，财务部门将业务目标分解到出纳工作岗位上，出纳工作岗位上需在发票开具时间上由原来的3分钟缩短到1.5分钟的作业目标，仓库部门对发货通知岗位制订了需在发票开出后最短时间内通知物流部门进行发货的作业目标。所以在作业目标设定时重点要以业务组织分析成果中的工作岗位为单位，将其所负责的业务工作中的关键业务活动列出，并将业务活动当前完成时间、目标完成时间、服务对象数量等要素分析出来，填写在《作业目标明细表》中，如表21-21所示。

表21-21 作业目标明细表

| 编号 | 事项名称 | 事项说明 | 工作岗位 | 目标类型 | 现状值 | 目标值 | 实现时间 | 备注 |
|------|----------|----------|----------|----------|--------|--------|----------|------|
|      |          |          |          |          |        |        |          |      |
|      |          |          |          |          |        |        |          |      |
|      |          |          |          |          |        |        |          |      |
|      |          |          |          |          |        |        |          |      |
|      |          |          |          |          |        |        |          |      |
|      |          |          |          |          |        |        |          |      |
|      |          |          |          |          |        |        |          |      |
|      |          |          |          |          |        |        |          |      |

各项说明如下。

- 编号：顺序号。

- 事项名称：是从《业务事项分析表》继承而来，如发票录入。

- 事项说明：是从《业务事项分析表》继承而来，如针对发标单报了必填的10项进行录入，在录入完后要进行人工核对，然后交给财务。

- 工作岗位：该业务事项的工作岗位是从《工作岗位明细表》、《对象个体明细表》和《对象组织明细表》中继承而来，如报销人、财务岗等。

- 目标类型：从定量或定性两种类型中选其一。

- 现状值：是当前的从事该业务活动的时间指标、工作方式等，如发票录入需10分钟，采用手工方式校对。

- 目标值：是采用现代化手段之后实现的目标值，如发票录入在1分钟之内完成，采用自动化方式校对。

- 实现时间：对设定目标值实现的启动时间、时间段和结束时间的描述。

- 备注：是对表中未说明部分的补充。

> 航标灯：作业目标是站在用户和对象具体岗位的角度设定的各业务活动的目标。

### 4. 业务改造视图

业务改造视图是在前期资料研究和现场调研工作中得到的完整的、准确的、逻辑的业务全景视图的基础上，遵循"问题决定范围、目标决定深度"的思想，依据问题分析和目标分析，采用先做减法和加法的方法，得到的业务改造视图，为未来业务改造指定范围和目标。业务全景视图和业务改造视图的关系模型如图21-16所示。

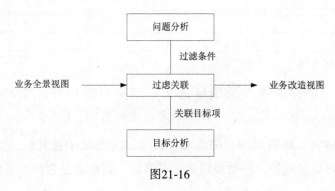

图21-16

业务改造视图是业务研究阶段工作的最终成果，是应用建模、系统规划等后期工作的基础。所有各阶段工作均是在业务改造视图范围内完成，不包括在范围内的业务将不纳入工作中。分析人员可以将精力集中在边界内，而不要受到其他干扰，避免了以往的要么认为应该纳入，要么认为不应该纳入的这种完全凭经验而理性和科学性不足的业务需求边界范围的界定模式。

业务改造视图的编制分两步，第一步是将原有的《业务事项分析表》中的每一个业务事项与《问题症结分析明细表》做比对，在《问题症结分析明细表》中有的事项将继续在《业务事项分析表》中保留，没有的则去除，这就是给《业务事项分析表》做减法；第二步是将做过减法的《业务事项分析表》中的每一个业务事项与《作业目标明细表》做比对，将《作业目标明细表》中的目标值和业务事项分析表中的某些字段属性填充到《业务改造视图表》中，这就是通常所说的做加法。

《业务改造视图表》如表21-22所示。

表21-22 业务改造视图表

| 编号 | 业务域名 | 业务事项 | 业务活动 | 作业目标 | 备注 |
|------|----------|----------|----------|----------|------|
|      |          |          |          |          |      |
|      |          |          |          |          |      |
|      |          |          |          |          |      |
|      |          |          |          |          |      |
|      |          |          |          |          |      |
|      |          |          |          |          |      |
|      |          |          |          |          |      |
|      |          |          |          |          |      |
|      |          |          |          |          |      |
|      |          |          |          |          |      |

各项说明如下。

- 编号：依据业务事项编号定义规则给出序列号，如BR-1，BR是（Business Requirement）业务事项需求的简称，1是序号。

- 业务域名：从资源域、关系域、行为域三类域中选其1，比如业务活动是客户信息维护，按照规则属于资源域，其命名是客户信息域。

- 业务事项：业务事项是多个业务活动组合关系的抽象，它可以是并列的协同关系，也可以是层次的依赖关系，如客户信息域包括的业务过程应有类型定义、客户维护、信息查询、客户统计等业务过程，其中类型定义由类型增加、删除、修改等业务活动构成。

- 业务活动：业务活动是拆解到能由一个人操作完成的工作项，如客户类型信息中的录入工作。

- 作业目标：是采用现代化手段之后该业务事项所要具有的特性，如发票录入在1分钟之内完成，采用自动化方式校对。

- 备注：是对表中未说明部分的补充。

> 航标灯：面向业务全景视图依据问题和目标得到业务改造视图，这是业务研究工作活动的成果。

# 第22章
## 应用建模

应用有两个显著的特征，一是面向信息系统的某个类用户的；二是解决其某个问题或某几个问题。换句话说就是利用信息系统提供的功能解决用户现实中不能有效完成而借助信息系统能够有效完成的问题，这个就叫应用。建模就是采用表格化、图形化、公式化的方式，将系统的构成及其构成间的关系呈现给人们的一种技术方法。使人们能够看到全局，能够感知，解决了自然语言表达上的局限性。应用建模就是把应用中的功能通过模型化的方法将功能的构成和功能间的关系呈现给人们。

## 22.1 目的意义和方法

本书所说的应用建模是由业务建模、系统建模和体系建模三个建模共同构成的应用建模。应用建模是从业务系统转向信息系统的中间过程，是业务系统和信息系统之间的桥梁。

 **航标灯：应用建模是业务系统和信息系统之间的桥梁。**

业务研究的主要工作成果是改造视图，它是在业务全景视图的基础上依据问题和目标抽取而形成的，它明确了业务改造的范围，突出了重点，明晰了边界。无论是用信息系统或其他工具手段来改造业务，都只是在业务改造视图范围内展开，这大大减少了后期各项工作的工作量，而且实现后的系统也是最具价值的。

**航标灯：业务改造视图明确了业务改造的范围，缩小了范围，突出了重点，明晰了边界。**

应用建模正是在改造视图的范围内进行的建模。业务改造视图只给出了业务事项的概念和概念与概念之间的关系，而没有给出概念的内涵。应用建模中的业务建模也就是对概念内涵的建模，是对概念内涵的细化，比如在业务改造视图中只给出了业务单证、业务规则的名称，但没有给出业务单证的内部构成、业务规则的判断过程，而这些都是业务建模所需要做的工作。

应用建模中的系统建模是在业务建模的基础上展开的。如果说业务建模是系统的概念建模，那么系统建模就是系统的逻辑建模。通过系统建模可以对业务建模进行过滤和转换，系统建模的作用包括：

（1）去掉业务建模中不能被信息化的业务事项，并给出其他的解决建议。

（2）将概念模型转换成逻辑模型，一个业务事项应该由信息系统中的几个模块共同支撑来完成，也就是说要将业务事项分解成信息系统的几个模块。

（3）基于业务事项分解的多个系统模块和其他业务事项的某些系统模块具有共性，所以需要进行系统模块的归约。

体系建模是在系统建模的基础上对系统功能和系统数据之间关系的建模。应用建模的工作成果将为需求开发中的需求获取和系统功能初步设计建模奠定坚实的基础。也可以说需求分析活动的功能需求模型和数据需求模型是对系统建模的进一步细化。

应用建模是用结构化的形式及功能、数据归约的方法对业务研究成果进行研究，其核心是围绕着组成业务的两个核心要素功能和数据来分析的，进而转换成系统的功能和数据。应用建模工作是由业务建模、系统建模和体系建模三部分来完成的。应用建模的工作过程模型如图22-1所示。

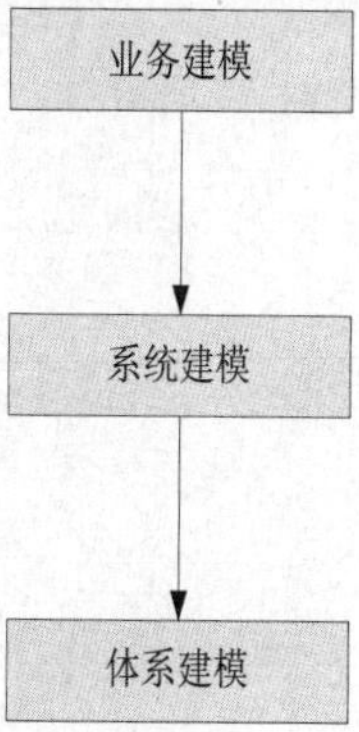

业务建模包括职能模型和视图模型，职能模型由职能域、业务过程、业务活动三个部分构成，视图模型由视图表、视图元素、数据流三个部分构成。

图22-1

系统建模包括功能模型和数据模型，功能模型由子系统、功能模块、程序模块三个部分构成，数据模型由主题库、基本表、数据元素、子系统与数据关系四个部分构成。

体系建模由模块与数据存取关系、子系统与数据存取关系两部分构成。应用建模是业务领域往信息化领域的映射，是整个需求规划的关键环节，应用建模期间始终围绕业务与业务在信息化领域的外部表现关系的建立而进行，而信息化实现所需的其他要素如接口、终端等将在需求开发中进行分析。

## 22.2 业务到系统的映射方法

业务和系统的映射方法是应用建模工作中的基本方法，也是需求规划工作过程中的一个重点和难点。需求规划中包括业务和系统两部分内容，研究业务是认识业务的内在规律，研究系统是在业务内在规律认识的基础上进行技术研究，使系统能够支撑业务。

业务是业务各要素在信息世界的系统的投射，系统的各组成要素进行权限分配和组合后就是业务的全部。其中业务有两个核心要素事项和数据，同样系统也有两个核心要素功能和数据，业务事项和系统功能的投射系统模型如图22-2所示。

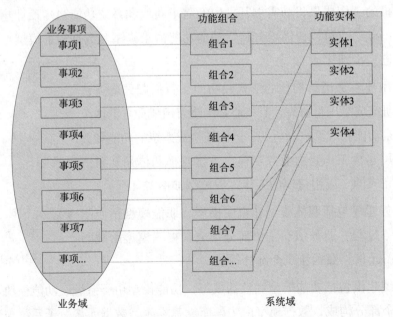

图22-2

业务事项是我们对一个事物的整体认识的称谓，它由一个或多个具体的业务活动组成，事项又是由主体、行为、客体要素组成，业务活动就是对主体操作、客体操作、关系操作等活动组成，构成一个事项的整体。系统功能也是对一个或多个功能实体组合运行后满足某种目的的称谓，功能实体少于功能组合。通过上图可以看出我们解析的业务事项实际上是和系统功能实体组合关系对应起来，而一个系统本身是有有限的功能实体组成，而功能实体又应对着主体操作、客体操作、关系操作。所以分解出业务事项，解构出业务事项的业务活动，则相应的系统的组成实体也就出来了。业务数据和系统数据的投射关系如图22-3所示。

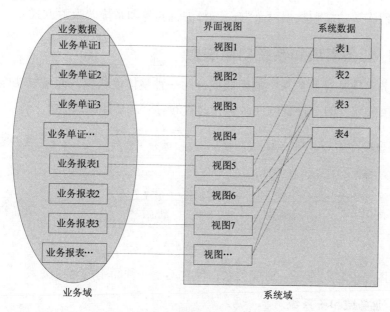

图22-3

业务数据一般由结构化数据和非结构化数据组成，结构化数据一般表现为业务单证和业务报表，在此我们重点谈业务单证和业务报表与系统数据的映射。业务数据在系统域是以交互视图或显示视图方式体现，而真正的系统数据是由有限的几张表组成，界面视图上的数据均是由这些有限的数据表组成。

总之业务研究工作是由低层到高层，即由事项到业务域，而系统研究工作是由高到低，对应业务层次——对应，其时间上也呈现先业务，后系统。其关系模型如图22-4所示。

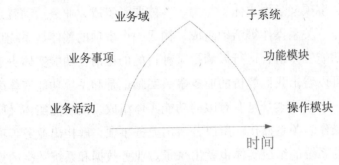

图22-4

我们将从功能和数据两个方面，来讲解业务和系统的映射方式。

## 22.2.1 业务事项和系统功能映射

业务事项是对业务系统的组成成分的一种整体性认识，而系统功能是对信息系统组成成分的一种整体性认识，两者的对应关系如图22-5所示。

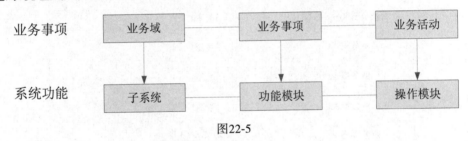

图22-5

上图是说它们有一一对应关系，但它不是一种简单的对应关系。

### 1. 业务域和子系统

域是一种逻辑概念，是意识层面上的一种认知，是系统论指导下的一种对结构的划分，域是边界的界定。一个域有一个核心物，该核心物紧密关联的其他物就组成了一个域，域是从多个区里的组成物分解后，多个区的某一共性核心物组合起来就是域了。区是一个物理概念，是可视的。域有其特质，是相对的独立性，域间又有其关联性。业务域是指一个组织的业务活动领域，它不是组织结构的一种划分，而是组织功能的一种抽象划分。以企业来说我们通常说"产、供、销、人、财、物"就是一种域的划分，实际上我们可以按照主体、行为、客体组成部分来划分域，主体主要指人，又可划分系统内的人、系统外部环境的人，如内部人员、外部客户，客体主要是指物质、能量、信息，物质如钱、物品等，客体划分一定是不同作用的物的划分，行为主要是自身围绕客体生产和外部交互来划分，如产品生产、外部供应、客户服务、市场宣传等。对于组织而言人、财、物是3个基本域，是所有组织共有的，而其他域则需要根据组织性质来划分，如高校的域划分就是"人、财、物、教、学、研"，而政府的域划分就是"人、财、物、行政执法、政策宣传、政务研究、宏观决策、监测分析"等，所以域的划分是要根据作用来划分的，而组织与组织本质的区别是在行为上的区别，而同类型组织其域都相同，只是客体和对象不同而已。

子系统是信息世界的一种物理划分，是一个可识别的计量单位。一个子系统是有其目的性和相对的独立性，可以接受外部委托提供信息服务，如存储、输出、传递、修改等服务，子系统划分的大小是相对的。由于它和业务域有相同的特性，所以可以实现映射。业务域和子系统一一对应，可以方便与用户进行交流和沟通，而且可以度量客户的信息化建设状况。如人力资源业务域，相对应的子系统我们可以称为人力资源系统。

 **航标灯：业务域和子系统基本上是一对一的映射关系。**

### 2. 业务事项和功能模块

业务事项是由一系列多人协同或单人完成多个业务活动总体认识的一个称谓，业务事项又可以叫业务过程，是业务域的组成要素，业务事项有其目的性，是由主体、行为、客体3个要素组合构成。业务事项的称谓一般有主体客体组合、客体行为、行为客体、行为主体、主体行为、主体客体6种组合方式，比如人力资源域其业务事项有组织管理、职工管理、干部管理、党员管理、教育培训、工资管理、社会保险、人事档案、人事政策等。

功能模块是子系统的组成要素，一个功能模块由多个操作模块组成，功能模块是一种对子系统作用认知的划分法，也是系统操作的指引路径。功能模块的作用体现，是由几张强相关的数据表来支撑的，操作模块是对某个表或某几个表的操作，而表是一个结构整体。功能模块和业务事项不是一一对应的，但与功能实体组合后起到的效果是一一对应的。这说明功能模块是面向结构的，而业务事项是面向内容的，而内容是结构要素项中的一个值。人力资源域中的职工管理、干部管理、党员管理这3个事项，实际上其信息结构是一致的，只是其中人员类型这一属性项不同，由于其信息结构一致在人力资源子系统中用一个称为员工信息管理的功能模块来对应，这也反映了功能模块是以信息为核心来处理的，而业务事项是以分类内容来处理，一个面向信息结构，一个面向信息内容。这是一种功能规约的表现。

不是所有的业务事项都能计算机化，这就需要我们对业务事项进行分析，业务事项可分为3类：可以由计算机自动进行的，可以由人机交互完成的，还需人工完成的。根据分析情况，来进行操作模块的设计。

功能模块和业务事项的映射模型如图22-6所示。

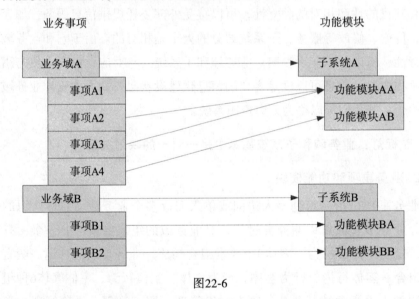

图22-6

业务事项和功能模块映射时的规则：

- 业务事项和功能模块，是一种规约的映射，规方是业务事项，约方是功能模块，因为双方都是逻辑层面的划分，功能模块是在业务事项基础上的再一次抽象。
- 多个业务事项映射到一个功能模块上，也可以一个业务事项映射到一个功能模块。当多个业务事项映射到一个功能模块时，必须是业务活动相同的，其业务视图相同，才可以映射到一个功能模块上。

- 业务事项的业务活动相同，但其业务视图不同，不能映射到同一个功能模块，业务事项的业务活动不同，但其业务视图相同，也不能映射到同一个功能模块。

- 业务事项名称和功能模块名称，是将业务事项的主体词汇或客体词汇进行再一次抽象，行为词汇再一次抽象，将抽象的词汇合成一个功能模块名称。

- 功能模块的一个具体的派生就是一个业务事项，任何一个功能模块都要能在业务事项找到自己的对应，没有业务事项的功能模块不存在。

- 当业务事项找不到映射的功能模块，要么是该业务事项还需人工完成，要么是映射时有遗漏，在两边比对时要注意。

 航标灯：业务事项和功能模块是一对一或多对一的关系。

### 3. 业务活动和操作模块

业务活动是业务事项分解后最基本的、不可再分的最小功能单元。业务活动的称谓一般是行为客体组合方式，关注的是行为。每一个业务活动一般由一个人来操作完成。以人力资源中的员工管理业务事项为例，其业务活动包括员工建档、岗位设置、员工奖惩、员工换岗等，我们可以看出一个活动实际上是员工一个属性项的处理。

操作模块是子系统中的一个基本单元，但不是最小单元。一个操作模块可以作为一个任务交由程序员去完成，它是可以在代码编制管理体系中一个管理单位。在系统交互过程中操作模块也是一个操作的路径指引，点击操作模块才会出现用户最终的操作界面。操作模块和业务活动也不是一一对应的，但通过操作组合能够体现其一一对应关系，即动态对应，而不是静态对应。如人力资源子系统的员工管理功能模块下有3个操作模块，员工信息维护、员工信息查询、员工信息统计，其中员工信息维护对应着业务活动中的员工建档、岗位设置、员工奖惩、员工换岗4个业务活动，因为操作模块是面向结构整体来处理的，而业务活动是面向属性来处理的。这是一种操作规约的表现。

不是所有的业务活动都能计算机化，这就需要我们对业务活动进行分析，业务活动可分为三类：可以由计算机自动进行的，可以由人机交互完成的，还需人工完成的。根据分析情况，来进行操作模块的设计。

业务活动和操作模块的映射关系如图22-7所示。

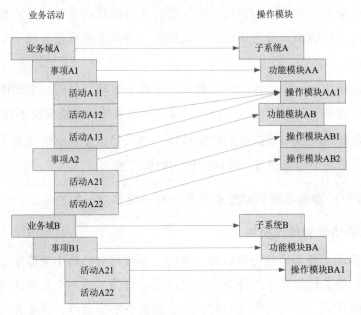

图22-7

- 操作模块是子系统的最小的功能单元，是一个可见的实体，操作的效果是以记录结构形式为单位请求计算机完成并给出反馈结果。业务活动多以对要素的操作来展开的活动。而要素是记录的组成部分，所以业务活动与操作模块之间具有多对的关系，也就是说多个业务活动可以映射到一个面向结构记录的操作模块上。

- 多个业务活动映射到一个操作模块上也可以一个业务活动映射到一个操作模块。当多个业务活动映射到一个操作模块时，业务活动的对象必须是操作模块对应记录结构的一个要素，才可以映射到一个操作模块上。

- 业务活动的对象和操作模块的记录结构没有要素对应关系时，业务活动不能映射到该操作模块上。

- 业务活动名称和操作模块名称，是将业务活动的主体词汇或客体词汇进行再一次抽象，行为词汇再一次抽象，将抽象的词汇合成一个操作模块名称，多以表名+行为这种方式来称谓。

- 操作模块的记录结构中的一个要素应能对应到一个业务活动上。任何一个操作模块都要能在业务活动中找到自己的对应，没有业务活动的操作模块不存在。

- 当业务活动找不到映射的操作模块，要么是该业务活动还需人工完成，要么是映射时有遗漏，在两边比对时要注意。

 航标灯：业务事项和功能模块是一对一或多对一的关系。

## 22.2.2　业务数据和系统数据映射

　　系统论认为系统是具有开放性的，系统与环境做着物质、能量和信息的交换，以使系统有序稳定地运行。业务数据是业务事项和业务活动的处理信息，也是业务事项间和业务活动间交换的信息，它是连接业务域内的纽带。系统数据是功能模块和操作模块的处理信息，也是功能模块间和操作模块间交换的信息，它是连接系统的纽带。业务数据和系统数据映射关系如图22-8所示。

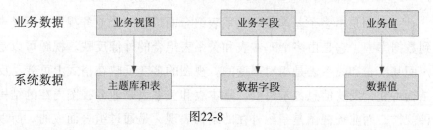

图22-8

　　业务数据和系统数据有一一对应关系，但不是简单的一一对应，系统数据要根据数据库相关知识进行转化处理。

### 1. 业务视图与主题库和表

　　业务视图的格式有业务单证、业务报表、业务图形、业务文件等，它有两种类型，一种是结构化的，另一种是非结构化的，非结构化的如业务文件。业务视图从其作用上可以分为输入、存储、输出3种。业务视图从时间上看具有一定的时间周期，在时间周期内有效，在时间周期外将会失效。业务视图从空间上看，具有一定的记录数，会产生数据量。业务视图从标识上来看，具有一个唯一的区别于其他视图的编号。业务视图从其功能上来看，是业务事项和业务活动的生产场所和交互中介。业务视图从范围上来看，它隶属于某一个业务域，如员工登记表、员工奖惩表就属于人力资源这一业务域。

主题库类似于我们的域划分，是一种逻辑概念，和数据库中的逻辑库概念一致，主题库由基本表和关系表组成，主题库是认知、查找、交流的一种抓手和访问的路径。基本表是一个主题库中性质体现的表，是有别于其他主题库的特有属性，一个主题库可以有一个或多个基本表，基本表总是和与它强相关的多个关系表关联。如人力资源主题库有一个基本表——员工基本信息表，与基本表相关联的有员工家庭状况关系表、员工教育情况关系表、员工工资关系表等，再比如产品主题库有两个基本表——产品基本信息表、产品价格信息表。主题库之间具有关联关系，但是是一种弱相关关系，如人力资源主题库和生产主题库，员工基本信息表和生产人员排班计划表就有关系。基本表是一个事物的固有属性和特有属性组成的表，而关系表是该事物其他的附属属性组成的表，如人作为一个个体，有其名称、出生日期、性别、照片、民族等属性，而个体的又有家庭关系、社会关系、教育关系、医疗关系等，其中家庭关系、社会关系就是关系表。

业务视图是由多个基本表和关系表组合而成，一个业务视图并不是直接映射到数据库中，它是由多个基本表和关系表组合的外像反映。视图可以是多变的，而基本表和关系表是相对不变的。视图的多变反映在格式上可变，反映信息结构可变，反映信息数量可变。基本表和关系表是业务视图内在的结构，是一种规律，而业务视图是一种外在的结构表现，是通过组合而成的。所以在对业务视图解构时一定要找出其内在的结构，映射到系统域中。这是一种数据归约的反映。

 **航标灯：业务视图和基本表之间是一对多关系。**

## 2. 业务字段与数据字段

业务字段是业务视图的最小组成单位，业务字段具有名称、类型、数量、范围、命名规则、职值规则、计算规则、约束关系、作用等属性。业务字段名称的组成规则是长期的约定俗成的，一般来说是由域词汇、类词汇、属词汇组成，如社会保险编号，编号是一种属词汇，是一种标识，保险是一种类词汇，是区别于其他编号的，社会是一个域词汇，是在哪个范围内起作用的。业务字段名称必然包含属词汇和类别词汇，是否有域词汇则视是否清晰区别而定。业务字段名称是用自然语言命名的。由于业务字段名称组成规则不是所有人都能掌握，所以命名比较乱，在对业务视图解构时要指出其问题并在转化到系统时加以纠正。

数据字段是基本表和关系表的最小组成单位，数据字段具有名称、类型、数量、范围、取值规则、计算规则、约束关系、作用等属性，这与业务字段基本是同构的。数据字段名称的组成规则明确规定是由域词汇、类词汇、属词汇组成，并且命名是由英文或汉语拼音表示。数据字段名称要符合一致性，即在所有表中出现同一名称的数据字段其定义是一致的，指向物是一样的。属词汇由四类词汇组成即时间、空间、数量、单位，属词汇是描述数据字段名称一般性的用途或功能的词汇，而且数量是比较少的，不具有领域特征的。时间细分可以是时点、时段，如日期、季度、月、时间等，空间细分可以是标识、类型、内容，如编号、编码、名称、正文，数量细分可以是数量、计数、比例等，单位则是一个不可再分的属词汇。属词汇确定下来，则数据字段的长度就定下来了。类词汇由主体类、行为类、客体类等组成，主体类如员工、干部、退休人员、客户、供应商，行为类如生产、采购、出售等，客体类如账单、订单、公文、凭证等，是具有行业特性的一种词汇，域词汇就是指出该领域的特点，和业务域、系统域划分一样，是一种认知的抓手。数据字段的名称是逻辑的名称，而不是物理名称，我们应根据字段的性质来命名，而不是将何时何地何人使用来命名，因为属词汇具有互斥性。在业务视图中我们常见的有一月收入、二月收入、三月收入这样的业务字段，而在数据元素中它是3个字段，即收入时间、收入数量、收入单位。

业务字段和数据字段虽然在结构上是同构的，但在字段的精细化程度和规则刚性方面是不同的，所以从业务视图到系统表不是一一映射，同样的业务字段和数据字段上也不是一一映射的，但有关联关系，在业务视图解构时要综合利用这种映射。

 **航标灯：业务字段是要经归纳才能与数据字段相对应。**

### 3. 业务值与数据值

业务值是业务字段的业务内容取值，内容取值有数字、文字、语音、图形、图像等多种形式。业务内容是有属性和特征的，有一定的规则和方法，可以是分类取值、随机取值、规则取值，分类取值如性别，有男、女；随机取值如金额可以是整数，也可以是小数；规则取值如身份证编号。业务值实际上是业务事项和业务活动的成果体现、质量体现，取什么值是需要一定的知识和技能，我们说一个事的质量好坏，更多地取决于值的正确性、合理性、有效性。考量一个需求分析做得细不细的标准，是是否给出了业务值的属性和规则。业务值多是以可视的长短不等的框中的内容来表现的。

数据值是数据字段的业务内容取值，内容取值有数字、文字、语音、图形、图像等多种形式。数据内容是有属性和特征的，有一定的规则和方法。相对于业务取值的分类取值，在数据分类取值时我们叫信息分类。信息编码就是在信息分类的基础上，对信息对象赋予一定的规律性和计算机与人识别与处理的符号。信息编码分类有3种，第一种是扩充性编码，是随着信息的增加而逐步扩充的，如身份证号、员工编码、客户编码；第二种是稳定性编码，即编码内容相对来说是不变的，可被多个系统共享的，如行政区划编码、职称编码、文化程度编码；第三种是高频度编码，是稳定性编码的进一步细化，在系统中被高频度使用，与内存频繁交互的，需要独立设数据表存放，如性别、婚姻状况等。对应于业务值的其他类取值数据值可以直接映射。数据值是业务值的内在形式，业务值是数据值的外在表现，业务值表现为长短不一的表达形式，而数据值是类型上固定的，比如金额的业务值1000.00和99 999 999.00，而金额的数据值都是用4字节的浮点数来存储，所以在金额字段长度设置上不是10或更长，而是4，不能依据业务视图上表现的长短来定义字段长度。

 **航标灯：业务值和数据值是概念和逻辑二元键值对。**

### 22.2.3 业务域和系统域与数据的关系

#### 1. 业务域与业务数据的关系

业务域与业务数据相互联结又相互独立，业务数据是业务事项的作用场所，也是工作成果的证明，业务事项间又是通过业务数据实现信息的交换，这种通过业务域关联业务数据关系的研究方法叫数据流，用于说明业务域与业务数据的关系。数据流的研究包括数据流向和数据流量两部分的内容。数据流向包括业务域间的数据流向（简称为一级数据流程）和业务事项间的数据流向（简称二级数据流程）。

一级数据流程是反映每个业务域的业务数据的输入、输出、存储的数据流，用于反映业务域的数据的整体性。一级数据流程的基本组成要素为数据流名称、相关域、研究域、数据视图、数据视图性质等。每个业务域应该有一个一级数据流程，用于说明数据的输入来源，数据的输出去向，业务视图的名称和方向，从而对业务域有一个整体的把握。以教务管理域的一级流程为例如图22-9所示。

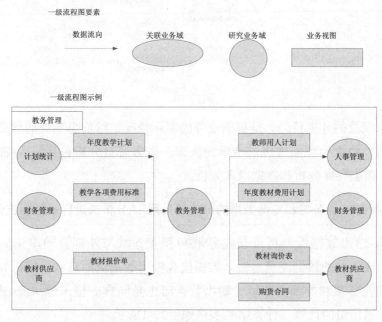

图22-9

二级流程是对某一业务域的业务事项和业务视图关系的细化。二级数据流程的基本组成要素为数据流名称、相关域、业务事项、生产视图、数据流向、使用视图等，从而对业务域的内部业务事项间的数据流向有一个整体把握。以教务管理域的二级流程为例如图22-10所示。

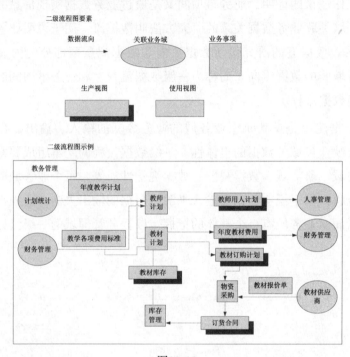

图22-10

数据流量的分析目的，是根据业务的实际情况，给信息系统的数据存储、网络通信、数据处理能力提供准确的依据。数据流量分析包括输入/输出数据流分析、数据存储分析和数据录入分析。

> 航标灯：业务域和业务数据的分析是采用SA分析法进行的数据流分析。

输入/输出数据流分析是指业务域间和业务域与外部协同单位的数据流量。一个业务域的数据流量是输入数据流和输出数据流的总和，输入数据流来源于其他业务域和外部业务域，输出数据流也是同样。输入/输出数据流分析主要用于通信量的计算。计算结果表格如表22-1所示。

表22-1 计算结果表

| 业务域名称 | | | | | | |
|---|---|---|---|---|---|---|
| 输入流量统计 | | | | | | |
| 来源 | 序号 | 业务视图 | 频度 | 日流量（KB） | 月流量（MB） | 年流量（MB） |
| | | | | | | |
| 输入流量小计 | | | | | | |
| 输出流量统计 | | | | | | |
| 去向 | 序号 | 业务视图 | 频度 | 日流量（KB） | 月流量（MB） | 年流量（MB） |
| | | | | | | |
| | | | | | | |
| 输出流量小计 | | | | | | |
| 业务域流量总计 | | | | | | |

数据存储流量分析是指将录入数据或输入/输出数据需要进行存储的，即生产加工过的数据存储，主要是用于数据存储量的计算。其计算表格如表22-2所示。

表22-2 计算表

| 业务域名称 | | | | | |
|---|---|---|---|---|---|
| 序号 | 生产视图 | 频度 | 日流量（KB） | 月流量（MB） | 年流量（MB） |
| | | | | | |
| | | | | | |
| 合计 | | | | | |

数据录入分析是指对输入和输出数据流相对性的分析，即一个业务域的输入是另一个业务域的输出，这样我们就可以通过信息共享来处理数据录入，如果是另外一个业务域的输出，就不需要进行数据录入，而只需使用就行了。如果输入数据流来自外部，我们可以做自动化的转入，如果没有做这种转入，那就只能进行手工录入了。

通过上面对业务域、业务事项与业务视图数据流向关系和数据流量的计算分析，我们对业务域中数据的全貌有了一个定性定量的清晰认识，这对于系统设计和系统测试等软件开发环节都会有指导意义。

> 航标灯：通信量、数据增量和存储量计算是业务域和业务数据的关系分析的作用之一。

## 2. 子系统与系统数据的关系

对软件系统中的系统功能和系统数据要整体看待，在系统设计中关键是系统功能设计和系统数据库的设计，系统功能是对一组基本表和关系表交互的外在反映，基本表和关系表的结构是一个系统的内在外映。在这里我们将从子系统数据模型和全域数据模型关系、子系统操作模块与系统数据的存取关系、子系统与主题库的存取关系分析三个方面来分析子系统与系统数据的关系。

子系统的系统数据设计必须放在全局下考虑。在早期的系统设计中，我们是根据系统的问题域划分后，将其所相关的表放置在一起，这种方式导致了各系统独自建设，同样的数据以每个子系统为单位进行建设，造成了数据标准不一、数据内容二义、数据重复录入，各子系统信息孤岛，信息不能互通、信息不能共享，造成了大量的人力、物力、财力的浪费，而且整合非常困难。近来提倡的顶层设计，面向整合的设计，都是为了避免建设的重复性，而顶层设计、整合设计的关键点，就是数据建设要面向整体，无论建设什么样的子系统，是早建还是晚建，其系统数据设计必须面向整体。我们称这种系统数据设计为面向全域的数据设计，任何一个子系统的建设，都是针对全域数据库的某几个主题库的基本表和关系表组合的功能建设，子系统的数据只是全域数据库的有限映射。全域的数据模型和子系统的数据模型关系如图22-11所示。

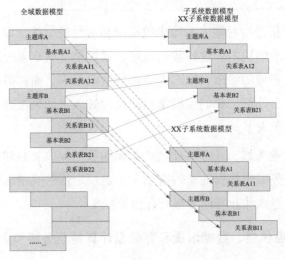

图22-11

398

全域数据模型与子系统数据模型的关系描述如下：

- 全域数据模型的所有主题和基本表及关系表分解到各子系统的数据模型中去，各子系统数据模型的主题和基本表都合成到全域数据模型中。
- 全域数据模型的某一个主题或基本表可以存在于几个子系统的数据模型中，它们之间完全保持一致。
- 全域数据模型是对各子系统数据模型的总览，每一个基本表和关系的创新及维护必须由具体的子系统负责，而其他子系统可以使用和读取。

每一个基本表和关系表都与操作模块相关，操作模块可以分两类，一类生产操作模块，一类使用操作模块，我们需要对每一个表与操作模块的关系加以说明，以便检查操作模块是否完整。其关系描述如表22-3所示。

表22-3　表与操作模块的关系

| 子系统名称 | 主题库名称 | 基本表或关系表名称 | 生产操作模块 | 使用操作模块 |
|---|---|---|---|---|
|  |  |  |  |  |
|  |  |  |  |  |
|  |  |  |  |  |
|  |  |  |  |  |

子系统与主题库的存取关系描述。在这里存取关系也可以简称C-U阵，其目的是对主题库与子系统有一个宏观的、整体的认知，通过这种分析，我们可以检查出各子系统的边界是否划分清楚。其关系描述如表22-4所示。

表22-4　子系统的边界划分

| 子系统名称 | 主题库1 | 主题库2 | 主题库... | 主题库N |
|---|---|---|---|---|
| X子系统 | C | C |  |  |
| Y子系统 | U |  | U |  |
|  |  |  |  |  |
|  |  |  |  |  |

## 22.3　业务建模

业务建模工作由业务功能建模和业务数据建模两个部分组成。业务功能建模是在业务研究的基础上分析出业务域、业务过程、业务活动；业务数据建模是在业务研究的基础上分析出业务视图、业务数据值。其关系结构如图22-12所示。

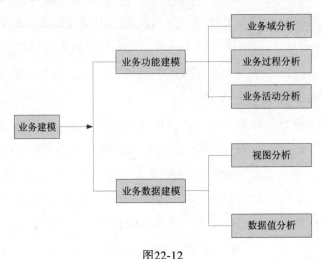

图22-12

> 🚩 航标灯：业务研究只给出了业务事项范围和目标，业务建模是在此基础上通过演绎的方式得到各构成部分的完整性。

## 22.3.1 业务功能建模

业务功能建模是在业务研究的基础上对业务域、业务过程、业务活动进行细化分析。因为业务研究重在业务概念和概念之间的关系，而业务功能建模是要说清楚这些概念的内涵。业务功能建模是系统功能建模的基础。

### 1. 业务域分析

业务域是一个逻辑概念，它可以直接继承于《业务改造视图表》的业务域，有些继承的业务域不用再划分，而有些业务域需要进一步细化。比如人事管理这个业务域可以直接继承，而生产管理这个业务域需要再进行划分，可以划分成采购、生产、仓储、物流几个域。业务域是有层次的，上层业务域是由下层多个业务域构成的，业务域也可以向低层次不断细化。业务域的划分可以从中间向两端延伸，两端是指向高端（上一级层次）或者低端（下一级层次）。业务域的中间层次可以先划分为主体、对象、物质、能量、信息、关系几个业务域，比如我们可以先将中间层的业务域划分为人事管理、客户管理、

400

产品管理、行为管理、仓库管理、项目管理，而行为管理业务域过大，我们可以向下细分，将其划分为采购管理、生产管理、物流管理、销售管理等。

一个业务域中有一个主要的管理对象，业务域中包括对象的数据信息、行为信息、状态信息的管理，比如人事管理的主要管理对象是人员信息，采购管理的主要管理对象是采购行为信息，生产管理的主要管理对象是生产行为信息。业务域和业务域具有层内并列、层内协同和层间依赖等几种关系。本书建议业务域是从中间层次域划分，然后向下细化一层，也只有两层业务域，不建议采用高层域作为域的划分。业务域划分后的工作成果填到《业务域明细表》中。

《业务域明细表》模板如表22-5所示。

**表22-5 业务域明细表**

| 编号 | 业务域名称 | 业务域类型 | 业务域说明 | 备注 |
|------|-----------|-----------|-----------|------|
|      |           |           |           |      |
|      |           |           |           |      |
|      |           |           |           |      |
|      |           |           |           |      |
|      |           |           |           |      |
|      |           |           |           |      |
|      |           |           |           |      |
|      |           |           |           |      |
|      |           |           |           |      |
|      |           |           |           |      |

各项说明如下。

- 编号：顺序号。

- 业务域名称：是在《业务改造视图表》业务域继承的基础上，要么不再细化，要么按照上述介绍的方法进行细化。

- 业务域类型：是资源域、关系域、行为域中的一种。资源域如人事管理、客户管理、产品管理、部件管理等；关系域如项目管理、合同管理、仓库管理等，是由资源域里的几个属性构成的，比如项目是企业、客户、产品3个属性构成的一种关系；行为域如销售行为、物流行为、收发行为等。

- 业务域说明：主要对业务域中的主要管理对象和管理行为做一个简要的介绍。比如人事管理是对人事档案、人员招聘、人员升职等的管理，其主要管理对象是人及人与企业的关系。

- 备注：是对表中未说明部分的补充。

 **航标灯：业务域是在业务改造视图的业务域基础上进行的再分解。**

### 2. 业务事项分析

业务事项名称由主语词汇（或宾语词汇）和可再分行为词汇构成，我们可以借鉴这种方式来组合演绎出多个业务事项。业务事项名称的目的是要让业务组织成员能够识别，通过字面就可以理解其作用，一般尽量与业务工作实际中采用的命名方式相同。组合的另外一个目的是可以补充业务资料中的不足，因为业务资料中可能只讲了重点的业务功能，而其他一些功能并未说明，这样通过组合就可以发现这些未被说明的业务功能。

业务事项先从《业务改造视图表》中的业务域和业务事项中继承过来，然后再根据上述组合演绎方法生成新的业务事项，以此来补足业务域下的业务事项。一个业务域下的业务事项具有包含管理对象与定义、查询、维护、应用、统计、关联行为词汇组合而成的规律等，比如人事管理的主要管理对象包括人事的人员信息、人员的状态、人员的职位、人员家庭、人员工资、人员福利等，每一个管理对象都具有定义、查询、维护、应用、统计、关联等行为，如人员信息定义、人员信息查询、人员信息维护、人员信息打印、人员信息统计、人员信息与部门的关联，以此类推，我们可以得到人事管理下的所有事项。业务事项的分析结果需填入到《业务事项明细表》中。

《业务事项明细表》模板如表22-6所示。

表22-6 业务事项明细表

| 编号 | 业务事项名称 | 业务域名称 | 业务事项说明 | 备注 |
|------|------------|-----------|------------|------|
|      |            |           |            |      |
|      |            |           |            |      |
|      |            |           |            |      |

各项说明如下。

- 编号：顺序号。
- 业务事项名称：由主谓或宾谓词汇组成的业务事项名称，如人事信息维护。
- 业务域名称：以《业务域明细表》中的业务域继承过来。
- 业务事项说明：主要对业务事项中某个管理对象中的业务活动和业务事项的目标做一个说明，如人事信息维护是当人事信息变动时进行登记、修改等操作，使人事信息和人的实际情况一致。
- 备注：是对表中未说明部分的补充。

### 3．业务活动分析

业务活动名称由主语词汇（或宾语词汇）加上不可再分行为词汇构成。业务活动是业务事项中不可再分的最小动作。通过这种组合出来的业务活动名称与现实业务资料做比对，可以对组合的业务活动名称进行修正，也可以补充业务资料中对业务活动描述的不足。

业务活动先从《业务改造视图表》中的业务域和业务活动中继承过来，然后再根据上述组合演绎方法生成新的业务活动，从此来补足业务域下的业务活动项。一个业务活动是某个业务事项中由单个人员可以独立完成的不可再分的业务活动。如人事信息维护这个业务事项，其下的活动包括新增、修改、删除、退回、拒绝、取消、调整等，我们需要对这个业务活动进行分析。分析包括业务活动的名称、说明、方式、规则、频度、峰值等。业务活动的分析结果需填入到《业务活动明细表》中。

《业务活动明细表》模板如表22-7所示。

表22-7　业务活动明细表

| 编号 | 名称 | 说明 | 方式 | 工具 | 频度 | 峰值 | 业务域 | 业务事项 |
|------|------|------|------|------|------|------|--------|----------|
|      |      |      |      |      |      |      |        |          |
|      |      |      |      |      |      |      |        |          |
|      |      |      |      |      |      |      |        |          |
|      |      |      |      |      |      |      |        |          |
|      |      |      |      |      |      |      |        |          |

各项说明如下。

- 编号：顺序号。

- 名称：由主谓或宾谓词汇组成的业务活动名称，如人事信息登记。

- 说明：主要是对业务活动中管理对象的操作过程、注意事项、借助工具等做一个说明，如人事信息登记是在检查人员所提交的各类证件齐全的情况下将其记录到人事信息登记表中。

- 方式：在人工、交互、自动3种方式中选择其一。人工是说明所有操作活动都是人工操作完成，交互是指借助电子表格来完成，自动是指借助信息系统通过扫描方式来完成。

- 工具：说明3种方式所借助的工具，如人事信息登记人工方式是借助纸质表格和笔两种工具来完成的。

- 频度：是指一段时间之内完成此工作活动的次数，如1小时完成10笔登记。

- 峰值：是指某段时间完成此项业务活动的最大数量，如每周的星期一需要完成100人的登录，其余时间则小于50人。

- 业务域：从《业务域明细表》继承过来。

- 业务事项：从《业务事项明细表》继承过来。

> 航标灯：业务活动名称由主语词汇（或宾语词汇）加上不可再分行为词汇构成，通过演绎的方式得到其他未说明的业务活动是一项重要的工作。

### 22.3.2 业务数据建模

业务数据是指在业务工作中用到的表单、报表等。业务数据是业务工作中的重点，是业务功能工作执行的输入也是输出。没有不依赖数据的功能，也没有离开功能的数据。通过业务数据模型的建立，可以对业务单位的数据状况有一个概括性的认知，为后续的系统数据模型建立奠定基础。

#### 1. 业务视图分析

业务视图就是在《业务事项分析表》中说到的业务单证。这些业务单证可以是协同单位提交的单证，也可以是工作中用的单证或者管理工作中用到的报表。这些业务视图分析包括视图名称、视图作用、视图形式等信息的分析，分析结果填入到《业务视图明细表》。

《业务视图明细表》模板如表22-8所示。

**表22-8　业务视图明细表**

| 编号 | 视图名称 | 视图说明 | 业务域 | 结构类型 | 作用类型 | 格式类型 |
|------|---------|---------|--------|---------|---------|---------|
|      |         |         |        |         |         |         |
|      |         |         |        |         |         |         |
|      |         |         |        |         |         |         |
|      |         |         |        |         |         |         |
|      |         |         |        |         |         |         |
|      |         |         |        |         |         |         |
|      |         |         |        |         |         |         |
|      |         |         |        |         |         |         |
|      |         |         |        |         |         |         |
|      |         |         |        |         |         |         |

各项说明如下。

- 编号：顺序号。

- 视图名称：从《业务事项分析表》中的业务单证继承过来。

- 视图说明：主要是对视图在业务活动中的作用加以说明。其作用是一种证明或数据信息采集。

- 业务域：从《业务域明细表》继承过来。

- 结构类型：在结构化或非结构化中选择其一。比如业务活动中需要依据的操作手册就是非结构化的，如果是一张工单则是结构化的。

- 作用类型：从输入、存储、输出、依据、参考5种类型中选其一，如上例所说的操作手册，其作用就是依据。

- 格式类型：从表单、报表、图表、多媒体、文件等类型中选其一，如操作手册的格式类型是文件。

> 航标灯：按照输入、存储、输出、依据、参考对业务视图进行分类分析。

### 2. 业务数据分析

业务数据分析是对视图中的业务数据字段及业务数据字段内容进行分析。业务数据字段分析包括字段名称、字段说明、视图名称、字段类别、字段基本类型、字段名重用数量等属性进行分析，分析结果填入到《业务字段明细表》；业务数据字段内容分析包括规则、含义、简称、内容关联其他视图、特殊处理规则说明等属性分析，分析结果填入到《业务字段内容明细表》。

《业务字段明细表》模板如表22-9所示。

表22-9 业务字段明细表

| 编号 | 字段名称 | 字段说明 | 视图名称 | 字段类别 | 字段作用类型 | 备注 |
|---|---|---|---|---|---|---|
| | | | | | | |
| | | | | | | |
| | | | | | | |
| | | | | | | |
| | | | | | | |
| | | | | | | |
| | | | | | | |
| | | | | | | |
| | | | | | | |

各项说明如下。

- 编号：顺序号。

- 字段名称：依据业务视图表中的字段进行命名。

- 字段说明：说明该字段指代的含义，如姓名指代某个人的名称。

- 视图名称：从《业务视图明细表》继承过来。

- 字段类别：在编号、标识、类型、时点、时段、常量、比例、变量、区域地点、具体地点、内容、状态、程度等类别中选取一个，如姓名就是一个标识字段。

- 字段作用类型：是指字段的业务作用类型，如计划、产品、产量、成本、货物、流程等中的一个。

- 备注：是对表中未说明部分的补充。

《业务字段内容明细表》模板如表22-10所示。

表22-10 业务字段内容明细表

| 编码 | 字段名称 | 内容 | 含义 | 规则 | 标准 |
|---|---|---|---|---|---|
|  |  |  |  |  |  |
|  |  |  |  |  |  |
|  |  |  |  |  |  |
|  |  |  |  |  |  |
|  |  |  |  |  |  |
|  |  |  |  |  |  |
|  |  |  |  |  |  |

各项说明如下。

- 编号：顺序号。

- 字段名称：从《业务字段明细表》继承过来。

- 内容：是指字段的取值内容，如性别字段有男、女。

- 含义：对字段取值内容的概念说明，比如男是指男性。

- 规则：一些字段是有格式定义的，如前两位是国别，后三位是序号。

- 标准：是指该字段及其内容是采用国标、省标、地标中的哪一种或没有标准，在此加以说明。

# 22.4 系统建模

系统建模是在业务建模的基础上，通过系统与业务之间的映射方法实现的系统建模，基于此可以看出系统对业务的支撑关系。系统建模是用结构化的形式及功能、数据归约的方法对业务研究成果进行研究，其核心是围绕着组成功能、数据、功能和数据关系来建模的。其工作任务包括功能建模和数据建模，如图22-13所示。

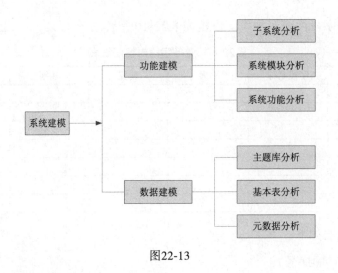

图22-13

## 22.4.1 系统功能建模

系统功能模型是对业务功能模型进行分析和综合后而建立的。系统功能模型来源于业务功能模型，是业务功能模型的映射。系统功能模型是信息系统与外部环境进行交互的外在体现，系统功能模型的建立是信息系统一个重要的组成部分。对信息系统的探索研究也是由外到内，即从功能到结构，所以系统功能模型建立是认识和探索信息系统的第一步。

通过对业务功能模型的分析和综合，将业务域、业务功能、业务活动分别映射到子系统、系统功能、系统活动，需要对业务功能、业务活动按同结构功能和活动进行归约的规则进行映射。

> 🚩 **航标灯：系统功能建模就是将业务域、业务功能、业务活动分别采用归纳方法将其分别映射到子系统、系统功能、系统活动。**

### 1. 子系统分析

根据业务功能模型中的业务域，按照归约规则中的子系统归约方法进行归约，然后将结果填入《子系统明细表》。

业务域和子系统一般是一对一映射，只需在业务域名称后加上系统，即为子系统名称。但有时需要根据问题分析和目标分析先实现某些系统，则需要将业务域里的某一个业务功能作为子系统来处理；另外，由于安全和信息重要性的要求，还需将部分业务功能单独作为子系统独立处理，如财务系统、工资系统等。

《子系统明细表》模板如表22-11所示。

表22-11 子系统明细表

| 编号 | 子系统名称 | 子系统说明 | 业务域 | 归约类型 | 归约原因 |
| --- | --- | --- | --- | --- | --- |
|  |  |  |  |  |  |
|  |  |  |  |  |  |
|  |  |  |  |  |  |
|  |  |  |  |  |  |
|  |  |  |  |  |  |
|  |  |  |  |  |  |
|  |  |  |  |  |  |
|  |  |  |  |  |  |
|  |  |  |  |  |  |
|  |  |  |  |  |  |

各项说明如下。

- 编号：顺序号。
- 子系统名称：是对子系统作用的简称，如财务系统、人事系统。
- 子系统说明：是对子系统作用的一个简述，如人事系统可以实现对人员信息、工资信息、福利信息的信息化管理。
- 业务域：从《业务域明细表》继承过来。
- 归约类型：从一对一映射、先建先用、基于安全3种归约方式中选其一。一对一映射是指域和子系统一对一映射，先建先用是指根据建设目标将业务域中的某次业务功能先行建设，基于安全是指基于功能的重要性和信息的安全性，某些功能需注重安全，作为独立系统。
- 归约原因：是对选择上述归约类型的考虑。

### 2. 系统模块分析

根据业务事项模型中的业务事项，按照归约规则中的系统模块归约方法进行归约，然后将结果填入《系统功能模块明细表》。

业务事项和系统模块一般是多对一的映射。当业务功能的主体或者客体结构相同，而只是划分类型不同时，那么就是归约，这是一种归纳的方法。信息系统总是面向理性具体的实现。

《系统功能模块明细表》模板如表22-12所示。

表22-12 系统功能模块明细表

| 编号 | 系统功能模块名称 | 系统功能模块说明 | 子系统名称 | 业务事项名称 | 归约类型 | 归约原因 |
|---|---|---|---|---|---|---|
|  |  |  |  |  |  |  |
|  |  |  |  |  |  |  |
|  |  |  |  |  |  |  |
|  |  |  |  |  |  |  |
|  |  |  |  |  |  |  |
|  |  |  |  |  |  |  |
|  |  |  |  |  |  |  |
|  |  |  |  |  |  |  |
|  |  |  |  |  |  |  |
|  |  |  |  |  |  |  |

各项说明如下。

- 编号：顺序号。

- 系统功能模块名称：是对子系统中功能的简称，如财务系统中的工资发放。

- 系统功能模块说明：是对系统功能中提供的程序模块及其作用的简要说明。

- 子系统名称：从《子系统明细表》继承过来。

- 业务事项名称：从《业务事项明细表》继承过来。

- 归约类型：从一对一映射和多对一映射两种归约方式中选其一。一对一映射是指系统功能模块和业务事项有一对一映射关系，多对一映射是指系统功能对应多个业务事项。

- 归约原因：是对选择上述归约类型的考虑。

### 3. 系统功能分析

根据业务功能模型中的业务活动，按照归约规则中的系统功能归约方法进行归约，然后将结果填入《系统功能明细表》。

　　系统功能也就是通常所说的程序模块。业务活动一般是指业务视图的字段或业务视图记录的行为，而系统活动是对记录整体的操作，所以业务活动对系统活动是多对一的映射。

　　《系统功能明细表》模板如表22-13所示。

表22-13 系统功能明细表

| 编号 | 系统功能名称 | 系统功能说明 | 子系统名称 | 系统功能模块名称 | 业务活动名称 | 归约类型 | 归约原因 |
|------|------|------|------|------|------|------|------|
|  |  |  |  |  |  |  |  |
|  |  |  |  |  |  |  |  |
|  |  |  |  |  |  |  |  |
|  |  |  |  |  |  |  |  |
|  |  |  |  |  |  |  |  |
|  |  |  |  |  |  |  |  |
|  |  |  |  |  |  |  |  |
|  |  |  |  |  |  |  |  |
|  |  |  |  |  |  |  |  |
|  |  |  |  |  |  |  |  |

各项说明如下。

- 编号：顺序号。

- 系统功能名称：是对系统功能模块下的某个功能的简称，如财务系统中的工资发放中的工资比例设置。

- 系统功能说明：是对系统功能中程序模块及其作用的简要说明。

- 子系统名称：从《子系统明细表》继承过来。

- 系统功能模块名称：从《子系统功能模块明细表》继承过来。

- 业务活动名称：从《业务活动明细表》继承过来。

- 归约类型：从一对一映射和多对一映射两种归约方式中选其一。一对一映射是指系统功能和业务活动有一对一映射关系，多对一映射是指系统功能对应多个业务活动。

- 归约原因：是对选择上述归约类型的考虑。

## 22.4.2　系统数据建模

系统数据模型是在业务数据模型的基础上，根据信息工程理论和数据库设计原理，建立由主题库、基本表、数据字段、字段取值等组成的系统数据模型。系统功能模型和业务功能模型有相对清晰的映射方式，但系统数据模型和业务数据模型却没有这样清晰的映射方式，在分析和研究时需要大量的信息系统领域的知识做支撑。系统数据模型是整个需求分析工作的重点和难点。同样的业务，在系统功能上也基本一致，但在系统数据上却各有不同，所以能完成同样功能的系统，其差别的关键在系统数据的模型建立上。

通过对业务数据模型和标准及规范的研究，在信息工程理论和数据库设计原理指导之下，建立由主题库、基本表、数据字段、字段取值组成的系统数据模型。

### 1. 主题库分析

主题库不同于业务域，是业务域里组成要素的再一次细分，是面向共建共享，是由基本表组成的一种逻辑域划分。如人力资源业务域内部由人员、工资、福利、培训、档案、政策等要素组成，而这些最小不可再分的组成要素共同构成了以人为核心的主题库，而这些要素就是主题库的基本表。

主题库的提炼需要掌握主题库的4个特性，即主题库是面向业务而不是单证的；主题库是将数据定位在共建共享的前提条件下，强调数据不是归某个部门或某个系统所独有的，而是全局的；主题库强调同一数据必须一次、一个进入系统，而其他系统可以多次、多处加以使用；一个主题库是由多个达到基本表规范的数据实体构成的。

《主题库明细表》模板如表22-14所示。

表22-14　主题库明细表

| 编号 | 主题库名称 | 主题库说明 | 主题库类型 | 备注 |
|---|---|---|---|---|
|  |  |  |  |  |
|  |  |  |  |  |
|  |  |  |  |  |
|  |  |  |  |  |
|  |  |  |  |  |

各项说明如下。

- 编号：顺序号。

- 主题库名称：根据主题中的核心管理对象来命名主题库，如内部人员主题库。

- 主题库说明：对主题库中包含的基本信息及其作用加以说明，比如内部人员主题库包含内部员工基本信息、工资信息、福利信息等。

- 主题库类型：从主体、对象、客体、关系4种中选取一种。主体是指和主体本身信息有关的组成库，如员工等；对象是指和对象本身信息有关的组成库，如供应商、客户等；客体是指主体或对象进行交互过程中的实物，如产品、钱、设施等；关系是指主体或对象进行交互过程中为了证明行为发生而创建的人造物，如订货单、合同、收款单等。

- 备注：对前述未表述内容的补充说明。

## 2. 基本表分析

基本表的提炼有两个工作，第一个工作是业务视图的拆分，按照数据库的三范式原理，对业务视图进行拆分，拆分的$N$张表需符合三范式，拆分时需要将业务视图中的物理字段转换成逻辑字段；第二个是根据基本表的含义，结合主题库进行划分，将基本表向主题库进行归类。

基本表的提炼是先对业务视图进行分解，分解的方法需要把业务视图看成由一个或多个基本事物组成的关系表，可以通过对业务视图组成业务字段的使用次数来作研究。定义基本表时需要掌握一定的数据库知识，如概念数据库、逻辑数据库、数据库范式理论。

基本表明细表模板如表22-15所示。

表22-15 基本表明细表

| 编号 | 基本表名称 | 基本表说明 | 基本表类型 | 主题库名称 | 基本表字段 | 备注 |
|------|-----------|-----------|-----------|-----------|-----------|------|
|      |           |           |           |           |           |      |
|      |           |           |           |           |           |      |
|      |           |           |           |           |           |      |
|      |           |           |           |           |           |      |

各项说明如下。

- 编号：顺序号。

- 基本表名称：根据基本表的主要作用进行命名，比如人员基本信息表，人员工资信息表。

- 基本表说明：对基本表中包含的主要信息及其作用加以说明，比如人员基本信息表记录了人员身份证上的11个基本信息。

- 基本表类型：从参数表、基本表、扩展表、关联表等中选取一种，参数表是对主题库中字段进行定义的表，基本表是主题库中记录基础信息的表，扩展表是主题库中基本表之外的扩展信息，关联表是主题库基本表数据变化的行为过程表。

- 主题库名称：从主题库名细表中继承过来。

- 基本表字段：基本表中包含字段的说明。

- 备注：对前述未表述内容的补充说明。

### 3．元数据分析

1）数据字段命名

数据字段命名的规则是用几个简明的词组组合来描述一个数据元素的意义和用途，其结构如下：域词汇—类词汇—属词汇。

属词汇和类词汇只有一个，而域词汇可以有一个或多个，并且命名是由英文或汉语拼音表示，比如社会保险编号，其英文字段命名是social-security-number，其中社会是域词汇，保险是类词汇，编号是属词汇。

数据字段名称要符合一致性，即在所有表中出现同一名称的数据字段其定义是一致的，指向物是一样的。属词汇由4类词汇组成，即时间、空间、数量、单位。属词汇是描述数据字段名称一般性的用途或功能的词汇，而且数量比较少，不具有领域特征的。时间细分可以是时点、时段，如日期、季度、月、时间等；空间细分可以是标识、类型、内容，如编号、编码、名称、正文；数量细分可以是数量、计数、比例等；单位则是一个不可再分的属词汇。属词汇确定下来，则数据字段的长度就定下来了。类词汇由主体类、行为类、客体类等组成，主体类如员工、干部、退休人员、客户、供应商，行为类如生产、采购、出售等，客体类如账单、订单、公文、凭证等，是具有行业特性的一种词汇。域词汇就是指出该领域的特点，和业务域、系统域划分一样，是一种认知的抓手。数据字段的名称是逻辑的名称，而不是物理名称，应根据字段的性质来命名，而不是将何时何地何人使用来进行多性质命名，因为属词汇具有互斥性。在业务视图中常见的有一月收入、二月收入、三月收入这样的业务字段，而在数据元素中它是三个字段，即收入时间、收入数量和收入单位。

2）字段取值编码规则

数据值是数据字段的业务内容取值，内容取值有数字、文字、语音、图形、图像等多种形式。数据内容是有属性和特征的，有一定的规则和方法。相对于业务取值的分类取值，在数据分类取值时叫信息分类。

信息编码就是在信息分类的基础上，对信息对象赋予一定的规律性和计算机与人识别与处理的符号。信息编码分类有三种，第一种是扩充性编码，是随着信息的增加而逐步扩充的，如身份证号、员工编码、客户编码；第二种是稳定性编码，即编码内容相对来说是不变的，可被多个系统共享的，如行政区划编码、职称编码、文化程度编码；第三种是高频度编码，是稳定性编码的进一步细化，在系统中被高频度使用，与内存频繁交互的，需要独立设数据表存放，如性别、婚姻状况等。对应于业务值的其他类取值，数据值可以直接映射。数据值是业务值的内在形式，业务值是数据值的外在表现，业务值表现为长短不一的表达形式，而数据值是类型上固定的，比如金额的业务值1000.00和99 999 999.00，而金额的数据值都是用4字节的浮点数来存储的，所以在金额字段长度设置上不是10或更长，而是4，不能依据业务视图上表现的长短来定义字段长度。

3）数据字段明细表

数据字段明细表模板如表22-16所示。

**表22-16 数据字段明细表**

| 编号 | 数据字段标识 | 数据字段名称 | 数据字段说明 | 基本表名称 | 字段类别类型 | 字段作用类型 | 字段长度 | 备注 |
|---|---|---|---|---|---|---|---|---|
|  |  |  |  |  |  |  |  |  |
|  |  |  |  |  |  |  |  |  |

各项说明如下。

- 编号：顺序号。

- 数据字段标识：依据数据字段命名规则进行命名。

- 数据字段名称：数据字段标识的中文含义。

- 数据字段说明：说明该字段指代的含义，如姓名指代某个人的名称。

- 基本表名称：从基本表明细表继承过来。

- 字段类别类型：是从编号、标识、类型、时点、时段、常量、比例、变量、区域地点、具体地点、内容、状态、程度类别中选取一个，如姓名就是一个标识字段。

- 字段作用类型：是指字段的业务作用类型，如计划、产品、产量、成本、货物、流程等中的一个。

- 字段长度：给出该字段的长度的数量定义。

- 备注：对前述未表述内容的补充说明。

4）数据字段取值明细表

数据字段取值明细表模板如表22-17所示。

表22-17 数据字段取值明细表

| 编码 | 数据字段标识 | 编码类型 | 编码规则 | 内容 | 含义 | 简称 | 标准 |
|---|---|---|---|---|---|---|---|
|  |  |  |  |  |  |  |  |
|  |  |  |  |  |  |  |  |
|  |  |  |  |  |  |  |  |
|  |  |  |  |  |  |  |  |
|  |  |  |  |  |  |  |  |
|  |  |  |  |  |  |  |  |
|  |  |  |  |  |  |  |  |
|  |  |  |  |  |  |  |  |

各项说明如下。

- 编号：顺序号。

- 数据字段标识：从数据字段明细表继承过来。

- 编码类型：从扩充性编码、稳定性编码、高频度编码、无规则编码4种中选取一种；扩充性编码是指编码随着信息的增加而逐步扩充，如身份证号、员工编码、客户编码；稳定性编码是指编码内容相对来说是不变的，可被多个系统共享，如行政区划编码、职称编码、文化程度编码；高频度编码是稳定性编码的进一步细化，在系统中被高频度使用，与内存频繁交互，需要独立设数据表存放，如性别、婚姻状况等；无规则编码是指还有一类字段其取值是没有规则的，如姓名、内容，这类字段的取值称为无规则编码。

- 编码规则：一些字段是有格式定义的，如前两位是国别，后三位是序号。

- 内容：是指字段的取值内容，如性别字段有0、1。

- 含义：对字段取值内容的概念说明，比如0是指男性。

- 简称：是指字段取值内容指代的中文名称。

- 标准：是指该字段及其内容是采用国标、省标、地标中的哪一种或没有标准，在此加以说明。

# 22.5 体系建模

系统体系模型是指系统功能模型和系统数据模型的关联结构模型，采用C-U阵来表示。该模型可以反映系统的整体性、层次性，是前面两个模型研究的目的。系统体系模型的建立，是决定共享数据库的创建与使用责任、进行数据分布分析和制订系统开发计划的科学依据。

通过对系统功能模型和系统数据模型的研究，建立全域系统的体系模型，即全域C-U阵；建立子系统的体系模型，即子系统C-U阵，从而完成系统体系模型的建立。

C-U阵的建立可以从两个方向展开，一个方向是从子系统的系统功能和系统活动，找出它所存取的基本表；另一个方向是从子系统的基本表，找出存取它的系统功能和系统活动。不管从哪个方向，都需要将分析结果记录在基本表存取关系明细表，就可以得出子系统C-U阵，有了子系统C-U阵就可以得到全域C-U阵。

系统体系模型建立的目的是描述系统功能和系统数据之间的关联关系，建立工作的核心关键是对基本表与系统活动存取关系的确立。存取关系有三种C、A、U，对于C关系，在全域中与基本表或主题库只有且仅有一个子系统或系统活动与其相关，而A也具有同C一样的性质。U可以在一个子系统或多个子系统中存在，在子系统C-U阵或全域C-U阵可以作为关系确立是否正确的检查规则。

1）基本表C_U阵分析

基本表C_U阵的表格模板如表22-18所示。

表22-18 基本表C_U阵

| 编号 | 基本表标识 | 基本表名称 | 存取类型 | 子系统名称 | 系统功能模块名称 | 系统功能名称 |
|------|-----------|-----------|----------|-----------|----------------|-------------|
|      |           |           |          |           |                |             |
|      |           |           |          |           |                |             |
|      |           |           |          |           |                |             |
|      |           |           |          |           |                |             |
|      |           |           |          |           |                |             |
|      |           |           |          |           |                |             |
|      |           |           |          |           |                |             |
|      |           |           |          |           |                |             |

各项说明如下。

- 编号：顺序号。

- 基本表标识：依据基本表命名规则进行的命名。

- 基本表名称：从基本表明细表继承过来。

- 存取类型：从C、U、A选取一种。C是指负责基本表或主题库的创建和维护；U是指使用基本表或主题库中的数据；A是指既使用又生成基本表或主题库。

- 子系统名称：从子系统明细表继承过来。

- 系统功能模块名称：从系统模块明细表继承过来。

- 系统功能名称：从系统功能明细表继承过来。

2）子系统C_U阵分析（见表22-19）

表22-19　子系统C_U阵

| 编号 | 主题库名称 | 存取类型 | 子系统名称 |
|------|-----------|----------|-----------|
|      |           |          |           |
|      |           |          |           |
|      |           |          |           |
|      |           |          |           |
|      |           |          |           |
|      |           |          |           |
|      |           |          |           |
|      |           |          |           |
|      |           |          |           |
|      |           |          |           |

各项说明如下。

- 编号：顺序号。

- 主题库名称：从主题库明细表继承过来。

- 存取类型：从C、U、A选取一种。C是指负责基本表或主题库的创建和维护；U是指使用基本表或主题库中的数据；A是指既使用又生成基本表或主题库。

- 子系统名称：从子系统明细表继承过来。

# 第23章

# 系统规划

系统规划是根据业务研究中组织结构、业务事项、业务数据的规模和用户对业务目标的期望，并结合应用建模的成果对支撑这种规模和应用所需的信息系统构成内容的一种规划。系统规划由架构规划、网络规划、平台规划、应用规划、信息资源规划、终端规划、安全规划、协同规划、其他规划9个规划组成。

## 23.1 目的和意义

系统规划是系统设计的前置工作，是站在全局和顶层的角度对系统进行的宏观设计，是未来所有信息系统都需遵守的一个规范，也是系统设计进行内容细化的一个框架，系统设计将在这些基础上进行深化设计。系统规划是需求规划过程中的必要环节。

> 航标灯：系统规划是系统设计的前置工作，是站在全局和顶层的角度对系统进行的宏观设计，是未来所有信息系统都需遵守的一个规范。

需求规划工作既要着眼于现实，又要面向未来。规划的成果不是对现实的写照，也不是对未来不切实际的展望，而是能够按照规划成果经过一段时间努力加以实现的，且能够适应未来变化的一个切实的方案。需求规划成果中包括形势分析、业务体系分析、对象体系分析、信息化体系分析等内容，因为需求规划中包括对组织、业务、信息系统的研究和分析，所以从事需求规划的人员需要具有形式逻辑、科学研究、体系架构设计、信息资源规划等知识。

信息化体系是实现对象体系和业务体系之间进行物质、能量、信息交换时的一种中介，它是将三种交换物以信息方式进行标识，以信息方式进行传输、转换、存储、共享、识别、利用，通过信息化系统将交换过程中的信息记录下来，根据信息变化的情况来掌握当前的状态和下一步的变化趋势。信息化体系解构后由架构、网络、平台、应用系统、信息资源、终端、安全、协同、其他部分组成。

前面的业务研究使我们清楚了客户的业务体系和对象体系，在此基础上利用建模技术给出了支撑业务体系和对象体系交互时应该有的应用系统。如果将应用系统比做皇冠上的宝石，那么应该有一个皇冠来正好镶嵌这块宝石，由宝石和皇冠共同构成的就是信息化体系。而系统规划就是制作皇冠的一个方法。

> **航标灯：** 未来的皇冠上还会镶嵌多块各色的宝石，皇冠的设计师需要提前预留出镶嵌宝石的位置。系统规划就是在做超前规划。

**场景案例：** "能不能给马路安装一条拉链，什么时候想装电缆、埋管道、修煤气，只要把路面的拉链一拉就行了。挖完后，再轻轻地拉上……"这段话原本是相声作品中用来讽刺管网施工反复开挖马路的。然而近年来，"拉链路"已出现在省城。针对市民统一规划杜绝"拉链路"的建议，近日，济南市政公用局回复说，目前济南市正在研究共同沟建设问题，有望通过一个公用的地下隧道，将各类公用类管线集中于一体。前市政公用部门已配合规划部门启动地下空间开发利用规划，济南市正在研究共同沟建设问题，部分道路已经尝试建设共同沟。

系统规划是根据业务研究中组织结构、业务事项、业务数据的规模和用户对业务目标的期望，并结合业务建模和系统建模的成果对支撑这种规模和应用所需的信息构成成分的一种规划。系统规划不是系统设计，这好比系统规划是做效果图、需求开发是做模型图、系统设计是做工程图。在系统规划中站在业务角色来看应该有什么样的系统基础设施来支撑业务目标的实现，比如在系统规划中给出了网络类型应包括内网、外网、互联网，并基于业务规模给出了网络带宽的估算，至于网络用什么交换机、多少口、IP地址如何规划，则是系统设计上的事。也就是系统规划给出了应该有什么，是什么、怎么做都是在系统设计中完成的。

> **航标灯：** 系统规划是做效果图、需求开发是做模型图、系统设计是做工程图。

系统规划对于需求开发而言，它给出了除应用系统还需哪些领域系统来支撑应用系统，比如门户、中间件、数据库，那么需求开发在系统关联关系分析上就有了明确的目标，系统规划的部分成果是需求开发的基础。系统规划中的体系架构规划、应用系统规划、数据架构规划等对于系统设计中的逻辑架构、物理架构和运行架构提供了设计上的参考。

系统规划工作对于中小型系统是可以不用进行此项工作的，关于网络架构、软件体系架构等都可以在系统设计中完成，而对于大型系统系统规划，也即系统的宏观设计是需要提前到需求规划工作中来的。

## 23.2 系统规划内容

系统规划是指为支撑应用系统运行所需的设施、设备、网络等的规划，规划的内容是根据业务在空间的分布状况、业务对安全的要求、业务对相互协作的要求等规则的内容，总体上来说系统规划是根据业务研究中组织结构、业务事项、业务数据的规模和用户对业务目标的期望，并结合应用建模的成果对支撑这种规模和应用所需的信息构成成分的一种规划。系统规划由架构规划、网络规划、平台规划、应用规划、数据规划、终端规划、安全规划、协同规划、其他规划等多个规划组成。系统规划的工作过程模型如图23-1所示。

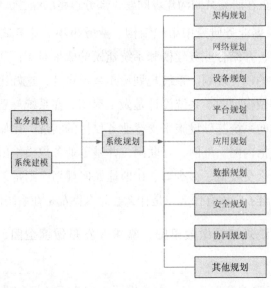

图23-1

# 23.3 系统规划工作简介

系统规划工作是由掌握软件体系架构和具有大量工程经验的需求架构师领导的，协同多个领域的专业人才共同完成的一项工作。大家需要在对业务体系、对象体系、业务问题和目标及应用建模熟悉的基础上，结合同类型工程经验给出具有针对性的规划。由于系统规划工作涉及的领域方面太多，在这里只能做一个简单的介绍，关于详细的各领域的细节希望读者参考专业书籍。

1）架构规划

架构规划，全称是系统架构规划，是将系统整体作为研究对象，给出系统层次、层次间关系和层次中的要素组成。架构规划需要参考和依据大量的信息化领域知识和一定的系统架构规划经验，它也是信息系统的整体性的一种反映，各类信息系统在架构规划时具有相似性。一般架构规划都由交互层、应用层、平台层、数据层、设备层和运维体系和安全体系构成。架构规划的工作成果由《系统架构视图》、《系统架构组成表》及系统架构的辅助描述语言组成。

2）网络规划

网络是设备层的组成部分之一。网络规划包括网络域、网络设备、网络带宽、网络IP、网络监控等方面的规划。网络域的划分有多个维度，一个是从网络间关系，有内网、外网、互联网、无线网，一个是从网络区域作用，有数据域、应用域、安全域、用户域，一个是从组织分布角度，有多个网段划分。网络设备可以分为核心交换、接入交换、局域交换等性质的设备。网络带宽是根据内部、主干、桌面进行带宽大小的规划。网络IP就是对桌面终端、主机设备等设备给出IP地址分配。网络监控是为了保障网络安全稳定运行的一种应用系统规划，要根据网络规模和应用的重要程度选择相匹配的网络监控设备。网络规划的工作成果由《网络域划分表》、《网络设备列表》、《网络IP地址分配表》、《网络监控设备说明表》和辅助描述语言组成。

3）设备规划

设备规划包括计算机设备、计算机辅助设备和非计算机设备三类规划。设备规划要根据用户数量规模、用户操作素质、用户自身能力、系统集约建设等因素进行规划。计算机设备由桌面设备和主机设备组成，桌面设备根据应用系统的特点进行操作系统、机器配置、交互方式等进行规划，主机设备是应用系统依赖的重要部分，在进行规划时要根据业务需要和工程经验进行规划；计算机辅助设备如打印机、读卡设备等，与计算机设备直接相连的延伸设备，根据业务工作的场景和工作人员操作素质进行选配；非计算机设备，如IC卡、卫星遥感等设备，不与计算机设备直接相连，但与计算机处理相关，根据业务工作需要进行配置。

设备规划的成果由《桌面设备配置说明表》、《主机设备配置说明表》、《辅助设备配置说明表》、《非计算机设备配置说明表》等和辅助描述语言组成。

4）平台规划

平台规划全称是应用系统公共服务平台规划，是将应用系统中的共用的服务按类别进行划分的多个平台，如工作流平台、门户平台、企业服务总线、数据中心、GIS、短信、文件处理平台、报表平台等。平台组成可以根据应用的具体情况进行选配。平台与应用有强相关和弱相关之分，如报表平台与应用具体强相关，因为每一个应用都会有报表的需求、短信平台与应用弱相关，因为仅有个别系统涉及短信的应用。平台的规划成果由《平台功能及应用系统关系说明列表》和辅助描述语言组成。

5）应用规划

应用规划全称是应用系统规划，是系统规划的核心部分，因为其他部分的规划都是为了应用系统能够运行而规划的。应用系统的本身组成已在系统建模时进行了详细说明，在此处只需说明应用系统与其他规划间的关系，如应用系统与网络关系、应用系统与架构关系等。应用规划的成果由《应用系统与平台关系说明》、《应用系统与网络关系说明》、《应用系统与数据库关系说明》、《应用系统与主机终端关系说明》等和辅助描述语言组成。

6）数据规划

数据规划又叫信息资源规划。信息资源规划是将业务域涉及的信息放在整个系统的大环境下进行整体规划，不局限于本身的应用所涉及的信息，从着眼于未来的角度对信息资源做的一种规划。它包括信息资源组成、来源、加工、生产、存储、利用、传递等规划。信息资源组成是指信息资源的类型、层次、作用的划分，一般按照主题库方式来划分，并说明与业务关系和主题库间的关系；信息资源来源是指来源的单位、载体方式、资源作用、资源组成等，来源有来自于外部、也有来自于过去历史积累，按作用可以划分为依据、处时、参考等资源类型；信息资源加工是指对来源信息进行逻辑正确、字段转换、查重补漏的处理，确保信息资源的质量；信息资源生产主要是指应用系统基于信息资源的处理；信息资源存储是指信息资源存储域的划分，信息资源存储会根据信息资源的数据量、数据重要性、数据的密级进行分类存储；信息资源利用是指信息资源的简单应用、关联应用、复杂应用，简单应用就查询和统计，以报表图表方式展现，关联应用是将数据进行关联的查询和统计，而复杂应用是利用各种模型对数据进行多维度的分析和加工；信息资源传递是指信息资源的内部传递和外部传递。信息资源的规划需要在数据建模的基础上进行规划，其规划成果由《信息资源组成说明》、《信息资源来源列表》、《信息资源加工说明》、《信息资源与应用系统生产关系》、《信息资源与数据库关系》、《信息资源的模型说明》、《信息资源与数据传递》等和辅助描述语言组成。

7）安全规划

安全规划是依据国家相关部委关于安全等级和信息密级等方面的法规和措施结合单位的业务实际情况进行的一种规划。安全规划包括安全技术规划和安全管理规划两个方面。安全技术规划由机房安全、网络安全、主机安全、应用安全和数据安全方面的规划组成。安全管理规划由安全管理组织、安全管理设备、安全管理制度方面的规划组成。安全规划的成果由《网络安全域划分》、《应用系统安全等级列表》、《业务岗位的密级设置》、《信息资源的密级设置》、《安全应用系统列表》、《安全应用设备列表》等和辅助描述语言组成。

8）协同规划

协同规划主要是指业务单位与外部单位间的业务活动的信息化规划。协同规划包括两部分，一是协同单位间的协同信息的规划，二是协同活动实现的系统支撑规划。协同单位间的信息规划是指协同单位交换信息的频度、时间段、信息内容、交换方式的规划；协同活动实现的系统支撑规划是指支撑系统的功能设计。协同规划的工作成果由《协同单位信息交换列表》、《协同应用系统功能设计》和相关辅助说明组成。

9）其他规划

其他规划还包括如系统运维规划、标准规范规划、机房建设规划等，是对架构规划等未涉及的部分进行的内容说明。

> 航标灯：系统规划不是对当前要建的系统的规划，而是把当前已有的、要建的和未来的系统统一考虑而做的顶层系统设计。

# 第24章

## 分析计算

传统的需求分析主要是采用专家估值法和需求评审法来对需求分析的功能分析和非功能分析进行认定和审核，带有一定的主观性，很大程度要依赖于参与人员的技能、素质和责任心。分析计算包括系统支撑能力计算和业务发展能力计算。分析计算是将业务研究成果、应用建模成果、系统规划成果录入仿真分析平台中，进行业务逻辑正确性分析、业务所需系统支撑能力、业务发展能力的计算，并给出数据结果，根据数据结果对上述业务研究、应用建模、系统规划的工作结果进行修正，同时该数据也是系统设计和系统测试时的参考数据。

## 24.1 目的和意义

分析计算是需求规划方法与传统需求分析方法的本质区别之一。分析计算是将业务研究成果、应用建模成果、系统规划成果录入到仿真分析平台中，进行业务逻辑正确性分析、业务所需系统支撑能力、业务发展能力的计算，并给出数据结果，根据数据结果对上述业务研究、应用建模、系统规划的工作结果进行修正，同时该数据也是系统设计和系统测试时的参考数据。

> 航标灯：采用专家估值法和需求评审法，带有一定的主观性。

分析计算包括系统支撑能力计算和业务发展能力计算。系统支撑能力的数据由通信传输能力、请求响应能力、会话处理能力、实体交易能力、科学计算能力、数据交易能力和数据存储能力组成。业务发展能力的数据由信息规范程度、信息开放程度、知识结构程度、业务集约的程度和架构开放程度组成。

分析计算是需求规划过程中的重要环节，该环节工作使需求规划工作可以实现定量计算，从而为软件开发的各项工作提供科学依据。分析计算工作对于中小型系统是可以不用进行此项工作的，关于系统的质量属性和非功能需求可在需求开发中完成。而对于大型系统而言，分析计算相当于是在做垂直抛弃型原型，从原型中获取了系统所需要的量化的质量属性。

 **航标灯：分析计算包括系统支撑能力计算和业务发展能力计算。**

在非功能需求分析中，软件质量属性包括可用性、易用性、可靠性、安全性、可伸缩性和多语言性等，在系统设计中都有相应的办法来解决。但是对性能如所有普通查询需要小于3秒这样一类需求就没有太多好的办法解决。因为它涉及的网络带宽、主机配置、终端配置、进程设置、数据结构、数据量、程序结构和程序算法等诸多限制。对于这类问题，基本上都是放在测试时解决的。当测试查询功能通过了时，则会告诉客户软件系统是满足用户要求的，当没有通过时，则先从程序入手，调算法、调界面、调数据结构、调进程数是常用的办法。当这一切失灵，问题依然存在之后，就只有告诉客户在需求主机、终端、网络上进行调整，而客户方不愿意追加投资进行基础设施的改造。有时这一过程消耗的时间、精力、资源要远远大于程序设计和代码开发的消耗。在现实中，我们看到很多这样的"大马拉小车"的事例，一个不起眼的小系统，就需要一个高配置的硬件主机，而且用户客户端还要加装特殊的浏览器才能满足系统性能的要求。我们可以说即使非功能需求分析中性能描述得再清楚，软件开发组织和客户也只能听天由命，不知道最后会是一个什么结果，这种"性能噩梦"将会不停地上演，似乎只有采用"水多了加面、面多了加水"这种混沌的办法。

 **航标灯：大马拉小车，小马拉大车是软件系统在性能方面常出现的问题。水多了加面、面多了加水是当前解决性能的一个"笨"办法。**

分析计算中的系统支撑能力计算正是为解决"性能噩梦"而提出的一个具有创新性的办法。系统支撑能力计算包括通信传输能力、请求响应能力、会话处理能力、实体交易能力、科学计算能力、数据交易能力和数据存储能力的计算，用户将软件系统功能和性能按照要求在仿真平台上进行录入，通过仿真平台运算得出这七部分的数据，基于这七部分数据可以算出在某种终端条件下，要满足系统性能要求，主机所具有的处理能力值，基于这个处理能力值可以选择相对应的主机。这一方法打破了主机选型只能依据经验的局面，采用这种方法，用户可以提前控制基础设施的投资预算，并能确定系统上线后性能问题将不再是一个问题。

分析计算不仅能解决"性能噩梦"，而且还可以给出未来信息系统发展方向的测算。业务发展能力计算是将业务建模成果和系统建模成果作为研究对象，通过对子系统的操作过程分析，算出每个子系统的信息量和信息服务量，在此基础上计算出信息规范化、知识结构化、功能集中度等业务发展能力量化指标。这样客户对系统建成后的信息化格局了然于胸，知道哪些业务还没有结构化，哪些信息还没有规范化，哪些系统需要进行集成化改造。所以说分析计算还可以解决信息化建设"科学发展"的问题。

> 航标灯：分析计算不仅能解决"性能噩梦"，而且还可以给出未来信息系统发展方向的测算。

总而言之，分析计算为后期系统设计和开发在非功能需求方面奠定了坚实的基础，可以作为本期系统设计和系统测试时的设计依据，同时也为下一期信息系统建设提供了决策依据。

## 24.2 方法和过程

分析计算是将业务研究成果、应用建模成果、系统规划成果按照仿真分析模型的要求，对子系统、功能模块、操作模块与业务事项、业务活动、业务数据建立起关联，以子系统为单位进行业务逻辑正确性分析和每一个功能模块、每一个操作模块所需的系统支撑能力计算，然后在子系统支撑能力计算的基础之上进行业务发展能力的计算。该数据结果将是系统设计和系统测试时的参考依据。分析计算工作的流程如图24-1所示。

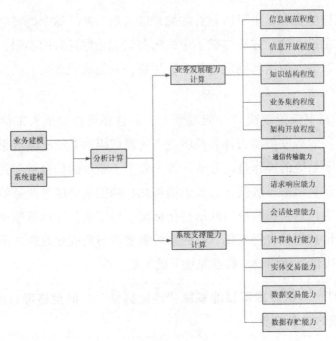

图24-1

## 24.3 业务发展能力的计算

业务发展能力计算由信息规范程度、信息开放程度、知识结构程度、业务集约化程度、开放框架程度五大能力组成。业务发展能力工作的流程如图24-2所示。

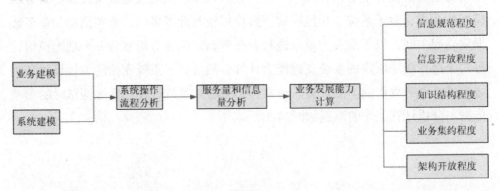

图24-2

业务发展能力是指业务可持续发展能力。是通过对子系统的每一个系统活动涉及的信息标准应用、知识结构化、信息资源开放等分析来进行业务发展能力计算的，通过此计算，可以对信息化对业务的支撑程度和业务在信息化方面还需进一步发展的方向有一个总体认识。通过分析信息规范程度，反映业务应用的标准化水平；通过分析知识结构化程度，反映业务应用的自动化水平；通过分析作业离散等级，反映业务应用的集约化水平；通过分析信息资源开放程度，反映业务应用与外部资源共享的水平；通过分析业务架构开放程度，反映业务应用与外部协同互动的水平；并基于上述指标，判断业务应用的可持续发展能力。

业务发展能力计算需要经过系统活动基础信息整理、服务量与信息量明细整理、子系统服务与信息计算、业务发展能力计算4个步骤，如图24-3所示。

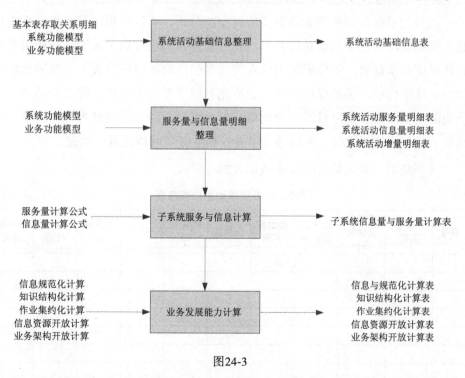

图24-3

（1）系统活动基础信息表分析：通过对系统功能模型和业务功能模型的分析，可以整理出子系统、系统功能、系统活动和业务活动的对应关系，然后

通过基础表存取关系明细分析出系统活动对应的基础表，将分析结果填入到《系统活动基础信息表》

（2）系统活动服务量与信息量明细表分析：根据业务功能模型和系统功能模型，分析系统活动的服务属性和信息属性，将分析结果分别填入到《系统活动服务量明细表》、《系统活动信息量明细表》、《系统活动增量明细表》

（3）子系统信息量与服务量计算表分析：按照服务量计算公式和信息量计算公式进行分类计算，将结果填入到《子系统信息量与服务量计算表》

（4）业务发展能力计算：按照五大业务发展能力计算公式进行分类计算，将结果填入到相应的五大业务发展能力计算表中。

## 24.3.1 系统活动基础信息整理

通过对系统功能模型和业务功能模型的分析，可以整理出子系统、系统功能、系统活动和业务活动对应关系，然后通过基础表存取关系明细分析出系统活动对应的基础表，将分析结果填入到《系统活动基础信息表》。系统活动也称为系统操作项。系统操作项分析表填充：以子系统为单位，将功能模块、系统功能、基本表、信息量等项分别填充到《系统活动基础信息表》，表中还有其他一些字段如频度、上午高峰等也需根据业务实际情况进行填充。

《系统活动基础信息表》模板如表24-1所示。

表24-1 系统活动基础信息表

| 编号 | 子系统名称 | 系统功能模块名称 | 系统活动名称 | 基本表名称 | 信息量 | 响应时间 | 频度 | 发生时段 | 上午高峰值 | 下午高峰值 |
|---|---|---|---|---|---|---|---|---|---|---|
| | | | | | | | | | | |
| | | | | | | | | | | |
| | | | | | | | | | | |
| | | | | | | | | | | |
| | | | | | | | | | | |
| | | | | | | | | | | |
| | | | | | | | | | | |
| | | | | | | | | | | |
| | | | | | | | | | | |

各项说明如下。

- 编号：顺序号；

- 子系统名称：从《子系统明细表》继承过来；

- 系统功能模块名称：从《子系统功能模块明细表》继承过来；

- 系统活动名称：从《子系统功能明细表》继承过来后，要定位到具体操作功能；

- 基本表名称：从《基本表明细表》继承过来；

- 信息量：对于基本表字段的数据量进行合加；

- 响应时间：对这项系统活动，用户期望的响应时间；

- 频度：系统活动的年平均发生次数；

- 发生时段：系统活动发生的时间段；

- 上午高峰值：上午某个时间段内发生的最大次数；

- 下午高峰值：下午某个时间段内发生的最大次数，两者取一个最大的作为计算峰值。

## 24.3.2　系统活动服务及信息量整理

服务量和信息量分析，主要是对《系统活动基础信息表》按照子系统为单位对每一个操作单元的服务量和信息量进行分析，得出每个系统活动的服务量、信息量、增量。结果分别填入到《系统活动服务量明细表》、《系统活动信息量明细表》、《系统活动增量明细表》。

服务量分析按照离线服务、在线服务、机器作业、人工作业、事务服务、计算服务、本地服务、利用外部服务、外部利用服务、利用公共服务、公共利用服务等分别对子系统组成的操作单元进行归类统计。

信息量分析按照静态信息、动态信息、标准信息、非标准信息、本地信息、利用外部信息、外部利用信息、利用公共信息、公共利用信息等分别对子系统组成的操作单元进行归类统计。

《系统活动服务量明细表》模板如表24-2所示。

**表24-2 系统活动服务量明细表**

| 编号 | 子系统名称 | 系统活动名称 | 服务形态 | 服务方式 | 服务性质 | 服务来源 |
|------|-----------|-------------|---------|---------|---------|---------|
|      |           |             |         |         |         |         |
|      |           |             |         |         |         |         |
|      |           |             |         |         |         |         |
|      |           |             |         |         |         |         |
|      |           |             |         |         |         |         |
|      |           |             |         |         |         |         |

各项说明如下。

- 编号：顺序号。

- 子系统名称：从《系统活动基本信息明细表》继承过来。

- 系统活动名称：从《系统活动基本信息明细表》继承过来。

- 服务形态：根据系统活动特点在下面取一个。

| 标识 | 名称 | 说明 |
|------|------|------|
| S-OFF | 离线服务 | 线下作业，不直接使用本系统的服务 |
| S-ON | 在线服务 | 利用本系统的服务 |

- 服务方式：根据系统活动特点在下面取一个；

| 标识 | 名称 | 说明 |
|------|------|------|
| S-AUTO | 机器作业 | 利用计算机系统的作业 |
| S-MANUAL | 人工作业 | 由人工来完成，不利用计算机的作业 |

- 服务性质：根据系统活动特点在下面取一个；

| 类型标识 | 类型名称 | 类型说明 |
|----------|----------|----------|
| S-NEW | 新增服务 | 增加新的数据或信息的服务 |
| S-OLD | 利旧服务 | 利用已有数据或信息的服务 |

- 服务来源：根据系统活动特点在下面取一个。

| 类型标识 | 类型名称 | 类型说明 |
|----------|----------|----------|
| S-LOCAL | 本地服务 | 本系统内的服务 |
| S-OUT-GOV | 利用外部服务 | 对外系统服务的利用 |
| S-IN-GOV | 外部利用服务 | 对外系统提供的服务 |
| S-OUT-PUB | 利用公共服务 | 对公共服务的利用 |
| S-IN-PUB | 公共利用服务 | 给公众提供的服务 |

《系统活动服务量明细表》模板如表24-3所示。

**表24-3 系统活动服务量明细表**

| 编号 | 子系统名称 | 系统活动名称 | 基本表名称 | 信息量 | 信息形态 | 信息标准 | 信息来源 |
|------|-----------|-------------|-----------|--------|---------|---------|---------|
|      |           |             |           |        |         |         |         |
|      |           |             |           |        |         |         |         |
|      |           |             |           |        |         |         |         |
|      |           |             |           |        |         |         |         |
|      |           |             |           |        |         |         |         |
|      |           |             |           |        |         |         |         |
|      |           |             |           |        |         |         |         |

各项说明如下。

- 编号：顺序号。

- 子系统名称：从《系统活动基本信息明细表》继承过来。

- 系统活动名称：从《系统活动基本信息明细表》继承过来。

- 基本表名称：从《系统活动基本信息明细表》继承过来。

- 信息量：从《系统活动基本信息明细表》继承过来。

- 信息形态：根据系统活动特点在下面取一个。

| 标识 | 名称 | 说明 |
|------|------|------|
| I-STA | 静态信息 | 数据相对不发生改变，基础的业务数据库 |
| I-ACT | 动态信息 | 数据库的信息因操作而随之发生变化 |

- 信息标准：根据系统活动特点在下面取一个。

| 类型标识 | 类型名称 | 类型说明 |
|---------|---------|---------|
| I-S | 标准信息 | 利用系统所在行业的标准规范建立的信息 |
| I-NON-S | 非标准信息 | 未利用系统所在行业的标准规范建立的信息 |

- 信息来源：根据系统活动特点在下面取一个。

| 类型标识 | 类型名称 | 类型说明 |
|---------|---------|---------|
| I-LOCAL | 本地信息 | 本系统内的信息 |
| I-OUT-GOV | 利用外部信息 | 利用外系统的信息 |
| I-IN-GOV | 外部利用信息 | 对外系统提供的信息 |
| I-OUT-PUB | 利用公共信息 | 利用公共的信息 |
| I-IN-PUB | 公共利用信息 | 对公众提供的信息 |

《系统活动增量明细表》模板如表24-4所示。

表24-4　系统活动增量明细表

| 编号 | 子系统名称 | 系统活动名称 | 基本表名称 | 信息量 | 数据增量 | 通信传输量 |
|---|---|---|---|---|---|---|
|  |  |  |  |  |  |  |
|  |  |  |  |  |  |  |
|  |  |  |  |  |  |  |
|  |  |  |  |  |  |  |
|  |  |  |  |  |  |  |
|  |  |  |  |  |  |  |

各项说明如下。

- 编号：顺序号；
- 子系统名称：从《系统活动基本信息明细表》继承过来；
- 系统活动名称：从《系统活动基本信息明细表》继承过来；
- 基本表名称：从《系统活动基本信息明细表》继承过来；
- 信息量：从《系统活动基本信息明细表》继承过来；
- 数据增量：会对存储设备带来的增加量；
- 通信传输量：上下传时的通信数据量。

## 24.3.3　子系统信息与服务计算

子系统服务和信息计算分析主要是对《系统活动服务量明细表》、《系统活动信息量明细表》、《系统活动增量明细表》按照子系统为单位对每一个操作单元的服务量和信息量进行汇总统计，得出每个子系统的服务量和信息量。其计算方法如下。

（1）子系统服务量的静态统计值是以子系统为单位，按照离线服务、在线服务、机器作业、人工作业、事务服务、计算服务、本地服务、利用外部服务、外部利用服务、利用公共服务、公共利用服务的顺序分别计算具有这些属性值系统活动数量，这些数量就是各项服务值的静态统计值。

（2）子系统服务量的动态统计值是以子系统为单位，按照离线服务、在线服务、机器作业、人工作业、事务服务、计算服务、本地服务、利用外部服务、外部利用服务、利用公共服务、公共利用服务的顺序分别计算具有这些属性值系统活动数量乘以每个系统活动的频度后的累加值就是各项服务值的动态统计值。

（3）子系统信息量静态统计值是以子系统为单位，按照静态信息、动态信息、标准信息、非标准信息、本地信息、利用外部信息、外部利用信息、利用公共信息、公共利用信息的顺序分别计算这些属性值系统活动数量，这些数量就是各项信息项的静态统计值。

（4）子系统数据增量计算是以子系统为单位，将每一个产生数据增量的系统活动乘以每个系统活动的发生频度再将其做累加，累加值就是数据增量。

（5）子系统通信传输量计算是以子系统为单位，将每一个通信传输量的系统活动乘以每个系统活动的发生频度再将其做累加，累加值就是通信传输量。

计算结果填入到《子系统服务量计算表》、《子系统信息量计算表》。

《子系统服务量计算表》模板如表24-5所示。

**表24-5　子系统服务量计算表**

| 编号 | 子系统名称 | 服务量计算类型 | 静态值 | 动态值 |
|---|---|---|---|---|
|  |  |  |  |  |
|  |  |  |  |  |
|  |  |  |  |  |
|  |  |  |  |  |
|  |  |  |  |  |

各项说明如下。

- 编号：顺序号；
- 子系统名称：从《系统活动基本信息明细表》继承过来；
- 服务量计算类型：有11项如表24-6所示；

**表24-6　服务量计算类型**

| 计算标识 | 计算名称 | 计算说明 |
|---|---|---|
| S-OFF | 离线服务 | 线下作业，不直接使用本系统的服务 |
| S-ON | 在线服务 | 利用本系统的服务 |
| S-AUTO | 机器作业 | 利用计算机系统的作业 |

续表

| 计算标识 | 计算名称 | 计算说明 |
|---|---|---|
| S-MANUAL | 人工作业 | 由人工来完成，不利用计算机的作业 |
| S-TRANSACTION | 事务服务 | 不涉及大量科学计算的事务处理性质的服务 |
| S-COMPUTING | 计算服务 | 进行大量科学计算的服务 |
| S-LOCAL | 本地服务 | 本系统内的服务 |
| S-OUT-GOV | 利用外部服务 | 对外系统服务的利用 |
| S-IN-GOV | 外部利用服务 | 对外系统提供的服务 |
| S-OUT-PUB | 利用公共服务 | 对公共服务的利用 |
| S-IN-PUB | 公共利用服务 | 给公众提供的服务 |

- 静态值：是指子系统某个服务量计算类型的静态值，计算公式如上所述；

- 动态值：是指子系统某个服务量计算类型的动态值，计算公式如上所述。

《子系统信息量计算表》模板如表24-7所示。

表24-7 子系统信息量计算表

| 编号 | 子系统名称 | 信息量计算类型 | 静态值 | 数据增量 | 通信传输量 |
|---|---|---|---|---|---|
|  |  |  |  |  |  |
|  |  |  |  |  |  |
|  |  |  |  |  |  |
|  |  |  |  |  |  |
|  |  |  |  |  |  |
|  |  |  |  |  |  |
|  |  |  |  |  |  |

各项说明如下。

- 编号：顺序号；

- 子系统名称：从《系统活动基本信息明细表》继承过来；

- 信息量计算类型：有9项如表24-8所示；

表24-8 信息量计算类型

| 计算标识 | 计算名称 | 计算说明 |
|---|---|---|
| I-STA | 静态信息 | 数据相对不发生改变，基础的业务数据库 |
| I-ACT | 动态信息 | 数据库的信息因操作而随之发生变化 |
| I-S | 标准信息 | 利用系统所在行业的标准规范建立的信息 |
| I-NON-S | 非标准信息 | 未利用系统所在行业的标准规范建立的信息 |

438

续表

| 计算标识 | 计算名称 | 计算说明 |
|---|---|---|
| I-LOCAL | 本地信息 | 本系统内的信息 |
| I-OUT-GOV | 利用外部信息 | 利用外系统的信息 |
| I-IN-GOV | 外部利用信息 | 对外系统提供的信息 |
| I-OUT-PUB | 利用公共信息 | 利用公共的信息 |
| I-IN-PUB | 公共利用信息 | 对公众提供的信息 |

- 静态值：是指子系统某个信息量计算类型的静态值，计算公式如上所述；

- 数据增量：是指子系统所产生的数据增量，计算公式如上所述；

- 通讯传输量：是指子系统所产生的通信传输量，计算公式如上所述。

## 24.3.4 业务发展能力计算

业务发展能力计算是在服务量和信息分析计算的基础之上，按照信息规范程度、信息开放程度、知识结构程度、功能集约程度、架构开放程度的计算顺序，分别算出子系统的五个业务发展能力和整个系统的五个业务发展能力。按照公式基于《子系统信息量计算表》和《子系统服务量计算表》为基础，分别算出每个子系统的五个业务能力，然后再进行合加计算，算出整个系统的业务发展能力。

### 1. 信息规范程度计算

信息规范程度=标准信息/（标准信息＋非标准信息）×100%

以子系统为单位，分别按上述公式算出每个子系统的信息规范程度。分别汇总出所有子系统的标准信息和非标准信息数量，然后按上述公式算出全系统的信息规范程度。

《系统信息规范化程度表》模板如表24-9所示。

表24-9 系统信息规范化程度表

| 编号 | 子系统名称 | 标准化信息量 | 非标准化信息量 | 规范化程度 |
|---|---|---|---|---|
|  |  |  |  |  |
|  |  |  |  |  |
|  | 合计 |  |  |  |

各项说明如下。

- 编号：顺序号；

439

- 子系统名称：从《系统活动基本信息明细表》继承过来；

- 标准化信息量：从《子系统信息量计算表》中的标准化信息量项中继承过来；

- 非标准化信息量：从《子系统信息量计算表》中的非标准化信息量项中继承过来；

- 规范化程度：按照规范化程度计算公式计算出子系统的规范化程度；

- 合计：汇总所有子系统标准化信息量、非标化信息量，按照规范化程度计算公式计算出系统的规范化程度。

 航标灯：信息规范程度=标准信息/（标准信息＋非标准信息）×100%；

**2. 信息开放程度计算**

信息资源开放程度=0.5×[（利用外部信息＋利用公共信息）/（本地信息+利用外部信息+利用公共信息）＋（公共利用信息＋外部利用信息）/本地信息]×100%。

以子系统为单位，分别按上述公式算出每个子系统的信息资源开放程度。分别汇总出所有子系统的信息利用情况，然后按上述公式算出全系统的信息资源开放程度。

《系统信息开放程度表》模板如表24-10所示。

表24-10 系统信息开放程度表

| 编号 | 子系统名称 | 本地信息 | 利用外部信息 | 外部利用信息 | 利用公共信息 | 公共利用信息 | 信息资源开放度 |
|------|-----------|----------|--------------|--------------|--------------|--------------|----------------|
|  |  |  |  |  |  |  |  |
|  |  |  |  |  |  |  |  |
|  |  |  |  |  |  |  |  |
|  |  |  |  |  |  |  |  |
|  |  |  |  |  |  |  |  |
|  |  |  |  |  |  |  |  |
|  | 合计 |  |  |  |  |  |  |

各项说明如下。

- 编号：顺序号；

- 子系统名称：从《系统活动基本信息明细表》继承过来；
- 本地信息：从《子系统信息量计算表》中的本地信息项中继承过来；
- 利用外部信息：从《子系统信息量计算表》中的利用外部信息项中继承过来；
- 外部利用信息：从《子系统信息量计算表》中的外部利用信息项中继承过来；
- 利用公共信息：从《子系统信息量计算表》中的利用公共信息项中继承过来；
- 公共利用信息：从《子系统信息量计算表》中的公共利用信息项中继承过来；
- 信息资源开放度：按照信息开放程度计算公式计算出子系统的开放程度；
- 合计：汇总所有子系统各信息项，按照信息开放程度计算公式计算出系统的信息开放程度。

> 航标灯：信息资源开放程度=0.5×[（利用外部信息＋利用公共信息）/（本地信息+利用外部信息+利用公共信息）＋（公共利用信息＋外部利用信息）/本地信息]×100%。

### 3. 知识结构化程度计算

知识结构化程度＝机器作业/（机器作业+人工作业）×100%。

以子系统为单位，分别按上述公式算出每个子系统的知识结构化程度。分别汇总出所有子系统的机器作业和人工作业数量，然后按上述公式算出全系统的知识结构化程度。

《系统知识结构化程度表》模板如表24-11所示。

表24-11 系统知识结构化程度表

| 编号 | 子系统名称 | 机器服务量 | 人工服务量 | 结构化程度 |
| --- | --- | --- | --- | --- |
| | | | | |
| | | | | |
| 合计 | | | | |

441

各项说明如下。

- 编号：顺序号；

- 子系统名称：从《系统活动基本信息明细表》继承过来；

- 机器服务量：从《子系统服务量计算表》中的机器服务量项中继承过来；

- 人工服务量：从《子系统信息量计算表》中的人工服务量项中继承过来；

- 结构化程度：按照知识结构化程度计算公式计算出子系统的结化化程度；

- 合计：汇总所有子系统机器服务量、人工服务量，按照结构化程度计算公式计算出系统的结构化程度。

 **航标灯：知识结构化程度＝机器作业/（机器作业+人工作业）×100%。**

### 4. 功能集约程度计算

类别系统功能集约度=（类内各子系统所含系统活动数量总和）^（子系统数量－支撑平台数量）/类内各子系统所含系统活动数量之积。

类别系统功能离散度=（1/某类别系统活动集约度）×10 000。

类别系统功能离散等级=lg（某类别系统活动离散度+1）。

**注**：离散等级有10个等级，0，1，2，3，4，5，6，7，8，9；等级越高集约度越小，反之，集约度越大。

类别系统功能是指在子系统中具有相同的系统活动的功能类。我们需要对照系统活动基础信息表中系统功能在各子系统的量进行合加才能得出重用的系统功能。这样可以将这些系统中具有共性的功能迁移到平台中加以实现，可以提升功能的集约程度，避免功能的重复建设。

《同类系统功能的集约程度表》模板如表24-12所示。

表24-12 同类系统功能的集约程度表

| 编号 | 同类功能名 | 支撑平台数 | 集约度 | 离散度 | 备注 |
|------|-----------|-----------|--------|--------|------|
|      |           |           |        |        |      |
|      |           |           |        |        |      |
|      |           |           |        |        |      |

各项说明如下。

- 编号：顺序号；

- 同类功能名称：从《系统活动基本信息明细表》继承过来；

- 支撑平台数：系统中公共的支撑平台数量，如安全平台、数据访问平台、门户平台等；

- 集约度：按上述公式计算所得；

- 离散度：按上述公式计算所得；

- 备注：需求补充的说明。

 **航标灯：提升功能的集约程度，避免功能的重复建设。**

### 5. 架构开放程度计算

架构开放程度=0.5×[（利用外部服务＋利用公共服务）/（本地服务+利用外部服务+利用公共服务）＋（公共利用服务+外部利用服务）/本地服务]×100%

以子系统为单位，分别按上述公式算出每个子系统的业务架构开放程度。分别汇总出所有子系统的服务利用情况，然后按上述公式算出全系统的业务架构开放程度。

《架构开放程度表》模板如表24-13所示。

**表24-13 架构开放程度表**

| 编号 | 子系统名称 | 本地服务 | 利用外部服务 | 外部利用服务 | 利用公共服务 | 公共利用服务 | 服务架构开放度 |
|------|------------|----------|--------------|--------------|--------------|--------------|----------------|
|      |            |          |              |              |              |              |                |
|      |            |          |              |              |              |              |                |
|      |            |          |              |              |              |              |                |
|      | 合计       |          |              |              |              |              |                |

各项说明如下。

- 编号：顺序号；

- 子系统名称：从《系统活动基本信息明细表》继承过来；

- 本地服务：从《子系统服务量计算表》中的本地服务项中继承过来；

- 利用外部服务：从《子系统服务量计算表》中的利用外部项中继承过来；

- 外部利用服务：从《子系统服务量计算表》中的外部利用项中继承过来；

- 利用公共服务：从《子系统服务量计算表》中的利用公共项中继承过来；

- 公共利用服务：从《子系统服务量计算表》中的公共利用项中继承过来；

- 架构开放程度：按照架构开放程度计算公式计算出子系统的架构开放程度；

- 合计：汇总所有子系统服务信息，按照架构开放程度计算公式计算出系统的架构开放程度。

> 航标灯：架构开放程度=0.5×[（利用外部服务＋利用公共服务）/（本地服务+利用外部服务+利用公共服务）＋（公共利用服务＋外部利用服务）/本地服务]×100%。

# 24.4 系统支撑能力计算

系统支撑能力是指系统运行时所需的网络带宽、应用服务器能力、数据服务器能力、数据存储能力等。系统支撑能力计算的数据是将来进行网络、服务器、磁盘存储的软硬件设备购买时的判断依据。分析业务应用对系统支撑能力的需求有三种。第一种是专家估值法，第二种是原型测试法，第三种是模型映射法。专家估值法是一种粗放式计算法，依赖于专家经验，在中小型系统中适用。原型测试法是一种科学邀请，但这种方法成本高、周期长，很难普及应用。模型映射法就是在相同的业务应用建模平台上，先建立业务应用逻辑模型和业务发生规律模型，然后生成模拟指标测算实例化运行的系统负载数据，再进行科学计算的方法。在系统支撑能力计算时我们将采用模型映射法。

> 航标灯：系统支撑能力计算是采用模型映射法进行的一种计算。

先建立业务应用逻辑模型和业务发生规律模型，然后生成模拟指标测算实例化运行的系统负载数据：

第一步，先算出子系统操作级负载能力计算；

第二步，对子系统操作级负载进行和加计算得出子系统作业级负载能力计算；

第三步，按照子系统作业级需求能力计算公式，将子系统作业级负载能力按公式转换成子系统作业级需求能力；

第四步，按子系统作业级需求能力进行合加，得出子系统系统级需求能力。

系统支撑能力计算过程模型如图29-4所示。

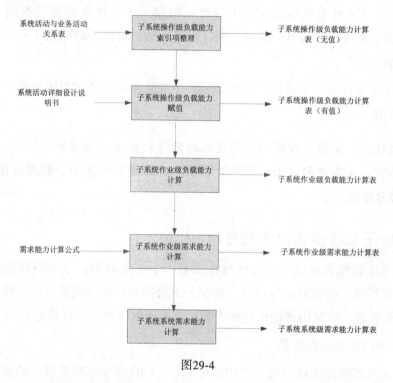

图29-4

（1）子系统操作级负载索引项整理：将系统活动和业务活动关联关系表的索引项填充到《子系统操作级负载分析表》中。

（2）子系统操作级负载能力赋值：根据索引项，依据系统活动详细设计说明书整理《系统活动操作流程分析表》，然后按照计算公式，分别计算Web操作次数、会话操作次数、实体操作次数等，将结果填充到《子系统操作级负载分析表》。

（3）子系统作业级负载能力计算：根据《子系统操作级负载分析表》，以作业为单位将作业下的操作实例的各值作累加和，将结果填充到《子系统作

445

业级负载分析表》。

（4）子系统作业级需求能力计算：根据《子系统作业级负载分析表》，按照需求能力计算公式，进行每一个作业项实例的转换计算，将结果填充到《子系统作业级需求能力表》。

（5）子系统系统级需求能力计算：根据《子系统作业级需求能力计算表》，将子系统下的所有作业项实例进行累加和，将结果填充到《子系统系统级需求能力表》。

子系统操作指子系统的系统活动项。子系统作业指的是系统功能，是系统活动项的组合。

> 航标灯：**系统支撑能力的数据由通信传输能力、请求响应能力、会话处理能力、实体交易能力、科学计算能力、数据交易能力、数据存储能力七个部分组成。**

## 24.4.1 子系统操作级负载分析

基于子系统各系统操作项的操作次数、上午高峰值、下午高峰值、信息量、通信增量、响应时间等信息，按照公式分别算出Web内部操作次数、会话内部操作次数、实体内部操作次数、数据读写操作次数。其计算公式如下：

1）Web内部操作次数

Web内部操作次数是指一个URL提交后，URL在Web服务器中处理时所需调用的类的个数，以及返回到IE后的所需建立的静态和动态连接数量，其公式如下：

Web内部操作次数=Web页面请求数×Web内部调用的类数量

Web内部调用的类数量和采用的Web处理框架有一定关系，但一般都会包含控制类、解析类、页面类、处理类、视图控制类等。

2）会话内部操作次数

会话内部操作次数是指业务逻辑的处理所调用的各业务类和依赖的支撑类的数量，一个会话可以接受多个请求，所以会话内部操作次数公式为：

会话内部操作次数=Web向会话请求数×会话内调用的类数量

会话内调用的类数量和采用会话处理框架有一定关系，但一般都会包含控制类、解析类、字段转换、字段逻辑、业务运算、返回处理类等。

3）实体内部操作次数

实体内部操作次数是指数据逻辑的处理所调用的各业务类和依赖的支撑类的数量，一个实体内部操作与会话内部操作发起的实体请求数有关，所以实体内部操作次数公式如下：

实体内操作次数=会话向实体请求数×实体内调用的类数量

实体内调用的类数量和采用实体处理框架有一定关系，但一般都会包含连接类、请求发起、DAO、VO、返回处理类等。

4）数据读写操作次数

是指对以数据库表为单位的表的读写操作次数。一个实体内部的操作请求和读写表的数量有关，其公式如下：

数据读写操作次数=实体向数据表请求数×数据表关联数量

数据表的关联数量，指在一个实体中包含有几个相关表的数据。

按照上述公式逐项计算每个子系统的系统活动项的相应类型的次数，填入到《子系统操作级负载分析表》。《子系统操作级负载分析表》模板如表24-14所示。

表24-14 子系统操作级负载分析表

| 编号 | 子系统名称 | 系统活动名称 | 操作次数类型 | 平均值 | 上午高峰值 | 下午高峰值 |
|---|---|---|---|---|---|---|
|  |  |  |  |  |  |  |
|  |  |  |  |  |  |  |
|  |  |  |  |  |  |  |
|  |  |  |  |  |  |  |
|  |  |  |  |  |  |  |
|  |  |  |  |  |  |  |
|  |  |  |  |  |  |  |
|  |  |  |  |  |  |  |

各项说明如下。

- 编号：顺序号。

- 子系统名称：从《系统活动基本信息明细表》继承过来。

- 系统活动名称：从《系统活动基本信息明细表》系统活动名称中继承过来。

- 操作次数类型：每一个系统活动项都需计算出以下所有操作次数类型，如表24-15所示。

表24-15 操作次数类型

| 类型名称 | 类型说明 |
| --- | --- |
| Web内部操作次数 | Web内部操作次数是指一个页面上的请求数乘以涉及的Web操作的类数量 |
| 会话内部操作次数 | 会话内部操作次数是指在一个请求会话处理过程中涉及的业务逻辑类的处理数量 |
| 实体内部操作次数 | 实体内部操作次数是指一个请求会话中涉及库表操作时的数据处理类的数量 |
| 数据读写操作次数 | 数据读写操作次数是指涉及的数据库表的数量 |

- 平均值：上下午高峰合加后除以2的平均值。

- 上午高峰值：上午操作次数高峰值。

- 下午高峰值：下午操作次数高峰值。

## 24.4.2 子系统作业级负载分析

对《子系统操作级负载分析》中的每个系统活动项，按系统功能归属进行合加，得出系统功能级，即作业级负载分析，并将结果填入到《子系统操作级负载分析表》。《子系统操作级负载分析表》模板如表24-16所示。

表24-16 子系统分析表

| 编号 | 子系统名称 | 系统功能名称 | 操作次数类型 | 平均值 | 上午高峰值 | 下午高峰值 |
| --- | --- | --- | --- | --- | --- | --- |
| | | | | | | |
| | | | | | | |
| | | | | | | |
| | | | | | | |
| | | | | | | |
| | | | | | | |

各项说明如下。

- 编号：顺序号。
- 子系统名称：从《系统活动基本信息明细表》继承过来。
- 系统功能名称：从《系统活动基本信息明细表》系统功能名称中继承过来。
- 操作次数类型：每一个系统功能项都需计算出以下所有操作次数类型，如表24-17所示。

表24-17　操作次数类型

| 类型名称 | 类型说明 |
| --- | --- |
| Web内部操作次数 | Web内部操作次数是指一个页面上的请求数乘上涉及的WEB操作的类数量 |
| 会话内部操作次数 | 会话内部操作次数是指在一个请求会话处理过程中涉及的业务逻辑类的处理数量 |
| 实体内部操作次数 | 实体内部操作次数是指一个请求会话中涉及库表操作时的数据处理类的数量 |
| 数据读写操作次数 | 数据读写操作数是指涉及的数据库表的数量 |

- 平均值：上下午高峰合加后除以2的平均值。
- 上午高峰值：与系统功能相关的系统活动的上午操作次数高峰值合加。
- 下午高峰值：与系统功能相关的系统活动的下午操作次数高峰值合加。

## 24.4.3　子系统作业级需求能力分析

基于子系统作业级负载分析得出的Web内部操作次数、会话内部操作次数、实体内部操作次数、数据读写操作次数等平均值、上午高峰值、下午高峰值，按照公式分别算出存储能力、通信传输能力、事件响应能力、会话维护能力、实体交易能力、数据交易能力等。其计算公式如下。

1）请求响应能力计算

请求响应能力＝Web内部操作次数/16.19

SpecWeb 2005是一种对Web服务运算能力的测试指标，对于请求响应能力给出了一个比值16.19，在选择Web服务器参考此指标。

2）会话处理能力计算

会话处理能力＝会话内部操作次数/43.7425

SpecjAppSserver 2004是一种对应用服务器运算能力的测试指标，对于会话处理能力给出了一个比值43.725，在选择应用服务器时参考此指标。

3）实体处理能力计算

实体处理能力＝实体内部操作次数/43.725

SpecjAppSserver 2004是一种对应用服务器运算能力的测试指标，对于实体处理能力给出了一个比值43.725，在选择应用服务器时参考此指标。

4）数据交易能力计算

数据交易能力＝数据读写操作次数/1.063

按照TPCC对数据库服务器处理能力的定义。

5）月存储能力计算

月存储能力（Byte/月）＝（27×作业发生频度+作业数据增量平均值）×60×60×作业周期×22×1.002×1.0241

作业频度＝∑（相同作业内各操作发生频度）/作业包含的操作个数

6）通信传输能力计算

通信传输能力（kB/s）＝（作业通信传输量/1024）×1.031×1.036×1.037

作业通信传输量＝（定义态数据通信量×发生频度）/操作成熟度

按照上述公式逐项计算每个子系统的系统功能的相应类型的能力，填入《子系统作业级能力需求计算表》。《子系统作业级能力需求计算表》模板如表24-18所示。

**表24-18 子系统作业级能力需求计算表**

| 编号 | 子系统名称 | 系统功能名称 | 能力类型 | 平均值 | 上午高峰值 | 下午高峰值 |
|------|-----------|-------------|---------|--------|-----------|-----------|
|      |           |             |         |        |           |           |
|      |           |             |         |        |           |           |
|      |           |             |         |        |           |           |

各项说明如下。

- 编号：顺序号。

- 子系统名称：从《系统活动基本信息明细表》继承过来。

- 系统功能名称：从《系统活动基本信息明细表》系统功能名称中继承过来。
- 能力类型：每一个系统功能项都需计算出以下所有需求能力类型，如表24-19所示。

表24-19 能力类型

| 类型名称 | 类型说明 |
|---|---|
| 存储能力 | 月新增数据量 |
| 通信传输能力 | 每秒所需的通信带宽 |
| 事件响应能力 | 每秒所需的请求处理能力 |
| 会话维护能力 | 每秒所需的会话处理能力 |
| 实体交易能力 | 每秒所需的实体交易处理能力 |
| 数据交易能力 | 每秒所需的数据交易处理能力 |
| 科学计算能力 | 每秒所需的科学计算处理能力 |

- 平均值：上下午高峰合加后除以2的平均值。
- 上午高峰值：系统功能上午操作高峰值时的能力。
- 下午高峰值：系统功能下午操作高峰值时的能力。

 航标灯：通信传输能力是每秒所需的通信带宽。
事件响应能力是每秒所需的请求处理能力。
会话维护能力是每秒所需的会话处理能力。
实体交易能力是每秒所需的实体交易处理能力。

## 24.4.4 子系统系统级需求能力分析

对《子系统作业级需求能力计算表》中的每个子系统下的系统功能需求能力值进行合加，得出系统级的需求能力，并将结果填入《子系统系统级需求能力计算表》。《子系统系统级需求能力计算表》模板如表24-20所示。

表24-20 子系统系统级需求能力计算表

| 编号 | 子系统名称 | 能力类型 | 平均值 | 上午高峰值 | 下午高峰值 |
|---|---|---|---|---|---|
| | | | | | |
| | | | | | |
| | | | | | |
| | | | | | |

各项说明如下。

- 编号：顺序号。

- 子系统名称：从《系统活动基本信息明细表》继承过来。

- 能力类型：每一个子系统都需计算出以下所有需求能力类型，如表24-21所示。

表24-21 能力类型

| 类型名称 | 类型说明 |
| --- | --- |
| 存储能力 | 月新增数据量 |
| 通信传输能力 | 每秒所需的通信带宽 |
| 事件响应能力 | 每秒所需的请求处理能力 |
| 会话维护能力 | 每秒所需的会话处理能力 |
| 实体交易能力 | 每秒所需的实体交易处理能力 |
| 数据交易能力 | 每秒所需的数据交易处理能力 |
| 科学计算能力 | 每秒所需的科学计算处理能力 |

- 平均值：上、下午高峰合加后除以2的平均值。

- 上午高峰值：子系统所有系统功能上午操作高峰值时的能力合加值。

- 下午高峰值：子系统所有系统功能下午操作高峰值时的能力合加值。

# 第25章

# 报告编制

从业务研究到应用建模，从应用建模到系统规划，再到分析计算，其间产生了大量的过程成果文档，这些文档有用户提供的、网上采集的，也有需求分析人员自己编写的。这些文档最终要汇总成一个最终的成果文档，即需求规划报告。需求规划报告不仅是需求开发工作的基础，也是软件开发工作的指导性文件，还是下一次信息化建设的基础，尤其在下一次信息化建设时不需要也不必再进行大规模的需求调研，而只需局部性有针对性地进行需求调研工作。

## 25.1 需求规划报告的作用

需求规划报告应按照结构化的、可读性的、可识别的、可导航的方式编写成文档。这个文档是各个过程成果文档的统一对外的代理，与项目有关的人员都可通过它快速了解文档里有什么、可以不进入局部细节文档也知道细节的大致内容，还可以快速定位到相应的局部细节描述文档，需求规划报告文档是一个组织文档，这个文档经项目的风险承担者评审通过后，各方面人员就可以基于此文档展开相应的工作。

> 航标灯：需求规划报告应是结构化的、可读性的、可识别的、可导航的文档。

需求规划报告是一份非常重要的文档，其重要性在于它既有客户业务的全景视图，还有本次信息化建设的范围和目标，同时客户业务的历史积累的文档都在其中。它不仅可以满足软件开发人员的需求，也可以满足客户业务人员的需要。可见需求规划报告的编写是一件重要的、非常有意义的事情，一定需要认真对待。需求规划报告重在业务，是面向所有人员的，所以为了照顾大多数人的阅读理解的需求，编制需求规划报告必须采用结构化模板并用自然语言编写此文档。

> 航标灯：需求规划报告不仅可用于本次的信息系统建设，而且对未来信息系统建设也有帮助。

需求规划报告，也称业务及信息化规划说明。它是一个准确描述一个客户业务事项、当前问题和目标及期望什么样的应用系统来解决问题并支撑目标的实现的文档。它不仅是需求开发的基础、也是软件开发活动的指导性文件、更是下一次信息化建设的基础。它应该尽可能完整地详细地描述客户的业务全景和本次要用信息化改造的业务。

> 航标灯：需求规划报告一定是用户就现有掌握的知识就能看明白的报告。

除了业务上的描述，它还为需求开发、系统设计提供了一些指导建议。各类人员通过需求规划报告能够满足各自领域的需要。

客户可以依赖它来了解自己当前的业务，并清楚自身存在的问题和信息化能解决什么问题、达到什么目标，可以将其用为自身发展规划报告的一部分。

需求开发人员可以从报告中详细了解客户的组织结构、服务对象、业务事项等详尽信息。

软件设计人员可以通过系统规划和分析计算提前进入系统设计阶段，而无须等待软件需求规格说明书，当然在详细设计时还需依赖需求开发的工作成果。

项目管理者可能根据文档中描述内容对需求开发的工作量和用户期望的质量有一个大致的了解。

需求规划报告是一个全程指导需求开发和后续软件开发的工作文档，应具有综合性。由于文档量非常大，需求规划报告可由主文档和附文档多个实体文档组成。高质量的需求规划报告应具有结构性、完整性、一致性、可跟踪性、可更改性、准确性等特性。

> 航标灯：通过需求规划报告客户可以清晰自己的业务现状、存在的问题和借助信息化能达到的目标。

## 25.2 需求规划报告的模板

需求规划报告是将前面各个过程的工作成果，按照需求规划报告模板要求采用自然语言、图、表、正文、附件等方式组织成需求规划报告。需求规划报告由正文和附件两部分组成。需求规划报告正文由当前的形势、组织和对象、问题和目标、业务逻辑、系统需求、系统规划6部分内容组成。必要时可以进行裁剪。需求规划报告附件是由过程中产生的文档组成，用于在需求规划报告阅读时参考。

目前为止还没有有关需求规划的报告的标准版本，因为需求规划是一个新的领域，还在不断地探索和研究。笔者参与过一些大型系统的需求规划编制，根据以往的工作经验，提炼了一个需求规划的模板。需求规划报告的模板如图25-1所示。

```
1. 引言
  目的
  文档约定
  预期的读者和阅读建议
  规划的范围
  参考文献
2. 当前面临的形势
  2.1 国际形势
  2.2 国内形势
  2.3 自身形势
3. 组织与对象分析
  3.1 组织与对象关系
  3.2 组织结构分析
  3.3 协同组织分析
  3.4 业务对象分析
  3.5 关联对象分析
4. 问题和目标分析
  4.1 问题分析
  4.2 目标分析
5. 业务逻辑分析
  5.1 业务逻辑结构
  5.2 业务流程分析
  5.3 业务单证分析
  5.5 业务数据分析
  5.6 业务量分析
6. 应用系统分析
  6.1 系统功能分析
  6.2 系统数据分析
  6.3 系统体系分析
```

```
7. 系统规划
   7.1 架构规划
   7.2 网络规划
   7.3 设备规划
   7.4 平台规划
   7.5 应用规划
   7.6 数据规划
   7.7 安全规划
   7.8 协同规划
   7.9 其他规划
8. 附录
```

图25-1

下面对模板中构成部分的主要章节的主要编写要点进行说明。

1）引言

引言是对需求规划报告的总述，目的是帮助读者理解文档是如何编写的，应如何阅读。

- 目的：对需求规划包含的内容、起到的作用、带来的价值进行描述。描述中应说明是什么业务的全景视图，针对什么样的问题和目标给出了业务的改造视图。针对改造视图进行了业务逻辑和系统逻辑的分析，根据业务要求和系统逻辑进行了宏观上的系统规划。

- 文档约定：描述编写文档时所采用的标准或排版约定，包括正文风格、提示区或重要符号。

- 预期的读者和阅读建议：需求规划报告所针对读者的说明，如客户高层、项目经理、系统设计人员、需求开发人员。给出了哪些部分的内容适合于哪类读者阅读的建议。

- 规划的范围：简要描述了此次涉及的信息系统建设的范围、信息系统的性质、并说明规划部分的信息化和企业目标及业务有哪些关系。

- 参考文献：列出编写需求规划时参考的政策法规、规章制度、工作报告、信息化建设等材料。这些文档应尽量给出详细的信息，如标题名称、作者、版本号、日期、出版单位或资料来源。

2）当前面临的形势

主要是根据客户所处的领域和行为，通过对国际、国内的对标企业的分析，给出自身的定位，找出存在的差距。

- 国际形势：分析国际上相应的对标企业在该领域或行业所采用的标准规范、工具，现状水平如何。这些分析一定要给出定量指标，因为它是问题分析的理想值来源。

- 国内形势：分析国内和自己处于同领域的行业组织，处于领导地位的市场情况、经营能力、管理能力，同时也要分析国内主要竞争对手的情况，分析这些可以给我们提出的目标有一定的参考价值。

- 自身形势：对比国际、国内的组织分析自身存在的优势和不足，针对不足有哪些改进措施。

3）组织与对象分析

分析组织结构、部门和岗位的职能和职责，以及与组织有协同关系的组织，再分析对象和关联对象，通过分析要了解组织和对象存在什么样的交互关系。

- 组织与对象关系：通过对组织自身、协同组织、业务对象、关联对象的交互内容分析，给出组织周边的关联关系。

- 组织结构分析：组织结构分析主要是给出决策层、管理层、执行层的部门划分及职能设置，然后进一步分析各岗位的工作职责，为下一步业务事项分析提供依据。

- 协同组织分析：给出协同组织和组织间关系的定位，并给出交互事项的描述。

- 业务对象分析：给出业务对象的组织、部门、岗位的定义，对应于组织有什么样的事项交互。

- 关联对象分析：描述关联对象对对象的诉求。

4）问题和目标分析

问题决定范围、目标决定深度。通过从问题现象入手找到问题症结，聚焦主要事项，然后针对这些主要事项进行目标的设定。

- 问题分析：包括问题现象、问题根源、问题症结的分析，编写时需要依据国际、国内的对标组织给出与它们之间的差距。

- 目标分析：包括总体目标、业务目标、作用目标分析，目标分析尽量给出量化指标，实现不能给出量化指标也必须给出定性的指标。

5）业务逻辑分析

业务逻辑分析不是对业务的照搬，而是利用归纳演绎的方法对业务的理性逻辑分析，需要给出业务逻辑结构、业务主线、业务量的分析，这为需求分析人员理解业务奠定了基础。

- 业务逻辑结构：给出业务改造视图上的业务事项的业务域、业务过程、业务活动、业务单证、业务规则、业务流程的描述。

- 业务流程分析：梳理出业务组织与业务对象的主要业务流程，并给出流程的描述，然后针对业务流程每个环节对应的管理流程也给出相应的流程定义。

- 业务单证分析：对业务单证的类型、业务单证包含的字段、业务单证间的一对一、一对多、多对多的关系进行分析。

- 业务数据分析：对业务单证上的字段的取值给出内容、含义、规则的描述。

- 业务量分析：以业务单证为核心结合业务活动的频度给出业务在传输、存储、处理等量化指定的定义。

6）应用系统分析

应用系统分析主要是采用业务模型与系统模型的映射方法，给出支撑业务逻辑的应用系统，包括系统功能、系统数据、系统体系分析。

- 系统功能分析：给出子系统包含的系统功能模块、系统功能的定义和描述，并说明系统功能与业务活动的映射关系。

- 系统数据分析：给出包括主题库、基本表、元数据的分析，并给出基本表与业务数据视图之间的对应关系分析。

- 系统体系分析：系统体系包括子系统与主题库的C-U关系和系统功能与基本表的C-U关系。

7）系统规划

系统规划是站在业务角度，为保证应用系统要支撑业务实现，提出一个由架构、网络、平台、终端等组成能给应用系统提供保障的基础环境规划建议。

- 架构规划：架构规划是一种层次规划，是说明全系统各要素在层次上的分布及层间相互关系的。

- 网络规划：网络规划主要是对网络域的划分、网络域间关系、网络带宽、网络间关键节点等的规划。

- 终端规划：主要是给出系统主机、系统终端和其他辅助设备的规划，在这里只给出这些终端设备在支撑业务时的主要参数，分析计算后再做调整，具体型号的选择在系统设计时具体指定。

- 平台规划：主要是指应用系统所需的共性公共支撑软件和设备的规划，如操作系统、数据库系统、中间件系统、应用支撑系统等。

- 应用规划：对应用系统所在的系统层次、应用系统和平台的关系、应用系统和应用系统之间的关系描述。

- 数据规划：是根据信息资源的作用和信息资源的重要程度进行的信息资源域的划分、信息资源标准的制订、信息资源的利用方式等方面的规划。

- 安全规划：安全规划是根据业务研究成果中功能的重要性、数据重要性、岗位重要性等几个关键指标按照安全相关标准进行的安全系统、安全设备的规划。

- 协同规划：协同规划中的协同强调的是任何一个系统都不是孤立存在的，在业务研究中会对相关职能部门间的协同关系给出明确描述，所以将针对这种协同关系进行规划，规划中将协同的信息要素和协同的方式作为重点规划内容。

- 其他规划：其他规划是指上述规划中所不包括部分的规划，可根据业务研究的实际情况和特殊要求进行补充，如机房建设规划、非计算机设备规划（卫星设备、RFID设备等）、标准规范规划等。

8）附录

在业务研究、应用建模、系统规划、分析计算过程中所产生的过程结果文档和在过程中收集的、参考的、依据的文档都列在附录里。附录是给阅读者的一个文档索引。附录中可包括如报告编制依据、组织结构图、职能业务说明、协同部门、业务分类分级、对象说明、业务流程图、业务单证及报表、系统操作分析表、系统功能映射表、操作级负载分析、功能级负载分析、功能级能力需求、子系统级支撑能力、业务应用发展能力、信息化需求现状等附件。

> 航标灯：需求规划报告正文由当前的形势、组织和对象、问题和目标、业务逻辑、系统需求、系统规划6部分内容组成。

# 25.3 需求规划报告的编写要求

需求规划报告的编写首先要能够满足客户人员的阅读，尽量采用客户业务领域术语进行编写。需求规划报告要具有易于理解、易于查询定位、完整性、无二义性、前后一致性等特点。

需求规划报告文档的编写人员是一个众多文档的组织者，需求规划报告的编写人员一定要具有清晰的逻辑，按照需求规划报告的模板要求进行文档组织和内容的编写。需求规划报告的内容是采用自然语言、图形等要素来构成的。需求规划报告在编写时应该注意以下几点。

（1）保持语句和段落短小精炼，尽量避免将多个需求集中于一个冗长的语句和段落中。

（2）采用主动语态的表达方式，并正确使用语法和标点符号。

（3）使用的术语应与词汇表中的定义保持一致。

（4）需求规划描述应该采用一致的样式，如"系统必须"，或"用户必须"，并紧跟着有一个行为动作和可观察的结果。

> 航标灯：尽量避免将多个需求集中于一个冗长的语句和段落中。

# 第26章

## 规划评审

　　规划评审是检查需求规划报告的一项工作，是对需求规划阶段工作成果一次完整性、准确性、合理性、规范性的检查。规划评审的工作职责就是经过规划验证的需求规划报告中不能再出现不完整或不一致等问题。

## 26.1 目的和任务

　　规划评审工作方式按评审成员构成性质可分为三种。

　　（1）内部评审：由需求分析组织内部组织的验证，按照《内部验证表》逐项对需求规划报告的问题类要素、业务类要素、系统类要素、能力类要素进行评审，从总体性、完整性、正确性等几个方面进行评审。根据评审结果对需求分析报告进行修正。

　　（2）用户评审：是将需求规划报告根据用户单位的组织结构按照《用户部分需求规划报告意见征求稿》文档中的内容格式进行从需求分析报告中抽取，抽取内容分别填充到《用户部分需求规划报告意见征求稿》中，然后将征求稿给用户进行评审。

　　（3）专家评审：根据内部验证和用户验证的意见进行修改，修改完毕后的需求分析报告由用户单位招集需求规划报告编制单位、用户单位代表、相关方面的专家在听取需求分析报告总体情况的介绍后，再有针对性地查阅报告，然后提出相应的修改意见。根据意见再对需求规划报告进行修正。

> 航标灯：规划评审的方式有内部评审、用户评审、专家评审三种评审方式。

需求规划的评审工作是为了确认以下几个方面的内容。

- 全局性：主体体系、对象体系、信息化体系是否是站在全局的角度所做的分析。

- 完整性：每一个体系的分析是否都是按层次、层内、层间这样的结构做的分析，即组织是否到岗位、业务是否到活动、对象是否到个人等。

- 准确性：问题是否正确，目标设定是否合理；业务全景视图和业务改造视图是否与问题和目标吻合；业务模型和系统模型映射是否准确。

- 顶层性：系统规划是不是站在顶层的高度来规划，能否支撑业务的未来发展。

- 无二义性：需求规划的表述是否能让后期的需求开发和软件开发的人员在认知上和需求规划人员保持一致。

- 预测性：对未来的业务变化是否进行了前瞻性的分析，对变化点是否有合理的应对措施。

- 时效性：需求规划中是否有对时间的明确说明。

- 量化的合理性：需求规划中是否有定量的分析，分析计算的量化指标是否合理。

这些内容使得需求规划检查确保需求规划说明具有良好的完整性、准确性、全局性、顶层性等。需求规划评审的重要性在于发现和修复需求规格说明书存在的问题，并避免在后期的需求开发中出现返工。

需求规划评审的任务就是要求各方人员从不同的角度对需求规划报告做出综合性评价。需求规划评审的主要问题是没有很好的方法可以证明一个需求规划报告是正确的。目前需求规划评审的方法，只能通过人工进行评审。

> 🚩 **航标灯：问题分析、目标设定、全局性、顶层性、量化指标这几项是规划评审的重点。**

## 26.2 评审工作

规划评审是由客户、专家、需求规划内部人员、系统设计师等人组织在一起对需求规划报告进行检查，以发现需求规划报告中存在的问题。对需求规划报告的评审就是通过对报告的评审发现其中不确定和二义性的要求等。评审主要是通过评审会的方式来展开，评审会可以分为临时评审和正式评审，临时评审主要是内部评审、用户评审，正式评审主要是指专家评审。

## 26.2.1 评审组织的成员

在正式评审中，应主要是客户高层、相关领域专家具有不同背景的人组成一个小组对需求规划报告进行评审。为提高审查的有效性，审查人员可从符合下列条件的人员中进行选取。

（1）负责编写需求规划报告的人员和相关参与人员。

（2）具有评审工作经验和各个领域的专家，能够指出领域内的业务和技术上存在的不足。

（3）客户或用户代表可以判断需求规格说明是否完整地、正确地描述了他们的需求。

审查小组的成员确定之后，需要在审查过程中给每人分配不同的工作岗位。这些岗位在审查过程中所起的作用有所不同。审查小组的岗位及工作职责如下。

- 作者：创建和编写正在被审查的需求规划报告的人。这些人通常为系统分析员，在审查中处于被动地位。他们向审查人员汇报、听取审查员的评论，解释并回答审查员提出的问题。

- 调解员：审查的调解和主持，通常为项目的总负责人。调解员的工作职责是与作者一起制订审查计划，协调审查期间的各种活动，以及推进审查工作的进行。

- 评审员：评审员审查需求规划报告的内容，并提出问题，以及自己的看法和见解。对于所提出的问题，可以要求作者给予解答。当作者的回答与评审人员的理解发生偏差，就需要及时处理。以避免需求规格说明中出现的二义性。

- 记录员：以标准的形式记录在审查中提出问题和缺陷。记录员必须仔细整理评审会议的信息，以确保记录准确。

评审小组的成员不宜多，一般为奇数。如果评审人员过多，大家意见过多，要么容易偏题，要么引起无谓的争论，会使评审的效率降低。

> 航标灯：如果评审人员过多，要么容易偏题，要么引起无谓的争论，会使评审的效率降低。

## 26.2.2 文档的评审过程

一个需求规划报告的评审过程由合规检查、会议筹备、会前会议、评审准备、审查会议、文档修改、文档重审几个业务活动构成。文档评审的流程图如图26-1所示。

图26-1

1）合规检查

当调解员收到文档评审请求后，依据一些审查工作的前置判断标准对所提交的文档进行检查，判断能否进行正式审查。合规检查模板如表26-1所示。

**表26-1 合规检查模板**

| 合规检查项 | 符合/是 | 不符合/否 | 备注 |
|---|---|---|---|
| 文档是否符合标准模板 | | | |
| 文档是否已经通过拼写检查和语法检查 | | | |
| 是否还有版面上排版存在的错误 | | | |

当这些合规检查项均已符合了合规性要求，就可以进入会议筹备阶段。

2）会议筹备

调解员和需求分析人员共同协同，决定参加会议的审查人员、会前需要准备的材料、审查会议的日程安排等这些会议前期的工作。

3）会前会议

主要是召集参加评审人员了解会议的信息，包括要审查的材料背景、作者所作的假设和特定的审查目标、会议过程中所需填写的单证、会议现场的注意事项。

4）评审准备

在正式审查会议开始前，每个评审员按照评审表上的项作为导引，检查文档中存在的错误，并记录下这些问题。评审员发现的错误中有高达75%的错误是在评审准备阶段发现的，所以这一步工作对于整个评审工作非常重要。如果评审员准备工作做得不充分，会使评审会议变得低效，并可能做出错误的结论，在审查会议中将会浪费时间。

5）审查会议

在审查会议进行过程中，需求分析人员向评审小组逐条解释每个需求。当评审员提出可能的错误和存在的问题时，记录人员要记录这些内容，这些内容将成为需求分析人员进行文档修改的工作项列表。会议的目的是尽可能多地发现文档存在的重大缺陷。调解员在会议过程中需要把持局面，及时制止如在肤浅和表面问题上纠缠、脱离项目范围的议题、偏离讨论问题的核心这些现象。在会议结束前的总结中，评审小组将决定给出是否可以接受需求文档、经过少量的修改后可接受或者由于需求修改量大需重审而不被接受这三种结论中的一种。

**航标灯：评审会议的成效与前期评审的各项准备工作紧密相关。**

6）文档修改

根据审查会议提出来的文档存在问题列表，需求分析人员按照问题列表进行逐项修改。现在的修改是为了解决后期会产生的二义性和消除模糊性，这将为后期开发工作打下一个坚实的基础。如果在这里不做修改，那么审查将变得毫无意义。

7）文档重审

这是审查工作的最后一步。调解员或指派单独重审修改后的需求规划报告，或者再重新召开会议。重审就是确保前面提出的问题都得到了相应的解决，并且是正确的。重审结束了审查的全过程，调解员根据是否满足审查的退出标准来决定审查是否结束。审查退出标准项如表26-2所示。

表26-2 审查退出标准项

| 审查退出标准项 | 是/符合 | 否/不符合 | 备注 |
|---|---|---|---|
| 是否已解决评审员提出的所有问题 | | | |
| 已经正确修改了文档 | | | |
| 修订过的文档已进行了拼写和语法检查 | | | |
| 文档已经提交到项目配置管理系统中 | | | |

## 26.2.3 规划审查的内容

规划评审的工作就是评审需求规划报告的内容。对于一个大型的信息系统的需求规划报告来说，其内容是相当丰富的，通过有限的评审人员在有限的时间内进行完全的、有效的评审显然不太现实。所以在评审工作期间需要做好评审员的分工，而且需要对评审内容进行层次划分，这样才能使评审人员的注意力集中到关键内容上，从而提高评审效率。

建立评审的标准工作表格是一个不错的方法，如同投标现场给每一个评审专家一个评分表和一个评分规则。评分规则逐项列出了重点的评分项，可以将这个评分项作为需求文档内容的查询索引，找到对这个索引项的具体描述章节。审查的规则表可以有两类，一类是面向总体的，一类是面向某个专业领域的。

航标灯：需求评审规则表可以作为需求评审工作的评审要点指引，可以有效地提升评审工作质量。

表26-3是一个面向总体的需求规格说明的审查规则表。

**表26-3 审查规则表**

| （一）组织与对象完整性审查 | | | |
|---|---|---|---|
| 审查项 | 是/符号 | 否/不符号 | 备注 |
| 是否列出了组织所有的部门及职能、岗位及职责 | | | |
| 与组织相关的协同组织及其关系是否都进行了描述 | | | |
| 业务对象和对象的对象描述是否完整 | | | |
| 组织与业务对象的交互物、交互关系描述是否完整 | | | |
| （二）问题与目标准确性审查 | | | |
| 评审项 | 是/符合 | 否/不符合 | 备注 |
| 问题现象、问题根源、问题症结描述得是否准确 | | | |
| 问题症结中涉及的业务事项与现实状态是否吻合 | | | |
| 总体目标、业务目标、作业目标是否适度 | | | |
| 业务目标是否可以实现 | | | |
| （三）业务逻辑分析审查 | | | |
| 评审项 | 是/符合 | 否/不符合 | 备注 |
| 业务事项的描述是否完整 | | | |
| 业务事项的描述是否准确 | | | |
| 主要业务流程和现实状况一致吗 | | | |
| 业务数据量和现实状况一致吗 | | | |
| （四）应用系统与系统规划审查 | | | |
| 评审项 | 是/符合 | 否/不符合 | 备注 |
| 应用系统是否包括了要改进的业务事项 | | | |
| 系统规划和客户的期望一致吗 | | | |
| （五）分析计算数据审查 | | | |
| 评审项 | 是/符合 | 否/不符合 | 备注 |
| 业务发展能力中列出的统计结果是否与期望一致 | | | |
| 系统支撑能力上的计算数据依据同类型工程经验来计算是否合理 | | | |

需求评审规则表可以作为需求评审工作的一个指引，规则表中的评审项可以根据项目的实际情况进行调整，以便提高需求评审工作的完整性和有效性。

对于工作对象量大、工作组织大的问题，可以采用28原则，评审会解决

20%的核心问题，而80%的问题是在过程中解决的，即采用分段审查和集中审查工作相结合的方式。

> 航标灯：采用28原则，评审会解决20%的核心问题，而80%的问题是在过程中解决的。

# 5

# 第5篇 开发篇

# 第27章
# 需求开发的思路和过程

　　需求规划的工作为需求开发奠定了坚实的基础，需求开发工作以需求规划工作的成果作为主要依据。需求开发工作是"以技术为核心、以业务为辅助"作为指导思想，以要说清楚软件系统中的软件需求规格说明为目标，应用需求工程的基础、专用知识和需求开发领域特有的用例、功能、性能等知识，借助统一模式、面向对象分析方法、SA方法等方法、技术和工具，主要面向开发人员，编制出由用例分析、接口需求、功能需求、非功能需求、数据需求为主要内容的软件需求规格说明。

## 27.1 需求开发工作思路

　　需求规划工作将"以业务为核心、以技术为辅助"作为指导思想，以业务是什么、应该有什么样的信息系统及对业务和信息系统关系的描述作为工作目标，应用需求工程基础知识和专用知识，借助模板、模型、算法等方法、工具和技术，面向业务人员，整理出问题、设定其目标、详述其业务，同时站在业务的角度和基于信息系统全局和顶层的高度，给出了一个能够支撑客户业务的定性定量的全局信息系统规划。

> 航标灯：很多时候不同的是具象，相同的是抽象。善用抽象可以透过复杂的现象看到简单的本质。

　　需求规划是面向业务系统的，需求开发是面向软件系统的。业务系统和软件系统之间的共性是业务系统的抽象和软件系统的抽象是一致的或者近似的。业务系统的抽象最核心的要素是业务事项和目标，软件系统的抽象最核心的要素是系统功能和性能，而这两组词汇是语义相同而语素不同，所以其本质是相同的。现实的业务系统不过是抽象在物理世界的具象，未来要做的软件系统也不过是抽象在信息世界的具象。业务系统的抽象在物理世界的具象指代是主体、对象、工具、活动、表格等，信息系统的抽象在信息世界的具象指代是角色、类、计算机设备、进程、功能、数据库表等。需求开发的作用就是将需求规划中整理出的业务事项中的要素用软件系统的要素来代替它或优化它。在软件需求规格说明指导下开发出的软件产品在功能上与业务事项上的要求是吻合的，在性能上与客户目标是一致的或是优于客户目标的。业务系统和软件系统的抽象关系模型如图27-1所示。

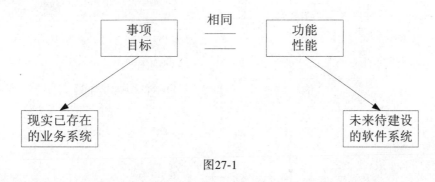

图27-1

> 航标灯：需求规划是以业务为核心的，需求开发是以技术为核心的，但它们是基于业务事项同一个抽象映射下展开的。

## 27.2 需求开发工作过程

需求开发工作主要活动有需求获取、需求分析、需求编制和需求验证。其工作活动的过程模型如图27-2所示。

需求获取和需求分析是需求开发工作的核心，需求编制只是两阶段成果按规范模板的编写。需求获取工作的成果包括范围和目标分析、系统关联分析、使用用例分析，其中用例分析是需求获取工作的核心。需求分析工作主要包括两类，一类是站在技术角度的用户接口分析、功能分析、数据分析和非功能分析，另一类是站在管理角度的可行性分析、优先级分析，其中用户接口分析、功能分析、数据分析、非功能分析是需求分析工作的核心。需求编制工作主要是将前两阶段的工作成果，按照软件需求规格说明模板的要求进行编制，作为需求分析工作的对外成果物。需求验证工作主要由需求评审、需求测试、用户手册的草案构成。

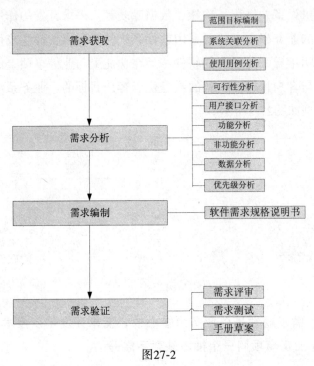

图27-2

> 🚩 **航标灯：需求开发时要知道业务系统和软件系统两端的语境并知其语素的转换和映射关系。**

需求开发工作是在需求规划框定的范围下展开的，需求开发活动是在认知需求规划的基础上进行的，是对需求规划的进一步完善的细化。需求开发活动中最重要的是需求分析工作。就后期的软件开发工作而言，软件需求规格说明将为后期软件所有的开发活动提供依据信息。

# 第28章
## 需求获取

前期的需求规划已经对客户面临的问题、实现的目标、组织和对象、业务过程、系统规划做了描述，站在业务角度获得了客户全局性的和待改进的业务需求。这里的需求获取和传统需求工程中需求获取最大的不同，一是无须与客户进行面对面的交流来获取需求，二是只需将需求规划的工作成果作为需求获取的第一来源。因为传统需求工程中需求获取中需求调研的那部分工作已在需求规划中完成，客户的组织和对象、业务工作过程、活动、规则都已在需求规划的成果中有了详细的描述。

## 28.1 需求获取的思路和过程

> 航标灯：需求获取无须与用户进行交互，只要仔细阅读需求规划报告，有问题时与需求规划人员沟通就可完成需求获取工作。

需求分析人员不再需要和用户打交道，而改为通过阅读业务和信息化规划说明文档与需求架构师进行交互沟通，就可以完成用户需求获取的工作。这种需求获取的方式和以往的不同在于：

（1）需求架构师是客户业务和用户业务的代言人。

（2）需求架构师与需求分析人员需要进行高度的合作和交流，才能成功。

（3）需求分析人员的工作对象以业务和信息化规划说明为基础。

（4）需求获取将"以技术为主、业务为辅"作为指导思想来展开各项工作。

（5）需求获取的工作重点是系统关联分析和使用用例的分析。

> 航标灯：需求架构师是客户业务和用户业务的代言人。

需求获取的工作过程如图28-1所示。

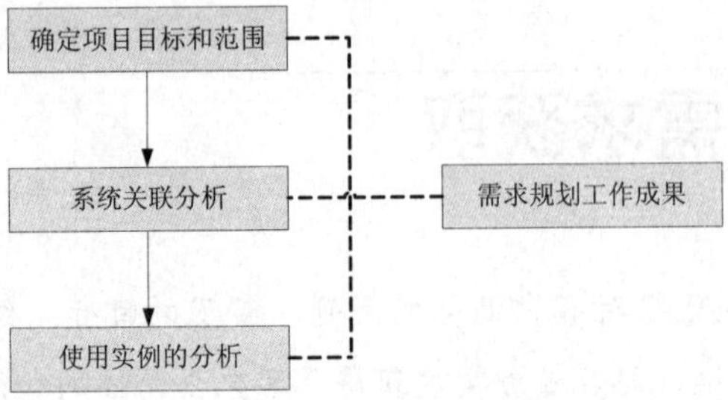

```
┌──────────────┐
│ 确定项目目标和范围 │ ┄┄┄┄┄┄┄┄┄┄┐
└──────┬───────┘           ┊
       │                   ┊
       ▼                   ┊
┌──────────────┐         ┌─────────────┐
│   系统关联分析   │ ┄┄┄┄┄┄ │  需求规划工作成果  │
└──────┬───────┘         └─────────────┘
       │                   ┊
       ▼                   ┊
┌──────────────┐           ┊
│   使用实例的分析  │ ┄┄┄┄┄┄┄┄┄┄┘
└──────────────┘
```

图28-1

传统的需求获取包括确定项目的视图和范围、确定调查对象、实地收集需求信息、确定非功能需求、使用实例分析等，通过图28-1可以看出新一代软件需求工程的需求获取是基于需求规划成果来展开的工作，这样需求获取的任务工作就变成了由项目的目标和范围、系统关联分析、使用实例分析三个任务组成。

需求获取是需求开发工作中的第一个环节，也是连接需求规划和需求开发领域的中间环节。需求分析工作是以需求获取工作成果作为输入的，输入和输出之间有一句对其关系的描述，就是"垃圾进、垃圾出"，所以需求分析工作的质量取决于需求获取的质量好坏。需求获取工作的开展是建立在需求规划工作基础之上的，这与传统需求工程中的需求获取工作有着很大的不同，因为需求规划已经将需求获取中的业务需求、用户调研等工作前移了，但是需求获取所需要的各项信息不会因为来源不同而减少，比如说要知道用户分类、项目的视图和范围等，这些信息都需要在需求规划的成果中去了解。

> 航标灯：需求获取的关键在于需求获取人员需要熟悉业务系统和软件系统两端的知识。

需求获取是一个确定和理解不同用户类的需要和约束的工作活动。获取用户需求位于软件需求三层结构中的中间一层，具有承上启下的作用。项目视图和范围文档的业务需求决定了用户需求，它描述了用户利用系统需要完成的任务。从这些任务中需求分析人员能获得用于描述系统活动的特定的软件功能需求，这些系统活动有助于用户执行他们的任务，同时也使得开发人员清楚自己需要做什么工作。需求获取的重点工作是使用用例的分析和描述。

**航标灯：需求获取上承需求规划，下启需求分析。**

需求获取是在客户问题和信息化解决方案之间架起桥梁的第一步。获取需求的一个必不可少的工作是对项目中的客户需求的认知和理解。一旦了解了需求，分析人员、开发人员和客户就能共同确定出这些需求的多种解决方案。参与需求获取的人只有在他们理解了问题之后，才能开始系统设计，否则对需求定义的任何改进都会导致设计上的大量返工。

需求获取是需求开发工作中最困难、最关键、最容易出错的地方，他们需要和客户需求的代言人需求架构师进行深入交流，只有需求架构师、开发人员的紧密合作才能保证工作高质量地完成。

**航标灯：需求获取的难点是如何选取合适的软件系统的要素来取代或改进业务系统的要素。**

需求获取中一个关键的工作就是对客户问题的认知和理解，问题决定范围、目标决定深度，这个范围就与要开发系统的范围紧密相关。对需求问题的全面理解将有助于对软件系统的功能需求和非功能需求的理解。

需求获取是一个需要高度合作的活动，而不是简单对需求规划的照搬。作为一个需求分析人员，必须全面、细致地了解需求规划中的问题和目标、组织和对象、业务域、业务过程、业务活动、业务单证等内容。并不断思考系统应该提供什么样的功能来改进客户的工作，比如说这个功能能否完成它的任务，能否达到客户的目标要求。需求分析人员实际上已经将一个假想的系统引进来对照用户的业务描述做映射。需求分析人员应始终按照图28-2的思维导引来指导需求获取的工作。

| 需求获取工作思维导引 |
| --- |
| 1. 认真解决需求规划的工作成果。 |
| 2. 定义项目的视图和范围。 |
| 3. 确定包括主体、对象、系统等外部主体。 |
| 4. 清楚各外部主体的工作事项、规则、交互物。 |
| 5. 确定客户的质量属性信息和其他非功能需求。 |
| 6. 认真做好系统关联分析及描述。 |
| 7. 采用用例技术进行用户的分析与描述。 |
| 8. 评审使用用例的描述 |

图28-2

**航标灯：需求获取不是简单地对需求规划的照搬。**

## 28.2 需求规划中的业务需求

这里的需求获取与传统需求获取不同，它主要和需求架构师交流，以需求规划的工作作为需求获取的主要来源。那么需求规划中包含了哪些客户的需求？需求规划中能够提供给需求获取人员包括问题目标、业务事项、业务规则、系统需求、质量属性、外部接口、限制、数据定义等，如图28-3所示。

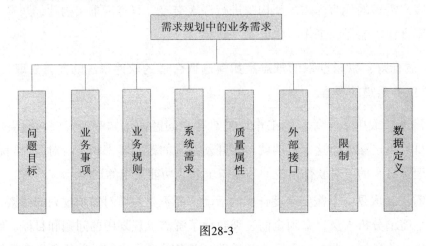

图28-3

（1）问题目标：规划中通过描述客户当前面临的国际、国内的形势，结合客户的组织和对象之间的交互关系，经过比较指出了当前关系面对现在的形势可能存在的问题，针对这些问题给出了利用信息化的解决措施，并提出了实施这些举措后应能达到的目标。

（2）业务事项：规划中从对客户现有组织、部门、岗位的工作职责出发，详细分析了各项工作的作业方式和在作业过程中所要遵循的规范和规则，在此基础上经归纳梳理出了逻辑上该组织和对象应该有的业务域、业务过程、业务活动、业务单证、业务数据等。

（3）业务规则：规划中对于业务活动的展开需要在特定的条件下才能实施的，也进行了分析和归纳，对于业务活动有业务规则的都给予标注和对操作细则的说明。

（4）系统需求：规划中的系统分析给出了系统定义和系统功能说明，并对系统功能来源于哪个业务事项也有说明。这为后面做需求分析提供了参考。

（5）质量属性：规划中的系统分析不仅给出了对系统的定性描述，如可用性、实用性、易用性、可扩展、可靠性等，还通过分析计算给出了网络、设备、存储所需要的带宽、存储量、交易能力等定量属性。

（6）外部接口：规划的系统分析描述了原有系统所采用的技术和提供的接口，也提出了新建的系统的统一对外接口的规定，同时对系统间集成采用的方式给出了建议性的描述。

（7）限制：规划中根据业务问题和建设目标给出了信息系统建设所采用的体系架构、技术路线、领域技术等的建议。

（8）数据定义：规划在业务分析中给出了用户在业务作业时用到的单证、报表和参考资料及这些表证上的数据定义的标准来源，在系统分析中给出了主题库、基本表、数据字典的建议，比如邮政编码采用国标。

规划中8类信息对于需求获取去完成项目的视图和目标、系统关联关系分析、使用用例分析工作提供了坚实的基础。

 **航标灯：需求规划已为需求获取提供了足够的业务需求。**

# 28.3 编制项目的视图和目标

需求架构师收集了客户的法律法规、工作总结、业务规划和信息化建设指导等文件，然后利用科学研究方法、形式逻辑、系统论等知识对这些材料进行了全面细致的分析，梳理出了客户的组织和对象、业务职责、存在的问题、期望的目标、所需的信息化措施，在此基础上通过向客户高层和各级职能部门人员讲述其业务并听取他们的反馈意见，对前期梳理的工作成果进一步修正，才完成了业务及信息化规划需求说明。可以说需求规划已经给出了客户期望的软件系统的项目范围和目标的大致的轮廓。需要说明的是，需求规划是站在业务角度和信息化顶层进行的规划，要变成具体的软件系统，还需要需求开发站在技术的角度，依据前期规划做进一步的细化，这时需求开发更加注重用户的需求，因为需求开发的目标是软件功能需求，只是用户需求和软件功能需求都要与需求规划中的业务目标相一致。需求规划和项目视图和目标编制间的关系模型如图28-4所示。

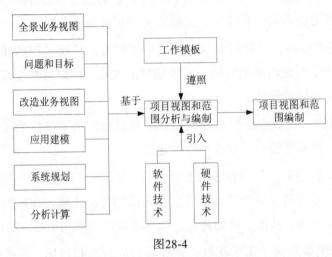

图28-4

如上图所示，编制项目视图和目标的工作是基于需求规划成果，遵照工作模板编写，引入相关软硬件技术而完成的。

> 🚩 **航标灯：编制项目视图和目标的工作要点是"基于需求规划成果、遵照工作模板编写、引入软硬件技术支持"。**

项目的范围和目标是为软件系统确定范围和目标。编制项目的范围和目标是上承业务的范围和目标，下接软件系统开发的范围和目标的工作，是一个既要站在技术角度、也要站在业务角度，还要站在软件系统开发商角度的一个重要的分析工作。范围决定数量、目标决定质量。数量多，则消耗的时间、资源就多；目标高，则实现的难度大，不能有效完成。为了做好这项工作，需求分析人员和需求架构师必须加强合作，站在客户和开发组织共同的价值诉求角度，将双方都引导到能达成共识的方向上来，所以需求分析人员要详细解决需求规划中的问题、目标、业务及信息化的描述，需求架构师要将需求规划的成果向需求分析人员做详尽的阐述，这是编制项目的范围和目标工作的关键。由于需求分析人员站在技术角度，更多关注的是细节，会有意无意地缩小范围、降低目标，而这样做，最终软件系统将会使客户满意度降低，这就需要架构师既要站在技术角度、也要站在业务角度进行协调，使范围适中、目标适中。

 航标灯：项目视图和目标的编制是为软件系统确定范围和目标。

### 28.3.1 解读需求规划确定项目视图

视图是事项和方向的集合，目标是方向明确下的路标。项目的视图是站在软件系统角度提出的视图，而不是站在业务系统角度的视图。项目的视图支撑业务视图的实现。项目视图可以把项目参与者定位到一个共同和明确的方向上。项目视图描述了产品所涉及的性能方面和在一个完美环境中最终所具有的功能性，而范围描述了产品应包括的部分和不应包括的部分。范围的说明在包括与不包括之间划清了界线，当然这也确定了项目的局限性。

 航标灯：视图是事项和方向的集合，目标是方向明确下的路标。

需求规划的成果通过解读和分析归纳、综合演绎在项目视图上和范围上形成文档，项目视图上和范围的文档必须在创建项目之前起草。由于需求规划是站在业务全局角度所做的业务及信息化规划，它和项目视图和范围文档之间的关系是一对多关系，其关系如图28-5所示。

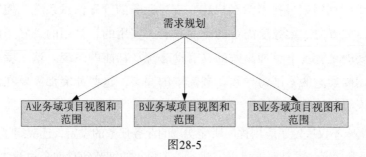

图28-5

所以解读需求规划确定项目视图和范围时，可以按照需求规划的业务域进行按业务域的方式进行项目视图和范围的划分。除了按需求规划来确定项目视图，也可以按其他方式来进行项目视图的确定。开发商业软件的企业经常会编写市场需求文档，其实这种文档也是类似业务需求的描述，但它较为详细地涉及关系目标市场部分的内容，这是为了适应商业的需要。视图和范围的文档为项目的管理者所持有。业务需求是从不同的人那里收集来的，这些人对于为什么要从事该项目和该项目最终能为业务和客户带来哪些价值较为了解。这些人包括客户高层、业务主管、业务骨干和需求架构师。

> ✍ **航标灯：需求获取是从需求规划大量成果中选取本次软件系统开发所需要的。**

来自多个职能部门的业务需求会产生冲突，比如影像店出售和租赁信息管理系统，它将卖给影像店并由营业员使用。信息系统开发商有如下业务目标。

- 可以向分店发行并销售影像制品。
- 通过这个系统消费者可以订购影像制品。
- 需要提供吸引消费者的动画和片花。
- 能够改善分店和总店的管理关系。

影像店对如下业务有诉求。

- 通过客户使用此软件而获得。
- 可以吸引更多的用户来下单。
- 能够减轻营业员的工作量。

开发组织利用信息技术为客户建立支撑业务的管理信息系统，使客户能够紧跟技术发展方向。影像店需要的是简单的、实用的、易用的、好用的系统，而总店需要的是管理上更加高效的具有动态统计功能的系统。这三者在目标、限制和费用因素上的不同将导致业务需求的冲突，这些冲突都需要在该系统的软件需求说明制订前加以解决。

业务需求不仅决定了应用程序所能实现的业务任务的设定，还决定了这些业务任务的等级和深度。尤其深度可以完成从一个很小的细节到有许多辅助功能的完全自动化的操作的实现。对于每个用户功能都必须决定其宽度和深度，并编制出使用实例，而这些在需求规划中并没有深入描述，需要在需求获取中加以描述。

需求规划给出了业务的范围和业务的目标，那么项目的视图和范围就要在需求规划的基础上给出基于使用实例的范围和目标。项目视图和范围给出了使用实例编制和系统关联分析的范围，是对未来要做系统关联和使用用例的一种抽象。而抽象多少的依据是对每一个业务需求采用演绎方法得出分项的描述。

## 28.3.2 编制项目视图和范围的文档

我们反复强调项目视图和范围是站在技术角度，是假定未来信息管理系统已经做出来的情况下，它应该具有什么功能和性能，而且可以满足对哪些业务的支撑，对业务有什么价值，是站在系统角度看业务的一种说明。而需求规划中的问题和目标的描述是站在业务角度，是在业务归纳的基础上，提出了应该有什么系统，这些系统有哪些功能，有了这些系统后业务中的问题和目标就能解决和实现。所以说两者之间的关系是从需求规划业务出发归纳出系统，而需求开发是从系统出发演绎出用例，需求开发的系统和需求规划中的系统如果能够完全匹配，则做出来的系统一定可以满足用户业务。其关系模型图如图28-6所示。

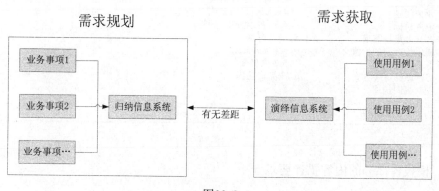

图28-6

通过上图可以看出，编制项目视图和范围的文档一定要将需求规划的成果作为参照物，将系统演绎出的用例条目与业务事项条目做数量上的比对及含义上的比对，将用例条目的实现目标和业务事项的期望目标做比对。在后期使用用例编制时，还需要参照需求规划对业务事项中的业务活动的描述进行使用用例上的操作过程比对。需求规划是站在业务全局的角度对业务所有事项的描述,而需求获取是对局部的业务事项与信息系统的应使用用例的定义。在项目视图和范围的编制上不对使用用例做详细描述,只做用例条目和目标的描述,以及用例条目和业务事项条目的映射关系描述。从需求规划到项目视图可以采取从需求规划中抽取一部分和根据系统开发经验演绎抽象一部分来共同作为项目视图的组成信息。可以把项目视图和范围看做一个对需求规划的简述和未来要做的信息系统的简述。

> 航标灯:项目视图和目标的编制的大部分信息可以继承于需求规划。

项目视图和范围的文档把需求规划中的业务需求集中在一个简单、紧凑的文档里,这个文档为以后的需求分析工作奠定了基础。项目视图和范围文档包括业务机遇的描述、项目的视图和目标、产品适用范围和局限性的描述、客户的特点、项目优先级别和项目成功因素的描述。这应该是一个相对简短的、以条目定义为主的、能够体现出业务和系统支撑关系的一个作为后期各项工作的文档。图28-7是一个项目视图和范围的文档模板。

| | |
|---|---|
| 1. 项目的业务需求简述 | 4. 范围和局限性 |
| 1.1 背景 | 4.1 首次发行范围 |
| 1.2 业务问题 | 4.2 随后发行范围 |
| 1.3 业务目标 | 4.3 局限性和专用性 |
| 1.4 客户及市场需求 | 5. 业务环境 |
| 1.5 提供给客户的价值 | 5.1 客户概述 |
| 1.6 业务风险 | 5.2 项目优先级 |
| 2. 项目视图的解决方案 | 6. 产品成功因素 |
| 2.1 项目视图描述 | |
| 2.2 主要特性 | |
| 2.3 假设和依赖环境 | |

图28-7

模板各部分的内容描述要求如下。

1)项目的业务需求简述

业务需求简述是在需求规划的业务详述的基础之上的一种提炼。业务需求简述说明了客户和软件开发组织的新系统的价值诉求。不同的软件系统有不同的侧重点,如信息管理系统侧重于客户而非业务、商业软件包侧重于开发商而非功能。

- 背景:主要是站在软件系统的角度,描述该系统的理论基础、该系统的开发历史情况及系统中包含的业务当前面临的形势。

- 业务问题：描述现存的市场机遇或正在解决的业务问题。描述业务竞争的市场和信息系统将运用的环境。包括对现存的软件系统的一个简要的相对评价和解决方案，并指出所建议使用的软件为什么具有吸引力和它们所能带来的竞争优势。认识到目前只能使用该系统才能有效解决问题的途径之一，并描述软件系统应怎样顺应市场趋势和战略目标。

- 业务目标：用一个定量和可测量的合理方法总结产品所带来的重要的商业利润。这些业务目标与收入预算或节省开支有关，并影响到投资分析和最终产品交付日期。

- 客户和市场需求：列举出典型客户的需求及现有市场的信息系统不足之处。提出客户目前所遇到的问题，以及在新的系统中可能解决的程度；提供客户怎样使用产品的例子。依据经验给出软件系统依赖的基础软硬件环境、关键接口或性能需求。

- 提供给客户的价值：描述软件系统能够给用户带来的效率、工作量、成本、自动化、标准和规划等方面的价值，包括与现有系统的比较会有哪些方面的提高。

- 业务风险：总结开发该系统有关的主要的业务风险，比如市场竞争、时间问题、用户接受能力、技术实现的问题或对业务可能带来的消极影响。预测软件系统开发前、开发中、开发后存在的风险，并给出降低这些风险的措施。

2）项目视图的解决方案

这部分内容描述了系统的一个长远的项目视图，基于这个视图可以指明业务目标。该视图将为软件开发过程中做出决策提供相关的背景。这部分内容不包括详细的功能需求和项目计划信息。

- 项目视图描述：项目视图描述主要是说明项目的长远目标和有关开发软件系统的目的的简要项目视图描述。项目视图描述考虑权衡不同客户对需求的看法，面向未来提出一个共识的方向，但这些方向必须以现有的或所期望的客户市场、企业组织架构、企业的发展战略和资源的局限性为基础。项目视图中包括了使用软件系统的组织和对象、工作岗位，该软件系统应能实现的业务功能、业务单证和业务报表等一个宏观的描述。

- 主要特性：由软件系统提供的开发、运行时的特性和用户操作方面的特性组成。它主要是强调区别于以往软件系统和竞争产品的特性。这些功能和特性可以从需求规划中的系统规划中得到，一种结合业务基于经验的演绎性抽象得到的。

- 假设和依赖环境：编制该文档时，要记录所做出的假设。通常一方所持的假设与另一方不同。如果把它们都记录下来，并加以讨论，就能对项目内部隐含的基本假设达成共识，并防止将来可能的混淆和冲突。还有就是要记录项目所依赖的主要环境，比如所用的特殊技术、第三方供应商、软件外包商等。

3）范围和局限性

范围是指包括哪些、不包括哪些功能，局限性也叫约束性，是引入信息系统所带来的限制。项目范围定义了所提出的解决方案的概念和适用领域，而项目局限性则指出产品所不包括的某些性能。澄清范围和局限性这两个概念有助于建立各风险承担者的目标。有时客户所要求的性能过于理想或者与软件系统制定的范围不一致。一般客户提出的需求超出项目的范围时就应当拒绝它，除非这些需求是合理的、有益的。

- 首次发行的范围：描述首次发行的产品具有的功能和性能，功能是以表格的形式提供的功能条目。描述软件系统的质量特性，可以为不同的客户群提供预期的成果。如果目标集中在开发成果和维持一个可行的项目规划上，应当避免一种倾向，那就是把一些潜在的客户所能想到的第一特性都包括到某一版本的产品中。

- 随后发行的范围：想象一个周期性的产品演变过程，指明哪一个主要特性的开发将被延期，并期待随后版本发生的日期。

- 局限性和专用性：明确定义包括和不包括的特性和功能的界线是处理范围设定和客户期望的一个途径。列出风险承担者期望的却不打算把它包括到产品中的特性和功能。

4）业务环境

主要描述客户分类概述和项目管理的优先级。

- 客户概况：客户概况明确了软件系统的不同类型客户的一些本质特点，以及目标市场部门和在这些部门不同的客户特征。对于每一种客户类型，概况主要包括客户从系统中获得的益处、客户对产品的态度、客户关注的关键点等信息。

- 项目的优先级：确立项目的优先级，风险承担者和项目的参与者就能把精力集中在一系列共同的目标上。主要从性能、质量、计划、成本和人员5个方面来确定项目的优先级。

5）产品成功的因素

明确产品的成功是如何定义和测量的，并指明对产品的成功有巨大影响的几个因素。不仅要包括组织直接控制的范围内的事务，还要包括外部因素。可以建立测量的标准，用于评价是否达到业务目标。这些标准有：销售量或收入、客户满意度的测量、交易处理量和准确度。

### 28.3.3 注意力集中在项目的范围上

在项目视图和范围文档中记录业务需求为防止开发过程范围的扩展提供了有利的手段。项目视图和范围文档可以使我们判断所提出的特性和需求放进项目是否合适。

当一些建议完全在项目范围之外，但可能是一个好的建议，可以将它放在后期发行的版本中。另外一些建议是在项目范围之内的，我们需要把这些建议与已经确定的需求进行比较，将那些有更高优先级的建议加入项目的范围中。

对于项目范围的改变，不仅需要更改项目视图和范围文档，还必须重新商议计划预算、资源及进度安排。范围扩展存在两个主要问题。

（1）全部的工作必须重新进行以适应变化。

（2）当项目范围增大时，如果没有调整原先所分配的资源和时间，则属性会遭到破坏。一组确定的业务需求可以使项目依照计划正常进行，在市场或业务要变更时可以合理地调整项目范围。

> 🪨 **航标灯**：项目范围有时比项目目标要重要得多。

# 28.4 系统关联关系分析

项目视图和范围的描述为待开发的系统的范围作了一个界定。而系统关联分析是假定系统已存在，然后讨论该系统与组织和对象、工作岗位上的人员、其他软件系统、硬件设备之间的交互关系。如果说项目视图和范围描述的是这个系统内部有什么，系统的外围有什么的话，那么系统关联关系就是描述系统和外围之间的关系是什么。系统关联关系分析是在项目视图和范围约束之下进行的内外关联关系分析，是对项目视图和范围文档中的内和外的关系的一种细化分析和描述。关系是对内外交互的抽象，是用来证明内外有交互这一事实存在的手段，表述关系采用的是二元键值对，一内一外有映射，则说明它们有关系。

## 28.4.1 分析的目的意义和方法

系统关联关系分析，是将系统整体看成一个黑盒子，站在外部物如组织、人员、系统、硬件等角度，对外部物应提供给系统什么，系统能够给回外部物什么的分析。分析的重点如下。

（1）外部物有多少，名称分别是什么。

（2）外部物向系统提交的物是什么。

（3）系统能向外部物提供的物是什么。

分析的目的是对系统外部物和交互物给出宏观定量的说明。分析的意义是对与系统相关外部物的边界范围的确定，既可以让客户在系统未做之前给出判断，又是系统做出后边界范围是否匹配的评判依据。总之系统关联关系分析既可以让客户清楚系统与业务的支撑关系和边界范围，也可以让开发人员对开发规模有一个宏观上内外关系的认知。

系统关联分析分三步。

第一步是将与系统相关的组织、人员、其他系统和硬件设备等梳理出来。

第二步对外部连接物与系统交互关系物进行梳理，关系物可以是信息、物质、能量三类之一的具体的物，我们需要将这些物抽象为信息物，如输入、存储、显示、报表等单证、报表或文件。

第三步将这些与系统有关联的人或物的关系进行描述，系统关联关系的描述是采用系统关联图和系统关联模式相结合的方式来描述系统关联关系。

系统关联关系分析的结果可以写入项目视图和范围文档中、软件需求规格说明书或作为数据流模型中的一部分，无论存在哪个文档中，系统关联关系分析将是软件开发活动中一种重要的依据信息。

 航标灯：不要再让新的软件系统成为信息孤岛。

## 28.4.2　系统关联关系的构成分析

基于需求规划中的系统关联关系分析的关系模型如图28-8所示。

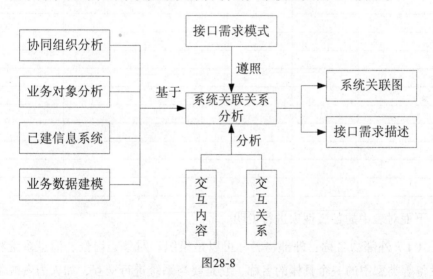

图28-8

如上图所示，系统关联分析的工作是基于需求规划中主体与外部组织的关系、业务对象关系、已建信息系统、业务数据建模的工作成果，遵照接口需求模式的要求，分析人、设备、系统与待建系统间的交互关系和交互内容才能完成的工作。

> **航标灯：系统关联分析的工作的重点在于人、设备、系统与待建系统间的交互关系和交互内容的分析。**

可以通过在需求规划中组织和对象分析、业务分析及在系统规划中找到将使用软件系统的组织、对象、人员、信息系统和硬件设备，同时要找到这些外部物与系统交互的内容。将这些找到的内容填充到系统关联关系表中进行表格化描述、关联系统的外部物分析，是将系统关系分析的第一步和第二步所要做的工作在分析时一并完成。如果工作量较大，也可以分两步完成，相应的表格也分为两张，一张是外部物分析表，一张是交互内容分析表，读者可以参照表28-1进行设计。

表28-1 合二为一的表格

| 外部物名称 | 类型 | 交互内容 | 交互内容类型 | 交互方式说明 |
|---|---|---|---|---|
|  |  |  |  |  |
|  |  |  |  |  |
|  |  |  |  |  |
|  |  |  |  |  |
|  |  |  |  |  |
|  |  |  |  |  |
|  |  |  |  |  |
|  |  |  |  |  |
|  |  |  |  |  |
|  |  |  |  |  |
|  |  |  |  |  |
|  |  |  |  |  |

下面对表中的各属性项进行说明。

（1）外部物名称：外部物名称可以是组织、对象、岗位、信息系统和硬件设备等类型中的一个具体的名称，它是要与系统进行交互，如人力资源部、人事经理等。

（2）类型：是指组织、对象、岗位、信息系统和硬件设备5种类型之一。组织是指法人单位或法人单位的二级组织，如部门。对象是指组织服务或监管的一方，如商户。岗位是指组织或对象中具体的某个职位的名称的集合称谓，如人事经理、人事专员。信息系统就是指第三方软件系统，会和要开发的软件系统进行集成；硬件设备，就是指与系统相连的设备，如扫描仪。

（3）交互内容：交互内容是指外部物发给系统的和从系统要接收的具体信息描述，如项目申请表、供货商目录等。

（4）交互内容类型：是指输入单证、存储单证、存储文件、报表、参考文档、显示单证、输出文件等。输入单证是指外部系统提供给系统的一种格式；存储单证是指用户录入、修改用的单证；报表是指用户期望的信息统计表单；参考文档是在操作时需要引用的信息；显示单证是指系统呈现在屏幕的表格；存储文件主要是指用于上传的各类文件；输出文件主是指系统输出给用户的信息，如图片、语音等。

（5）交互方式说明：主要是对交互的地点、时间、频度、大小、峰值等的描述，其将在做非功能需求分析中用到。

表28-2是一个人力资源管理系统关联系统外部物的范例。

**表28-2 人力资源管理系统关联系统外部物的范例**

| 外部物名称 | 类型 | 交互内容 | 交互内容类型 | 交互方式说明 |
| --- | --- | --- | --- | --- |
| 人力资源经理 | 岗位 | 审核请假表 | 存储单证 | 星期一到星期五操作，信息量很小，每周有5个请假审批 |
| 招聘专员 | 岗位 | 招聘信息 | 存储单证 | 每周五发布，信息量大，一次二十多个岗位 |
| 应聘人员 | 对象 | 个人简历 | 存储单证 存储文件 | 随时，存储文件达5M，周五发布后集中在一两天内有大量人员操作 |
| 工资系统 | 信息系统 | 人员信息 工资信息 | 输入单证 | 当有人员进入企业后，就会向工资系统发起请求，信息量小 |

## 28.4.3 系统关联关系的描述

系统关联关系的描述是采用关联图和统一需求模式结构化文档相结合的方式来描述，即一个系统关联关系的描述，是由一个系统关联图和两个系统关联模式文档构成的。其构成关系图如图28-9所示。

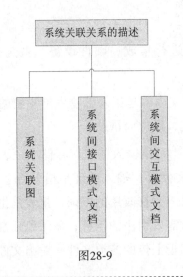

图28-9

> 🚩 **航标灯**：系统关联关系的工作成果由系统关联图和系统间接口模式文档和系统间交互模式文档三部分构成。

### 1. 系统关联图

关联图上有4个要素，分别是代表外部物的方框、代表关系的线、代表交互物的文字和代表系统的圆圈。关联图确定了通过某种接口与系统相连的外部实体，同时也确定了外部实体和系统之间的数据流。可以把关联图作为按照结构化分析所形成的数据流图的最高层抽象。可以把关联图写入项目视图和范围文档中或软件需求规格说明中，也可以作为系统数据流模型的一部分。

系统关联模式文档是由基本细节、适应性、讨论、内容等多个属性项构成的一种结构化文档，读者可以参看需求工程方法章节对这些属性的定义。对于系统关联图，要有两个系统关联模式文档来描述一个系统关联图，一个是描述系统间接口方式、一个是描述系统间交互内容。系统关联模式是对关联图中线和内容的进一步细化，是对系统关联图的一种补充。

图28-10是一个化学制品跟踪系统的关联图。关联图中并不明确提供内部过程和数据。

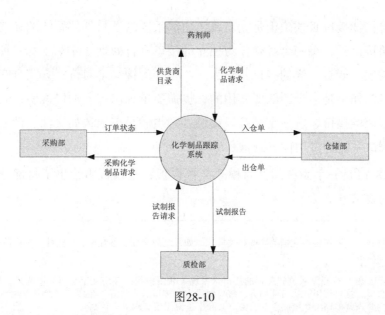

图28-10

该图涉及了4类组织或岗位，若还想把供应商也放进来，但这超出了本系统的范围，因为供应商不在外部实体清单中。关联图并不是追求绝对的精确，而是使用这种图来确定范围的，在此图中引入一个外部物，而这个外部物不在此范围之内，通过图的形式可以直观地看出来。

### 2. 系统间接口模式文档

当要开发的系统与已有的系统，或开发的系统不只一个时，都会存在系统间的关联。系统间接口模式文档是遵循统一需求模式文档的一种专门针对系统间接口的文档。

一个系统与另外一个系统交互是一个复杂的工作。当使用别人定义的接口时，这个接口可能不能准确地完成我们的目标；如果我们自己设计接口，要充分考虑其他系统的需要，对方能否正确理解这个接口，对方的系统使用的技术与我们设计的接口能否适应。在这个文档中我们既不关心接口的本质，也不关心外部系统是本地的还是远端的，而是注重两个系统间需要交互什么。系统关联图已经给出了这些系统间交互的信息，我们接着需要做的是对这些系统间交互关系进行接口标识符的命名。这也正是该模式文档的目的。

模式文档编写时需要遵循几个原则。①每个接口必须有一个唯一标识的接口标识符；②接口必须确定是完全属于内部系统的还是外部系统的；③当有多个相似的接口时，每一个必须作为独立的接口进行处理。④对于每一种不同的通信方式但功能是一样的接口要作为一个独立的接口来对待；⑤完全在系统内部的接口，如果是多个团队要共用的，也需要单独出来，加以说明；⑥如果是第三方系统的接口，应该定义接口提供者必须满足需求，如文档、性能、开发手册、测试系统的可用性、测试账号等。

图28-11是一个系统间接口模式文档模板，在模板中给出了每部分需要描述内容的要求。

---

1. 基本细节

相关模式：说明该接口文档关联的相关模式，如系统间交互、吞吐量、可用性、扩展性、遵从标准、文档、技术。

2. 系统间接口清单

对外部系统与待开发系统间存在的接口从系统关联图中找出并用文字加以简要描述，描述内容包括接口名称、接口作用、接口调用方、接口提供方、接口的协议等。在接口内容中会更加详细地描述，这里主要强调整理出系统间存在的接口，而不是说明接口内部有什么。

3. 接口内容说明

3.1 接口名称：给每一个接口一个简洁的有意义的名称。

3.2 接口定义：说明接口的含义，比如通过该接口可以获取用户信息。

3.3 接口标识符：给每一个接口一个标识符，它在系统范围内是唯一的，这样可以很容易地引用它。惯例是用I后跟一个顺序号。

3.4 两端的系统：解释两个系统在接口上扮演的角色或者明确引用和被引用关系。同时确定两端系统哪一端是发起方，或说明两端都可以发起。

3.5 接口的目的：描述接口可以实现什么。

3.6 接口的所有者：说明这个接口是谁负责定义，不管是谁负责定义，这个接口只有一个最后的决定者。

3.7 定义接口的标准：明确说明该接口的版本和接口依据的标准。

3.8 用于接口的技术：如果需求特定的技术，就在这里进行描述。

4. 接口性能说明

接口性能主要对有特殊要求的接口加以特定描述，如交互内容的类型、吞吐量、伸缩性、扩展性、安全、第三方开发等。

5. 接口开发建议

如果这个接口是提供给外部系统调用的，那么就需求编写类似《接口开发指南》的文档，文档中需求说明接口所依赖的开发环境、通信方式、入口参数、出口参数、开发范例等。

6. 接口测试建议

在系统的范围内，开发组织必须测试参与接口的每一个组件。需要对每一个组件进行单独的测试。测试时需要从明确的交互需求、隐含的交互（如性能）、从需求上不能识别的交互三个角度进行测试。通常情况下接口的一端处于系统的外部，为了确保安全，需求提供一些辅助的接口，如检查系统是否在运行、系统交互情况统计等。

---

图28-11

## 3. 系统间交互模式文档

系统间交互模式文档是用于基于接口的交互内容的构成的说明。它是对系统间交互接口中输入参数和返回参数的内容要求的说明，是系统间交互接口的细化文档。

系统间交互模式定义了系统间接口的特定类型的交互信息及其关联接口的描述。一个通常的接口涉及很多不同类型的交互，比如信用卡支付服务可能主要用来让零售商借钱给持卡人，但是这个接口需要做很多的事，如取消交易、检查卡的信用额度。这些是业务相关的功能，但是接口可能也拥有大量的更偏向技术的和支持性的交互：发起一个连接、请求重发前一个消息、通知状态等。一个交互类，意味着可能涉及双方向的设定的特定类型的信息，如有一个请求信息和一个交互信息算做一个交互。

是否需要详细说明处理特定类型的交互很大程度依赖谁拥有这个接口。下述4种交互类型需求处理。

（1）接口是系统定制的，如果接口是待开发系统定义的，则需要将与外部系统有关的各种类型信息都需要详尽描述出来。

（2）接口是对方定制的，但能影响其设计接口定义。如果接口不是待开发系统定制的，需要将我们的一些功能要求和特性要求提出来，以便对方尽量完善其接口及其信息类型的描述。

（3）接口是对方定制的，不能改的，但知道它是什么。对于这种情况，需要在交互内容中描述出我们所知道的信息，以便开发人员可以事先了解这种情况，待接口定制方提供了接口开发文档时，就可以做到事半功倍。

（4）接口是对方定制的，不能改的，也不知是什么样的。这种情况只是理论上存在的一种情况，列在这里只是说明。如果确定存在这种情况，需要项目管理者尽快找到这些信息。（见图28-12）

1. 基本细节
相关模式：说明该文档与之相关联的模式文档，如系统间接口、数据字典等。
2. 系统间接口清单
和系统间接口的清单一样，列在这里主要是说明交互内容是针对每一个接口的入口参数和出口参数来表述的。
3. 交互内容说明
　3.1 接口名称和标识符：来自于接口模式文档的接口名称和标识符。
　3.2 交互类型的名称：在4种交互类型中选取一个。
　3.3 交互的目的：说明交互方发起什么，能从对方得到什么信息。
　3.4 传递的信息：不需要全面，只需注重涉及双方的信息。发出信息的格式，每项的含义是什么，接收的信息的格式，每项的含义是什么。
4. 额外需求
主要涉及对性能、效率、开发、安全方面的要求说明。
5. 开发建议
参照系统间接口模式文档说明。
6. 测试建议
系统间交互需求只是定义交互必须完成什么。测试交互需求必须只关注是否完成了定义的目标，取回的数据是否正确，而不关注接口实现的细节。应该做一些额外的测试验证物理交互是否工作正常。数据流图会对设计物理交互测试有帮助。简要地描述有效的情况和无效错误的情况。

图28-12

航标灯：系统关联关系分析不是画张系统关联图那么简单，重点在于系统间的接口描述。

# 28.5 使用用例分析

系统关联关系分析是将系统看成"黑盒"，站在系统外部角度确定了与系统关联的组织、对象、用户、系统、硬件设备等外部实体的范围及这些外部实体与系统进行交互时所用的信息、物质和能量这三类交互物。正是系统关联分析给出这些外部实体和交互物，为使用用例编制确定了范围、奠定了基础。使用用例是将系统视为"黑盒"，站在操作者角度描述这些交互物通过什么样的操作向系统提交、期望系统做何种处理、系统应该如何回应这些提交物。

航标灯：系统关联关系分析是将整个系统看成"黑盒"，使用用例是将系统器件视为"黑盒"。

## 28.5.1 用例的目的意义和方法

用例是在假定系统已经存在的基础上，站在用户或系统的角度描述基于系统提供的设备、界面等，用户应按什么顺序进行操作、操作过程中期望系统给用户什么提示、用户希望系统能自动实现什么样的计算。

用例的描述可使业务人员知道系统实现后将与原有的业务操作方式有何不同，比如有无提高效率、有无减轻工作强度、有无降低工作难度等。对于后续的开发人员而言，使他们清楚开发时有哪些功能点，功能开发的内容是什么等。

用例分析是基于需求规划的部分成果和系统关联关系分析整理出系统使用主体、用例条目，然后采用用例图和用例规约对用例进行描述。其关系模型如图28-13所示。

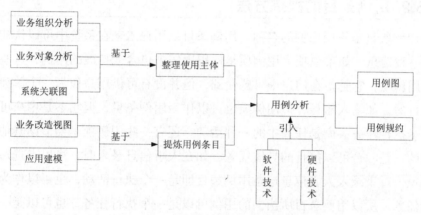

图28-13

每一个用例描述的是一个功能，此功能是对用户现实的某个业务活动移到信息系统上后，这个业务活动是何种情况展开的描述。若原来是用纸和笔，通过写和看按序来展开业务活动，那么转向信息系统后就是用键盘、鼠标通过录入、选取按序来展开业务活动，无论是现实的还是信息系统上的业务活动工作，其目标都是一样的，就是要能完成这个业务活动，所不同的是，信息系统一定在难度、强度、方式上都要比现实的业务活动要有更高的效益。

> 🚩 **航标灯**：界面、鼠标、触摸这些软硬件系统的要素在用例分析时开始出现。

用例的描述涉及用户和外部系统操作者及操作者是为了什么业务活动进行操作的，所以用例的分析和描述应该分为如下三步。

第一步：整理系统使用主体，也即操作者的定义。

第二步：对系统使用主体期望的用例条目进行提炼。

第三步：通过用例图和用例描述进行规范化的描述。

系统使用主体可以从系统关联关系分析成果中直接继承过来。使用主体期望的用例条目的提炼工作可以在需求规则中的系统分析的基础上，结合需求分析人员的经验加以演绎来完成，这个工作也是用例分析工作的重点和难点。用例条目提炼出来后，需求分析人员可以按照用例技术指南来采用用例图技术和用户描述模板对用例条目进行细化。

## 28.5.2 用例条目的提炼方法

用例条目是使用用例的名称。用例条目是用户未来在系统中可以认知和选取的一种信息，如菜单项。用例项是使用用例中包含或扩展的用例，这些用例称为用例项，它是指在用户中可感受到，但并没有可供用户作为一个单独任务去执行的，如输入账号，但用例项也可以作为用例条目，但它不是用户可选择的一个执行任务，而是任务中的一种活动。还有一些用例项是要借助其他用例条目的，是一个可以执行的具体任务，如在人事信息录入时，可以点选短信，这个短信对于录入人事信息这条用例条目即是一个执行活动，也可以作为一个执行任务。所以用例条目所指向的用例可以是一个执行任务，也可以是一个执行活动。

用例条目一般由谓宾结构构成，如获取开发商名单、存款，而使用用例是由主谓宾构成，主语就是发起方，就是系统的外部实体，可以是人、设备或软件系统。用例条目的提炼方法可以从两个维度展开，一是从宾语与行为词汇组合的方式来展开，也叫演绎法；另一个是从操作主体的工作职责定义上来展开，这种方式叫写实法。从两个维度展开，将演绎法和写实法得出的用例条目进行归纳后得出用例条目。

 **航标灯：写实法和演绎法是用例条目提炼时综合运用的手段。**

### 1. 写实法提炼用例条目

写实法，就是站在操作主体的角度，根据其工作职责描述的工作事项和工作规则上描述的工作事项查找谓语词汇和宾语词汇。将查找的结果填到表28-3中。

**表28-3 查找的结果表**

| 使用主体 | 工作事项 | 谓语 | 宾语 | 用例条目 | 备注 |
|---|---|---|---|---|---|
|  |  |  |  |  |  |
|  |  |  |  |  |  |
|  |  |  |  |  |  |
|  |  |  |  |  |  |
|  |  |  |  |  |  |
|  |  |  |  |  |  |
|  |  |  |  |  |  |
|  |  |  |  |  |  |
|  |  |  |  |  |  |
|  |  |  |  |  |  |

使用主体是系统关联图上的外部主体的名称。工作事项将该使用主体上的工作职责按序分别列出。谓语是从每个工作职责的语句上查找，如编写、查询、通知、汇总等词汇。宾语也是从每个工作职责的语句上查找，如公文、计划、合同、工资等。用例条目就是将谓语和宾语进行组合。备注是将对组合中的疑问或建议列在其中。

假定做一个人事管理系统，那么首先找到人事经理、招聘专员、培训专员、应聘者的工作职责和工作细则类的文档，然后对文档中的语句逐项分析，如表28-4所示。

**表28-4 人事管理系统**

| 使用主体 | 工作事项 | 谓语 | 宾语 | 用例条目 | 备注 |
|---|---|---|---|---|---|
| 人事经理 | （1）制订人事部门工作计划 | 制订 | 部门工作计划 | 制订部门工作计划 |  |
|  | （2）审批员工请假单 | 审批 | 员工请假单 | 审批员工请假单 |  |
| 招聘专员 | （1）定期发布招聘信息 | 发布 | 招聘信息 | 发布招聘信息 |  |
|  | （2）查阅应聘邮件 | 查阅 | 应聘邮件 | 查阅应聘邮件 |  |

写实法是根据工作职责和操作细则为基础，逐条逐句地利用主谓宾分词法来做这项工作。写实法的局限性在于依据的基础具有不完整性、不细致性，所以整理出的用例条目并不能完全覆盖操作主体的使用用例。

**航标灯：写实法的局限性在于依据的基础具有不完整性、不细致性。**

### 2. 演绎法生成用例条目

演绎法是以交互物为核心，通过已知的行为词汇与其组合生成用例条目。交互物来自于系统关联分析中交互物的分析结构，交互物可以是物质、能量、信息三类中的一种，在命名交互物时需要将物质和能量转成信息物，如仓库，转成信息物就是仓库信息表。行为词汇是站在系统角度归纳出来的，如查询、删除、增加、修改、倒入、倒出、打印、传递等。演绎法生成用例条目填充模板如表28-5所示。

表28-5 填充模板

| 交互物 | 行为 | 用例条目 | 备注 |
| --- | --- | --- | --- |
|  |  |  |  |
|  |  |  |  |
|  |  |  |  |
|  |  |  |  |
|  |  |  |  |
|  |  |  |  |
|  |  |  |  |
|  |  |  |  |
|  |  |  |  |

还是以人事管理系统为例，找到人事经理、招聘专员、培训专员、应聘者的工作职责和工作细则类的文档，然后对文档中的语句逐项分析，只提取语句中描述的宾语，也就是所说的交互物，和已归纳出的行为词汇进行组合，其用例条目生成结果如表28-6所示。

表28-6 用例条目生成结果表

| 交互物 | 行为 | 用例条目 | 备注 |
| --- | --- | --- | --- |
| 部门工作计划 | 新增 | 新增部门工作计划 |  |
|  | 修改 | 修改部门工作计划 |  |
|  | 删除 | 删除部门工作计划 |  |
|  | 查询 | 查询部门工作计划 |  |
|  | 发布 | 发布部门工作计划 |  |
|  | 打印 | 打印部门工作计划 |  |

续表

| 交互物 | 行为 | 用例条目 | 备注 |
|---|---|---|---|
| 员工请假单 | 新增 | 新增员工请假单 | |
| | 修改 | 修改员工请假单 | |
| | 删除 | 删除员工请假单 | |
| | 查询 | 查询员工请假单 | |
| | 发布 | 发布员工请假单 | |
| | 打印 | 打印员工请假单 | |
| 招聘信息 | 新增 | 新增招聘信息 | |
| | 修改 | 修改招聘信息 | |
| | 删除 | 删除招聘信息 | |
| | 查询 | 查询招聘信息 | |
| | 发布 | 发布招聘信息 | |
| | 打印 | 打印招聘信息 | |

演绎法是根据系统所能提供的各种服务结合现实工作中用到的各类交互物进行组合而生成用例条目。演绎法可以将系统针对信息可提供的服务行为全部列出与交互物进行组合，其得出来的用例条目就单个交互物来说是完整的、准确的，但演绎法也有局限性，主要是和行为项进行组合的交互物来自于实际工作中用到的各种物，由于交互物的不完整性，所以演绎法生成的用例条目也具有不完整性。演绎法生成的用例条目有些与实际不符，在实际中用不到，所以还需要根据实际进行去除。

 航标灯：以交互物为核心将所有系统功能词汇与其组合来演绎出用例条目，会比写实法要多很多。

### 3. 用例条目的去重合并

将写实法提炼的用例条目和演绎法生成的用例条目去重合并分三步走。

第一步：写实法条目和演绎法条目比对去重。

第二步：基于去重有一些是对同一交互物意同而名不同的进行合并。

第三步：根据项目视图和范围文档及系统关联关系分析文档进行用例条目勾选，最终确定需进行分析和描述的用例。

去重合并的用例条目清单，如表28-7所示。

表28-7 用例条目清单

| 使用主体 | 用例条目 | 来源 | 标识 | 备注 |
|---|---|---|---|---|
| | | | | |
| | | | | |
| | | | | |
| | | | | |
| | | | | |
| | | | | |
| | | | | |
| | | | | |
| | | | | |

此表的填写要求如下。

（1）使用主体来自于写实法用例条目的使用主体。

（2）用例条目来自于写实法和演绎法去重合并的用例。

（3）来源：是从写实法和演绎法中选其一。

（4）标识：主要是对来源于演绎法的用例条目进行判断，判断结果是"是"或"否"，"是"的意思是需要作为用例进行分析和描述，"否"是不需要作为用例进行分析和描述，但不要去除，在后续的版本中可能用到。

（5）备注：说明在后续的哪种版本中将其纳入系统中。

> 航标灯：去重合并论证后才有一个完整的用例条目基础，可解需求不完整的这一难题。

### 28.5.3 用例技术应用指南

拿到了一个用例条目清单之后，将用用例技术对每一个用例条目进行分析和描述。用例技术就是用例分析的描述方法的一个称谓。

用例相关技术包括用例图技术、用例描述技术、用例实现技术。用例技术的构成模型如图28-14所示。

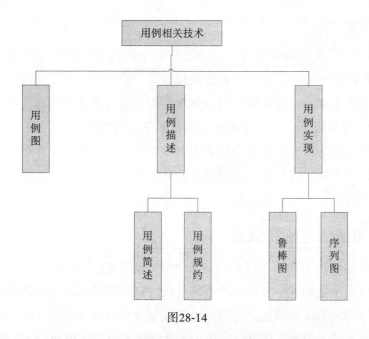

图28-14

用例图是用图形化的方式来描述用例的。用例描述分为用例简述和用例规约两种描述方式，一个是简述，一个是详述。用例实现分为鲁棒图和序列图两种方式。用例图和用例简述配合可以让用户看明白，以便确认用户需求；用例图、用例简述、用例规约是面向开发人员，让开发者清楚要做什么；而用例实现是用于系统设计人员进行系统的初步设计。

用例图技术用图形化方式表述用户需求，它具有形象、清晰和总体观好的特点，比如通过椭圆形来代表系统中的一个功能，用人形代表参与者是系统外的一个使用主体。用例图在界面软件系统的功能范围方面表现得非常优秀。

用例描述技术是以描述单个用例条目为目的的，根据描述的详细程度不同可分为用例简述和用例规约。用例简述通过简短的文字对用例的用户、目标、功能和行为规则等进行描述，是对成功场景的简单描述。用例规约是用例的完整而系统的描述，不仅包括主事件流、备选事件流、前置条件和后置条件，还包括用例ID、优先级和使用频度等方面的定义。

用例实现技术是通过一组对象交互的方式来实现用例所定义的功能之间的协作关系。用例实现技术适用于大型的、复杂的信息系统分析，它是面向用例规约的再分析。

在实际应用中，用例图和用例简述适合用做需求的获取，因为它具有覆盖面广的特点即所有功能都可以被覆盖到、深入的细节不易受到需求变更的冲击，所以要求程度不高时建议采用用例图和用例简述来分析和描述用例。要求程度高时，可再用用例规约来做进一步的描述。用例规约本身是一种思维工具，它围绕着能为特定的主要参与者带来价值的可见结果展开，有助于需求分析人员将各种场景思考清楚，特别是有助于发现所有可能的异常情况，使需求定义更为完善。

## 28.5.4 用例的分析和描述

前面描述了由用例图、用例描述和用例实现组成的用例技术，在进行需求获取时，对于小型的或中型的信息系统分析，只需用到用例图和用例描述两种技术进行用例的分析和描述，而在大型的或复杂的信息系统的分析中还需采用用例实现的方式对用例规约进行分析，才算完成用例的分析和描述工作。

### 1. 用例图

用例图描述软件系统为用户或外部系统提供服务。用例图最重要的元素是参与者和用例条目。参与者是与系统交互的角色或系统，参与者既可以是系统的用户，也可以是和系统有交互关系的系统，还可以是一个硬件或是其他一些可与系统交互以实现某些目标的实体。一个使用主体可以映射到一个或多个操作系统的角色，比如一个请求者，可以指代柜员、也可以指代银行经理。

用例描述了系统能为外部参与者提供的功能。利用用例图需求分析人员和用户可以逐项检查第一个用例，在它们纳入需求之前决定其是否在项目所定义的范围内。

图28-15是储蓄系统中的一个简单的用例图。

用例图通过确定与本系统交互的使用主体或外部系统显示出了系统必须提供的功能，清晰地界定了系统的功能范围。用例图不仅可视化，而且是结构良好的、有利于从宏观上反映系统功能的大局状况。

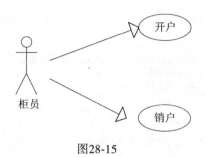

图28-15

一个单一的用例可能包括完成某个业务活动的许多逻辑任务和交互顺序，所以用例是相关用法的集合，并且一个说明是使用实例的例子，在用例中一个说明被视为事件的普通过程，也叫主过程。在描述普通过程时列出用户和系统之间交互或对话的顺序。当这种对话结束时，用户也就达到了预期的目标。图28-16是一个化学品跟踪系统中的请求一种化学制品的用例图。

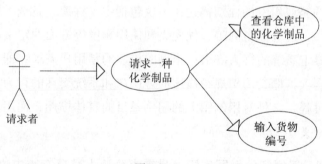

图28-16

图中请求者通过一个对外的用例请求一种化学制品，该用例需要与输入货物编号和查看仓库中的化学制品两个用例。输入货物编号是这个用例的内部逻辑用例，而查看仓库中的化学制品是一个外部逻辑用例。外部逻辑用例对用户而言是一个不可见的用例。

 **航标灯：用例图以图形的形式对每一个工作岗位的业务事项进行表述。**

### 2. 用例简述

用例简述通过简短的文字对用例的用户、目标、功能和行为规则等进行描述，是对成功场景的简单描述，也是分别针对每一个用例的描述。图28-17是

503

一个常用的用例简述模板。

> 用例名称：用例条目的名称。
> 用例目标：说明用例可以帮助使用主体带来什么，使用主体需要提供什么的简述。
> 用例功能：是对用例中所包含的各要素及其关系的描述。
> 行为规则：一些在操作过程中需要遵循的约定。

图28-17

模板的一个具体应用，如图28-18所示。

> 用例名称：销户。
> 用例目标：帮助银行工作人员完成银行客户申请的活期账户销户工作。
> 用例功能：柜员可以利用客户的存折在刷卡设备上进行读取存折账户信息，柜员根据账户信息确认进行销户，销户工作完成后将提示销户成功的信息。
> 行为规则：必须在打开刷卡设备的情况下进行操作。

图28-18

### 3. 用例规约

用例规约是对用例的详细描述，不仅包括主事件流、备选事件流、前置条件和后置条件，还包括用例ID、优先级和使用频度等方面的定义。用例规约的主要目的是界定系统的行为需求。用例图描述的是用户需求，即一种与业务事项对应的功能项，那么用例规约描述的是用户和系统交互的行为需求，也就是常说的操作过程，它是对用例图上的用例条目的具体描述，而用例图只给出了用例的抽象定义。

> 航标灯：用例规约编写实际上是需求分析人员要在脑中建立一个系统的原型。

图28-19是一个基于用例规约的模板的一个银行储蓄系统的销户用例规约。

**场景案例**：小张兴冲冲地拿着写好的软件需求规格说明书给项目负责人李经理看。李经理说："这不是软件需求。"小张说："不会呀，我完全照公司的规格模板编写的，编制说明、功能说明、性能指标、接口描述，都有啊，而且每个功能我都手工绘了界面，指明了操作细节，用户也已经确认了！"李经理说："你说的都没错，但软件开发人员知道做什么吗？他们要开发哪几个功能，输入、输出、处理规则都没有给他们描述清楚。"小张说："我又没搞过开发，我不知道他们需要什么。"

用例ID：UC-5
用例名称：销户
简要说明：帮助银行工作人员完成银行客户申请的活期账户销户工作。
创建者：张三　　　　　　　　　最后一次更新者：李四
创建时间：13-1-15　　　　　　　最后一次更新时间：13-2-28
用户角色：柜员
前置条件：
（1）账户为正常状态（即不是挂失、冻结或销户状态）。
（2）条码设备需在打开状态下。
（3）客户的身份需被证实。
后置条件：
（1）销户成功后需要将信息存入数据库中。
（2）销户后需要将电子邮件发给客户。
使用频度：
　　每个柜员日均处理5销户
优先级：
　　高
基本事件流：
（1）柜员进入活期账户销户程序界面。
（2）用磁条读取设备刷取活期存折磁条信息。
（3）系统自动显示账户的客户资料信息和账户信息。
（4）核对客户的证件，并确认销户。
（5）以语音方式提示客户输入账户密码。
（6）客户使用密码输入器输入取款密码。
（7）系统验证密码无误后，计算利息，扣除利息税，计算最终销户金额，并打印销户凭证和结息清单。
（8）系统记录销户流水及其分户账户信息。
扩展事件流：
（1）如果存折磁条信息无法读取，需要手工输入账户。
（2）如果客户信息不符，则不予处理可直接退出。
（3）系统校验密码错误，可以提示重新输入密码；密码校验三次失败，系统提示并自动退出。
依赖用例：UC-1手工输入账户信息
非功能需求：
（1）申请受理的处理过程的操作事件应在30秒内。
（2）打印的销户和结息清单应该清晰。
特定需求：无
扩展点：无

图28-19

启示：一些人用带界面的用例来替代功能需求分析或把用户操作手册作为软件需求规格说明，这是一种错误的认知。

在描述用例规约时需要注意以下问题。

（1）用例规约中对系统行为的描述是以用户为中心展开的，便于和用户交流。

（2）用例规约既关注事件流描述的成功场景，也关注扩展事件流所描述的异常场景或协助场景，如数量异常、设备异常，这样有利于促进系统化思维、发现异常场景、完善系统功能和提高易用性。

（3）在实践中可以对用例规约进行裁剪和扩充，以满足具体工作的需要，比如使用频度，或者增加需求允许的变化描述。

（4）用例规约与用户界面原型是不一样的，界面规划属于设计的工作，在这里用例规约重点说明的是操作活动，而不是活动项的空间布置。

（5）后置条件应覆盖所有可能的用例结束后的状态，也就是说后置条件不能只是成功结束后的状态，也应包括因错误而结束后的状态。

> 航标灯：如果用例图只是画了虎的外形，那么用例规约是对虎的全身进行了CT扫描。

## 28.5.5 用例规约的再分析和描述

在上一节中提到对于小型的或中型的信息系统分析，只需用到用例图和用例描述两种技术进行用例的分析和描述，也就是说小型的或中型的信息系统分析在用例图、用例简述和用例规约分析和描述完之后，需求获取工作就算完成，就可以开始需求分析工作了。

对于大型的或复杂的信息系统的分析还需采用用例实现的方式对用例规约进行分析才算完成用例的分析和描述工作。这是因为在用例规约中引入了大量的在业务事项上未描述的交互物，比如在银行储蓄系统中销户这个用例中要用到磁条读取设备、密码输入器等物理设备，还要用到活期账户销户程序界面这种系统才有的信息物，而这些交互物是在系统关联关系上未加以说明的，却在系统开发工作中又是必不可少的。对于这些交互物，就需求采用用例实现技术加以描述，为功能需求分析提供完整的分析基础。

用例实现技术是通过一组对象交互的方式来实现用例所定义的功能之间的协作关系。在面向对象的理论体系中，协作被定义为多个对象为了完成某种目标而进行的交互，而用例实现是协作的具体应用，即为了实现用例定义的功能必须考虑用到哪些对象进行怎样的交互才能完成此功能。

用例规约再分析和描述，是在用例规约的基础上，对每一个用例条目的用例规约描述中涉及的界面、设备、单证、文件等进行提取，然后再用用例实现技术进行对用例实现图的描述。

> 📖 航标灯：不要忘了用例规约中又引入了大量的计算机软硬件交互物，对它们的分析必不可少。

用例规约再分析和描述分两步。

第一步是对用例规约中涉及的交互物进行梳理。

第二步是在梳理的基础上，采用用例实现图进行描述。

### 1. 用例规约中交互物分析

用例规约中交互物的分析是按照用例条目中基本事件和扩展事件中的描述进行逐句分析，找出其中在系统关联关系中未进行定义的交互物，并对这些交互物给出定义。许多用例条目的用例规约中用到的交互物会有重复，如果两个交互物是同样的含义只需定义一次，如果两个交互物名同而指向不同，需要对交互物基于含义进行不同名的定义，以免引起不一致性。交互物主要包括界面、设备、单证、文件、规则等。以一个银行储蓄系统的销户的用例规约中的交互物分析为例，将在这个规约中找到的每一个交互物填充到表28-8中。

**表28-8 银行储蓄系统的销户的用例规约中的交互物分析**

| 用例编号 | 用例条目 | 交互物名称 | 交互物类型 | 交互物定义 | 备注 |
|---|---|---|---|---|---|
| UC-5 | 销户 | 活期账户销户界面 | 界面 | 供柜员进行销户操作时的界面 | 界面构成信息在需求分析原型中加以定义 |
| | | 磁条读取设备 | 设备 | 用于读取用户存折上的账户号 | |
| | | 密码输入设备 | 设备 | 供储户输入账户密码 | |
| | | 打印设备 | 设备 | 用于打印凭证 | |
| | | 账户资料 | 单证 | 存储账户的相关资料信息 | 资料信息项的构成在需求分析的功能需求中加以定义 |
| | | 销户流水 | 单证 | 存储账户的销户时的明细信息 | |
| | | 活期账户 | 单证 | 存储账户的状态、款项等信息 | 在功能需求中定义 |
| | | 利息率 | 规则 | 依据利息率计算利息 | |
| | | 利息税率 | 规则 | 依据利息税率计算利息所要交纳的税额 | |
| | | 申请人证件 | 单证 | | 不纳入系统中 |

对于上表的填充说明如下。

（1）用例编号和用例条目：这两个信息项直接继承于用例规约中的内容，注意不要加以修改，和用例规约保持一致。

（2）交互物名称：是用例规约描述文档中的基本事件和扩展事件中提取的信息，这些交互物有的是面向操作者、面向用户和面向系统的，有些是可感知的，有些是不可见、存在系统后端的，有些是不需要纳入系统中的，都需要加以说明。

（3）交互物类型：从界面、设备、单证、规则、文件等选取一种，说明交互物的性质，交互物类型可以根据系统不同进行增加和修改。

（4）交互物定义：是对交互物的概念、属性、作用、使用对象进行高度提炼的一个简要描述，主要是让需求开发人员清楚。

（5）备注：是对这个交互物和后期开发的关系、或是否纳入系统中等情况的一种补充说明。

 **航标灯**：任何一个新事物引进系统中都会引起系统的变化。

## 2. 用例实现图

用例实现图是采用图形化方式对与用例相关的交互物与用例行为的一种图形化描述。图形上有操作者、交互物、交互行为、交互关系几种图形要素。这些图形要素的定义请参见需求开发方法中的详细描述。图28-20是银行储蓄系统的销户的用例实现的图形化描述。

用例实现图给出了一个用例任务完成所涉及的界面、设备、行为、单证、规则，按照面向对象的理论，它已给出了功能构成物的概念定义，功能需求只需基于此图进行逻辑的命名，以及对每一个元素的内部构成给出逻辑的定义，就可以完成功能需求分析所要做的工作。用例实现描述的要素为功能需求面向对象做针对性的分析奠定了基础。

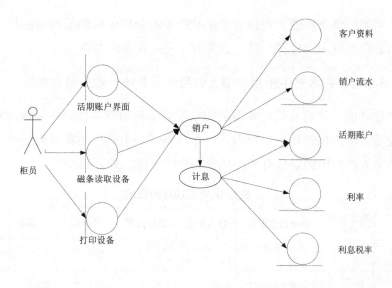

图28-20

### 3. 用例实现的概念功能描述

用例实现图是站在使用主体角度，用界面、设备、行为、单证、规则等要素按时序组合起来实现对用例目标的支撑。

用例实现的要素描述是对用例实现图上的要素的输入、输出、算法等的构成进行描述。这里的要素又叫概念功能，主要是与功能需求分析的逻辑功能加以区分。换句话说一个用例实现是由多个概念功能按时序组合起来构成的。概念功能的描述包括概念功能的名称、概念功能的类型、概念功能的定义、概念功能的输入、概念功能的输出和概念功能关联的用例。

为什么要使用概念功能这个名称呢？主要是借鉴了数据库中的概念设计、逻辑设计、物理设计的描述方式，在本书中将要素分成概念功能、逻辑功能和物理功能。其中物理功能是指系统设计中的具体功能类设计时用到的基础功能类，如jvm中的File的类。在需求开发工作中会用到概念功能和逻辑功能两个概念。概念功能是用例实现图上的各要素项，如设备、单证这些图形符号都被看成一个用例的概念功能。逻辑功能是功能需求分析中的系统功能的最小单元，概念功能和逻辑功能具有一对一、多对一或一对多的关系。

 **航标灯：在本书中把用例图上的用例要素统一称为概念功能。**

概念功能是把所有用例实现的构成要素项从用例实现图中分拆出来，经过组合去重后形成概念功能清单列表，然后对每一个概念功能进行描述。与银行储蓄系统的销户用例条目有关的概念功能的描述，如表28-9所示。

表28-9 概念功能的描述

| 概念功能名称 | 概念功能类型 | 概念功能定义 | 输入数据 | 输出数据 | 用例ID | 用例 | 备注 |
|---|---|---|---|---|---|---|---|
| 活期账户界面 | 界面 | 显示活期账户界面信息 | 界面名称、账户Id | 客户资料账户信息 | UC-5 | 销户 | |
| 磁条读取设备 | 功能 | 读取账户ID信息 | 存折 | 账户ID | UC-5 | 销户 | |
| 销户 | 功能 | 组织计息、增加销户流水、更新账户信息 | 账户Id | 销户流水账户信息 | UC-5 | 销户 | |
| 计息 | 功能 | 根据利率计算利息和利息税 | 账户金客、利率、利息税率 | 利息、利息税 | UC-5 UC-8 | 销户年中过息 | |
| 账户信息 | 数据 | 用于存储账户的信息 | 帐户信息 | 成功或失败 | UC-1 UC-5 | 建立账户销户 | |

编制此表需注意以下事项。

（1）概念功能的名称：从用例实现图中直接继承过来。

（2）概念功能的类型：从界面、功能、数据三种中选取一种。其中设备是具有功能的设备，是代理人工输入信息或输出信息的，所以将其归为功能类。文件、单证、报表等都属于数据。

（3）概念功能的定义：对概念功能中的方法和方法间关系进行说明。概念功能可分为组合功能和单一功能两类。组合功能是由多个单一功能组合而成的，如销户，由账户状态变更、销户流水插入、计算等几个单一功能共同组成。单一功能是组织功能的依赖要素，是单独针对一个数据项或一个表单进行操作的功能，如计算利息、计算利息税。

（4）输入数据：输入数据可以是实物，也可以是一个数据项或多个数据项。实物如存折或二维码，数据项如账户ID；输入数据是一个功能的输入参数。

（5）输出数据：输出数据可以是信息数据也可以是状态数据，是经过功能处理后返回的数据。

（6）用例ID和用例：概念功能项的来源的说明，一个要素项可以来自于多个用例，没有一个要素项是没有来源的，如果一个要素项没有用例ID和用例时，那么就需要全面检查，查明错误出在哪里。

（7）备注：对于前述几项中没有说清的，还有需要加以说明的，在此进行描述。

概念功能描述是对用例实现图中的要素项在归类去重后按照概念功能构成项的要素项逐一进行的描述。概念功能描述是作为功能需求分析的依据信息之一，功能需求分析还需对其做逻辑归纳，使其变成逻辑要素项即逻辑功能项，并通过数据流和功能流对逻辑功能项内部构成再做进一步分析。所以说用例实现为功能需求分析工作奠定了坚实的基础。

> 航标灯：对用例图上的概念功能进行输入、输出分析为功能需求分析奠定了基础。

## 28.5.6 用例与功能需求的关系

功能需求的分析是以用例分析成果为基础的。功能需求与用例分析有关联关系。但在文档管理上会存在一个问题，功能需求分析的描述和用例分析的描述文档是两个或一个，如果是两个文档，则有需求变更时，两个文档都需变更。

另外还存在一个用例可引申出多个功能需求，多个用例可能需要相同的功能需求。比如有5个用例都需要进行用户身份的验证，可将其归纳为一个功能需求。

可以用多种方法来编写与一个用例相联系的功能需求文档。采用何种方法取决于是否希望从使用实例文档、软件需求规格说明或二者相结合来设计、构造并测试。这些方法都不完善，所以要多种方法相结合来完善功能需求。

1）仅利用用例的方法

利用用例的方法来描述功能需求，也就是说把功能需求放在用例说明中，即在用例的基础上按照功能需求的描述方式在用例文档中进行功能需求的编写。但这种方式会引起那些复杂的功能需求如用户身份认证这样的公共功能，在多个用例中出现交叉引用。对于这些公共功能，需要把它从用例中抽取出来变成独立的、可重用的实例来描述。

2）利用用例和SRS相结合的方法

把用例说明限制在抽象的用户需求级上，并且把从用例中获得的功能需求编入软件需求规格说明中。这种方法需要在用例和相关的功能需求间建立可跟踪性。最好的方法是把所有的用例和功能需求存入数据库或业务需求管理工具中。

3）仅利用软件需求规格说明的方法

仅在软件需求规格说明中组织用例说明，并且包括用例和功能需求的说明。这种方法无须单独编制用例文档。然而需要确定冗余的功能需求，确保在软件需求规格说明书中该功能在需求文档中仅需描述一次。

> 航标灯：用例的描述和功能需求分析的描述是息息相关的，两者需同步进行。

## 28.5.7 用例的益处和风险避免

使用用例的方法是以用户为中心的一种方法，比起以功能为中心的方法，使用用例的方法使用户可以清楚地认识到系统能够为其提供什么，也有助于分析者和开发者理解用户的业务和应用领域。站在使用主体的角度，描述出与系统的对话顺序，可以在开发过程开始之前发现模糊性，也有助于从使用用例中生成测试用例。

使用用例所描述的用例可以得到的功能需求中的用户执行中所需要的特定的执行任务。这样可以保证功能需求所描述的功能是一定与用户用例相关的。在技术方面使用用例揭示了对象及他们之间的关系。开发者运用面向对象的设计方法可以把使用实例转化为对象模型。进而当业务过程随时间改变时，内嵌的特定的使用实例中的任务也会相应改变。如果跟踪功能需求、设计、编码和测试甚至它们父类的用例，这样很容易看出整个系统中业务过程的级联变化。

采用使用用例可以在认识上、关联上、技术上带来很多益处，但我们也要关注用例带来的风险和误解。

太多的用例的风险：太多的用例会给文档编写带来大量的工作。为解决这个风险，需要注意：①不要为每一个可能的用例都编写单独的用例；②可以将大量的共性的基本事件、扩展事件集成写在一个用例中；③不要把交互顺序中的每个步骤看成一个用例；④每一个用例都必须描述成一个单独的任务。

用例的冗余的风险：如果相同的函数在多个用例中出现，那么就可能多次重写函数的实现部分。这时需要使用包括关系，在这一关系中将公共函数分离出来并写到一个单独的用例中。

用例中定义数据的误解：用例中定义数据会引发大量的相同数据在多个用例文档中，当一个共性的数据发生变更时，都需要一一变更，所以不要在用例中描述数据，对于这些共性的数据将其放在需求分析的数据字典中加以描述。

用户用于界面设计的误解：用例的重点是用户使用系统做什么，而不是关注屏幕上如何显示，它强调操作者和系统间的概念性对话的理解，而把用户界面的细节放在全面了解功能需求和非功能需求之后进行界定。

一个需求与一个用例相联系的误解：用例可以有效地描述大多数用户所期望的系统行为，但有些需求与用户任务没有特定的关系，如系统的性能要求和其他非功能需求，这些是用例所不能做到的，只能将这些需求放在用例文档之外的文档进行描述。

# 第29章
## 需求分析

需求获取站在用户角度将系统看成黑盒，采用用例技术给出了用户的行为需求，但这些需求信息并非全都要在软件系统中加以落地。因为这些需求信息中包含了一些与软件系统关系不大或是当前软件技术还无法实现的需求，可能还有重叠的或冲突的需求信息。所以需要对这些用例进行可行的分析，为功能需求分析、非功能需求分析等确定可实现的范围。所以需求分析的基本任务之一就是分析和综合需求获取中的信息。分析工作在于找出需求信息间内在的联系和可能的矛盾，而综合工作就是去掉这些矛盾来建立软件系统的功能、数据的逻辑模型。

## 29.1 需求分析的思路和过程

航标灯：需求获取是对业务事项的综合分析，而需求分析的一个主要工作是对软件系统做归类分析。

需求分析除了对需求获取得到的需求信息进行分析和综合，还需要与软件开发组织进行协商，对于开发组织当前所掌握的设计技术、开发语言、已有的工作成果有所了解，否则需求分析对于未来的开发工作不是奠定了基础，而是带来了灾难，不是事半功倍而是事倍功半。比如，如果当前的开发组织已采用面向对象的分析、设计和开发技术，而需求分析采用结构化的分析方法，那么开发人员再拿到软件需求时，除了要学习结构化分析方法，而且还要花大量时间用UML工具将它转成面向对象的需求分析描述，因为他们更愿意用这种方式来思考和分析。

　　所以需求分析工作是要把需求获取和现有软件开发基础都作为输入或依据，才能使需求分析工作的质量能得到保证，价值得到最大化体现。需求分析工作的业务活动过程如图29-1所示。

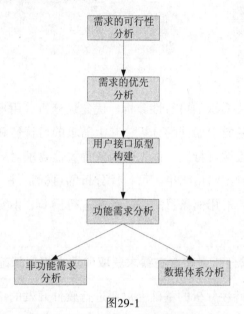

图29-1

　　需求分析的工作包括需求可行性分析、需求优先级别分析、用户接口原型分析、功能需求分析、非功能需求分析、建立数据字典。其中功能需求分析是需求分析工作的核心。需求分析工作是站在技术角度面向开发人员进一步对软件系统做什么进行的分析。

┌─────────────────────────────────────────────────┐
　　航标灯：**需求分析是对可行性、优先级、接口需求、功能需求、非功能需求、数据体系七个方面进行分析。**
└─────────────────────────────────────────────────┘

　　需求分析工作是在需求规划、需求获取的基础上展开的。需求获取的用例分析和描述是需求可行性分析、需求优先级别分析、用户接口原型分析的对象或者说是输入；功能需求分析是以需求获取的用例实现成果作为分析对象的；非功能需求分析是以需求规划中的分析计算的定量和作业目标的定性分析作为分析对象的；数据字典的建立是在功能需求分析和需求规划中的系统数据分析基础上完成的。需求分析与需求获取和需求规划的层次关系图如图29-2所示。

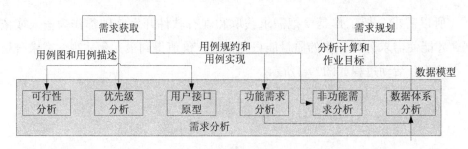

图29-2

从上图可以看出需求的可行性分析、优先级分析、用户接口原型都是在用例图和用例描述的基础上展开的分析，其中需求的可行性和优先级分析主要是根据用例上的描述按照可行性、优先级的各种属性要求对用例上的每个用例条目的描述逐条进行判定给出结果。可行性分析的目标是进一步对用例条目的量的范围减少或不变，对用例条目的质的范围进行提升、不变或降低，得到可行的一个用例范围。

 **航标灯：需求分析是建立在需求获取和需求规划基础上展开的。**

优先级是在可行性分析的基础上对要进行软件开发的用例定出优先顺序，这和软件开发的设计和编码等活动的工作计划紧密相关。用户接口原型是将可行性范围内的优先级高的用例，采用原型技术让用户可以进一步给出范围的清晰确认。这三个分析对于控制需求范围、制订合理计划、赢得客户认同非常重要，可以大量减少无效的开发、确保计划目标的实现。同时也为功能需求分析的范围给予了明确的定义，这对功能需求分析意义十分重大，因为功能需求分析是一个消耗资源、消耗时间的工作。

功能需求分析可以采用结构化功能需求分析法，也可以采用面向对象的需求分析法等方法，无论采用哪种方法，功能需求分析主要是要给出下列内容。

（1）每个功能的内部构成、输入数据、输出数据。

（2）数据和数据间关系。

（3）功能与功能间时序的关系。

非功能需求分析对于后期软件的设计和开发至关重要，它是软件系统的逻辑架构、开发架构、运行架构、物理架构、数据架构设计时主要的依据信息，比如大规模、高并发对于运行架构设计将有影响，运行架构可能要采用集群方式来解决，又比如资源需得到最大化利用，在物理架构上就需要采用虚拟机技术实现一机多用等。当然非功能需求对后期软件的架构设计有影响，并不是说功能需求分析对架构设计就没有影响，在后期的开发工作中两个都是要一同使用的。

数据体系分析是需求分析的最后一个环节的工作，它是将需求规划中的用户数据视图、系统数据及功能需求分析中的数据流作为分析对象，进行归纳，对每一个数据项进行数据字典的描述，同时说明数据字典和上述视图数据的关系，目的是可以探寻每个数据项的来源和去处。

## 29.2　功能需求分析的定位

功能需求分析是需求分析的核心工作。功能需求分析可采用结构化功能需求分析法、也可采用面向对象的需求分析法等方法来进行分析。在本书的方法篇中对这两种方法都做了介绍，在此建议采用面向对象的需求分析方法，也就是说我们的功能需求分析是采用面向对象的需求分析法来做的分析。

> 航标灯：功能需求分析是需求分析的核心工作。

面向对象的分析中最重要的概念就是类。无论是界面、功能还是数据都是用类来描述的。一个类是由名称、属性、方法构成的，而方法又由方法名、参数、返回及内部算法构成，所以一个类的分析就是要给出其名称、属性、方法、参数和返回，对此，经常采用类图来描述。分析了类，还要分析类和类之间的关系，类与类之间的关系分为静态关系和动态关系，静态关系用类与类之间的包含、依赖、关联来描述，类的动态关系可采用序列图和状态图来描述。

面向对象的功能需求分析首先要说清楚类自身的构造，然后再说明类与类的静态关系、再说明类的动态关系。面向对象的功能需求分析是一种功能的概念设计和初步的逻辑设计，它并不说明用什么语言、什么技术来做，但要说清楚做什么。做什么在面向对象的分析里已明确说明就是要给出包括类名、类属性、类方法、类参数、类返回的描述，且只是给出类名叫什么，有几个类属性、类方法的名称等，这也是一种设计，只不过是一种类内构成成分的设计，至于方法内部有什么，再依赖什么就需要面向对象的设计去完成，因为那涉及用什么框架、用什么语言和内部有什么。

> 航标灯：**面向对象的功能需求分析是一种功能的概念设计和初步的逻辑设计。**

设计可分为概念设计、逻辑初设和逻辑详设三个层次，这三个层次是逐层递进的。概念设计是将要建成的东西看成黑盒，通过系统与外部交互能得到什么，而得出一组对黑盒能提供的服务，然后再对服务的组成部分进行分析，这些组成部分可视为概念设计的成果。概念设计得出这个系统的组成部分的名称及其作用的描述，如基于用例图上概念功能描述；逻辑初设是将系统看成一个灰盒，犹如隔着一层毛玻璃来看系统的部件，每个系统的部件的内部构成也只能看到大概情形。逻辑初设就是将概念设计的概念组成部分与系统中的部件进行对应，然后对这些部件的构成项进行描述及将部件间的关系也描述出来。逻辑详设是将系统看成一个白盒，其中内部构成的每个部件里有什么元件，而且元件是用什么做的都已经一清二楚，在逻辑初设的基础上将其各构成的内部细节加以详细描述。

> 航标灯：**逻辑初设是将系统器件看成一个灰盒，能看清内部元件构成，只是不知道元件材质用的是什么。**

从上面的设计可以看到用例实现所描述的成果实际上是符合概念设计要求的。功能需求分析是在用例实现的基础上展开的，因此可以说功能需求是在概念功能设计的基础上进行的逻辑功能初设。依此类推，系统设计就是在逻辑功能初设的基础上所做的逻辑功能的详设。

> 航标灯：**系统详细设计就是在逻辑功能初设的基础上所做的逻辑功能的详设。**

因此，功能需求分析是在用例实现和概念功能描述的基础上进行的逻辑功能初设，而系统设计是在逻辑功能初设的基础上进行的逻辑功能详设。功能需求分析的定位关系模型如图29-3所示。

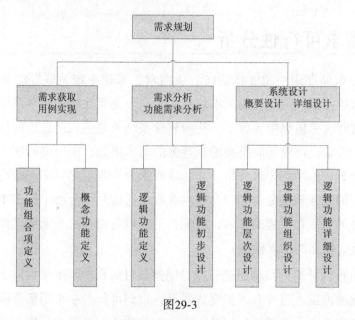

图29-3

功能需求分析的工作由逻辑功能定义和逻辑功能初步设计工作构成。逻辑功能定义在概念功能的基础上进行拆分和组合，包括功能类定义、数据类定义、界面类定义三个部分。三个部分的定义都需给出包括类名、作用、属性、方法、输入参数、输出参数、关联概念功能等描述。逻辑功能初步设计工作分三步，第一步：在逻辑功能定义的基础上，采用对用例规约基本事件、扩展事件和需求规划中的功能模型、数据模型及功能与数据关系进行仔细比对的归纳方式和演绎，对逻辑功能中的属性、方法、输入参数、输出参数进行细化定义和修正，并在此基础上给出功能类、界面类、数据类的类图；第二步：在逻辑功能定义的基础上，采用静态图的方式将功能类、界面类、数据类的静态关系描述出来；第三步：针对每一个用例对应的用例实现图，采用时序图或状态图的方式，来描述用例基于功能类、界面类和数据类来重构用例实现图，以便验证每一个用例实现图上的每一个概念功能是否都有相应的类对应。

航标灯：系统概要设计是逻辑功能的层次设计和逻辑功能的组织设计。

功能需求分析工作从用例实现图开始，以序列图和状态图的方式重构验证用例实现图而结束，确保了功能需求分析的完整性、准确性。

## 29.3 需求可行性分析

需求获取站在用户角度将系统看成白盒，采用系统关联方法和用例技术给出了需求的范围。但这里的需求信息并不完全都要在软件开发系统中加以落地。因为这些需求信息中包含了一些与软件系统关系不大或是当前软件技术还无法实现的需求，可能还有重叠的或冲突的需求信息。所以要对这些信息进行可行性的分析，为功能需求分析、非功能需求分析等确定可实现的范围。需求分析可行性的任务就是分析和综合需求获取中的信息。分析工作在于找出需求信息间内在的联系和可能的矛盾，而综合工作就是去掉这些矛盾以便建立软件系统的功能、数据的逻辑模型。

需求可行性分析的目标是进一步对用例条目的量的范围减少或不变，对用例条目的质的范围进行提升、不变或降低，得到可行的一个用例范围。需求分析可行性工作没有一个普遍适用的方法。它只能依赖与需求分析相关联的风险承担者共同来进行可行性分析。需求可行性分析主要是以用例为序逐项进行包括性能风险、安全风险、过程风险、技术风险等多个项进行评判。

> 航标灯：需求可行性分析的目标是进一步对用例条目的量的范围减少或不变，对用例条目的质的范围进行提升、不变或降低，得到可行的一个用例范围。

需求可行性分析工作以会议形式落实。会议前期管理人员需要将需求规划、项目视图和范围、系统关联图、用例分析文档提前发给项目风险承担者，同时要将一个需求可行性分析表一同发给项目风险承担者。在约定的会议开始前三天，将需求可行性分析表收回。管理人员对每个人的需求可行性分析表进行统计，整理出需要在会议上讨论的用例表，一般是大家意见不一致的用例。在会议上就大家评判不一致的用例进行讨论，最终达成共识。需求可行性分析表模板如表29-1所示。

表29-1　需求可行性分析表模板

| 用例ID | 用例名称 | 性能风险 | 安全风险 | 过程风险 | 技术风险 | 数据库风险 | 进度风险 | 接口风险 | 稳定风险 | 风险程度 |
|--------|----------|----------|----------|----------|----------|------------|----------|----------|----------|----------|
|        |          |          |          |          |          |            |          |          |          |          |
|        |          |          |          |          |          |            |          |          |          |          |
|        |          |          |          |          |          |            |          |          |          |          |
| 建议和意见 |      |          |          |          |          |            |          |          |          |          |
|        |          |          |          |          |          |            |          |          |          |          |
|        |          |          |          |          |          |            |          |          |          |          |

下面对涉及风险承担者需要填写的表中的各项进行说明。

（1）性能风险：实现这个用例是否会导致系统性能的下降。

（2）安全风险：实现这个用例无法满足整个系统的安全要求。

（3）过程风险：实现这个用例可能会对常规的开发过程做修改，如需要增加一些新的环节来确保这个用例的实现。

（4）技术风险：实现这个用例可能需求使用不熟悉的实现技术、不熟悉的语言，并且公司原有的技术储备将不能使用。

（5）数据库风险：实现这个用例会导致系统必须采用分布式数据库或当前数据库无法满足海量数据处理。

（6）进度风险：如果要实现这个用例则客户的开发时间肯定会延期。

（7）接口风险：这个用例实现需要与第三方系统接口才能满足，而这需要新签合同，增加项目的成本。

（8）稳定风险：这个用例会在后面变更，对整个系统稳定性影响较大。

对每个用例进行分析时，对每一项都能做到科学判断往往很难，若真要做到需要建立数学模型。在现实中一般使用定性的分析方法或简单加权法，定性的分析方法就是按高、中、低来进行风险的评估。评估工作量的时间花费和用例的数目成正比。

航标灯：如果不想让后续工作浪费，请务必重视需求可行性分析。

## 29.4 需求优先级别分析

需求可行性分析的重点是对每一个用例的质进行判断，是可行还是不可行，其结果就是用例的数量将会有所变化，有一些是量不变，但用例项的质会有所降低。所以需求可行性分析的重点是放在用例范围边界的处理，

需求优先级是将经需求可行性分行后纳入软件开发范围内的所有用例进行层次归类处理，它是自上而下地对优先级进行层层分析。每一层层内的多个用例先做优先级别域的划分，然后下一层的划分将继承优先级别域的划分。需求优先级划分的目的在于经过优先级划分后，当有时间变化、资源变化、结构变化时以高优先级用例先处理原则来适应变化。

> 🚩 **航标灯：需求优先级不是减范围，而是定出开发的重点和先后次序。**

为什么要定义需求优先级呢？因为划分优先级一是可以帮助我们判断哪些用例是用户所关注的，是未来软件开发的系统中最重要的；二是可以集中资源对优先级高的进行优先处理，在时间紧迫的情况下，往往需要这样做；三是可以帮助软件开发人员决定软件体系架构，同时也可以有助于解决设计时产生的冲突，优先级低的用例带来的变化将符合优先级高的用例；四是可以使项目管理者根据用例优先级权衡合理的项目范围和进度安排、预算、人力资源及质量目标的要求；五是当有一个新的高优先级的需求或者项目发生了环境变化时，可以先忽视优先级低的需求，或者将其推到下一个版本中开发。

在需求获取的理想情况下，开发人员应根据客户在表达需求时由客户来决定需求的重要性，为每个用例标上需求的优先级。然而让客户来决定哪些用例重要，这是一件比较困难的事，如果让大家共同来讨论哪个用例重要哪个不重要，要想达成一致的意见几乎是不可能的。这是因为客户有时不能完全理解所提出需求的具体含义，而且每个人的背景、出发点和利益诉求不同，导致他们之间并不能总是达成妥协。

需求优先级设定很有价值，而需求优先级只由客户来定又那么困难，那么需求优先级该如何设定呢？判定优先级需要哪些信息？这些信息从哪里来？判定方法是什么？如果这三个问题回答清楚了，那么需求优先级的判定就是一件

很容易的事。客户和开发者都必须为设定需求优先级提供信息。客户应该提供每个需求，准确地说是每个用例能够给他们带来的利益，利益越大优先级也越高。开发者提供的是每个需求开发带来的费用、难度、技术风险、时间长短，当这些信息放在一起时，客户也许会因为费用和难度太高而调低需求的优先级。所以设定优先级意味着在每个需求带来的利益价值和所产生的费用之间做权衡，以及需求所涉及的软件结构和产品未来的评价。

已经知道需求优先级判定的信息从哪里来，判定优先级需要哪些信息。最后一个问题就是判定的方法是什么？下面介绍两种方法，一种是定性的优先级评判法，一种是定量的优先级评判法。

## 29.4.1 定性评定方法

通过三个维度来将需求分成三类。这三个维度只有达成一致，才可以确定这个需求的优先级。不过这些都是主观上的、不精确的。在很多情况下，对同一需求，不同的项目人员会分配不同的优先级，它可能反映了实际的需要，也可能只是简单反映了各自的理解。这三个维度的评判方法如表29-2所示。

表29-2 定性评定方法

| 方法类型 | 评判结果 | 评判依据 | 方法来源 |
|---|---|---|---|
| 第一维 | 高 | 一个关键的任务需求或是下一版本一定需要的 | Karl E.W. |
| | 中 | 支持必要的系统操作或是最终所要求的，有必要的话可以延迟到下一版本 | |
| | 低 | 功能或质量上的增强。如果资源允许的话，加上它产品会更完善 | |
| 第二种 | 基本的 | 只有在这些需求上达成一致意见，软件才会被接受 | IEEE 1998 |
| | 条件的 | 实现这些需求将增强产品的性能，如果忽略，产品也是可接受的 | |
| | 可选的 | 对一个功能类有影响，实现或不实现均可 | |
| 第三种 | 3 | 必须完美地实现 | IEEE 1999 |
| | 2 | 需要付出努力，但不必做得太完美 | |
| | 1 | 可以包含缺陷 | |

定性评定方法用在具体的需求优先级确定时，需要对每一个用例进行这三个维度的优先级设定，对于某一个需求三个维度的结果值应同序的，比如高—

基本的—3，如果不同序则是不正确的，比如高—可选的—3，对于每个需求必须要求同序，不同序则需要讨论，最终达成一致。表29-3是一个需求优先级评定时要用到的表，逐条对每一个用例的三个维度进行评定，并用其中一个维度的值作为最终需求优先级的评定值。

表29-3 优先级的评定表

| 用例ID | 用例名称 | 高中低 | 基本条件可先 | 321 | 优先级 |
|---|---|---|---|---|---|
|  |  |  |  |  |  |
|  |  |  |  |  |  |
|  |  |  |  |  |  |
|  |  |  |  |  |  |
|  |  |  |  |  |  |
|  |  |  |  |  |  |
|  |  |  |  |  |  |
|  |  |  |  |  |  |

对每一个用例都确定了需求优先级后，必须把每个需求优先级记录在软件需求规格说明中，通过设置相应的字段给以标识。由于不同项目有不同数量的需求，有的项目会有成千上万的需求，这将使得需求优先级定义上花费一定的时间。但该项工作对于把握整体软件开发很有帮助。

 航标灯：优先级分析可以让我们学会抓重点，找关键点。

## 29.4.2 定量评定方法

定性评判法带有风险承担者的个人情感，在政策及处理过程方面有不同的思考，具有主观性，适用于一般性的项目。对于大型的、重要的项目则需要一种更加结构化的方法。在这里建议采用质量功能开发即QFD结构化优先级评定方法。QFD方法能够为项目提供用户价值和性能相联系的一种综合方法。

QFD方法是面向每个用例进行定量评定，用例需要定量评定的属性包括相对利润、相对损失、相对费用、相对风险4个方面，对每个方面给了权值。这个评定方法主要是QFD的客户价值的体现。客户价值取决于两个方面，一方面如果实现了特定的特性，那么将为客户提供利益，另一方面如果不能实现特定的特性就要受到损失。特性的诱人点在于它提供的价值成正比，而与实现该特性的费用和技术风险成反比。只有那些具有最高的价值/费用比率大的特性才应当具有最高优先级。定量评定法用到的工作表如表29-4所示。

**表29-4 定量评定法工作表**

| 用例ID | 用例名称 | 相对权值 | | | | | | | | |
|---|---|---|---|---|---|---|---|---|---|---|
| | | 2 | 1 | | | 1 | | 1 | | |
| | | 相对利润 | 相对损失 | 总价值 | 价值比 | 相对费用 | 费用比 | 相对风险 | 风险比 | 优选级 |
| | | | | | | | | | | |
| | | | | | | | | | | |
| | | | | | | | | | | |
| 总计 | | | | | | | | | | --- |

该表需要遵循以下步骤来使用。

（1）将需要评定优先级的用例顺序填充到该表中。所有用例需要在同一个级别上。

（2）将用例从客户或业务的相关利益出发，将其划分成1~9个等级，1代表可忽略，9代表最大价值。这可以根据需求规划中对业务项的重要程度分析作为依据来对等级进行定义和说明。

（3）将用例从没有纳入开发中会给客户或业务带来的损失，将其划分成1~9个等级，1代表基本无损失，9代表严重损失。对于具有低利润、低损失的用例只会增加费用，而不会增加价值。

（4）总价值栏是相对利润和相对损失的总和，在缺省的情况下利润和损失的权值是相等的。评定者可以根据实际情况计算利润和损失这两个因素的相对权值。表中给出的建议利润估价的权值是损失估价权值的两倍。总价值是利润×权值+损失×权值的和，然后将该用例总价值与所有用例总价值之和相除则得到该用例的价值比。

（5）定义用例的相对费用的等级，等级可分1~9个等级。对每个用例给出费用等级，然后计算出该用例的费用比。可以根据用例的复杂度如用户界面、重用代码、测试和文档编写等来计算费用。

（6）定义用例的相对风险的等级，等级可分1～9个等级。1级表示很容易开发，而9级表示需要极大关注其可行性，可以从是否有专门知识人员、是否有不熟悉的工具和技术，对每个用例给出风险等级，然后计算出该用例的风险比。在缺省情况下，利润损失、费用和风险的权值是相等的。但也可以根据项目情况进行权值的调整，如果项目中不需要考虑风险，则可以将权值调整为0。

（7）按优先级=价值比/（费用比×费用权值）+（风险比×风险权值），对每一个用例进行优先级量化计算。

（8）按计算出的优先级进行降序排列，处于列表中最低的是价值、费用和风险最佳的，这样的用例定为最高优先级。

这种定量分析法从数学上讲并不严密，并且其准确程度受到每个项目的利润、损失、费用和风险的估算能力的影响。因此只能将这种方法确定的优先级序列作为一种指导策略。

 **航标灯：优先级定量分析可以让各方的损失降到最低。**

# 29.5 用户接口原型分析

用户接口原型是将可行性范围内的优先级高的用例，采用原型技术让用户可以进一步给出对不能确定的或含糊的需求加以明确，同时对开发范围再次确认。

用户接口原型是指一个可能的局部的实现，或总体轮廓的实现，而不是整个系统。这样可以使许多概念直观明了。例如，对于用户界面友好这一用户需求，比较含糊，没有判断用户界面友好的标准。所以通过构建用户界面原型（可以包括一系列的操作和系统响应），并和用户一同进行评价，根据评价意见进一步修改，直到达成共识。

构建原型时需要与客户和开发人员进行充分的沟通，确定这个原型是只用于评价、用后就抛弃还是将该原型作为最终产品的一部分。抛弃型原型是指在原型达到预期目的后将其抛弃。在构建这类原型时，可以忽略具体的构造技术，用最小的代价构建抛弃原型。抛弃型原型的代码是不能移植到最终系统中的。抛弃型原型适用于解决需求中不确定性、二义性、不完整和含糊问题。

进化型原型，是迭代式开发模型在软件开发活动中运用的一种技术。与抛弃型原型的快速和大概的特点相比，进化型原型一开始就必须编制具有较好健壮性和高质量的代码。很多软件开发组织都在自有的平台上，利用代码生成工具来快速构成原型，此时原型的开发也就是提前的软件编码。当然进化型原型的构建要比抛弃型原型的构建花费更多时间。

在原型构建时这两种方法可以综合应用，视项目的具体情况如进度要求、质量要求、成本要求而定。构建原型将用例分析的描述的成果作为依据，从中选取一些用例来进行原型的构建。构建原型的制作方式有以下三种。

（1）纸面原型化方法：这种方法代价小且有效，主要是把部分用例中操作场景在纸面上呈现，形成供用户去评价的文档。通过这个文档需求分析人员、开发人员和用户来发现问题、澄清问题、达成共识，因为是在纸张上，所以可以现场根据用户要求进行随时调整。纸面原型制作时所用的工具就是纸、笔等日常用的文具。

（2）角色扮演原型化方法：这种方法类似于问答的方式，通过一问一答明确用户的输入和由人来模拟系统的响应。表面上用户是与系统原型交互，但实际上是用户的输入被传递到模拟系统的人，由人做出响应。这种方法常用于用户关注输入和输出间交互要求比较细致的场景。

（3）电子化原型方法：这种方法适用于有平台产品和代码生成工具的开发组织。这种方法开发原型时成本较高，因为需要编写软件来模拟系统的功能。常用的开发工具和语言包括编程语言、脚本语言、图形化工具、HTML语言等。

 航标灯：用户接口原型就是提前进行用户交互界面设计。

## 29.6　功能需求分析

功能需求分析是需求分析的核心工作。功能需求分析可以采用结构化功能需求分析法、也可以采用面向对象的需求分析法等方法来进行分析。在本书的方法篇中这两种方法都做了介绍，在此建议采用面向对象的需求分析方法，也就是说功能需求分析是采用面向对象的需求分析法来做的分析。

功能需求分析的工作是由逻辑功能定义、逻辑功能初设和面向用例的重构三部分工作构成的。功能需求分析的工作过程模型如图29-4所示。

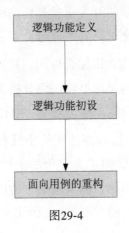

图29-4

航标灯：**功能需求分析工作由逻辑功能定义、逻辑功能初设和面向用例的重构三部分工作构成。**

（1）逻辑功能定义在概念功能的基础上进行拆分和组合，逻辑功能的类型包括功能类、数据类、界面类三种。逻辑功能定义是在概念功能描述的基础上再对用例规约基本事件、扩展事件和需求规划中的功能模型、数据模型及功能与数据关系进行仔细比对，同时依据经验和演绎方法对逻辑功能中的类名、作用、属性、方法、输入参数、输出参数、关联概念功能等给出详细的描述。

（2）逻辑功能初设：在逻辑功能定义的基础上给出功能类、界面类、数据类的类图描述同时采用静态图的方式将功能类、界面类、数据类的静态关系描述出来。

（3）面向用例重构：针对每一个用例对应的用例实现图，采用时序图或状态图的方式，来描述用例基于功能类、界面类和数据类来重构用例实现图，以便验证每一个用例实现图上的每一个概念功能是否都有相应的类对应。

功能需求分析工作从用例实现图开始，以序列图和状态图的方式重构验证用例实现图而结束，确保了功能需求分析的完整性、准确性。

528

航标灯：功能需求分析不是给出几个系统功能的名称，而是要把每个逻辑功能都采用类的形式描述出来。

## 29.6.1 逻辑功能定义

逻辑功能定义是功能需求分析的开始工作，它将定义出待开发系统中所需开发的功能，但不是全部，因为后期设计还要引入框架、组织类等，它主要是将面向用例范围内的主要功能类都定义出来。

逻辑功能定义是以类为核心的。其首要工作就是找出类。找类的工作要不断顾及其前后过程，不可能一次定义完成。在概念功能的定义中已给出了基于用例实现所需要的界面、信息、处理的功能要素，其量是与用例实现上的图形要素数量是一致的，但其质就只能是大概的、轮廓性的。逻辑功能定义就是要逐项对概念功能进行分析，分析分为分拆、归纳、演绎、关联4个工作。

航标灯：逻辑功能定义工作是由分拆、归纳、演绎、关联4个工作组成。

概念功能太大就需要拆分，比如报表管理这个概念功能太大，就需要将其拆分为报表类型定义、报表构成定义、报表展现等多个逻辑功能块。归纳是对几个具有同性质的概念功能进行组合，比如注册、注销这两个概念功能，因为它们都是对用户账号信息表和用户账号操作明细表的操作，所以这两个概念功能可以合成一个用户账户管理逻辑功能类；通过分拆和归纳后逻辑功能类的数量有可能比概念功能数量多，也有可能比概念功能数量少。

在逻辑功能定义工作中的分拆和归纳完成后，还需用演绎的方式对逻辑功能的方法进行分析。演绎法就是基于过去积累的经验提炼出的类的方法构成名，对类里的方法进行演绎，比如销户这个逻辑功能，通过演绎后这个功能的方法应该包括销户查询、销户统计等。

在逻辑功能采用演绎方法进行逻辑功能各种类的定义的时候，不要忘了类之间的关联关系的描述。这是需要参照用例实现图和软件开发的经验，将每个类里的属性、方法的入口参数、出口参数涉及其他逻辑功能类的需要在逻辑功能定义时加以描述。这项工作也是需要顾及其前后过程。比如销户这个逻辑功能就会涉及客户资料类、销户流水类、账户信息类，而且还与计算类相关。

逻辑功能定义时用到的模板如表29-5所示。

表29-5 逻辑功能定义表

| 逻辑功能ID | 逻辑功能中文名 | 逻辑功能英文名 | 逻辑功能类型 | 逻辑功能作用 | 逻辑功能属性 | 逻辑功能方法 | | | | 相关的关联类ID和名称 | 概念功能ID与名称 |
| | | | | | | 方法名 | 方法算法 | 入口参数 | 出口参数 | | |
| --- | --- | --- | --- | --- | --- | --- | --- | --- | --- | --- | --- |
| | | | | | | | | | | | |
| | | | | | | | | | | | |
| | | | | | | | | | | | |
| | | | | | | | | | | | |
| | | | | | | | | | | | |
| | | | | | | | | | | | |
| | | | | | | | | | | | |
| | | | | | | | | | | | |
| | | | | | | | | | | | |

此模板的填写要求如下。

（1）逻辑功能ID：给每一个逻辑功能一个有规则的序列号定义，比如FR-1，FR是功能需求简称，1是序列号。

（2）逻辑功能中文名：根据功能的作用给出一个逻辑功能的简称，比如销户。

（3）逻辑功能英文名：按照类的命名规则进行逻辑功能的类的定义，比如Com.dragon.business.cancelaccount，前两个是项目名或公司名，中间一个是层次名，后台一个是英文销户的组合。

（4）逻辑功能类型：逻辑功能类型分为界面类、数据类和功能类三种，根据逻辑功能作用进行类型选择。

（5）逻辑功能作用：是对逻辑功能所包含的属性、方法面向用例等方面进行综合，给出作用的简述。

（6）逻辑功能属性：是类里方法需要共用的一些属性项或属性类，比如销户功能中多个方法如销户查询、销户等方法都要用到销户流水这个信息的访问类。

（7）逻辑功能方法：通过归纳和演绎汇总的方法，对每个方法给出命名、方法的大致算法给了描述、入口参数的描述、出口参数的描述。

（8）相关的关联类ID和名称：对于出、入口参数、属性、方法中用到的相关类联类给出类ID和名称。

（9）概念功能ID与名称：与逻辑功能的关联关系从概念功能描述表中继承过来，主要是能实现回溯。

上述模板还可以根据项目的规模、重要性、质量要求进行裁减和增加。可将逻辑功能类型进一步细化，功能类还可以分成功能组织类、功能部件类、功能构件类，数据类还可以分为基本数据实体类、关系数据实体类、数据访问实体类，而界面类还可以分为登录页、主页、查询页、应用页、操作页、辅助页等。

逻辑功能定义为逻辑功能初设确定了类的范围和类里的基本细节，为逻辑功能的初步设计奠定了基础。根据逻辑功能在图形化描述时，还可以对逻辑功能的定义进行修正。

> 航标灯：从某种角度来说逻辑功能定义工作比逻辑功能的初设要重要得多，因为逻辑功能定义是逻辑功能初设的基础。

## 29.6.2 逻辑功能初设

逻辑功能初设是逻辑功能初步设计的简称。逻辑功能初设是采用UML工具按照UML的规范对逻辑功能定义进行图形化表述，它分为类图的设计和类间静态关系设计。

逻辑功能初设的成果可以通过UML工具直接转化成系统设计和详细设计要应用到的功能类代码框架，这对于系统设计和软件编码的效率和质量都有极大地提高。

逻辑功能初设的工作分为类图设计和类间静态关系设计两部分。类图设计是依据逻辑功能定义逐项对逻辑功能进行类图设计。在类图设计时，发现类名、类属性、类方法、出/入口参数的不合理时，可以对逻辑功能定义进行修正和补充。类间静态关系设计主要是依据逻辑功能定义中的相关联的功能进行类与类之间关系的联结，并给出类间的关系定义和描述，如关联、包含、继承、依赖等关系。

在逻辑类初设时都应按照开发组织定义的命名规范对类名、属性名、方法名、参数名、返回值名进行定义。

 **航标灯：逻辑功能初设就是类的设计和类间静态关系的设计。**

### 1. 类的设计

在业务域中，对象通常与现实世界中的构成相类似。类是同一类对象的属性、方法归纳后的抽象描述。类描述包含了属性、方法、事件、出/入口参数等。类图用图形化方式进行类的描述。

类的定义请参照UML类描述的规范。读者可以参考相关的书籍。在此强调两点：①先不考虑类间关系，先对照逻辑功能的类的属性、方法、出/入口参数进行单个类的UML设计；②要求对每个类的方法的出/入口参数给予明确描述，如果图形上无法表达，可以采用文档加以说明，并将此文档作为类图的补充说明。一个类的定义如图29-5所示。

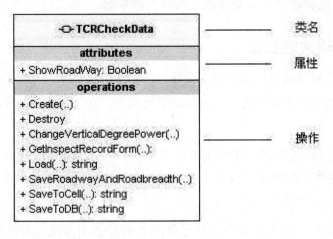

图29-5

类图的辅助描述文档的结构如图29-6所示。

```
类名：
类ID号：
属性说明：
序号  属性名  .属性说明
1
2
……
方法说明：
序号 方法名 方法说明 方法算法 入口参数  出口参数
1.
2.
……
开发建议：

测试建议：
```

图29-6

类图只给出了类的静态的要素构成，并没有对类内属性取值和类方法之间的关系进行描述，可以在系统设计活动中采用状态图对类的内部要素关系进行描述。

**2. 类间静态关系设计**

类间静态关系设计是在类的设计基础上，依据逻辑功能定义中相关联类的描述按照UML规范进行类间静态关系进行图形化设计。

类间静态关系图上的要素分为构成要素、关系要素、描述要素。构成要素由包、接口、类、元类、对象等图形符号构成；关系要素由继承、依赖、关联等图形符号构成；描述要素由注释、约束等图形符号构成。

图29-7为一个类间静态关系的图形化设计例子。

类间静态关系图的定义请参照UML类描述的规范。读者可以参考相关的书籍。类间静态关系只给出了类与类之间的包含和依赖，可以在系统设计中对于类间基于外部事件的协作关系，采用协作图或状态图进行类间静态关系描述。

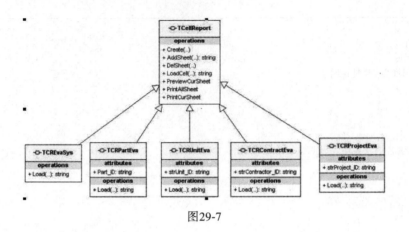

图29-7

### 29.6.3 面向用例的重构

功能需求分析工作从用例实现图开始，以序列图和状态图的方式重构验证用例实现图而结束，确保了功能需求分析的完整性、准确性。

序列图，也叫时序图（Sequence Diagram），或循序图，是一种UML行为图。它通过描述对象之间发送消息的时间顺序显示多个对象之间的动态协作。它可以表示用例的行为顺序，当执行一个用例行为时，时序图中的每条消息对应了一个类操作或状态机中引起转换的触发事件。时序图中包括如下元素：角色，对象，生命线，激活期和消息。时序图描述对象是如何交互的，并且将重点放在消息序列上，也就是说，描述消息是如何在对象间发送和接收的。时序图有两个坐标轴：纵坐标轴显示时间，横坐标轴显示对象。每一个对象的表示方法是：矩形框中写有对象和 / 或类名，且名字下面有下画线；同时有一条纵向的虚线表示对象在序列中的执行情况（即发送和接收的消息对象的活动），这条虚线称为对象的生命线。对象间的通信用对象的生命线之间的水平的消息线来表示，消息线的箭头说明消息的类型，如同步、异步或简单。浏览时序图的方法是，从上到下查看对象间交换的消息，分析那些随着时间的流逝而发生的消息交换。

> 航标灯：面向用例的重构就是用类作为要素以时序图的方式来进行用例描述。

针对第一个实例实现采用序列图重新描述用例实现。和用例实现不同的是除了用例ID、名称、操作主体不变，其他的用例要素均用序列图进行替换。采用序列图来重构用例实现可以用来检验针对用例实现图上的要素是否有相应的类对应，相互间关系是否有具体的方法对应，从而重新审视我们的类设计是否有遗漏、是否还没有相应的方法来体现类间的关系，以便对类设计和类间静态关系进行修正。

图29-8是对某个用例实现对应的序列图，序列图的具体画法请参照UML序列图描述的规范进行。读者可以参考相关的书籍。

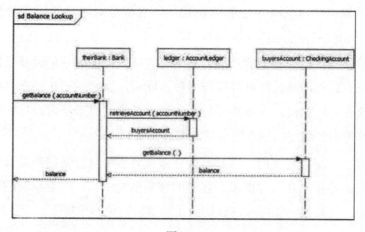

图29-8

> 航标灯：用时序图进行用例重构本质上是对逻辑功能初设的一种验证方式。

# 29.7 非功能需求分析

在需求规划中对客户的目标进行了分析，其中作业目标是针对每一个业务活动给出了在时间上的具体要求，在系统分析中也进行了带宽、存储量的计算。在用例规约中站在操作者角度对每个操作用户期望的时间进行了描述，上述这些不是功能，但也是用户所期望的，而且这些非功能的需求对于系统设计中的开发架构、运行架构及物理架构等都有着至关重要的影响。即使系统的功能再正确、画面再精美，如果操作烦琐、要花很长时间等待，用户还是会对系统失望，进而弃用系统，所以对非功能需求的分析也是需求分析的重要工作之一。

在大多数用户需求描述时，用户总是先把注意力放在功能性需求上，因为这是对他们现实工作的一个重新描述，而对于未来做出的软件产品的特性却不能给出准确的描述，只能提一些泛泛的期望，这就需要需求分析人员和开发人员将客户的期望变成具体的、详细的定义，以便将用户心中有、口中无的特性上的要求表述出来，在后续的设计、开发中加以体现，最终让用户在使用软件产品后说出"这就是我想要的特性"。这就是对非功能需求分析工作最好的赞美。

用户除了强调确定他们的功能、行为，这些软件能为他们做什么事情，他们还会说出对软件产品包括良好运行的很多期望。这些期望包括产品的易用程度如何，执行速度如何，可靠性如何，当发生异常情况系统可以进行处理等，这些称为软件质量属性，是系统非功能部分的需求。

质量属性是很难定义的，并且会经常造成开发者高驻地的产品和客户满意的产品之间的差异。有人曾指出"真正的现实系统中，在决定系统的功能和失败的因素中，满足非功能需求往往比满足功能需求更为重要"。

非功能需求除了质量属性这类需求之外，还有一种约束性的非功能需求。约束性规定了开发软件系统必须遵循的限制条件。约束性要求可以分为技术性约束和法规标准约束，技术性约束如采用何种操作系统、何种开发技术，法规标准约束如必须采用国家认证的相关软硬件等。在本书中将质量属性和约束性都作为非功能需求进行统一划分。

 航标灯：非功能需求由质量属性需求和约束性需求两部分构成。

## 29.7.1 非功能需求的划分

本书在mccall等人的软件质量属性的分类方法，软件开发后期活动如软件架构设计中的运行架构、物理架构、开发架构设计时要参考的信息，并结合多年来在软件开发中的大量经验的基础上，提出了站在客户、用户、开发者、机器人（即系统本身）、约束者进行非功能需求的划分，将非功能需求划分为操作时质量属性、开发时质量属性、运行时质量属性、发展时质量属性及约束性要求。

操作时质量属性主要是站在操作者角度的期望描述，如响应时间、实现性、可用性、易用性等；开发时质量属性主要是站在开发者角度的期望描述，如可扩展、可重用、可测试等；运行时质量属性是站在系统自身角度的期望描述，如高并发、可靠性、可伸缩性等；发展时质量属性是站在客户角度对系统运行一段时期后的期望描述，如资源可最大化利用、资源可实时扩展等。

按照这种划分方法，非功能需求的分类如表29-6所示。

**表29-6 非功能需求的分类**

| 操作时质量属性 | 运行时质量属性 | 开发时质量属性 | 发展时质量属性 | 约束性要求 |
|---|---|---|---|---|
| 响应时间<br>上传时间<br>下载时间<br>可靠性<br>易用性<br>实用性 | 吞吐量<br>静态容量<br>动态容量<br>安全性<br>可靠性<br>高并发<br>鲁棒性 | 易理解性<br>可扩展性<br>可重用性<br>可测试性<br>可维护性<br>可移植性<br>多语性<br>多样性<br>易安装性 | 最大化利用<br>实时扩展<br>支持多终端<br>支持多层次组织<br>支持大数据 | 技术性约束<br>法规标准约束 |

关于非功能需求的内容含义，读者可以参考相关书籍加以理解。这张表给出了一个划分方式，需求分析人员可根据项目的实际情况进行裁剪和增加。总之非功能需求分析一定要站在用户、开发者、客户、约束者的角度进行思考，而不是杂乱无章地拼凑。

> 航标灯：质量属性需求由操作时、运行时、开发时、发展时的质量属性构成。

## 29.7.2 非功能需求的描述

非功能需求的描述在UML工具中没有给出结构化定义，在软件需求规格说明书中也只是用文字描述，所以非功能需求至今还没有一个结构化的描述方法。本书推荐用统一需求模式法来对非功能需求进行描述。无论是操作时质量属性、开发时质量属性、运行时质量属性、发展时质量属性、约束性要求都统一采用这个模板进行描述。

非功能需求描述是依据用例分析和描述、需求规划中分析计算等作为基础按照非功能需求划分的分类方式进行归类，整理出项目所要描述的非功能需求项目和内容，如果在非功能需求分类中前期的分析没有对应，则需要再和客户进行沟通确认他们的期望。

每个非功能需求项都要给出一个模式文档的描述，且给每个非功能项都要给出ID编号，以便进行需求变更的维护和管理。图29-9是一个非功能需求的描述模板。

```
非功能需求ID：
非功能需求名称：
非功能需求类型：
非功能需求详述：
1、时间上限　时间下限
2、存储要求：
3、带宽要求：
4、其他指标：
……
硬件配置建议：


开发建议：



测试建议：


```

图29-9

非功能需求项的详述可以根据所描述的属性项的多少，由需求分析人员进行定义，上面的模板只是给出了一些建议。

 航标灯：非功能需求的描述是采用统一需求模式的方法进行描述。

# 29.8 数据体系分析

"三分技术、七分管理、十二分数据"是软件系统的设计和开发的一个通用原则，十二分数据表明了信息系统的目的。数据的录入、输入、处理、存储、展现、传递和备份是一个软件产品的主要功能。数据的录入是按照数据表格和填写要求按字段项进行填写；数据的输入是外部系统向待开发系统的数据进行自动录入；数据的处理是按照数据处理规则对录入和输入的数据进行加工；数据的存储是将数据存储在持久化的数据空间中；数据的展现主要是以显示单证和报表的形式在系统上加以展示；数据的传递是指在系统间流转；数据的备份是指将数据按某种格式存储到永久设备中。

从上面这段描述可以看到数据涉及的一些要素，如数据字段、数据表单、数据报表等。所谓体系，是整体系统的一种简称，整体系统是由多个系统构成的，而数据体系就是站在数据角度描述数据本身、数据与形式、数据与数据流向、数据与各个系统间的关系，也就是说数据体系是由数据字典、数据单证、数据流向、数据与系统关系构成的整体。为了区分数据体系与软件开发后续设计时的数据架构体系区分开发，这里所指的数据体系属于概念数据体系，而后面的数据架构体系属于逻辑数据架构体系。

数据体系的分析是在需求规划中的数据模型、用例分析中的数据、功能需求分析中的数据类基础上，采用业务数据单证描述法、数据流图法、数据与系统关系矩阵法对数据构成及其关系进行分析，然后对涉及的数据项进行归类，针对每个数据项采用数据字典描述法给出数据字典的定义。数据体系的分析过程如图29-10所示。

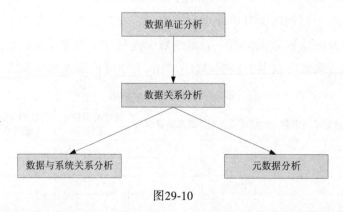

图29-10

数据体系的分析过程由数据单证分析、数据关系分析、数据与系统关系分析、数据字典分析4个分析工作组成，其中数据关系分析完后，数据与系统关系和均数据分析同步展开。数据单证分析是数据体系分析工作的第一个环节，它主要是对用例逐项分析，找出其中包含的业务单证，然后对业务单证进行分析。数据关系分析同样还是对用例逐项分析，不同的是对业务单证间或数据与数据间的关系进行分析，这样会产生一些业务域没有描述到的在业务中没有而在未来中需要建立的系统单证或系统数据。经过前两个分析工作就会产生由业务单证和系统单证合加起来在未来系统开发中有涉及的所有单证和相关的数据项了。数据与系统关系的分析，主要是基于功能需求分析找出数据类和功能类的关系，采用CRUD图的方式描述出所有单证与系统各功能的CRUD关系，它的分析主要是检查是否违反了"一处生产、多处使用"数据体系架构设计原则，这个工作也可以放在系统设计中完成，本书将这一工作提到数据体系中完成。数据字典主要对所有单证中的字段项进行归并，然后采用数据字典描述法，对每个字段项进行描述。

> 航标灯：数据体系的分析过程由数据单证分析、数据关系分析、数据与系统关系分析、数据字典分析4个分析工作组成。

## 29.8.1 数据单证分析

数据单证分析是数据体系分析工作的第一个环节，主要对用例逐项分析，找出其中包含的业务单证，然后对业务单证进行分析。在需求规划中我们已经对用户在工作中用到的所有单证进行了描述，在数据单证分析中只需要依据用例描述中涉及的业务单证，再在需求规划中查找到该业务单证，然后将业务单证直接继承过来就可以了。数据单证分析的工作模板如表29-7所示。

表29-7 数据单证分析表

| 数据单证ID | 数据单证名称 | 数据单证类型 | 数据单证作用 | 关联的用例ID及名称 | 关联的业务单证文件 | 备注 |
|---|---|---|---|---|---|---|
| | | | | | | |
| | | | | | | |
| | | | | | | |
| | | | | | | |
| | | | | | | |
| | | | | | | |

填写该数据单证分析的工作模板应遵循以下约定：

（1）数据单证ID：按照数据单证ID的定义格式给出该单证的序列号。例如，TR-1，TR是Table Requirement的简称，1是单证的序号。

（2）数据单证名称：是该数据单证核心作用的简述，比如请假单。

（3）数据单证类型：数据单证类型包括输入单证、存储单证、报表、屏幕表格、文件几种类型，需求分析人员在这几种之间进行选择，对于单证类型我们容易忽略的是来自于其他系统的输入单证和用户操作这项业务时所依据的文件或产生的文件。

（4）数据单证作用：是对该单证作用的描述，是对操作者、业务活动、业务目的等主要要素的说明。

（5）关联的用例ID及名称：说明该单证来自于哪个用例；可以实现回溯。

（6）关联的业务单证文件：这是数据单证的核心内容，我们可以将业务单证的所有内容包括在这里面，也可以给一个链接指向该业务单证文件。

（7）备注：一些提醒相关人员需要注意的事项。

 **航标灯：数据单证分析可以直接从应用建模中继承过来。**

## 29.8.2　数据关系分析

数据关系分析的目的是分析数据与数据间、单证与单证的一对一、一对多、多对多、数据转换等关系。数据关系的分析方法有两种，数据流图法和实体联系图。

一个数据流图确定了系统的转化过程、系统所操纵的数据或物质的存储、处理、传递的流向。数据流模型把层次分解方法运用到系统分析上，这种方法很适合事务处理系统和其他功能密集性应用程序。加入控制流元素后，数据流图技术就可以扩充到允许实时系统的建模。一个数据流图的实例如图29-11所示。

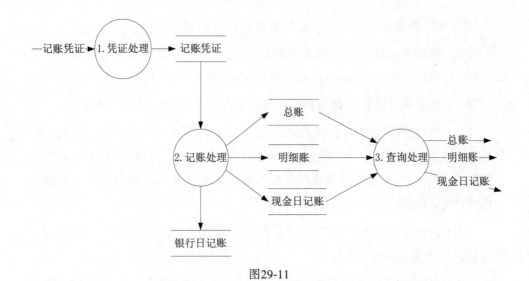

图29-11

实体联系图是表示来自于问题域及其联系的逻辑信息组之间的关系。分析实体联系图有助于对业务或系统数据组成的理解和交互，并暗示产品将有必要包含一个数据库。实体联系实例如图29-12所示。

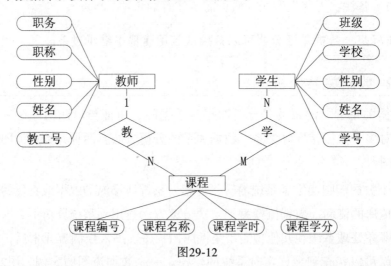

图29-12

这两种方法在本书的方法篇有描述。在数据关系分析中我们可以采用其中一种方法。如果需要进行数据和系统关系分析，建议采用数据流图法，因为在图中描述出了基于功能的数据间流向，功能与数据的生产和使用关系将有利于数据与系统的CRUD关系的分析。如果不进行数据和系统关系分析，而是放在系统设计中去完成，那么建议采用实体联系图方法。

无论是采用数据流图还是实体联系图，其目的就是要分析数据单证与单证间、数据项与数据项间的关系。本书建议将分析的结果填写到如下表格中，而不是就给个图，让开发人员自己去描述和理解，而是与图的表格一起作为工作成果给开发人员，如表29-8所示。

表29-8 图的表格

| 单证或数据ID | 单证或数据名称 | 目标单证或数据 | 关联关系 | 关联功能 | 关联规则 | 备注 |
|---|---|---|---|---|---|---|
|  |  |  |  |  |  |  |
|  |  |  |  |  |  |  |
|  |  |  |  |  |  |  |
|  |  |  |  |  |  |  |
|  |  |  |  |  |  |  |
|  |  |  |  |  |  |  |
|  |  |  |  |  |  |  |
|  |  |  |  |  |  |  |
|  |  |  |  |  |  |  |

该表格的填写要求如下：

（1）单证或数据ID：单证ID直接继承于数据单证分析的表中，数据ID是按照规定的格式进行数据ID序列号分配的ID，比如DR-1，DR是data requirement的英文简称，1是序号。

（2）单证或数据名称：单证或数据基于作用的内涵高度提炼的简称。

（3）目标单证或数据：是与前面的单证或数据有关系的单证或数据项。

（4）关联关系：是指一对多、一对一、多对多、基于转化等关系，可以根据与目标单证或数据的关系进行选择。

（5）关联功能：是指关系是由哪个功能建立起来的，如班级与学生的一对多关系，是用学生分配功能建立与班级的关系。

（6）关联规则：是指表与表或数据与数据间的处理规则，表与表的关联规则，比如班级与学生是通过班级ID与学生ID建立起关联规则的，也可以直接用主键和外键来说明；数据与数据的处理规则，比如数量与金额的关联规则，是数量乘上单价就可以产生金额。

（7）备注：一些提醒相关人员需要注意的事项。

 **航标灯：数据间关系包括一对多、一对一、多对多三种关系。**

### 29.8.3 数据字典分析

数据字典主要是对所有单证中的字段项进行归并去重，然后采用数据字典描述法，对每个字段项进行描述。数据字典是对字段定义的数据。这里的数据字典分析要区分系统设计阶段和系统实现阶段的数据字典设计，这里的数据字典是概念数据字典，系统设计阶段叫逻辑数据字典，它是在概念数据字典基础之上对数据类型、长度等要素进行了明确。数据字典的作用是组成数据库表的最基本元素，也就是说系统中所有的库表都是由有限的数据字典组合而成的。

数据字典的分析分为如下两个步骤：

第一步将所有单证中的数据字段进行提取，形成数据字段条目表。在这个提取过程中，会遇到3个问题：

（1）对于有重复的数据字段，我们判断这些字段是否是同名不同义，如果不同义，则需要将其命成不同的名。

（2）对于不重复的数据字段也不要认为它真的不重复，它可能是同义不同名，对于这样的字段，我们要将其归并变为同一个字段。

（3）不能对业务单证中那种何时、何地、何人的字段作为数据字段的条目，比如1月发电量、2月发电量、1号机组、2号机组等这样的字段，不要加入的数据字段条目。

第二步对数据字段条目表按数据字典描述模板进行数据字典分析。数据字典模板如图29-13所示。

| 数据ID： | |
|---|---|
| 数据名称： | |
| 数据含义： | |
| 数据标识： | |
| 数据来源： | |
| 数据格式： | |
| 数据约束： | |
| 数据安全： | |
| 数据缺省： | |
| 数据特性： | |
| 数据显示： | |
| 数据标准： | |
| 数据取值： | |

| 值 | 值含义 |
|---|---|
| | |
| | |

| 开发建议： |
|---|
| |
| 测试建议： |
| |

图29-13

该文档模板的填写应遵循以下原则：

（1）数据ID：是按照数据ID的规范分配给该字段的序列号，如DR-1，DR是数据字段需求的英文简称，1是序号。

（2）数据名称：数据指代作用的称谓，如姓名。

（3）数据含义：是对数据名称的一个大致的描述，因为数据名称是数据含义的简称，所以加上数据含义，可以让我们更清楚数据名称的内涵。

（4）数据标识：就是我们对数据元素名称的一种编码，比如用汉语拼音或英文单词，这主要是为了后期计算机系统处理。

（5）数据来源：说明该数据是来自于哪一个数据单证的，用于回溯。不能没有出处的数据条目在数据字典中。

（6）数据格式：是指数据内容的构成格式。比如一个员工卡号共11位，前4位是企业代码，5～6位是部门代码，7～10位是员工的序号，11位是校验位。

（7）数据约束：是包括如对数据内容的最短和最长的长度、数据内容只允许录入中文等的条件要求。

（8）数据安全：公开、敏感、隐私3种安全属性中的一种，可以根据数据字段的安全性进行选择，如人员工资表中，工资额就是一个敏感信息，只有有权限的才能查看。

（9）数据缺省：是这个数据缺省情况下的内容值，也可以叫数据的初始值。

（10）数据特性：是对数据诸如值是否唯一、是否是系统自动分配、是否来自外部等特性的描述。

（11）数据显示：记录该字段用户希望显示的方式。

（12）数据标准：是指该字段的取值依据的标准，在国标、省标、行标或自定义4种中选择，除了自定义的其他3种都要给出标准的全称和版本号。

（13）数据取值：数据字段的取值范围和每个取值含义的描述，如0表示男；1表示女。

（14）开发建议：给开发人员的一些建议和考虑。

（15）测试建议：给测试人员的一些建议和考虑。

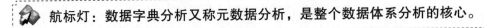

航标灯：数据字典分析又称元数据分析，是整个数据体系分析的核心。

### 29.8.4 数据与系统关系分析

数据与系统关系的分析，主要是基于功能需求分析找出数据类和功能类的关系，采用CRUD图的方式描述出所有单证与系统各功能的CRUD关系，它的主要目的有两个：（1）检查是否违反了"一处生产、多处使用"信息资源管理工作要求；（2）基于该数据对业务事项给出调整建议，一可以避免数据的重复生产造成的资源浪费，二可以将业务事项的边界范围清晰化，三可以因为同一个事物的不同定义产生的歧义，并因此造成交互的混乱。

数据与系统关系的分析工作可以放在系统设计的数据架构设计活动中完成，本书将这一工作提到数据体系分析中完成。

数据与系统关系的分析工作分为如下三步。

第一步是将功能类从逻辑功能定义表中继承过来作为数据与关系分析表中的行，将系统所有单证数据关系表单中继承过来作为数据与关系分析表中的列，形成一张功能与数据单证的矩阵表。

第二步是基于功能需求分析中功能类与数据类的关系，找到功能与单证有关联关系的表项，依据功能类对关联类的操作方法，在CRUD中选取其中之一，按功能逐行完成功能与数据单证关系选择。

第三步基于每一个数据单证的列，对CRUD项进行数量归类，如果C项数量多于1或为0，则需回溯检查功能类与数据类关系的描述，如果是正确的，再向上追溯，直到找到造成问题的原因并加以修正。每个单证有且仅有一个C选项。（见表29-9）

表29-9 数据与系统关系分析的表格模板

| 功能项 | 功能名 | 数据单证 | | | | | | | |
| --- | --- | --- | --- | --- | --- | --- | --- | --- | --- |
| | | TR-1 | TR-2 | TR-3 | …. | …. | …. | …. | TR-*n* |
| | | 表名1 | 表名2 | 表名3 | …. | …. | …. | …. | 表名*n* |
| FR-1 | 功能1 | A | R | | | | | | |
| FR-2 | 功能2 | | | | | | | | |
| FR-3 | 功能3 | | U | | | | | | |
| …. | | | | | | | | | |
| …. | | | D | | | | | | |
| …. | | | | | | | | | |
| FR-*n* | 功能*n* | | | | | | | | |

CRUD的含义如下：

（1）C代表Create，即我们通常所说的增加，说明该功能对该表记录具有增加的操作权限。

（2）R代表Read，即我们通常所说的查询，说明该功能对该表记录具有查询的操作权限。

（3）U代表Update，即我们通常所说的修改，说明该功能对该表记录具有修改的操作权限。

（4）D代表Delete，即我们通常所说的删除，说明该功能对该表记录具有删除的操作权限。

（5）A代表All，这是一种特殊的操作，说明该功能对该表记录具有增删改查的所有操作权限，对于一个数据访问类而言是具有这些所有权限的。

> 航标灯：数据与系统关系分析对"一处生产、多处使用"数据原则的检查。

# 第30章

## 需求编写

从需求规划到需求获取，从需求获取到需求分析，整个过程产生了许许多多成果文档，有些文档是描述总体的，有些文档是描述局部细节的，有些文档是自然语言表述的，有些文档是用图形化模型、表格化格式、模式化文档描述的，如此众多的文档终将汇成一个最终成果，成为客户与开发小组对将要开发的产品达到一致的认同。它即是软件开发工作开始设计的依据，也是软件开发工作结束检查的依据。

## 30.1 需求编写的工作理念

软件需求的规划说明是由业务需求、用户需求和系统需求构成的，这些需求分别放在了业务和信息化规划文档、项目视图和范围文档、使用实例、软件功能需求文档、非功能需求文档，如果将这些文档看做一粒粒珍珠的话，那么我们需要一根线将其穿成一个珍珠项链，穿起珍珠的这根线就是软件需求规格说明。

> 航标灯：过程文档就是一粒粒珍珠，软件需求规格说明就像一根线将这些珍穿成一个美丽的项链。

软件需求规格说明应按照结构化的、可读性的、可识别的、可导航的方式编写成文档。这个文档是各个过程文档统一对外的代理，各类项目的风险承担者都可以通过它快速了解文档中有什么，可以不进入局部细节文档也知道细节的大致内容，还可以快速定位到相应的局部细节描述文档，软件需求规格说明文档是一个组织文档，这个文档经项目的风险承担者评审通过后，各方面人员就可以基于此文档展开相应的工作。

软件需求规格说明不是可有可无的文档，从某种程度上来说它是一个工具，通过这个工具，我们可以高效地完成不同工作领域、不同工作层次的人员对里面内容的全局查询、局部修改、部分导出。可见软件需求规格说明文档的编写是一件重要的、非常有意义的事情，一定要认真对待。

那么如何组织和编写软件需求规格说明呢？方法有如下4种。

（1）采用结构化模板，用自然语言编写文本型文档。

（2）建立图形化模型，用序列图、类图、数据流图来定义需求。

（3）编写形式化规格说明，用数学上精确的形式化逻辑语言来定义需求。

（4）采用结构化模板结合图形化模型的混合方式，用自然语言结合图表来定义需求。

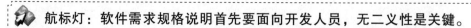
**航标灯：软件需求规格说明首先要面向开发人员，无二义性是关键。**

形式化规格说明具有很强的严密性和精确度，但所使用的形式化语言只能少部分人员掌握，而且学习曲线很陡，只能满足部分人的阅读，如果要得到大家一致的认可，难度很高。结构化模板全部用自然语言描述，会存在二义性、不一致性、不准确性、不直观的缺点，但易阅读，接受面广，是现实中大部分软件项目所采用的方式。建立图形化模型，比如完全采用UML工具来表述需求，直观性、准确性、前后一致性都不错，但是还是有一个学习曲线的问题，尤其客户方需要经过专门培训才能读懂；结构化和图形化相结合的混合方式，既有直观性、准确性的优点，也有易阅读、接受面广的特点，本书建议采用混合式方式进行软件需求规格说明的编写。以下所有需求规格说明，是软件需求规格说明的简称，如果不做特别说明都是指软件需求规格说明。

**航标灯：软件需求规格说明还要兼顾其他阅读者认知的需要。**

## 30.2 需求规格说明的定义

软件需求规格说明，也称为功能规格说明、需求协议及系统规格说明。它是一个准确描述一个软件系统必须提供的功能、性能及它所要求考虑的限制条件。软件需求规格说明不仅是系统测试和用户手册的编写基础，也是各子系统计划、设计、编码的基础。它应该尽可能完整地描述系统预期的外部行为和用户可视化行为。除了设计和实现上的约束描述，软件需求规格说明不应该包括设计、构造、测试和工程管理的细节。各类人员通过软件需求规格说明能够满足各自领域的需要。

- 客户可以依赖它来了解未来要提供给他们的产品。
- 项目管理者可能根据文档中描述内容制订计划、估算工作量、知道用户期望的质量。
- 软件开发小组依赖它来理解他们所要开发的产品是什么。
- 测试小组根据文档中描述的用例和各功能测试建议制订测试计划，编写测试用例。
- 软件维护人员和支持人员可根据SRS了解产品某部分是做什么的。
- 培训人员根据SRS和用户文档编写培训材料。

软件需求规格说明作为产品需求的最终成果必须具有综合性，它包括所有的需求，可以放在一个实体文档中，也可由主文档和附文档多个实体文档组成。高质量的需求规格说明应具有结构性、完整性、一致性、可跟踪性、可更改性、准确性等特性。

编写需求规格说明工作分如下四步：

第一步：整理所有已经通过审核的各阶段工作文档，这些文档虽然是阶段性的，但一定是经过审核准确的，对于每一个审核的局部文档都要给出版本号。

第二步：制订一个结构完成的需求规格说明模板，并给需求规格说明模板一个版本号，同时要制订一个需求规格说明的编写规范。

第三步：按照需求规格说明模板和编写规范依据整理的各阶段文档成果进行编写，编写时一定要注意前后一致性原则。

第四步：需求规格说明书编写小组进行自检和互检，最终形成一个提交需求验证的需求规格说明文档。

软件需求规格说明书的编写规范中有以下原则必须遵守。

- 对节、小节和单个需求的号码编排必须一致。

- 在右边部分留下文本注释区。

- 正确使用各种可视化的强调标志，如黑体、下画线、斜体等。

- 创建目录表和索引表有助于读者寻求所有信息。

- 对所有的图和表指定号码和标识号，并且编制号码索引表。

> 航标灯：软件需求规格说明书在形式上应具有规则性、一致性、可修改性、可跟踪性等。

### 1. 标识需求

为了满足软件需求规格说明的可跟踪性和可修改性的要求，必须唯一地确定每个软件需求。通过标识号可以在变更请求、修改历史记录、交叉引用或需求跟踪矩阵中查阅特定需求。标识的方法有以下几种，每一种都有自身的优点和缺点，读者可根据优缺点选择相应的方法。

（1）序列号法：这是一种最简单的方法，就是给每个需求一个唯一的序列号，如UR-1、SRS13、FR-1等。当一个新的需求进来时，再依序给它分配一个序列号。序列号的前缀代表需求类型，如UR代表用户需求。由于序号不能重用，当有一个需求被纳入进来时，其原先占有的序列号并不能释放出来，容易造成序列号断号。这种方法不能提供任何相关需求在逻辑上或层次上的区别，而且标识中不含有与需求内容相关的信息。

（2）层次化编码：这也是一种常用的方法。比如功能需求出现在软件需求规格说明中第4.1部分，那么一个功能需求的标识号就会是4.1.1。标识号中的数字越多则表示需求越详细，号数越多的说明它是最底层的需求。这种方法简单且紧凑。利用文档工具可以实现层次号的自动变更，它很方便地显示了一个需求的层次构成，但不含需求的内容信息，而且如果有其他地方引用，当变动时引用部分要做相应的修改。为了解决这个问题，可以采用层次编码和序列号相结合的方式，就是不变的层次号加上层次号下面的各需求采用序列号，如3.2.5 是编辑功能，其下有几个功能需求，则可以用3.2.5-ED-1、3.25-ED-2来表示。

（3）层次化文本标签类似于包的命名的方式。层次化的文本标签是结构化的、具有语义上的含义，不受增加和减少或移动的影响，但要定义好层次化文本标签要比层次化数字标识难得多。

 航标灯：一套完整的需求标识体系是可跟踪性的关键。

### 2. 处理不完整性

在编写需求规格说明时，一定会遇到缺少特定的需求信息，或认为原有过程化需求文档有不正确的地方。使用一种TBD（To Be Determined）即待确定的标记来标识这些不确定的需求。并将TBD的地方记录在一个TBD问题列表中，该列表有TBD编号、问题内容、责任人、解决时间、解决状态，这个表将有助于跟踪这个文档的编写。

TBD问题列表将作为需求规格说明文档的附录。当然作为最终移交给软件开发的软件需求规格说明文档其中TBD问题列表中其解决状态应该都已经完成。

## 30.3 需求规格说明的内容构成

有关需求规格说明的标准版本到目前为止已有许多，其中可分为国际标准、国家标准和军队标准版本。当前大多数人使用的是IEEE标准830—1998的模板，这是一个结构好并适用于许多种软件项目的灵活模板。

这个模板可以根据项目的规模、重要程度、相关特性进行修改，修改时应把握以下原则：

（1）如果模板某一个部分或某一个节不适用你的项目，不要删除，而是在该部分或节下注明不需要填写。

（2）模板必须包括一个内容列表和一个修正历史记录，该记录包括对软件需求规格说明的修改、修改日期、修改人员和修改原因。

软件需求规格说明的模板如图30-1所示。

```
1. 引言
  1.1 目的
  1.2 文档约定
  1.3 预期的读者和阅读建议
  1.4 产品的范围
  1.5 参考文献
2 产品综述
  2.1 产品背景
  2.2 产品的功能
  2.3 用户类和特征
  2.4 运行环境
  2.5 设计和实现上的限制
  2.6 假设和依赖
3. 外部接口需求
  3.1 硬件接口
  3.2 软件接口
  3.3 通信接口
4. 用户需求
  4.1 说明和优先级
  4.2 使用用例
  4.3 业务规则
5. 界面需求
6. 功能需求
7. 数据需求
  7.1 数据单证
  7.2 数据关系
  7.3 数据字典
8. 非功能需求
  8.1 性能需求
  8.2 安全设施需求
  8.3 安全性需求
  8.4 软件质量属性
  8.5 用户文档
9. 开发建议
10. 测试建议
11. 其他需求
附录1：词汇表
附录2：图形索引
附录3：序列号表
附录4：业务及信息化规划
附录5：项目视图和目标
附录6：分析模型
附录7：待确定问题的列表
```

图30-1

　　上述模板是在IEEE 830模板结合本书的特点所定义的模板。这个模板的特点如下：①软件需求规格说明文档由正文和附录两部分构成，正文是指1～11的文字和部分图形的混合描述，附件是把过程产生的文档组织起来，不破坏原有的文档结构；②软件系统的需求来自于用户需求，所以将用户需求突出出来单独作为一节，便于开发人员了解用户的业务；③按软件系统由界面、功能、数据三个基本部件构成的原则，将文档的界面需求、功能需求、数据需求作为一级章节；④增加了开发建议和测试建议两个章节。

下面对模板中构成部分的主要章节的主要编写要点进行说明。

### 1. 引言

引言是对软件需求规格说明的总述，目的是帮助读者理解文档是如何编写的，应如何阅读。

- 目的：对产品进行定义，在该文档中详尽说明了这个产品的软件需求，包括修正或发行版本号，如果这个软件需求规格说明只与整个系统的一部分有关系，那么就只定义文档中说明的部分或子系统。

- 文档约定：描述编写文档时所采用的标准或排版约定，包括正文风格、提示区或重要符号。例如，说明了高层需求的优先级是否可以被其所有细化的需求所继承，或者每个需求陈述是否能有其自身的优先级。

- 预期的读者和阅读建议：软件需求规格说明所针对读者的说明，如开发人员、项目经理、测试人员或文档编写人员。给出了哪些部分的内容与适合于哪类读者阅读的建议。

- 产品的范围：简要描述了软件及其目的，包括能带来的利益。说明软件对企业目标和业务有哪些关系。

- 参考文献：将在文档编写过程中所参考的资料和其他资源都一一列举出来，包括用户界面风格指南、合同、标准、系统需求规格说明、使用实例文档。对这些文档尽量给出其详细的信息，如标题名称、作者、版本号、日期、出版单位或资料来源。

### 2. 综合描述

对产品的功能、用户分类及其运行环境等进行概述。

- 产品的前景：描述了产品的背景和起源。说明了产品是否是产品系列中的下一版本，是否是基于成熟产品所改进的下一代产品、是否是现有应用程序的替代品，或者是否是一个全新的产品。如果该产品是由多个系统构成，那么还需说明各系统间的关系和它们之间的接口。

- 产品的功能：概述产品的主要功能，功能的详细内容会在功能需求中描述。采用功能结构图和文字相结合，便于读者能清楚产品的主要功能。

- 用户类及特征：对与产品有关的用户一一列出，并描述这些用户的特征。

- 运行环境：描述软件的运行环境，包括主机、终端、网络、设备、操作系统、中间件及应用程序。

- 设计和实现上的限制：对软件开发需要受到的约束加以描述。这些约束包括特定的语言和技术、开发规范和标准、编码标准、硬件限制和数据转换格式标准。

- 假设和依赖：对可能影响需求陈述的假设因素。包括打算要用的商业组件或有关开发或运行环境的问题。如果这些假设条件不满足，则项目会受到影响。如果系统运行对外部因素存在依赖，还需清晰地描述这些依赖，比如外部的组织或外部的硬件设备等。

### 3. 外部接口需求

对与系统相连接的外部组件的连接方式进行描述。需要把接口数据和控制组件的详细描述写入到数据字典中。外部接口需求包括硬件接口、软件接口和通信接口的需求。

- 硬件接口：描述系统中软件和硬件每一个接口的特征。这种描述可能包括支持的硬件类型、软硬件之间交流的数据和控制信息的性质，以及所使用的通信协议。

- 软件接口：描述该产品与其他外部组件的连接，包括数据库、操作系统、工具、库和集成的商业组件。明确并描述在软件组件之间交换数据或消息的目的。描述所需要的服务及内部组件通信的性质。确定将在组件之间共享的数据。如果必须用一种特殊的方法来实现数据共享机制，如在多任务操作系统中的一个全局数据区，那么就必须把它定义为一种实现上的限制。

- 通信接口：描述与产品所使用的通信功能相关的需求，包括电子邮件、Web浏览器、网络通信标准或协议及电子表格等。定义其消息格式，规定通信安全或加密问题、数据传输速率和同步通信机制。

### 4. 用户需求

主要是对使用用例的描述，包括说明和优先级、响应序列和业务规则等。开发人员通过阅读可以清楚用户需求和行为需求。

- 说明和优先级：指出每个用例的优先级是高、中或低。也可以对特定的优先级部分进行描述，如利益、损失、费用和风险。
- 激励和响应序列：采用序列图的方式列出输入激励（用户动作、来自外部设计的信号或其他触发器）和定义这一特性行为的系统响应序列。
- 业务规则：列出用例涉及的操作规则，如什么人在特定环境下可以进行何种操作，该用例操作时需要遵循哪些规则，一个业务规则的范例如下：“只有持有管理员密码的用户才能执行超过1万或更大额的退款操作。”

### 5. 界面需求

陈述所需要的用户界面的软件组件。描述每个用户界面的逻辑特征，界面分类包括登录、主页、查询页、应用页、处理页和辅助页。在描述时要包括将采用的图形用户界面标准或产品系列的风格、屏幕布局或解决方案的限制、标准按钮或导航链接、快捷键等。对于用户界面的细节，如特定对话框的布局，应该写入一个独立的用户界面规格说明中。

### 6. 功能需求

详细列出软件系统的功能，对每一个功能给出类的构成、类与类之间的静态关系、动态关系等。

### 7. 数据需求

给出软件系统会涉及的业务单证、系统单证及数据字典，为后期的系统设计奠定基础，也可以让阅读者清楚系统的数据情况。

### 8. 非功能需求

列举出所有非功能需求，而不是外部接口需求和限制，这些非功能需求对后期的开发架构、运行架构、物理架构提供设计时要约束的信息。

- 性能需求：描述不同的应用领域对产品性能的需求，并解释它们的原理以帮助开发人员做出合理的设计选择。确定相互合作的用户数或者所支持的操作、响应时间，以及与实时处理的时间关系。还可以定义容量需求，如存储器和磁盘空间的需求或者数据库表中的最大行数。

- 安全设施需求：详尽陈述与产品使用过程中可能发生的损失、破坏或危害相关的需求。定义必须采取的安全保护动作，还有那些预防的潜在的危险动作。明确产品必须遵从的安全标准、策略或规则。

- 安全性需求：详尽陈述与系统安全性、完整性或与私人问题相关的需求，这些问题将会影响到产品的使用和产品所创建或使用的数据的保护。定义用户身份确认和授权需求。明确产品必须满足安全性或保密性策略。

- 软件质量属性：对客户或开发人员关注的软件质量特性进行描述。这些特性必须是确定、定量的并在可能时是可验证的，至少应指明不同属性的相对侧重点，比如可移植性与有效性。

- 用户文档：列出与软件会一同发行的用户文档部分，如用户手册、在线帮助和教程。明确所有已知的用户文档的格式与标准。

> 航标灯：非功能需求采用性能需求模式进行描述。

### 9. 开发建议

对软件开发时需要注意的事项给出提示和建议，以便开发人员在开发工作进行时参考。

### 10. 测试建议

对测试时需要注意的事项给出提示和建议，以便测试人员在测试工作进行时参考。

### 11. 其他需求

定义在软件需求规格说明的其他未描述的需求，比如国际化需求或法律上的需求。还可以增加有关涉及产品安装、配置、启动和关闭的需求。

### 12. 附录1：词汇表

定含有所有必要的术语，以便读者可以正确解释软件需求规格说明，包括词头和缩写。

### 13. 附录2：图形索引

对软件需求规格说明书中的图片进行编号、命名、所在页码，是一个图片索引表。

### 14. 附录3：序列号表

包括用例、概念功能、逻辑功能、表单、数据等的编码表。

### 15. 附录4：业务及信息化规划

需求规划的成果文档，作为软件需求规格说明的一个部分。

### 16. 附录5：项目视图和目标

该文档存放的位置。

### 17. 附录6：分析模型

将数据流图、类图、状态转随机存取存储器图或实体关系图这些分析模型中存放的文档位置的说明。

### 18. 附录7：待确定问题的列表

是说明软件需求规格说明中需要待确定问题的列表，其中每一个表项都需要编号，以便跟踪。

## 30.4 需求规格说明的编写要求

需求文档的编写首先要能够满足与软件开发相关的各类人员的阅读，尤其是要考虑到要能让用户读得懂用户术语编写，而不是只有计算机专业人员才能读得懂的专业术语编写。需求文档的编写是要在前期需求规划、需求获取、需求分析的基础之上，将用不同风格的语言描述的这些文档用统一的语言风格表述出来。需求规格说明文档要具有易于理解、易于查询定位、完整性、无二义性、前后一致性等特点。需求文档的编写人员是一个众多文档的组织者，需求规格说明的编写人员一定要具有清晰的逻辑，按照需求规格说明的模板要求进行文档组织和内容的编写。需求规格说明采用自然语言、图形等要素。需求文档在编写时应该注意以下几点。

（1）保持语句和段落的长短，尽量避免将多个需求集中于一个冗长的语句和段落中。

（2）采用主动语态的表达方式，并正确使用语法和标点符号。

（3）使用的术语应与词汇表中的定义保持一致。

（4）需求描述应该采用一致的样式，如系统必须或用户必须，并紧跟着有一个行为动作和可观察的结果。

为了减少不确定性，必须避免模糊的、主观的术语，如用户友好、容易、迅速、有效、最新的、优越的这些词语。尽量采用定量的词汇来明确它们的真正含义并且在需求中阐明用户的意图。也要避免使用比较性词汇，如提高、最大化、最小化，同样也应采用定量的说明来定义这些词汇。当客户说明系统应该处理、支持或管理某些事时，应该能理解客户的意图。含糊的语句表达将引起需求不可验证。

采用层次化的需求编写方式，可以把顶层不明确的需求向低层详细分解，直到消除不确定性为止。编写详细的需求文档，所带来的益处是如果需求得到满足，那么客户的目的也就达到了，但是不要让过于详细的需求影响了设计。如果能用不同的方法来满足需求且这种方法是可以接受的，那么需求的详细程度也就足够了。如果评审软件需求规格说明的人员对客户意图还不是很了解，那么就需要增加额外的说明，以减小由于误解而产生返工的风险。

需求文档的编写人员总是力求寻找恰如其分的需求详细程度。一个有益的原则就是编写单个可测试需求文档。如果想出一些相关的测试用例可以验证这个需求能够正确地实现，那么就达到了合理的详细程度。如果预想的测试很多且分散，那么应该将它们集中起来，与需求文档分开存放。

文档的编写人员不应该把多个需求集中在一个冗长的叙述段落中。在需求中诸如和或之类的连词就表明了该部分集中了多个需求。不要在需求说明中使用和、或、等等之类的连词。

文档的编写人员在编写时不应该出现需求冗余。虽然在不同地方出现相同的需求可能会使文档更易读，但这也造成了维护上的困难。需求的多个实例都需要同时更新，以免造成需求各实例之间的不一致。在需求规格说明中交叉引用相关的各项，在进行更改时有助于保持它们之间的同步。让独立性强的需求在需求管理工具或数据库中只出现一次，这样可以缓和冗余问题。

# 30.5 需求规格说明的描述语言

软件需求规格说明是对过程中的成果文档的分析、综合和组织，它包含了软件的功能、性能、接口、有效性等需求的描述信息。通常描述需求规格说明的语言主要有以下3种方式。

### 1. 自然语言

自然语言是日常使用的中文或英文等，这是最自然的描述需求规格说明的语言。它的优点是阅读和编写都不需要专门训练，可以表示任何领域的需求。但不足之处在于自然语言的语义具有二义性，在自然语言中经常使用代名词和定性表示的词如显著、迅速等，使得它描述的内容会产生二义性，并造成软件需求理解上的错误。

### 2. 形式化语言

形式语言是基于数学方法提出的一种抽象描述语言，该语言具有严格的语法和语义。通常把描述需求的形式化语言称为形式化需求描述语言。该语言的优点是能排除自然语言的含糊性和二义性，从而减小需求规格说明的错误。由于这种语言的语法和语义被严格定义，故能对形式化需求描述进行语法和语义分析，以证明需求规格说明的正确性等。此外，形式化的需求描述能由计算机自动处理，如可以解释执行形式化的需求规格说明，生成可执行的程序代码，以及研制有效的编辑或理解形式化需求规格说明的工具和环境等。

形式化需求描述语言的不足是概念符号过于抽象，需要具有较好的数学基础和严格的专门训练才能掌握和使用，而且可能增加软件开发费用。作为形式化需求描述语言的典型代表有VDM、Z方法和B方法等。

## 3. 结构化语言

结构化语言是介于自然语言和形式化语言之间的语言，是一种语法结构受到一定限制、语句内容支持结构化的描述语言，又称为半形式语言。结构化语言的优点与自然语言较为接近，易于理解和阅读。由于其文法和词汇受到一定的限制，用它描述软件的需求规格说明可以为需求信息的一致性和完整性检验提供准则，从而部分地排除需求规格说明中存在的某些二义性。此外，研制关于结构化语言的支持工具也相对容易。结构化语言的不足之处是语言本身仍存在语义方面的含糊性，隐含着错误的风险。不过结构化语言是目前最现实的一种需求规格说明的描述语言。作为结构化语言的典型代表有伪语言PL、PSL和RSL。下面简单介绍这3种语言。

- 伪语言：伪语言是将过程型程序设计语言中的if-then-else、case和do while作为控制结构，其他部分利用自然语言表示的语言。该语言通常用于表示顺序过程，并可表示程序的算法，也称为结构化语言或程序描述语言。在伪语言中除控制结构外，语法基本与自然语言类似，但不使用修饰语、复合语句、脚注等。目的是明确描述需求规格说明。

- PSL：PSL（Problem Statement Language）是美国密歇根大学在开发ISDOS（Information System Design and Optimization System）项目中提出的需求描述语言。该语言是基于实体关联模型的语言，主要以数据流、数据结构和功能结构等功能需求为描述对象。

- RSL：RSL（Requirement Statement Language）是美国TRW公司开发出来的需求描述语言，并已在美国军事系统的开发中使用。该语言以实时系统的功能需求和性能需求为描述对象。类似于PSL，RSL也是以实体关联模型为基础的。在分析方面，主要用KEVS进行处理。在RSL中，写出的规格说明被转换成为R-NET图。并且能看到易于理解的、从输入到输出的路径和条件。

# 第31章

## 需求验证

严格来说需求验证是检验软件需求规格说明的，这是需求开发的最后一项活动，是对前期或阶段工作成果的一次完整检查。实际上需求获取和需求验证都包含发现软件系统需求中的遗漏和错误的工作，只是需求验证包含检测与软件系统相关的需求规格说明等文档，并使这些文档中不再出现需求不完整或不一致等问题。

## 31.1 需求验证的工作思路

需求验证是一种黑盒验证，把系统当成一个黑盒来看待。黑盒是用于支撑业务的需要而要去实现的，而系统需求分析是在对业务的分析和归纳的基础上得到黑盒里面应该有哪些组成部分，以便于系统设计工作再基于这些组成部分做进一步的内部设计。

> **航标灯：需求验证是一种黑盒验证，是把系统当成一个黑盒来看待。**

需求验证是在假设系统已有的情况下的一种测试，而基于实有系统的测试是我们常说的一种测试，测试是为了验证系统功能有无、是否满足业务要求的、满足用户及用户行为要求的，其中验收测试和系统测试都是将系统看成黑盒的测试，所以验收测试和系统测试的测试用例也可以用于需求验证。所以需求验证的一部分工作是和验收测试和系统测试工作有交集的。其中面向用例的对话图方式就是一种系统测试方式的体现，而用户手册是一种验收测试的体现。基于业务系统到假设信息系统，再从实有信息系统到业务系统之间的关系模型如图31-1所示。

从业务需求到假设的信息系统的功能需求，从假设信息系统编制出用户手册和系统测试用例来验证假设信息系统是否满足业务需求的要求。从假设的信息系统经设计编码变成实有的信息系统，基于对实有系统中的系统测试和验收测试来验证是否满足业务需求。业务需求信息系统的入口点也是信息系统的出口点，对于验证来说只有满足业务需求是才是关键，无论是在假设的信息系统上的测试还是实有的信息系统上的测试，其本质都是以业务需求作为评判依据。假设信息系统只是业务系统和实有信息系统的中介，基于假设信息系统的空转是一种逻辑抽象的验证，基于实有信息系统的运转是一种基于逻辑抽象的实际验证，其验证目的是一致的，但验证方法是不同的。（见图31-1）

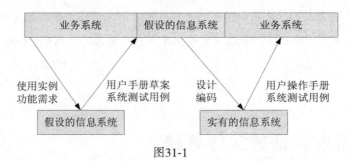

图31-1

综上所述需求验证工作可以分为以下3种。

（1）采用评审方式进行需求完整性、一致性等的经验规则标准的验证。

（2）假设系统存在的、基于黑盒的、采用系统测试用例和用户手册方式的测试验证。

（3）采用自然语言和图形化描述互证的逻辑验证。

## 31.2 目的和任务

需求验证是为了确认以下几个方面的内容。

- 软件需求规格说明是否正确描述了目标系统的行为和特征。

- 从其他来源中（包括硬件的系统需求规格说明书）得到软件需求。

- 需求是完整的和高质量的。

- 所有人对需求的看法是一致的。

- 需求为进一步的软件开发的测试提供了足够的基础。

这使得需求验证的目的就是要确保需求规格说明具有良好的完整性、准确性等。需求验证的重要性在于发现和修复需求规格说明书存在的问题，并避免在软件系统设计和实现时出现返工。过去的项目经验证明，如果能够在这个阶段发现错误和问题就能在后面节省许多成本。

 **航标灯：使所有人对需求看法达成一致，取得共识。**

需求验证的任务就是要求各方人员从不同的技术角度对需求规格说明文档做出综合性评价。当然在收集需求并且编写成需求规格说明文档进行需求验证并不仅是一个独立的阶段，而且某些验证活动，如对渐增式软件需求规格说明的评审工作，将在需求获取、分析和定义需求规格说明的整个过程中反复进行。

需求验证的主要问题是没有很好的方法可以证明一个需求规格说明是正确的。目前验证需求规格说明的方法，除形式化方法，大部分只能通过人工进行检测，以增加大家的信心，亦表明需求规格说明表示一个将是用户实际需要的系统。此外，部分项目相关人员也不愿意在需求验证方面花费时间。虽然在计划中安排一段时间来提高需求规格说明的质量似乎会影响或拖延交付软件系统的时间，但这种想法是建立在假设需求验证上的投资不会产生效果的基础上。实际上这种投资可以减少返工并加快系统测试，从而真正缩短开发时间和减少成本。

 **航标灯：不与需求规划总体上一致的软件需求也是不合格的。**

## 31.3 内容和方法

为了确保软件开发成功和降低开发成本，就必须严格验证软件需求。一般来说，应该从下述5个方面进行验证。

- 自身一致性：就一个软件需求而言，其内部的所有需求必须是一致的，任何一条需求不能和其他需求相矛盾。
- 全局一致性：任何一个软件需求整体上还需要与需求规划保持一致，不能和需求规划产生冲突。
- 完整性：需求必须是完整的，应包括用户需要的每一个功能和性能。

- 现实性：需求应该能在现有的硬、软件技术上是基本可行的。

- 有效性：必须证明需求是正确有效的，确实能解决用户需求间的矛盾。

> 航标灯："一花独放不是春，百花齐放春满园。"不要忘了你所选的参照物不是自身，而是全局。

当然对于所有不同类型的软件系统来说，需要验证的内容远不只上述5个方面。一般还可根据软件系统的特点和用户的要求增加一些检验内容，如软件的可信特性，即安全性、可靠性、正确性及灵活性等。

如前所述，目前验证需求的方法除形式化方法外，主要靠人工技术审查验证软件需求规格说明。形式化的验证方法主要使用数学方法将软件系统抽象为用数学符号表示的形式系统，然后通过推理和证明的方式来验证软件系统中的一些性质，如完整性、一致性、可信性等。这种方法的好处是严格和自动化，但不足之处是对数学基础的要求太高，难度较大。靠人工技术评审和验证的方式有很多。例如，需求评审就是其中之一。这种方式就是让与项目相关的所有人员参加，并根据验证的内容人工评审软件需求规格说明文档。另外，还可结合现有的一些软件技术如设计测试用例的方法等，对软件需求进行多方面的和有效的检验和测试。

> 航标灯：软件需求的完整性、准确性、一致性、变化可控性、无二义性是需求验证的目标。

# 31.4  评审工作

需求评审是由软件需求的各类风险承担者组织在一起对需求规格说明进行检查，以发现需求存在的问题。对需求规格说明的评审就是把该需求规格说明文档等同于软件系统，通过对其评审，以发现其中不确定和二义性的要求等。评审可以分为以下两种方式。

- 非正式评审：包括把工作产品分发给许多其他相关人员粗略地看一看，开发人员描述产品并征求意见。非正式评审的好处是能培养其他人对产品的认识，并可获得一些非结构化的反馈信息。它的不足之处是非系统化和不彻底，或者在实施过程中不具有一致性，并且该评审不需要记录，完全可以根据个人爱好进行。

- 正式评审：由不同背景的审查人员组成的小组，审查人员阅读需求规格说明文档，把其中的问题记录下来，然后转告给需求分析人员。正式评审有正规的审查过程和审查人员的严格分工和职责。

## 31.4.1 评审组织的人员和分工

正式评审中，应由具有不同背景的人组成一个小组对需求规格说明文档进行评审。为提高审查的有效性，审查人员可以从几个方面的人员中进行选取。

（1）负责编写需求规格说明的人员和相关参与人员。

（2）具有评审工作经验和各个领域的专家，能够指出领域内的业务和技术上存在的不足。

（3）客户或用户代表，可以判断需求规格说明是否完整、正确地描述了他们的需求。

（4）在未来参与软件开发活动中的设计人员、测试人员、项目经理等，他们可以发现需求规格说明中存在的不可实现的、含糊的、二义性的需求。

审查小组的成员确定之后，需要在审查过程中给每个人分配不同的工作岗位。这些岗位在审查过程中所起的作用有所不同。审查小组的岗位及工作职责如下。

- 作者：创建和编写正在被审查的需求规格说明文档的人。这些人通常为系统分析员，在审查中是处于被动地位的。他们向审查人员汇报，听取审查员的评论，解释并回答审查员提出的问题。
- 调解员：审查的调解和主持，通常为项目的总负责人。调解员的工作职责是与作者一起制订审查计划，协调审查期间的各种活动，以及推进审查工作的进行。
- 评审员：评审员审查需求规格说明文档的内容，并提出问题，以及自己的看法和讲解。对于所提出的问题，可以要求作者给予解答。如果作者的回答与评审人员的理解发生偏差，就需要及时处理，以避免需求规格说明中出现二义性。

- 记录员：以标准的形式记录在审查中提出的问题和缺陷。记录员必须仔细整理评审会议的信息，以确保记录准确。

- 评审小组的成员不宜多，一般为奇数。如果评审人员过多，大家意见过多，要么容易偏题，要么引起无谓的争论，会使评审的效率降低。

> 航标灯：如果评审人员过多，会引起无谓的争论，从而使评审的效率降低。

## 31.4.2 文档的评审过程

一个软件需求规格说明文档的评审过程由合规检查、会议筹备、会前会议、评审准备、审查会议、文档修改、文档重审几个业务活动构成。图31-2是文档评审的流程图。

图31-2

### 1. 合规检查

当调解员收到文档评审请求后，依据一些审查工作的前置判断标准对所提交的文档进行检查，判断能否进行正式审查。合规检查模板如表31-1所示。

表31-1 合规检查模板

| 合规检查项 | 符合/是 | 不符合/否 | 备注 |
|---|---|---|---|
| 文档是否符合标准模板 | | | |
| 文档是否已经通过拼写检查和语法检查 | | | |
| 是否还有版面上排版所存在的错误 | | | |
| TBD问题列表中未解决的问题是否已做出标记 | | | |
| 文档中的术语是否都已编录到术语词汇表中 | | | |

当这些合规检查项均已符合了合规性要求时，就可以进入到会议筹备阶段。

**2. 会议筹备**

调解员和需求分析人员共同协商，决定参加会议的审查人员、会前需要准备的材料、审查会议的日程安排等工作。

**3. 会前会议**

主要是召集参加评审人员了解会议的信息，包括要审查的材料背景、作者所作的假设和特定的审查目标、会议过程中所需填写的一些单证、会议现场的一些注意事项。

**4. 评审准备**

在正式审查会议开始前，每个评审员按照评审表上的项作为导引，检查文档中存在的错误，并记录下这些问题。评审人员所发现的错误中有高达75%的错误是在评审准备阶段发现的，所以这一步工作对于整个评审工作非常重要。如果评审员准备工作做得不充分，会使评审会议变得低效，并可能做出错误的结论，审查会议将会是一种时间的浪费。

**5. 审查会议**

在审查会议进行过程中，需求分析人员向评审小组逐条解释每个需求。当评审员提出可能的错误和存在的问题时，记录人员要记录这些内容，这些内容将成为需求分析人员进行文档修改的工作项列表。会议的目的是尽可能多地发现文档中存在的重大缺陷。调解员在会议过程中需要把持局面，及时制止如在肤浅和表面问题上纠缠、脱离项目范围的议题、偏离讨论问题的核心等现象。在会议结束前的总结中，评审小组将给出是否可以接受需求文档、经过少量的修改后可接受或者由于需求修改量大需重审而不被接受这三种结论中的一种。

### 6. 文档修改

根据审查会议提出来的文档存在问题列表，需求分析人员按照问题列表进行逐项修改。现在的修改就是为解决后期会产生的二义性和消除模糊性，这将为后期开发工作打下一个坚实的基础。如果在这里不做修改，那么审查将变得毫无意义。

### 7. 文档重审

这是审查工作的最后一步。调解员或指派单独重审修改后的需求规格说明文档，或者再重新召开会议。重审就是确保前面提出的问题都得到了相应的解决，并且是正确的。重审结束了审查的全过程，调解员根据是否满足审查的退出标准来决定审查是否结束。审查退出标准如表31-2所示。

表31-2　审查退出标准

| 审查退出标准项 | 是/符合 | 否/不符合 | 备注 |
|---|---|---|---|
| 是否已解决评审员提出的所有问题 | | | |
| 已经正确修改了文档 | | | |
| 修订过的文档已进行了拼写和语法检查 | | | |
| 所有TBD的问题已全部解决，或已确定待解决问题的解决过程、目标日期和提出问题的人 | | | |
| 文档已经提交到项目配置管理系统中 | | | |

## 31.4.3 需求审查的内容

需求评审的工作就是评审需求规格说明书的内容。对于一个大型的软件系统的需求规格说明来说，其内容是相当丰富的，通过有限的评审人员在有限的时间内进行完全的、有效的评审显然是一件不现实的事。所以在评审工作期间不仅需要做好评审员的分工，而且需要对评审内容进行层次划分，这样才能使评审人员的注意力集中到关键内容上，从而提高评审效率。

建立评审的标准工作表格是一个不错的方法，如同投标现场给每一个评审专家一个评分表，一个评分规则，评分规则逐项列出了重点的评分项，可以将这个评分项作为需求文档内容的查询索引，找到对这个索引项的具体描述章节。审查的规则表有两类，一类是面向总体的，另一类是面向某个专业领域的。

表31-3是一个面向总体的需求规格说明的审查规则表。

**表31-3 审查规则表**

| （一）组织与完整性审查 | | | |
|---|---|---|---|
| 审查项 | 是/符号 | 否/不符号 | 备注 |
| 所有对其他需求内部交叉引用是否准确？ | | | |
| 所有需求的编写在细节上是否都一致或合适？ | | | |
| 需求是否能为设计提供足够的基础？ | | | |
| 是否包括了每个需求的实现优先级？ | | | |
| 是否定义了所有外部硬件、软件和通信接口？ | | | |
| 是否定义了功能需求的内在的算法？ | | | |
| 是否包含了所有客户类和其他系统的需求？ | | | |
| 是否有TBD问题列表？ | | | |
| 是否定义了对可能的错误条件都有相应的系统行为？ | | | |
| （二）正确性 | | | |
| 评审项 | 是/符合 | 否/不符合 | 备注 |
| 是否有需求与其他需求相冲突或重复？ | | | |
| 是否简明、简洁、无二义性地表达每个需求？ | | | |
| 是否每个需求都通过了测试、演示、审查得以验证和分析？ | | | |
| 是否每个需求都在项目范围内？ | | | |
| 是否每个需求都无语义上和语法上的错误？ | | | |
| 在现有的资源限制内是否实现了所有的需求？ | | | |
| 是否任一个特定的错误信息都具有唯一性和明确的意义？ | | | |
| （三）质量属性 | | | |
| 评审项 | 是/符合 | 否/不符合 | 备注 |
| 是否合理地确定了性能指标？ | | | |
| 是否合理地确定了安全与保密方面的考虑？ | | | |
| 是否翔实记录了其他相关的质量属性？ | | | |
| （四）可跟踪性 | | | |
| 评审项 | 是/符合 | 否/不符合 | 备注 |
| 是否每个需求都具有唯一性并且可以正确地识别它？ | | | |
| 是否可以根据高层次需求跟踪到软件功能需求？ | | | |
| （五）特殊的问题 | | | |
| 评审项 | 是/符合 | 否/不符合 | 备注 |
| 是否所有的需求没有涉及设计或实现的方案？ | | | |
| 是否确定了时间要求很高的功能且定义了它们的时间标准？ | | | |
| 是否已经明确阐述了国际化问题？ | | | |

表31-4是一个面向使用实例文档的审查规则表。

**表31-4 面向使用实例文档的审查规则表**

| 评审项 | 是/符合 | 否/不符合 | 备注 |
|---|---|---|---|
| 用例是否是独立的分散任务？ | | | |
| 用例的目标或价值度量是否明确？ | | | |
| 用例给操作者带来的益处是否明确？ | | | |
| 用例是否处理抽象级别上，而不是具有详细的情节？ | | | |
| 用例是否包含设计和实现的细节？ | | | |
| 用例是否记录了所有扩展事件？ | | | |
| 用例是否列出了所有可能的例外条件？ | | | |
| 用例定义的每个事件是否都可执行？ | | | |
| 用例定义的每个事件是否都可验证？ | | | |

需求评审规则表可以作为需求评审工作的一个指引，规则表中的评审项可以根据项目的实际情况进行调整，以便提高需求评审工作的完整性和有效性。

## 31.4.4 评审面临的困难

当一个需求规格说明编写完后，软件开发人员总是希望能尽快开始软件开发工作，他们认为最终的工作成果是用代码说话，可以在软件开发过程中来履行评审工作也同样能达到工作的效果，所以很多时候需求评审也就成了一个为评审而评审的工作。

（1）需求文档量太大：对于一个复杂的信息系统，其需求规格说明文档往往有几百页。有上百个需求项，每个需求项都会有用例、界面、功能、数据、非功能的多个维度描述，这样算下来要评审的需求项就有上千项，如果将审查工作集中放在评审阶段来做，这种审查工作量是十分可怕的。我们可以将评审工作放在每个阶段工作完成后，采用渐增式的审查工作，即将审查工作放在日常工作过程中。

（2）过大的评审组织：一个项目会涉及许多风险承担者，如用户、部门经理、项目经理、需求分析人员。当评审小组成员过多时，将会在安排会议、会议议题控制、意见的一致性达成带来困难。这种情况会导致花了大量的时间而无较好的结果。

上述问题一个是工作对象量大的问题、一个是工作组织大的问题，可以采用28原则，评审会是解决20%的核心问题，而80%的问题是在过程中解决的，即采用分段审查和集中审查工作相结合的方式。

# 31.5 三种需求验证的方法

### 1. 基于测试用例验证

基于人工技术的需求评审除了采用有组织的评审工作之外，还可以对需求进行模拟测试，即对每一个需求通过设计一个或多个可能的测试用例，使这些用例用于检查系统是否满足需求。需求测试不仅是发现不完整、不准确的需求的有效的方法，而且可以作为软件测试计划的基础，并可以导出测试软件系统的用例。

为需求设计测试用例的目的是确认需求而不是确认系统。通过阅读需求规格说明虽然很难想象在特定环境下的系统行为，但以功能需求为基本或者从用例派生出来的测试用例可以使项目参与者看清系统的行为，所以即使没有对实际系统使用测试用例，但通过设计测试用例就可以解释需求的许多问题。如果在部分需求稳定时就开始设计测试用例，则可以及早发现问题，并以较少的费用解决这些问题。

 **航标灯：测试用例验证是一种相当有效的验证用户需求边界的方法。**

以功能需求为基础，将功能视为黑盒子，编写关于该功能或黑盒子的测试用例。这些用例可能明确在特定条件下运行的任务。由于无法描述系统的响应，故测试中将会发现一些模糊的、二义的需求，这样当系统分析员、客户和开发人员通过测试用例进行研究时，就会对产品如何运行的问题会更加清晰。我们可以从用例中获得概念上功能测试用例，然后利用测试用例来验证需求规格说明和需求模型，其实现手段主要是使用对话图。

测试用例的设计是在业务活动的业务需求描述、使用实例描述、功能需求描述及部分对话图描述的基础上设计的。

（1）业务需求：对该系统所支撑的一个业务活动的操作手段、操作对象、操作目标的要求描述。

（2）使用用例：针对该业务活动的业务需求，通过操作者到相应用例和用户关联的单证和数据要素项，给出了其时序，同时在采用用例规约和用例实现给出了环境的依赖，相应的规则和异常条件描述。

（3）功能需求：针对用例采用界面类、功能类、数据类之间的静态关系和动态关系来说明使用用例的具体实体。

（4）对话图：是针对实用实例给出每个功能项对应的对话要素项及对话要素项之间的时序关系和数据关系。

（5）测试用例：由于一个用例有许多可能的执行路径，我们可以设计出许多测试用例来描述其正常的处理过程和例外的处理过程。

基于测试用例按照用例上的执行路径进行回溯，关联到对话图、功能需求、使用用例、业务需求，就会发现不正确或遗漏的需求，并在对话图中纠正错误，精化测试用例。

### 2. 基于用户手册的验证

对于大量涉及人机交互的软件系统在编写需求规格说明之后，可以编制一份初步的用户使用手册草案，用其作为需求规格说明的参考。编制用户使用手册的好处在于编制过程中可以强化对需求的仔细分析，帮助揭示与系统的实际使用相关的问题，即系统的可用性问题的覆盖程序，还可以帮助阐明用户界面的设计问题，从而促使软件开发人员一开始就站在用户角度进行用户界面设计，并及早考虑人机交互中的接口问题。

在编制用户使用手册草案时应以最终用户能理解的方式解释在需求中描述的系统功能，应尽可能采用用户理解的业务术语描述系统功能，并告诉他们应该怎样使用此功能。

编制用户使用手册草案并不要求十分全面，主要是用简单易懂的语言描述出所有对用户可见的功能，而性能这些用户不可见但可感知的功能，放在需求规格说明书中完成。

航标灯：用户手册验证的目标不在于功能，而在于对非功能需求的验证。

通过上述这种需求验证完成后的需求说明文档，不仅可以作为用户界面进一步进行深化设计的要求，也可以作为最终软件产品开发完成的验收依据。总之用户使用手册草案是软件开发过程中的一个里程碑，是系统所有相关人员对软件系统共同理解和共同认识的表达形式。

3. 基于需求模型的验证

通常需求模型是用图形化或形式化语言和符号表示的。我们需要将这些模型采用自然语言加以描述，这样有利于评审人员的理解和验证。图形化的模型和自然语言之间具有互证的关系，可以用自然语言解释模型来发现模型中存在的一些错误和遗漏的内容，也可以基于模型找出自然语言描述的不准确的地方。这种方式解决了需求模型的验证性问题。

 航标灯：通过需求模型实现自动化验证一定会实现，只是需要一点时间。

# 6

## 第6篇  管理篇

# 第32章
## 需求管理的思路

　　需求工程的需求业务活动由需求规划中的6个业务活动和需求开发的4个业务活动共计10项业务活动组成，构成了需求工程的业务主线。需求工程的需求管理活动的目标就是确保需求业务活动能够按进度要求、质量要求、成本要求生产出高质量的由业务需求、用户需求和系统需求构成的软件需求规格说明。需求管理工作具体是借助由基线、版本、状态、变更、跟踪构成的需求约定这一抓手将需求业务活动集成起来并加以规范化。需求管理活动的目的是在客户与软件开发人员之间建立一个由文档构成的需求基线。

## 32.1 需求管理和需求约定

　　需求工程分为需求规划、需求开发和需求管理。需求规划的成果包括业务及信息化规划，需求开发的成果包括项目视图和范围文档、使用实例文档、软件需求规格说明及相关分析模型。这些都是需求工程的各阶段工作目标，为了这些目标的实现需要一个需求管理组织来组织各种资源完成这项工作。需求管理组织的具体工作内容是由需求管理活动的内容构成的。

 **航标灯：需求管理的工作目的是在客户和开发人员之间构筑一个需求基线。**

　　需求管理工作是保障各阶段目标的质量及各阶段工作的衔接。上一阶段的目标到下一阶段目标之间需要经过评审和检查，最终这些经过检查和评审的文档就构成了需求工程的需求基线。这个基线在客户和开发人员之间就构筑了计划开发业务需求、用户需求和系统需求的一个约定。作为一个工程项目可能扩展有其他的约定，比如可交付性、约束条件、进度安排、预算及合同约定等。

航标灯：确保需求工程全过程的质量、成本和进度是需求管理的目标。

为了履行这个需求约定，需求规划、需求开发的工作中就需要将这些约定的要素如版本、状态、变更、跟踪等反映在各阶段的工作文档中。需求管理正是通过这些需求约定的要素进行对需求业务活动的管理。需求管理活动包括在对需求业务活动推进过程中集成业务活动和规范业务活动的所有活动。其管理活动构成如图32-1所示。

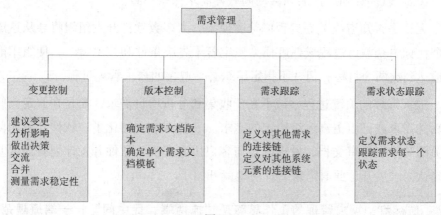

图32-1

需求管理强调控制对需求基线的变动、保持项目计划与需求一致、控制单个需求和需求文档的版本情况、管理需求和联系链之间的联系或管理单个需求和其他项目可交付产品之间的依赖关系、跟踪基线中需求状态。

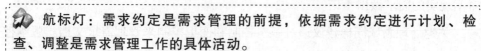航标灯：需求约定是需求管理的前提，依据需求约定进行计划、检查、调整是需求管理工作的具体活动。

## 32.2 需求管理和CMM

CMM（Capability Maturity Model）过程能力成熟度模型对需求管理是一个有用的指导。CMM是在软件开发机构中被广泛用来指导过程改进工作的模型。该方法描述了软件处理能力的5个成熟级别。对于初始成熟度级别的软件开发而言，采用的是非正式方式来管理项目进度，主要依靠天才从业者和管理者的英雄史诗般的奋斗。处理更高成熟度级别的组织把具有创造性、训练有素的员工同软件工程和项目管理结合起来，将持续不断地获得成功。

为了达到软件过程能力成熟度模型的第二级，组织必须具有在软件开发与管理的6个关键过程域来体现达到目标的能力。需求管理是其中之一，它的目标如下：

（1）把软件需求建立在一个基线上供软件工程和管理使用。

（2）软件计划、产品和活动同软件需求保持一致。

无论是否知道或关心过程成熟度模型，大多数软件开发组织将会从达成这两个目标中获益。过程成熟度模型确定若干先决条件和技术策略，使组织能持续地达到这两个目标，但并不指定组织必须遵循的需求管理过程。

需求管理的关键过程领域不在于收集和分析项目需求，而是在假定已收集了软件需求或已由更高一级给定的需求。一旦需求文档化了，软件开发团队和有关团队需要评审文档，发现问题与客户协商解决，软件开发计划就需要基于已确认需求展开，此时需求管理活动就开始了。

> 航标灯：需求管理的工作思路是"抓两端，促中间"，一端抓规范建设，一端抓阶段工作成果的检查，以促进规范在过程中的落地。

开发团队在向客户、市场人员做出承诺之前，应该确认需求和确认约束条件、风险、偶然因素、假定条件。也许不得不面对由于技术因素或进度原因而对不现实的需求做出承诺。

关键处理领域同样建议通过版本控制和变更控制来管理需求文档。版本控制确保随时能知道在开发和计划中正在使用的需求的版本情况。变更控制提供了支配下的规范的方式来统一需求变更，并且基于业务和技术的因素来同意或反对建议的变更。当在开发中修改、增加、减少需求时，软件开发计划应该随时更新以与新的需求保持一致。

当接受了所建议的变更时，你可能在进程调度或质量上不能满足这项变更。在这种情况下必须就约定的变更与所涉及的经理、开发者以及其他相关组织进行协商。通过如下方法能使项目反映最新的或变更过的需求。

（1）暂时搁置次要需求；

（2）得到一定数量的后备人员；

（3）将新的功能排入进度安排；

（4）为了保证按时交工使质量受些必要的影响。

由于项目的特性、进度、人员、预算、质量各个方面的要求不同，所以不存在一个放之四海皆准的模式。根据早期计划阶段中项目风险承担者确定的优先级顺序挑选各项选择。不管你对变更需求或项目情况采取何种措施，必要时调整一些约定仍是需要养成的一个好习惯。

即使你现在没用CMM来指导软件过程的改进，以上所述关于需求管理关键过程领域的原则和策略总是有用的。

> 航标灯：CMM（Capability Maturity Model）过程能力成熟度模型对需求管理是一个有用的指导。

## 32.3　需求管理的工作内容

开发组织应该定义项目组执行管理他们需求的相关管理活动。文档化编写这些管理活动使组织成员持续有效地进行必要的项目活动。其管理活动应包括：

（1）用于控制各种需求文档和单个需求版本的工具、技术和习惯做法。

（2）建议、处理、协商、通告新的需求和变更给有关的功能域的方法。

（3）制定需求基线。

（4）将使用的需求状态记录允许做出变更的负责人。

（5）需求状态跟踪和报告过程。

（6）分析已建议变动的影响应遵循的步骤。

我们可以用一个文档将这些活动进行描述，也可分成几个文档进行描述，比如分成变更控制过程、影响分析过程、状态跟踪过程等这些文档。这些文档详细说明了每个活动展开的时序和规则。

**航标灯：设定基线、定义版本、控制变更、检查状态、跟踪需求是需求管理的主要工作内容。**

## 32.4 需求的关键属性

文本除了内容之外，每个需求分项都有一些我们称为属性的信息是对与文本内容相关的一些关系项的描述。这些属性在它的预期功能性之外为每个需求建立了一个上下文的背景资料。属性值是对文本的抽象，是对文本内容的一种证明。属性值以表格的形式附加在文本内容上，或存储在一个数据库或需求管理工具中。商业工具除由系统产生一些属性外，还可以由组织定义各种数据类型的其他属性。这些工具允许过滤、排序、查询数据库来查看按选择的需求属性的需求集。

 **航标灯：在每一个文档中加入需求管理属性才能让需求管理有的放矢。**

对于大型项目来说丰富的属性类别非常重要，我们建议每个需求文档应该有以下一些属性：

- 需求的版本号

- 创建需求的作者

- 创建需求的时间

- 负责认可该需求的人员

- 需求状态

- 需求的原因或根据

- 需求涉及的子系统

- 需求涉及的产品版本号

- 使用的验证方法或接受的测试标准

- 产品的优先级或重要程度

- 需求的稳定性

定义和更新这些属性值是需求管理的重要抓手。改进这些属性值就是管理活动的具体落实。属性项的多少可以根据项目规模的大小进行取舍。

在开发工作中，跟踪每个需求的状态是需求管理的一个重要工作。在每一个可能的状态类别中，如果你周期性地报告各状态类别在整个需求中所占的百分比将会改进项目的监控工作。假如你有清晰的要求，指定了允许修改状态信息的人员和每个状态变更应满足的条件，跟踪需求状态才能正常工作。工具能帮你跟踪每次状态改变的日期。需求状态属性值的选项如表32-1所示。

表32-1　需求状态属性值

| 状态值 | 含义 |
| --- | --- |
| 已建议 | 该需求已被有权提出需求的人建议 |
| 已批准 | 该需求已被分析，估计了其对项目余下部分的影响，已用一个确定的产品版本号或创建编号分配到相关的基线中，软件开发团队已同意实现该项需求 |
| 已实现 | 已实现需求代码的设计、编码和单元测试 |
| 已验证 | 使用所选择的方法已验证了实现的需求，如测试和检测，审查该需求跟踪与测试用例相符，该需求现在被认为完成 |
| 已删除 | 计划的需求已从基线中删除，但包括一个原因说明和做出删除决定的人员 |

跟踪一个假想为期10个月的项目持续过程中的需求状态，展示了每个月底各个状态的系统需求的百分比。这个图并不能表示基线中的需求数量是否正在随时间而改变。但它说明了你是如何达到完全验证所有已获批准需求这个目标的，如图32-2所示。

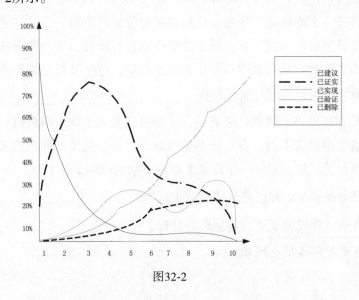

图32-2

对这些需求进行分门别类检测要比对每个需求的完成情况都检测要现实一些。软件开发者报告完成任务的百分比时，往往过于乐观，常常对未完工的需求拥有较大的信心。趋向于集中，他们的进展将导致软件项目或主要任务在很长时间内处在百分之九十完成的状态这种情况。只有当指定的转换条件满足时才能改变需求状态。某个状态的改变会导致新需求能力矩阵，该矩阵指示与该需求相关的设计、代码、测试元素。

> 📱 **航标灯**：对需求管理属性的变化信息进行统计可以找到需求工作中的薄弱地方。

# 32.5 度量需求管理效果

在每个项目的工作分类细项结构中需求管理活动应该表现为分配有资源的任务。测算当前项目中的需求管理成本，是计划未来需求管理工作或经费的最佳途径。

一个从未度量过工程任何一个方面的组织通常发现很难开始保持一个耗时记录。测算实际开发和项目管理的工作量要求一个文化上的改变和养成记录日常工作的习惯。然而测算并不像人们所担心的那样花费时间，了解成员花费在各个项目任务上的确切工作量会使你获得有价值的资料。应该注意到工作量计算与翻过日历时间不成正比，任务进度可能被打断或因客户协商造成拖延。每个单元的工作时数总和表明一个任务的工作量，这个数据没必要随外界因素变化，但总体上却要比原计划长一些。

跟踪实际的需求管理效果能使你了解组员是否采取了措施进行需求管理。执行需求管理措施不力，会由于不受约束的变更、范围延伸和遗漏需求等原因而增加项目的风险。考虑一下需求管理的下列活动的效果：

- 提出需求变更和已建议的新需求。

- 评估已建议的变更，包括影响分析。

- 变更控制委员会活动。

- 更新需求文档或数据库。

- 在涉及人员或团队中交流需求的变更。

- 跟踪和报告需求状态。

- 定义和更新需求跟踪能力信息。

尽管忽视和效率不高会随时发生，管理项目需求能确保你投资到需求的收集、归档和分析的努力不会白费。有效的需求管理策略能在整个开发过程中使项目参与者获悉需求的当前状态信息，从而减少大家在需求认识上的差距。

> 航标灯：管理工作是让务虚工作和务实工作达到有机结合后，就可以实现"无为而治"这一管理的最高境界。

# 第33章
## 需求版本控制

　　软件需求基线是由各阶段需求业务活动的工作成果文档和文档内各部分内容的版本号的集成。软件需求基线工作的落实借助这些工作成果文档和文档内部分内容版本号来实现的。本书重点放在需求文档和需求内容的定义方式和管理方法上，关于基线控制，读者可以参考相关书籍。

## 33.1　版本控制的必要性

　　版本控制是需求管理一个必要的方面，也是容易忽视和出错的方面。在变更实施过程中，需求规格说明文档需要修改，并建立新的版本，这就会存在版本控制的问题。版本是对一个阶段工作成果的一个抽象，是大家基于同一个物进行沟通的依据，通过版本来协调多方的工作是我们在日常管理工作常用的方法。版本强调唯一性，这个唯一不仅指的是版本号而且还包括同版本号中的内容。如果对版本的管理不注意，就会导致软件的开发和维护工作出错。比如某个开发小组把改进后的软件版本交给测试组测试后，收到许多错误发现报告，而原因是测试使用者使用了一个与软件版本不一致的需求规格说明书作为测试的依据。

 **航标灯：版本号是采用量化方式来解决同名而内容不同的一个手段。**

## 33.2　需求版本的定义方式

　　现实中原程序的版本变更及多版本的管理也存在与上述例子类似的问题。因此需求规格说明的每一个版本必须统一确定，并保证开发人员必须知道和得到新的需求规格说明版本，只有一统，才能协同。为了有效地进行版本控制，我们需要遵循以下的版本控制策略。

（1）为了减少冲突和不一致，只能允许指定的专人来更新、改变需求规格说明文档，且专人进行存贮和发布。

（2）每一个公布的需求规格说明文档的版本应该包括修改版本的历史情况，如已修改的内容、修改日期、修改人姓名及修改原因等，可以根据日志进行回滚；根据修改工作量的大小，手工标记需求规格说明版本的每一次修改，如对于草案类版本，第1版标记为V1.0（草案），前一个是版本号，后一个是状态，然后是V1.1版（草案）。若有较大的变动，可标识记V2.0版（草案），然后可随着改进的工作量大小逐次增加版本号。对于正式版本，第1版可标识为V1.0正式版。

（3）每个版本的需求规格说明必须独立说明，以避免新旧版本的混淆。

版本管理的策略还有很多，应根据具体情况进行控制，最好借助版本管理工具来进行版本管理。

> 航标灯：某个内容的版本号可以使协同的各方人员在同一个内容上进行工作。

# 第34章
## 管理变更请求

需求变更相比较其他工作领域被叫做异常发生，被视为突发事件，需要有相应的应急解决方案来加以控制和及时地处理，所以需求变更要上升到这个认识高度来对待，不要把需求变更视为一种常态。对于软件开发工作来说每一次需求变更不是在做加法，而是在做乘法，虽然乘数是1，但被乘数会因为需求变更的层次高低而放大。需求变更无论是需求增加、去除、变化都将涉及需求变更的相关人员的通知、讨论和共识，相关需求文档的修改和评审，以及软件开发各环节的设计、代码、测试文档和代码的变化，所以需求变更是一个非常严肃的工作。

## 34.1 严控范围扩展

变更是对需求文档中的需求内容进行增加、修改、删除、由难变易或由易变难，这些变更提出都是我们常见的。变更的提出者可以是需求分析人员，也可以是开发人员，需求分析人员在工作中发现问题提出变更，开发人员在后期工作时发现问题也可以提出变更。对于变更我们如何接受呢？是完全满足，还是有所取舍，谁来取舍。只有对变更进行控制，才能保证项目的成功。不被控制的变更是使项目陷入混乱、不能按进度执行或软件质量低劣的共同原因。为了使开发组织能够严格控制软件项目应确保以下事项：

（1）要仔细评估已建议的变更。

（2）通过组织来对变更做出决定。

（3）变更要及时通知所有涉及的人员。

（4）按照一定的流程来控制需求的变更。

　　只有项目风险承担者在开发过程中能控制变更，他们才知道将交付什么，哪一项将会导致与目标的差距。对项目的了解越深入，我们就能发现变更需求的条件会变得越苛刻。在需求文档中一定要反映项目的变更，需求文档应精确描述要交付的产品。软件需求文档同产品要一致，否则软件需求文档将一无是处，或者软件的开发就像没有一个软件需求文档来指导开发组开发一样。

　　当我们不得不做出变更时，应该按从高到低的顺序对被影响的需求文档进行处理。比如一个已建议的变更可能影响一个用例和功能需求，但不会影响业务需求。改动高层系统需求能够影响多个软件需求。如果在最低层需求上做出变更，比如改动一个功能的需求，可能导致需求同上层次文档的不一致。即无论从哪个层次提出需求变更，都应从高到低进行需求变更的处理。

> 航标灯：一项变更事项会引发一连串与其相关事项的变动。

　　扩展需求是指在软件需求基线已经确定后又要新增功能或进行较大的改动。问题不仅仅是需求变更本身，而是迟到的需求变更会对已进行的工作有较大的影响。要是每个建议的需求都被采纳，对于项目的投资者、参与者与客户来说就意味项目将永远不会完成。

　　对许多项目来说，一些需求的改进是合理的且是不可避免的。业务过程、市场机会、竞争性的产品和软件技术在开发系统期间是可以变更的，管理部门也会决定对项目做出一些调整。在项目进度表中应该对必要的需求改动留有余地。若不控制范围的扩展将使我们持续不断地采纳新的功能，而且要不断地调整资源、进度或质量目标，那么最终项目就不可能按客户期望的质量交付使用。

　　管理范围扩展的第一步就是把系统的视图、范围、限制进行文档化、结构化，将其作为业务需求的一部分。评估每一项建议的需求和特性，都要将它与项目的视图和范围相比较来决定是否应该采纳它。强调客户参与的有效的需求获取方法能够减少遗漏需求的数量，只有在做出提交承诺和分配资源后才采纳该需求。控制需求扩展的另一个有效的技术是原型法，这个方法能够给用户提供直观的实现，以帮助用户与开发者沟通从而准确把握用户的真实需求。

> 航标灯：先判断变更的真伪，再判断变更带来的工作事项完整性。

控制范围扩展的方法是要敢于说不。大多数人不喜欢说不，开发者只好在各种压力下接受每一项建议的需求。"客户总是对的，我们将使客户完全满意"这些话在哲理上是正确的，但一旦按这个原则办事就要付出代价。在理想的情况下，在开始构造系统前应该收集到所有新系统的需求，而且在开发中基本上不变更。这也是瀑布型软件开发模型的前提，但在实践中它却不是很有效。当然某种程度上对特定的版本应该冻结需求，不再变更。然而很早确定需求却忽视有时客户并不知道需要什么样的实现，开发人员应该对用户这些需求变更做出响应。为了应对这种情况，我们需要按照一定的流程来处理需求变更。

> 航标灯："木桶定律"是管理变更要遵循的一个定律，千万别漏了不起眼的一个变更项。

## 34.2 变更控制过程

一个严密的变更控制过程给项目风险承担者提供了一个需求变更控制的机制。通过变更控制过程，项目管理人员可以在信息充分的条件下做出决定，这些决定通过控制产品生成期成本来增加客户和业务价值。通过变更控制过程来跟踪已建议的变更状态，确保不会丢失或疏忽已建议的变更。一旦确定了一个需求集合的基线，就应该启动对已建议变更的需求进行严格的变更控制。

变更控制过程并不是给变更设置障碍。相反的它是一个过滤装置，通过它可以确保采纳最合适的变更，使变更产生的负面影响减少到最小。变更过程应该做成文档，尽可能简单，当然首要的是有效性。如果变更过程没有效率且冗长，又很复杂，大家宁愿用旧方法来做出变更决定。

控制需求变更同项目其他配置管理决策紧密相连。管理需求变更类似于跟踪错误和做出相应决定过程，相同的工具能支持这两个活动。然而记住它是工具而不是过程。使用商业问题跟踪工具管理已建议的需求变更并不能代替写下变更需求的内容和处理的过程。

> 航标灯：变更控制需要与变更相关的各方共同参与，群策群力。

### 34.2.1　变更控制策略

项目管理应该达成一个策略，它描述了如何处理需求变更。策略具有现实可行性，要被加强才有意义。变更控制建议的策略如下：

（1）所有需求变更必须遵循过程，按照此过程，如果一个变更需求未被采纳，则其后过程将不需考虑；

（2）对于未获批准的变更，除可行性论证之外，不应再做其他设计和实行的工作；

（3）简单请求一个变更不能保证实现变更，要由项目变更控制委员会CCB决定实现哪些变更；

（4）项目风险承担者应该能及时了解变更数据库的内容；

（5）不要从数据库中删除或修改变更请求的原始文档；

（6）每一个集成的需求变更必须能跟踪到一个经核准的变更请求；

（7）变更控制活动的展开亦在每周定一个固定时间开会，批量审批这些变更。

当然重要的变更会对项目造成显著的影响，而一般的变更就可能不会产生大的影响。原则上应该通过变更控制过程来处理所有的变更，但实践中可以将一些需求决定权交给开发人员来决定，但只要变更涉及两个人或多个人以下都应通过控制过程来处理。

> 航标灯：变更之前的原始内容无论对错都是具有一定的价值的，因为它是变更后的一个参照物。

### 34.2.2　变更控制工作

变更控制工作主要由开始条件、业务活动、验证、结束条件4个有时序的步骤组成。变更控制工作的成果主体体现在变更控制工作模板上。

- 开始条件，在执行变更过程或开展这些步骤前的准备工作；
- 业务活动描述了变更控制不同的任务和项目中负责这些任务的角色；

- 验证，是对任务是否正确完成的检查；

- 结束条件，是对变更控制工作完成各项状态的检查，根据检查来确认结束。

图34-1是变更控制工作展开时常用的工作模板。

```
1.绪论
  1.1 目的
  1.2 范围
  1.3 定义
2. 角色和责任
3. 变更请求状态
4. 开始条件
5. 任务
  5.1 产生变更请求
  5.2 评估变更请求
  5.3 作出决策
  5.4 通知变更人员
6. 验证
7. 结束条件
8. 变更控制状态报告
附录：存储的数据项
```

图34-1

以下是对工作模板上各项内容的描述。

（1）绪论：绪论主要说明变更控制的目的，并且界定了变更控制工作的适用范围。绪论本质上说明了当前的变更控制工作的工作宗旨和范围，是一个指导变更控制工作的思想性的纲领。

（2）角色和职责：列出了参与变更控制活动的项目组成员并且描述他们的责任，实际上就是每次参加需求变更控制会议的人员，如表34-1所示。

表34-1 角色和职责

| 角色 | 工作职责 |
|------|----------|
| 委员会主席 | 统一领导CCB的组织者 |
| CCB | 决定采纳或拒绝对某项目所建议变更请求的团体 |
| 评估者 | 邀请参加分析和建议变更需求的专业人员 |
| 修改者 | 负责实现请求变更的人员，也是更新变更状态的人员 |
| 建议者 | 提交变更请求的人员 |
| 项目管理者 | 负责指定评估者和修改者的管理人员，一般是项目经理 |
| 请求接受者 | 请求变更受理和日常整理请求变更的人员 |
| 验证者 | 负责决定变更是否正确的执行人员，一般是测试主管 |

（3）变更请求状态：一个变更请求有一个生存期和相应不同的活动，对应这些活动就有不同的状态。其状态包括完成提交、完成评估、被拒绝、被采纳、已实施、已取消、验证、结束等多个状态。变更需求的状态图如图34-2所示。

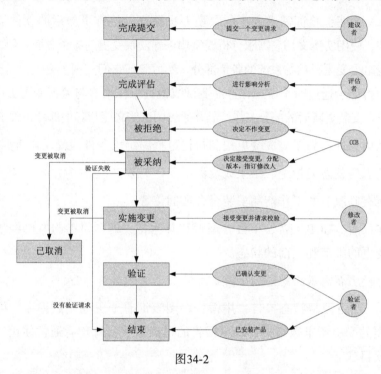

图34-2

（4）开始条件：变更控制活动开始的条件是，有一个合适的渠道接受了一个合法的变更请求。所有的潜在建议者应该知道如何提交一个变更请求，是通过书面、邮件、工具软件或是使用变更控制工具。将所有的变更控制传递到一个联系点，且为每一个变更请求赋予统一的标识标签。

（5）任务：接收到一个新的变更请求后下一步是评估建议的技术可行性、代价、业务需求和资源限制。CCB主席要求评估者执行一个系统影响分析、风险分析、危害分析及其评估。这些分析确保能很好理解接受变更所带来的潜在影响。评估者和CCB会同样应考虑拒绝变更所带来的对业务和技术的影响。

制定决策的人应进入CCB，决定是采纳或还是拒绝请求的变更。CCB给每个采纳的变更需求设定一个优先级或变更实现日期，或将它分配给指定的产品。CCB会通过更新请求状态和通知所有涉及的小组成员来传达变更决定。相关人员可能不得不改变工作产品，如软件需求规格说明文档、需求数据库、设计模型等。修改者在必要时应更新涉及的工作产品。

（6）验证：验证需求变更的典型方法是通过检查更新后的软件需求规格说明文档、使用实例文档、需求分析模型均正确反映变更的各个方面。使用跟踪能力信息找出受变更影响的系统的各个部分，然后验证它们实现了变更。属于多个团组的成员可能会通过对下游工作产品测试或检查工作来参与验证变更工作。验证后，修改者安装更新后的部分工作产品并通过调试使之能与其他部分正常工作。

- 结束条件：为了完成变更控制执行过程，结束条件应满足以下状态。

- 请求的状态为拒绝、结束或取消。

- 所有修改后的工作产品安装至合适的位置。

- 建议者、CCB主席、项目管理者和其他相关的项目参与者已经注意到了变更的细节和当前的状态。

- 已经更新需求跟踪能力矩阵。

（7）变更控制状态报告：用报告、图表汇总变更控制数据库的内容和按状态分类的变更请求数量描述产生报告的过程。项目管理者通常使用这些报告来跟踪项目状态。

（8）存储的数据项：每一个变更请求都有一些数据项。每一数据项值的填充由变更工具自动修正或指定人工来修正。表34-2是数据项及其取值范围。

表34-2 数据项

| 数据项 | 定义 |
| --- | --- |
| 变更来源 | 可以包括市场、管理、客户、测试人员、软件系统、硬件系统等 |
| 变更请求ID | 按照规则为每一个请求生成一个唯一的标识号 |
| 变更类型 | 可以包括需求变更、建议性增加、错误修正 |
| 提交日期 | 提交请求时的日期 |
| 更新日期 | 最近更新变更请求的日期 |
| 标题 | 对需求变更请求的简要描述 |
| 描述 | 对需求变更请求的详细描述 |
| 实现优先级 | 由CCB指定的低、中、高的优先级 |

续表

| 数据项 | 定义 |
| --- | --- |
| 修改者 | 实施变更人员的姓名 |
| 建议者 | 提请变更请求人员的姓名 |
| 验证者 | 负责确定需求变更实施是否正确的人员姓名 |
| 建议优先级 | 提请变更请求人员建议的低、中、高的级别 |
| 实现版本 | 计划中实现此变更的产品版本号 |
| 项目 | 需求变更的项目名称 |
| 涉及文档 | 与每个变更相对应的文档，如设计、测试的文档 |
| 状态 | 变更请求的当前状态 |

 航标灯：变更控制过程可以让多方人员的协同从无序变为有序。

### 34.2.3  变更控制工具

变更控制工作过程涉及文档、工作活动、工作审核和活动状态的记录，是一个多人协同、跨多个时间段的一个系统性的工作，为了很好地履行此项工作我们需要借助自动化处理变更控制的工具。它是一个以工作流为核心的信息管理系统，它具有收集、存储、交流、统计、输出报告等功能。变更控制工具有许多种，可以选取一种作为变更控制的管理工具，选取时我们建议考虑以下几个方面：

- 可以定义变更请求的数据项。
- 可以图形化定义变更请求处理业务流程和审核流程。
- 可以基于环节进行授权，授权用户只能查看某些信息。
- 可以记录需求状态变更的日志信息。
- 可以定义在提交请求或请求状态发现变化时自动通知相关人员的功能。
- 可以根据需要生成标准的或定制的报告和图表。

 航标灯：工具是可重复方法的固化，工具比人更能严格地履行职责。

## 34.3  变更控制委员会

建立一个变更控制委员会简称CCB组织是确保软件开发成功的一个有效的

措施。CCB可以由一个小组担任，负责做出决定究竟将哪一些已建议的需求变更或新的产品特性付诸实践。

CCB对项目中任何基线工作产品的变更都可做出决定，需求变更文档仅是其中之一。大型项目可以有多级CCB，有些负责业务决策，另一些负责技术决策。有些CCB可以独立做出决策，而有些只是负责决策的建议工作。

一个有效的CCB会定期集中处理每个变更请求，并且基于对由此带来的影响和获益做出及时的决策。CCB组织的成员组成要求专业、精干、细心。

## 34.3.1 CCB成员构成

委员会由固定成员和临时成员组成。固定成员是负责通知CCB会议的召开、受理需求变更、将会议决策传达给相关人员、并跟踪需求变更落实的情况。临时成员都是由各职能部门的成员组成。委员会成员的构成，一般来自以下部门：

- 产品策划部门
- 计划、规划管理部门
- 项目管理部门
- 开发部门
- 测试或质量保障部门
- 市场部或客户代表
- 制作用户文档的部门
- 技术支持部门
- 售后服务热线部门
- 配置管理部门

建立CCB组织要在确保其权威性的前提下应尽可能精简人员。大的团队可能很难碰头和做出决策。

## 34.3.2 CCB工作总则

委员会的工作依据工作总则来展开，工作总则应描述CCB的目的、工作范围、工作职责、工作目标、工作成员、工作过程、操作方法。总则还应说明举行会议的频度和事由。工作范围是指CCB能做什么样的决策及哪种决策应上报到更高一级的委员会。CCB的工作应包括以下几部分。

### 1．制定决策

制定决策的过程描述应确认以下几个关键要素。

- CCB必须到会的人数和做出有效决定的出席会议人数。
- 决策的方法采用投票表决，如全票通过、半数通过。
- CCB的主席是否具有一票否决的权利。

CCB应对每个变更从各自不同的专业角度进行利弊权衡后做出决定。利包括节省资金或额外的收入、提升的客户满意度、竞争优势等；弊是指接受变更后产生的负面影响，包括开发费用增加、交付日期推迟、产品质量下降、功能减少、用户不满意等。

### 2．交流情况

一旦CCB做出决策时，指派的人员应及时更新数据库中的请求状态。有的工具可以自动通过电子邮件来通知相关人员。若没有工具，则应该人工通知，以保证他们能充分处理变更。

### 3．协商约定

变更总是有代价的。即使拒绝的变更也会因为决策行为而耗费资源。变更对于新的产品特性会有很大的影响。向下一个工程项目中增加很多功能，又要求在原先确定的进度计划、人员安排、资金预算和质量要求限制内完成整个项目是不现实的。当工程项目接受了重要的需求变更时，为了适应变更情况要与管理部分和客户重新协商约定。协商的内容包括时间的变化、人员的增加、需求优先级的调整或是质上进行折中。

> 航标灯：如果没有组织来负责，一切都是空谈。

## 34.4 变更需求代价

　　一个表面上看似简单的软件变更往往会带来一系列变化，花费的时间很难预料。我们经常很难发现，哪怕一个很小的修改都会影响到项目的范围。变更需求影响分析就是对需求变更的一种方法，变更需求影响分析是管理的一个重要组成部分。影响分析可以提供对建议的变更的准确理解，帮助做出信息量充分的变更批准决策。通过对变更内容的检验，确定对现有的系统做出是修改还是抛弃的决定，或者创建新系统及评估每个任务的工作量。进行影响分析的能力依赖于跟踪能力数据的质量和完整性。

> 🚩 **航标灯：变更带来工作量不可怕，可怕的是一次次变更使原定的期限变得遥不可及。**

　　CCB通常会请资源开发人员对提出的需求变更申请进行影响分析。为了帮助影响分析人员理解和接受一个建议变更的影响，可设计一系列问题核对表和工作任务核算表，来实现规范化、标准化的变更申请影响分析工作。建议的变更涉及的问题如表34-3所示。

表34-3　变更涉及的问题

| 问题项 | 是 | 否 | 备注 |
| --- | --- | --- | --- |
| 基线中是否已有需求与建议的变更相冲突？ | | | |
| 是否有待解决的需求变更与已建议的变更相冲突？ | | | |
| 不采纳变更会有什么业务和技术上的后果？ | | | |
| 进行建议的变更会有什么样的负面效应或风险？ | | | |
| 建议的变更是否会不利于需求实现或其他质量属性？ | | | |
| 从技术条件和员工技能角度看该变更是否可行？ | | | |
| 若执行变更是否会在开发、测试和许多其他环境方面提出不合理要求？ | | | |
| 实现或测试变更是否有额外的工具要求？ | | | |
| 在项目计划中，建议的变更如何影响任务的执行顺序、依赖性、工作量或进度？ | | | |
| 评审变更是否要求原型法或别的用户提供意见？ | | | |
| 采纳变更要求后，浪费了多少以前曾做的工作？ | | | |
| 建议的变更是否导致产品单元成本增加？ | | | |
| 变更是否影响任何市场营销、制造、培训或用户支持计划？ | | | |

**航标灯：很多时候变更是导致软件开发人员最终选择离开项目组的主要原因。**

变更影响的软件元素如表34-4所示。

**表34-4　变更影响的软件元素**

| 问题项 | 是 | 否 | 备注 |
| --- | --- | --- | --- |
| 是否涉及用户接口要求的修改、增加和删除？ | | | |
| 是否涉及报表、数据库或文件中的修改、增加和删除？ | | | |
| 是否需创建、修改或删除设计部件？ | | | |
| 是否涉及源代码文件的变更？ | | | |
| 是否涉及文件或过程的变更？ | | | |
| 是否需要修改或删除已有的单元、集成或系统测试用例？ | | | |
| 评估要求的新单元、综合和系统测试实例个数？ | | | |
| 是否涉及创建、修改的帮助文件、培训素材或用户文档？ | | | |
| 是否对应用、库或硬件部件的影响？ | | | |
| 是否需要购买第三方软件？ | | | |
| 是否会对软件开发计划、质量保证计划和配置管理计划等产生变更的影响？ | | | |
| 是否在修改后必须再次检查软件产品？ | | | |

变更需求工作任务单，如表34-5所示。

**表34-5　变更需求工作任务单**

| 任务名 | 工作量（小时） | 备注 |
| --- | --- | --- |
| 更新软件需求规格说明书或需求数据库 | | |
| 开发关评做原型 | | |
| 创建新的设计部件 | | |
| 修改已有的设计部件 | | |
| 开发新的用户界面部件 | | |
| 修改已有的用户界面部件 | | |
| 开发新的用户文档和帮助文件 | | |
| 修改已有的用户文档和帮助文件 | | |
| 开发新的源代码 | | |
| 修改已有的源代码 | | |
| 购买和集成第三方软件 | | |
| 修改构造文件 | | |
| 开发新单元测试和综合测试 | | |

续表

| 任务名 | 工作量（小时） | 备注 |
|---|---|---|
| 进行单元测试和综合测试 | | |
| 写新的系统测试实例 | | |
| 修改已有的系统测试实例 | | |
| 修改自动测试驱动程序 | | |
| 进行回归测试 | | |
| 开发新报告 | | |
| 修改已有报告 | | |
| 开发新的数据库元素 | | |
| 修改已有的数据库元素 | | |
| 开发新的数据文件 | | |
| 修改已有的数据文件 | | |
| 修改各种项目计划 | | |
| 更新别的文档 | | |
| 更新需求跟踪能力矩阵 | | |
| 检查工作产品 | | |
| 根据测试和检查情况返工 | | |
| 总计 | | |

  这个影响分析方法基于上述3张表展开，它强调广泛的任务确认。对于重大的变更，小组应该做影响分析和工作量估算来确保不忽略重要的任务。以下是影响分析方法的工作过程描述：

  （1）基于变更的需求按照建议的变更涉及的问题核对表进行逐项判断。

  （2）基于上述判断按照变更影响的软件元素核对表进行逐项判断。

  （3）使用变更需求工作任务单来评估预期任务的工作量。

  （4）求评估工作量的总和。

  （5）确认任务执行的顺序，并将任务分解到工作计划中。

  （6）决定变更是否处理项目的拐点。如果一个处理关键路径的任务延期，项目的完成之日将遥遥无期。每个变更都会消耗资源，如果能避免变更影响关键任务，则变更不会造成整个项目延期。

  （7）估计变更对项目进度和费用的影响。

（8）通过与其他需求的收益、代价、成本和技术风险的比较来评估变更的优先级。

（9）向CCB报告影响分析结果，由CCB在采纳和拒绝变更的决策过程中使用这些评估信息。

是一个向CCB进行需求变更影响分析的结果报告模板。使用这个模板可以帮助CCB找到有用的信息来做出正式的决策。实现此项变更的开发人员可能需要详情的分析情况和工作量计划工单，然后编写结果报告如图34-3所示。

```
变更请求ID：
标题：
描述：
分析人：
日期：
优先权评估：
    相关收益  ％
    相关代价  ％
    相关成本  ％
    相关风险  ％
    最终优先级
预计总耗时     小时
预计损时       小时
预计对进度的影响  天数
额外的成本影响   金额
质量影响：


被影响的其他需求：
被影响的其他任务：
变更新的计划：
综合的事项：
生存期成本事项：
可能的变更所需检查的其他部件：
```

图34-3

 **航标灯：需求的变更管理是需求管理中的核心工作。**

# 34.5  测量变更活动

软件测量是深入项目、产品、处理过程的调查研究，比起主观印象或对过去发生事情的模糊回忆要精确得多。测量方法的选择应该由所面临的问题和要达到的目标作为依据。测量变更活动是评估需求的稳定性和确定某种过程改进时机的一种方法。这种时机可以减小未来的变更请求。需求变更活动的下列方面值得考虑：

- 接收、未作决定、结束处理的变更请求的数量。
- 已实现需求变更的合计数量。
- 每人发出的变更请求的数量。
- 每一个已应用的需求建议变更和实现变更的数量。
- 投入处理变更的人力、物力和时间。

可以先用简单的测量法在组织中建立氛围，同时收集有效管理项目所需的关键数据。获得经验后建立复杂的测量方法来管理项目。

我们可以通过对建议变更数的简单统计曲线来跟踪开发过程中需求变更的规律，如图34-4所示。

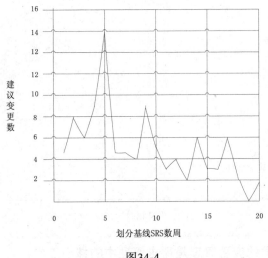

图34-4

从上图可以看出由低到高再到低的建议变更数的规律。类似还可以跟踪变更需求数量。因为需求不断变化，所以不必在定基线前知道实现的变更需求数量。然而一旦划好了需求基线，应遵循变更控制过程来处理建议的变更，并开始跟踪变更的频率，找到基线趋于稳定的拐点。这种图表最终的趋势应为零。

如果持续高频率的需求变更说明项目会有超期的风险，同时也说明了需求的基线确定不完善，应该改进需求规划的过程。

> 航标灯：变更工作有其规律，测量变更是发现规律的方法，找到规律就能把控变更。

一个项目管理者应该知道频繁的需求变更会使产品不能按时交付。可以通过跟踪产生需求变更的来源深入分析问题来自于哪里。需求来源与建议变更的数量之间的关系如图34-5所示。

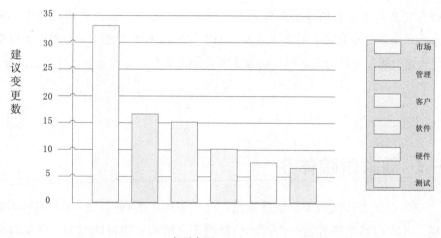

图34-5

从上图项目管理者可以了解到销售部门提出的需求变更最多，这样项目管理者就可以与市场代表和项目组讨论采取何种措施减少销售部门需求变更的数量。以图表和数据作为讨论的出发点比盲目开一些面对面的会议更具有意义和效果。

现实中的软件项目均有需求变更。严格控制变更需求管理策略可以减少变更造成的混乱，改进的需求开发技术可以减少面临的需求变更数量。效率高的需求规划、需求开发和管理策略将增强按时交付的能力。

> 航标灯：变更控制过程再严密也只是治标的办法，而治本之法在于前期各项工作要坚持完整性、准确性、一致性等。

# 第35章
# 需求跟踪能力

　　需求跟踪活动的目标是将需求业务活动和软件开发活动通过需求能力矩阵这种方式集成起来，建立起可以由源头追踪到终端、也可以由终端回溯到源头的关联关系表。建立需求能力矩阵对于实际发生需求变更时可以通过该矩阵遍历出与变更需求相关的各个工作元素，而不至于陷入需求变更的困局中。需求能力矩阵除了可以轻松应对需求变更，而且还可以基于它建立一个需求工程全局管理视图，可以实时动态反映出需求工程的进度状态、当前业务工作作业点等。

## 35.1 需求跟踪体系

　　一个表面上看似简单的软件变更往往会带来一系列变化，花费的时间很难预料。经常很难发现哪怕一个很小的修改都会影响到项目的范围。开发过程中在同意接受建议的变更之前，要明白自己在做什么。

　　需求跟踪包括编制每个需求同系统元素之间的联系文档。这些元素包括性能需求、体系架构、部件设计、源代码模块、测试、帮助文件等。跟踪能力信息能使变更影响分析十分方便，有利于确认和评估实现某个建议的需求变更所必须的工作。

　　跟踪能力链使你能跟踪一个需求使用期限的全过程，即从需求源到实现的前后生存期。为了实现跟踪能力，必须按统一规则标识每一个需求，以便能明确地进行查阅。

 **航标灯：跟踪能力本质上就是保障正确的因有正确的果的能力。**

　　需求能力跟踪链条图如图35-1所示。

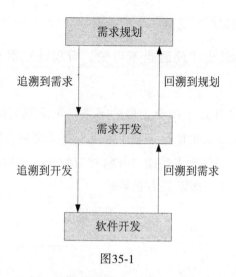

图35-1

　　从上图我们可以看到有4条跟踪链，可以分为上下两部分，上半部分是需求规划和需求开发，下半部分是需求开发和软件开发。

> ⚓ **航标灯：要想得到"种瓜得瓜、种豆得豆"的结果，你就要确保播下的种子是瓜的种子、豆的种子。**

　　上半部分有两条能力链，一是从需求规划可以向前追溯到需求开发，这样能区分出软件开发过程或开发结束后由于需求变更受到影响的需求项，这也确保了需求规格说明书应包括所有需求规划的内容。二是可以从需求回溯到需求规划，确认每个软件需求的源头。如果使用实例的形式来描述需求规划中的业务需求，则上半部分的需求规划和需求开发之间是使用实例和功能性需求之间的跟踪来体现两者之间的关系。

　　下半部分也有两条能力链，一是软件开发过程中的设计、编码、测试，都可以通过定义单个需求和特定的开发单元之间的关系实现从需求到开发的追溯，这种关联可以让你清楚每个需求项对应的产品部件，从而确保产品部件满足每个需求；二是从软件开发可以回溯到需求，使你知道每个部件存在的原因。绝大多数项目不包括用户需求直接相关的代码，但对于开发者却要知道为什么写这一行代码。如果不能把设计元素、代码段或测试回溯到一个需求，你可能有一个画蛇添足的程序。然而若孤立地存在一个元素而且是一个正当的功能，则说明需求规格说明书遗漏了一项需求。

> 🚩 **航标灯：如果真出了问题也不可怕，可以通过追溯机制找到问题的根源。**

跟踪能力联系链体现了单个正确的需求与需求到后续软件开发活动的层次、相关、依赖的关系。也体现了某个需求变更（增加、删除或修改）后，这种联系链可以保证正确的变更传播，并将相应的任务做出正确的调整，图35-2展示了许多项目中常用的跟踪能力联系链。

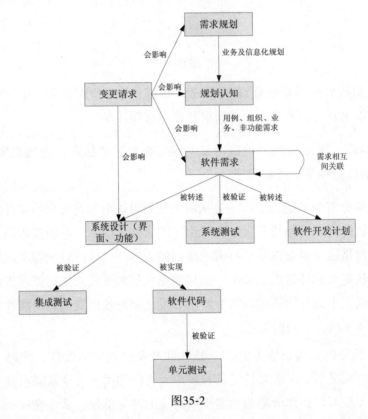

图35-2

从上图我们看出需求跟踪能力链从需求规划到单元测试共分为6个层次，其中系统设计、系统测试、软件开发计划是同一个层次的，相互之间有约束关系，软件开发计划先于系统设计，系统测试又后于系统设计，但3个活动又都依赖于同一个软件需求。

## 35.2  需求跟踪动机

我们都有过这样的开发经历，因为手边没有一个完整的需求与开发各活动的矩阵表，也就是说我们并没有做过关系的量化工作，所以当我们认为开发完了一个系统时，经用户检查发现少了一个需求，这时我们不得不返工编写额外的代码。因为忘记，所以返工。如果我们遗漏的是几个需求造成用户不满意或发布了一个不符合要求的产品，那我们很有可能损失惨重。在某种程度上需求跟踪给了我们一个量化了的与合同说明一致的要实现产品的成果清单，是预先的，尽管我们还没有实现，但我们已经有明确的量化的概念。需求跟踪可以改善产品质量、降低维护成本而且很容易实现重用。

> 航标灯：跟踪的动机就是在事前建立起需求全过程的关系链，其价值就如先在沙盘上演练做全面推演可以减少在战时流血牺牲。

需求跟踪是个要求手工操作且劳动强度很大的任务，要求组织提供支持。随着系统开发的进行和维护的执行，我们要随时维护关联信息与实际的情况一致。跟踪能力信息一旦过时，可能再也不会重建它，人们只能是各行其是，没有一个整体观了，因为它和实际不一致。

我们采用需求跟踪这种方法，是因为它能给我们的软件开发带来益处。

- 审核：审核跟踪能力信息可以帮助我们确认所有的需求被应用。

- 变更影响分析：跟踪能力信息的增删改需求时可以确保不忽略每个受到影响的系统要素，使变更影响分析更加准确和全面。

- 维护：可靠的跟踪能力信息使得维护时能正确、完整地实施变更，从而提高生产率。要是不能一次性建立整个系统的跟踪能力信息，我们可以先建一部分，然后逐次增加。

- 项目跟踪：在开发中认真记录跟踪能力的相关数据，就可以获得计划功能当前实现状态的记录。还未出现在能力链中意味着还没有开发到相应的产品部件。

- 再设计：我们可以列出传统系统中将要替换的功能，记录它们在新系统的需求和软件组件中的位置。

- 重复利用：跟踪信息可以帮助我们在新系统中对相同功能利用旧系统的相关资源，比如功能设计、需求、代码和测试用例。

- 减小风险：使部件互连关系文档化可减少由于一名关键成员离开项目带来的风险。

- 测试：测试模块、需求、代码间的联系链可以在测试出错时指出最可能有问题的代码段。

以上描述了需求跟踪可以给我们带来的益处，有一些益处是长期的，可以大大减少后期产品的开发费用。我们同时也要注意到，由于定义、管理、积累跟踪能力信息会带来成本的增加。如果把这个成本的增加作为一项投资会使人们发布令人满意的而且容易维护的产品，那这成本的增加就不会成为一个问题。

CMM中定义的第三层次要求具备需求跟踪能力，因为它是软件产品开发活动中十分重要的一个领域，CMM的定义是"在软件产品开发之间，维护一致性。工作产品包括软件计划、过程描述、分配需求、软件需求、软件设计、代码、测试计划及测试过程"。所谓一致性就是从一个代码模块能找到它从哪里来的路径，从一个需求能找到它到哪里去的路径。

## 35.3 需求跟踪能力矩阵

表示需求和别的系统元素之间的联系链的方法是使用需求跟踪能力矩阵。也就是一张三级表，表的行是每一项有编号的需求，表的属性项是需求相关的各环节对应的系统元素。我们以某个管理信息系统的实例的一部分来说明其用法，如表35-1所示。

表35-1 管理信息系统实例

| 用例编号 | 功能需求 | 设计元素 | 代码 | 测试用例 |
|---|---|---|---|---|
| UC-1 | Com.dragon.cat.sort | Class cat | Cat.sort | Test-1-7<br>Test-1-8 |
| UC-2 | Com.dragon.cat.imp | Class cat | Cat.imp<br>Cat.valid | Test-2-9<br>Test-210 |

这个表说明了每个功能性需求向后连接的使用实例，向前连接一个或多个设计、代码和测试元素。设计元素可以是模型中的对象，如数据流图、关系数据模型中的表单或对象类。代码参考可以是类中的方法、源代码的文件名、过程或函数。加上更多的列项就可以拓展到与其他工作产品的关联，如在线帮助文档。这实际上是一种关联关系的填充，只是这个工作太细琐，很多个人和组织不愿意花时间做，尽管在他们脑中都有这个概念。

跟踪能力联系链可以定义各种系统元素，这些元素间的关系可以是一对一、一对多、多对多的关系。这里我们列举一些可能的分类。

- 一对一：一个代码模块存在一个设计元素中。

- 一对多：多个测试实例验证一个功能需求。

- 多对多：每个用例导致多个功能性需求，而一些功能性需求又与多个使用实例相关。

手工创建需求跟踪能力矩阵应该作为一种工作习惯来培养，即使很小的项目也是有效的。一旦确立了用例基准，就准备在矩阵中添加每个用例演化成的功能性需求。随着软件设计、构件开发、系统测试的进展不断更新矩阵。

上述是用一张表来表述需求与软件开发后续活动环节的关联关系。我们还可以用二元对这种矩阵集合的方式来定义系统元素对间的联系，如用例与测试实例、用例与功能、用例与用例。

可以使用这些矩阵定义需求间可能的不同联系。表35-2是一个用例与功能需求之间的二元对需求跟踪能力矩阵。

**表35-2 需求跟踪能力矩阵**

| 功能需求 | 用例 | | |
|---|---|---|---|
| | UC-1 | UC-2 | UC-3 |
| FR-1 | ↵ | | |
| FR-2 | ↵ | | |
| FR-3 | | ↵ | |
| FR-4 | | ↵ | |
| FR-5 | | | ↵ |

矩阵中绝大多数的单元是空的。每个单元指示相应行和列的关系，可以使用不同的符号来表示用例和功能需求间追溯和回溯的关联关系。在上表中我们采用箭头的方式表示功能需求是来自于哪一个用例的。

跟踪能力联系链的信息项只要合适、有利于项目管理都可以定义。表35-3列出了来源信息项类、目标信息项类、信息源来源人员三类，当然大家还可以根据自己的经验再行定义。

表35-3 跟踪能力联系链

| 原信息项 | 目标信息项 | 信息源 |
|---|---|---|
| 系统需求 | 软件需求 | 系统工程师 |
| 用例 | 功能性需求 | 需求分析员 |
| 功能性需求 | 功能性需求 | 需求分析员 |
| 功能性需求 | 系统设计元素 | 系统架构师 |
| 功能性需求 | 其他设计元素 | 开发人员 |
| 设计元素 | 代码 | 开发人员 |
| 功能性需求 | 测试用例 | 测试工程师 |

> 航标灯：能力矩阵就像一本通信录，上面记录了与你上下左右有关联的人，有事的时候随时可以寻求帮助。

# 35.4 需求跟踪能力过程

需求跟踪能力过程如图35-3所示。

（1）从4类链条中根据管理目标进行选择，如选择上半部分的追溯和回溯，或4种链条全选。

（2）从单矩阵和二元矩集合两种跟踪能力矩阵中选择其一。

（3）确定对软件产品哪部分维护跟踪能力信息。由关键的核心功能、高风险部分或将来维护量大的部分开始做起。

（4）通过制订过程和核对表以达到提醒开发者在需求完成或变更时更新联系的工作规范，同时在规范中要制订标记性规则，用统一标识来标出所有的系统元素，可以达到相互联系的目的。

（5）确定负责联系链信息的收集和管理的人员。

（6）培训项目组成员，使其接受需求跟踪能力的概念和其重要性。确保参会人员明白其担负的责任。

（7）在实际工作中，按照规范和标准进行跟踪能力矩阵的填写，同时通知该信息链的负责人。

（8）在开发过程中周期性地更新数据，以使跟踪信息与实际相符。如果发现跟踪能力数据没完成或不正确就要及时督促进行修正。

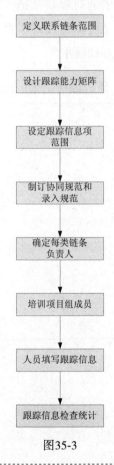

图35-3

> 📖 **航标灯：跟踪能力矩阵需要让需求分析相关所有人员都知道相互间关系的存在。**

611

## 35.5 需求跟踪能力工具

　　由于联系链源于开发组成员的头脑中，所以需求跟踪能力不能完全自动化。然而一旦确定了联系链，特定的工具就能帮助我们管理巨大的跟踪能力信息。可以使用电子数据表来维护几百个需求的矩阵，但更大的系统需要更稳健的解决办法。

　　一些商业化的需求跟踪能力工具可以实现在数据库中存储这些信息，定义不同对象间的联系链、同类需求的对等联系链、区分追溯到和回溯到的关系标注等功能。这些工具还允许定义跨项目或跨子系统的联系链。使用工具将大大节省工作量并提高需求跟踪能力管理水平。

 **航标灯**：有因才能有果，通过因找到果，通过果找到因，你就不会困惑。

**7**

# 第7篇 组织篇

# 第36章
## 建立需求分析体系

"千夫所指，人人相轻"这种不重视软件需求的观念体现在一个个软件项目只是表象，其症结在于长期以来 "轻业务、重技术"的理念已根深蒂固，而解决措施要建立一个专业从事软件需求分析的独立部门来承担这项工作。这个部门是介于业务部门和技术部门之间的，专门负责对组织自身业务、客户业务、客户对象和竞争对手的研究，然后将其转化成提供给技术部门的软件需求规格说明，使组织不仅能提供让客户满意的软件产品，而且还能成为客户业务发展的参谋。

## 36.1 建立体系的必要性

组织可以是动词，如"请把大家组织起来把这车货卸完"。组织也可以是名词，如"组织的名称是广州市大华科技公司"。在本书中我们会谈到组织的名词性，也会谈到组织的动词性。在组织的名词性里，我们更多是谈法人单位的组织，如政府、企业、团体这些组织。我们当前生活在一个信息化的社会里，在这个社会里除了传统的人与人的交互、人与物的交互之外，还有基于信息产品的人与人交互和人与物的交互方式。无论是组织还是个人现在都离不开信息产品，其中最重要的信息产品之一就是软件。既然离不开软件，我们就要知道它从哪里来、它能为我们带来什么、我们对它有什么样的诉求。

 **航标灯**：一个组织的价值在于能给客户提供有价值的服务。

在信息化社会中组织大致可以分为如下3类：

- 生产信息化产品的组织，比如软件公司；
- 使用信息化产品的组织，比如政府部门和生产企业；

- 既生产又运营信息化产品的组织，如电子商务企业、互联网信息服务提供商。

组织需要对外交互，就需要设置相应的管理部门来管理交互过程中的事项，如有经济往来需要设置财务部门、有商品的往来需要设置采购部门和销售部门，同样有与信息化产品的往来就需要设置信息化产品管理部门。生产信息化产品的组织和自产自用的组织本身就是一个信息化产品管理的大部门，而使用信息产品的组织多设置了IT管理部门。

> 🚩 航标灯：IT企业或IT管理部门不能只唯"技术论"，那样你与客户永远都是在隔岸相望。

本篇想要阐述的是软件需求分析工作与这三类组织的关系及在这三类组织中如何建立软件需求工程体系来提升软件需求的质量。

三类组织都离不开软件需求。因为随着计算机技术的不断发展和信息化工作的不断推进，人们的生活、工作、学习都越来越离不开计算机设备、电子产品和各类软件。人们现在不仅能通过连接互联网的计算机终端进行购物、沟通、游戏等活动，而且还能通过各类移动终端如智能手机、平板电脑也同样可以完成这些活动，而且与计算机终端相比更加方便和快捷。因为计算机技术给人们带来了如此多的意想不到的好处，所以当前人们比以往任何时候都更迫切需要有更好的软硬件产品来满足人们日益增长的需求，其中对软件的需求尤为突出。软件的需求从来源的角度可以分三类，第一类是满足公众信息化需要的公共类软件的需求，如沟通、游戏、博客等；第二类是满足组织的生产、监管、信息发布等信息化需要的组织类软件的需求，如网站、ERP软件、OA软件、财务软件等；第三类是面向公众或组织基于软件产品提供信息运营服务的运营类软件的需求，如电子商务网站、IDC中心管理系统、电信运营系统等。公共类软件产品主要是由软件企业开发向公众提供。组织类软件产品主要也是由软件企业通过产品开发和项目定制两种方式向组织提供。运营类软件产品既可以是软件企业开发提供给组织，也可以是运营组织自身开发提供给自己。

三类组织都需要通过软件需求工程来保障软件需求质量。人们越来越依赖各类软件，对软件质量的要求也越来越高，然而软件开发的状况和质量远未达到人们的期望和要求，无论是软件研发企业、软件应用企业和软件运营企业都遇到过软件产品投资超预算、项目开发超期、质量低于预期。究其原因，软件需求问题可以说是其中的一个最大原因。为解决这一问题，从20世纪90年代中期开始，软件需求分析逐步从软件开发活动中分离出来作为一个独立部分进行深入分析和研究，经过10多年已发展成为需求工程这门独立的子学科。需求工程的目标是建立一个工程化、系统化、条理化的需求分析体系，提高与软件需求相关活动及其过程的可管理性。目前这门学科还在发展，但当前的工作成果已经可以用来指导组织的需求分析工作。需求工程从软件工程分离出来后，需求工程和软件工程的边界就更加清晰。需求工程的重点在业务需求、用户需求、软件需求上，其工作特点为"重业务也重技术，以业务为核心，以技术为支撑"，而软件工程的重点在于设计、编码和实现上，其工作特点为"依据软件需求，以技术为核心，以实现软件系统为目标"。学科的划分和边界的划分，也带来了新的业态，出现了一些专门从事需求分析和系统设计的信息咨询公司，也出现了一些专门做软件外包的公司。软件需求分析已独立成为一个新的领域。对于那些包括软件生产组织、软件使用组织、自产自运营的组织如果想提升软件需求的质量、提高软件需求分析水平，都可以依据软件需求工程的原理和方法来快速建立组织的软件需求分析体系。

> 🚩 **航标灯**：IT行业是时候需要确立"重业务也重技术，以业务为核心，以技术为支撑"观念。

体系是整体系统的简称。整体系统是由自身系统和外部系统有机构成的一个整体。外部系统包括输入系统和输出系统，自身系统由结构和功能构成。自身系统将外部系统的输入经过转化处理后输出到外部系统中。一个抽象的体系是由主体、对象、过程、方法、技术构成的，其中主体是讲自身系统，对象是讲外部系统，过程方法和技术是主体和对象交互过程中的时序、算法和借助的工具等。其模型如图36-1所示。

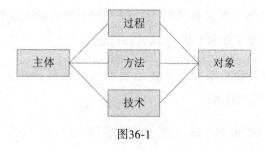

图36-1

软件需求分析体系是指由软件需求分析部门与软件需求分析工作相关的其他部门和其交互过程中形成的过程、方法和技术等构成的整体。软件需求分析部门以下简称需求分析部门。需求分析部门是承担需求分析工作的主体，与需求分析工作相关的部门如业务部门、研发部门等。软件需求分析体系的构成模型如图36-2所示。

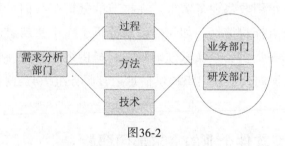

图36-2

上面分析了三类组织建立软件需求分析体系的必要性，并给出了软件需求分析体系的构成模型，下面我们主要是站在软件研发的组织、使用软件的组织、运营软件的组织角度对如何建立软件需求分析体系进行探讨。

 航标灯：建立需求分析体系是一个落实这一理念的抓手。

## 36.2 需求分析部门的职能

定位是指在多个事物中所处的层次及其在层次中的作用。需求分析部门的定位，就是需求分析部门在整个组织中的层次及其作用。职能主要是说其主要承担的工作。3类组织中软件研发组织可以分为提供公众类软件的组织和提供组织类软件的组织。所以在具体分析时我们是针对3类4种组织进行分析。这4

种组织分别是提供公众类软件的组织、提供组织类软件的组织、使用软件的组织，以及面向公众或组织提供信息运营服务组织。

> 🚩 **航标灯：需求分析部门是具体承担和管理软件需求分析的部门，是业务部门和技术部门的桥梁。**

需求分析部门是具体承担和管理软件需求分析的部门，其实在很多组织中都设有相应的部门和小组来承担需求分析的工作，只是名称不同或者没有具体明说其是承担这样的工作，但实际上又在做这样的工作。你比如产品规划部和产品策划部其核心工作之一就是要做需求分析，还有如每个软件项目中都有需求分析小组。再比如使用软件的组织中的IT管理部门，虽然在职责上没有明确说明其需要承担需求分析工作，但实际上该部门会收集业务需求或协助软件研发组织收集业务需求。在本节的分析中我们只是抽象地叫做需求分析部门，重点探讨该部门如何对需求分析工作中重新定位。下面分别探讨需求分析部门在提供公众类软件的组织、提供组织类软件的组织、使用软件的组织，以及面向公众或组织提供信息运营服务组织4类组织中的定位和作用。

## 36.2.1 产品型软件企业的需求部门职能

提供公众类软件的组织，如提供沟通、游戏、博客软件产品这类组织。

公众类软件产品具有使用用户量庞大、地域分布广、需求多样等特性，这类软件产品的需求一是没有提出具体需求的可以指名道姓用户，二是不可能与各个用户进行面对面的需求交流，三是每类客户的需求和目标都不尽相同。这类软件的开发的技术难度可能不会比开发组织类软件的大，但软件需求的获取和分析要远比开发组织类软件大得多。为解决这一问题公众类软件的组织中通常会设置产品规划部或产品策划部，该部门是组织中的核心业务部门、是组织的利润中心，通常这样的部门都隶属于公司最高领导直接管理，而技术研发部门和客户服务部门都是在产品规划下的具体执行部门。其定位模型如图36-3所示。

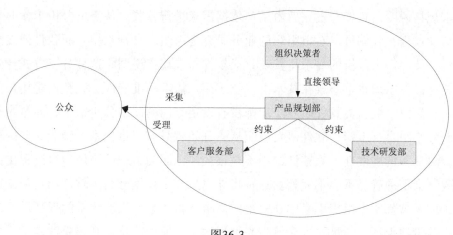

图36-3

产品规划部是这类组织需求分析体系的创建者、管理者、推动者。因为不建立这个体系组织就没法运转，不推动产品的开发就不能很好地满足公众的要求，不管理就不能很好地根据外部变化进行更多改进以适应变化的需求。产品规划部的主要工作职能有两个，一是用户需求的采集和用户需求的研究，二是将用户需求转化成软件需求规格说明。用户需求采集一方面是由产品规划部门主动通过向具有代表性的用户进行调研来获取，另一方面是由产品规划部门主动对用户的爱好、心理的研究进行创新来预测出用户的需求。在研究的基础上产品规划部门按照需求分析方法编制出软件需求规格说明。当前这类组织的产品规划部都有自身的需求分析体系，且部门定位很清晰，这类组织可以借鉴本书的原理、过程和方法对现有的体系进行适应性改进。

> 航标灯：产品规划部门既是一个业务部门，也是一个技术部门，是介于业务部门和技术部门中间的一个特殊组织。

## 36.2.2 项目型软件企业的需求部门职能

提供组织类软件，如提供ERP软件、OA软件、财务软件等软件研发组织；组织类软件产品具有使用用户量有限、集中在一个地域、需求多为满足组织内部群体间协作管理为主等特性。这类软件产品的需求分析工作开展过程一般是由用户提出需求，需求分析人员与用户沟通，确认需求后将其转化成软件需求规格说明，软件开发完后由用户依据需求进行验收。从需求分析工作开展的活动过程，我们可以看出组织的业务研究是由组织自身承担，而软件研发组织只是按照需求分析的要求将其转化成软件需求规格说明，这种分工方式注定了软件研发组织将重心放在技术上，至于用户需求的准确性、完整性是用户的职责，所以一般这类软件研发组织都没有设定专门的需求分析组织，而是由软件研发小组自行承担。软件研发组织从一开始就具有"重技术、轻业务"的思想，对业务的准确性、完整性组织不是很关注，因为组织认为用户自己提出的业务不会不准确、不会不完整。这种指导思想和工作划分会为软件项目带来风险，因为软件研发组织不会建立完整的需求分析体系，没有体系的保证需求的输入就没法保证，垃圾输入必然带来垃圾输出，所以这从一开始就注定了。要解决这一问题，软件研发组织必须建立专门的独立于技术研发部门的需求分析部门来负责组织的需求分析体系建立、管理和推动。需求分析部门在软件研发组织中的定位模型如图36-4所示。

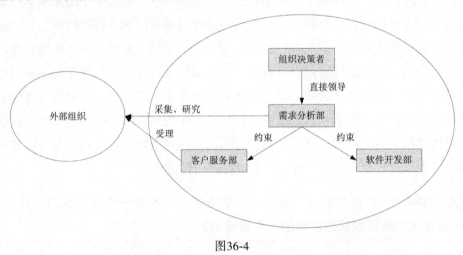

图36-4

需求分析部是在组织决策者的直接领导下，其主要工作职能有两个，一是采集和研究外部组织的需求；二是将外部组织的需求转化成软件需求规格说明。需求分析部和软件开发部是两个不同的组织，它将外部组织的业务和软件开发部的技术作为研究对象，在业务和技术之间建立映射关系，作为内外两个组织之间的纽带。

航标灯：很多项目性软件企业都有"重技术、轻业务"的思想，是时候该改变了。

### 36.2.3 IT管理部门的需求工作开展

使用组织类软件的组织有政府部门和生产企业等。当前这类组织为了推进组织内部的信息化建设，都纷纷设立了IT管理部门，其作用就是收集各部门的信息化需求，然后委托社会上各类组织进行软件研发和电子设备采购，用于满足组织内部各部门的信息化需求，从而提升组织的信息化水平，促进业务效率和效能的提高。这些组织中IT管理部门对外最主要的工作包括相关设备采购、软件研发项目管理，对内的主要工作是业务需求采集、信息管理制度建立，其中对外的软件研发项目管理和对内的业务需求采集是工作的难点，尤其是业务需求采集工作最难。难在一是只能依靠业务人员主动提出，如果业务人员不提，就没有业务需求；二是没有好的办法将这些业务需求如何转化成功能需求，只能依靠外部的研发组织来做需求分析；正是由于业务需求采集难，所以采集不全、采集不准在很多时候是不得已的，业务需求不清在此基础上做的软件系统其质量就不能满足业务的需要。组织内IT管理部门的定位模型如图36-5所示。

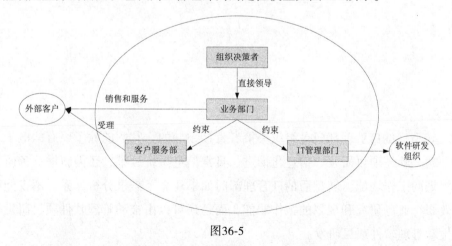

图36-5

从上图可以看到IT管理部门的定位是一个对业务部门的支撑单位，该部门并非组织决策者直接领导。所以很多时候组织的IT管理部门常常是被边缘化的部门、是一个鸡肋部门，不能撤销因为确实有需要，但又不能很好地满足业务部门的需要。经常和一些企业的IT管理部门在一起沟通，他们都会对现状有诸多的不满，他们一直纠结于IT管理部门到底定位在技术支撑部门和成本中心还是要转换思路和工作方法成立技术创新部门和利润中心。许多政府和企业的IT管理部门的领导者也在积极研究和探索，为IT管理部门寻找新的定位和出路。IT管理部门应成为技术创新、间接利润中心部门，是当前政府和企业IT管理部门的转型思路。其中技术创新的核心就是在业务研究基础上的创新，如果转型为这样的IT部门，就需要建立需求分析体系，因为业务研究离不开需求分析体系的建立。转型后的IT管理部门在组织中的定位模型如图36-6所示。

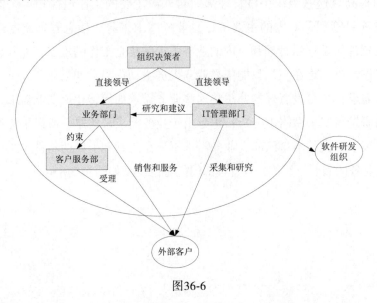

图36-6

转型后的IT管理部门是组织决策者直接领导的，其职能除了原有的电子设备采购、软件项目研发、信息化推进、日常信息系统运维，还需新增业务研究和规划的工作职能。转型后的IT管理部门如果建立了需求分析体系，不仅能够有效履行业务研究和规划的工作职能，而且还可以由被动管理软件项目研发变为主动管理软件项目研发。

> 航标灯：IT管理部门要想不被边缘化就要把组织的业务研究作为工作重点。

### 36.2.4 电子商务类企业的需求部门职能

面向公众或组织提供信息运营服务组织，如电子商务企业等有自己的软件研发部门、业务部门，软件研发部门为业务部门提供信息系统的支撑服务，软件研发部门研发的软件既需要满足业务部门的需要，也需要满足公众或组织的需要。这类组织是软件研发组织和使用软件的组织的合成体。但当前这类组织的软件研发部门还是采用传统的软件研发组织的管理模式来运作，而这种方式引发了软件研发部门和内部研发部门之间就需求之间的矛盾。所以要解决这一矛盾需要引入一个新的负责需求分析的部门。该部门的定位模型如图36-7所示。

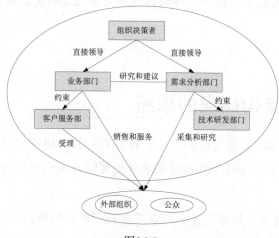

图36-7

需求分析部门是在组织决策者的直接领导下，其主要工作职能有三个，一是面向内部业务部门进行需求采集和业务的研究；二是面向组织服务的公众或组织的需求进行分析的研究；三是将业务部门需求和外部组织和公众的需求转化成软件需求规格说明。需求分析部和技术研发部是两个不同的组织，需求分析部是业务部门及外部组织或公众与技术研发部门的纽带，该部门将业务部门的需要、技术研发部门的需要及外部组织或公众的需要作为研究对象。需求分析部门要有效地履行职能就需要建立完善的需求分析体系。

> ⚓ **航标灯**：很多电子商务或互联网类企业的成功秘诀就在于对客户诉求进行了手术刀般的剖析和研究。

623

# 第37章
## 需求分析部门的组织结构

"什么样的工作职能，将决定建立什么样的组织结构。"需求分析部门的工作职能是向上为决策层提供业务和技术发展建议，向左接受业务部门的业务需求，向右为技术部门提供软件需求规格说明，向外采集客户和其他关联组织的各种信息。所以需求分析部门的组织结构须依据其职能来进行划分。

## 37.1  组织结构建设的思路

在需求分析部门职能定位一节中，我们对3类4种组织中需求分析部门给出了其职能定位，综合3类4种组织的需求分析部门，我们可以得出需求分析部门的职能应包括：

（1）面向内部业务部门进行需求采集和业务的研究；

（2）面向组织服务的公众或组织的需求进行分析的研究；

（3）面向技术研发部门对其当前所掌握的语言、框架、开发能力等进行分析和研究；

（4）将业务部门需求和外部组织和公众的需求转化成软件需求规格说明并提供给技术研发部门。

需求分析部门为了履行这些职能，需要采用分而治之的思路进行组织，也就是我们通常说根据职能划分为不同的二级部门或小组而分别承担相应的职能，进行专业化的分工。就需求分析部门的职能而言，涉及的领域包括业务领域、技术领域、业务和技术转化领域，每个领域有其专有的知识，都需要掌握这些知识的专业人才。所以通过组织结构的划分来实现专业化分工，是需求分析管理工作也是其他管理工作的通用做法。

 航标灯："定编、定岗、定责"是组织建设的三大法宝。

虽然不同的组织对需求分析部门的工作目标要求各不相同，比如，对于研发软件的组织而言可以借助体系开发出高质量的软件，对于使用软件的组织而言，借助体系除能提升组织的信息化水平还可以通过技术创新促进业务的创新，对于运营软件的组织而言，借助体系可以促进软件研发和业务运营的有效融合，由于目标不同各组织对需求分析部门的组织结构划分方法也会不同。本节我们探讨的是一个普适的需求分析部门的组织结构，各组织可以依据实际进行裁剪加以应用。

组织结构的划分不是一成不变的，会随着外部环境的变化而变化。所以本节会先对与需求分析部门相关的外部组织进行关联性分析，然后再对需求分析部门内部的组织结构和工作岗位进行描述。

# 37.2 部门的关联性分析

部门内的关联性分析，是对需求分析部门与外部有交互组织的分析，也称边界分析。关联性分析的目的：

（1）模糊的边界不仅不利于部门间的工作，还会造成危害，所以清晰的边界可以使关联部门间依据规范有序运行。

（2）需求分析部门的内部职能设立是为了满足关联部门间的需要，关联部门的需要是内部职能设立的依据，关联部门的变化是内部职能发生变化的原因。

（3）关联部门对交互内容和交互目标的需要，是需求分析部门的工作对象和工作指标，需求分析部门的工作好坏是由关联部门进行评定的。

（4）需求分析部门是关联部门的中介组织，只有明确知道关联部门间的需求，才能进行有效的加工和匹配，才能使关联部门间尽管是分而治之的，但在整体运行效果上是合而为一的。

需求分析部门的关联关系图如图37-1所示。

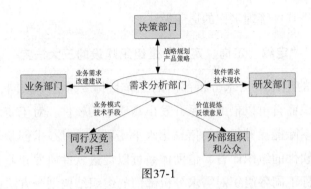

图37-1

从上图可以看出与需求分析部门相关的包括内部直接相关的决策部门、业务部门和研发部门、外部间接相关的同行及竞争对手和外部组织和公众。其关联关系分析如下。

（1）决策部门：需求分析部门一方面要向决策部门提供产品决策建议，另一方面又要研究决策部门制订的战略规划，面向未来提出信息化发展的规划和建议。

（2）业务部门：业务部门向需求分析部门提出业务需求，需求分析部门给出业务需求的分析和建议，需求分析部门要给业务部门提供业务需求的模板并进行相应的培训，以便业务部门能清晰业务需求的分析方式，这里的业务部门可以是销售部门、技术支持部门等。

（3）研发部门：需求分析部门要为研发部门提供软件需求规格说明，并全程跟进涉及软件需求的开发活动，研发部门需要向需求分析部门提交当前所掌握的技术、算法、语言、设计方法等。

（4）同行及竞争对手：收集同行与竞争对手的业务模式、技术手段，可以做到事半功倍，可以向同行和竞争对手学习，大大节省在业务创新研究和技术创新研究上的人力、物力和时间等资源。

（5）外部组织和公众：对外部组织和公众的研究，是找到业务部门需求的来源依据，同时对他们的研究可以给业务部门提供变化的建议以提前应对外部组织和公众的变化。

> 🚩 **航标灯**：需求分析部门的上下左右五类组织都是其服务对象。

## 37.3 部门内的组织结构

任何一个部门的组织结构设计都是依据"抓两端、促中间、一条业务线、专业化分工"这一管理思路来设计的。抓两端是建立专门的组织负责外部需求的统一输入、对外成果的统一输出；促中间是建立专业化的业务组织来满足两端的需要；一条业务线是指由输入、处理、输出构成的业务过程。按照这一组织结构设计思想、基于需求分析部门的关联性分析、依据需求工程的原理、方法和过程知识，本书建议需求分析部门内的组织结构设计如图37-2所示。

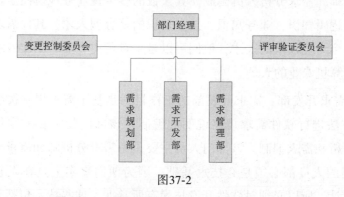

图37-2

需求分析部门是在组织决策部门领导下的部门经理负责制。需求分析部门是由两个逻辑组织即评审验证委员会、变更控制委员会（简称CCB）和3个实体组织，即需求规划部、需求开发部和需求管理部组成。下面分别对各部门的工作职责和岗位设置进行描述。

> 航标灯："抓两端、促中间、一条业务线、专业化分工"是部门的工作指导思想。

（1）评审验证委员会：该委员会是一个逻辑组织，其成员是由与软件需求相关的其他部门的管理人员、业务骨干或外部专家临时构成。委员会的主要工作是对需求规划成果、需求开发成果进行评审和验证。委员会只需设立一个专职的秘书，负责日常会议的通知、会议材料发放、外部专家联络等工作。

（2）变更控制委员会：变更控制委员会简称CCB，CCB组织是确保软件开发成功的一个有效的措施。CCB可以由一个小组担任，负责做出决定究竟将哪些已建议的需求变更或新的产品特性付诸实践。委员会由固定成员和临时成员组成。固定成员是负责通知CCB会议的召开、需求变更、将会议决策传达给相关人员、并跟踪需求变更落实的情况。临时成员都是由各职能部门的成员组成。

（3）需求规划部：需求规划部的工作目标是在业务研究的基础上按照需求规划的原理和方法进行业务及信息化规划报告的编制。该部门的主要工作包括业务研究、应用建模、系统规划、分析计算和报告编制。该部门主要是由若干需求架构师和需求分析人员构成，其人数的多少视业务规模而定。需求架构师需要具备逻辑知识、业务知识、技术知识的复合型人才，其他需求分析人员可以是某一个专业领域的人才，他们可以是来自历史专业、中文专业、心理学专业等非计算机专业的人员。

（4）需求开发部：需求开发部的工作目标是基于需求规划按照需求开发的原理和方法进行软件需求规格说明的编制。该部门的主要工作包括需求获取、需求分析和需求编制。该部门人员主要是由需求分析师和需求分析人员构成。该部门的人员都必须是有技术基础，因为他们事实上是在做软件系统的前期初步设计，所以必须对软件开发技术有所掌握，这些技术包括界面交互技术、数据库设计技术、面向对象的分析和设计技术等。

（5）需求管理部：需求管理部的工作目标为保障需求规划和需求开发能够有序进行而设立的管理组织。该部门的主要工作包括项目的申请受理、工作计划制订、工作任务分配、工作质量考核、审核会议组织、工作成果输出等。该部门人员主要由项目经理、培训人员、文档管理人员等组成。项目经理主要是对需求分析项目成本、质量、进度及需求分析的版本、状态、能力跟踪负责；文档管理人员主要是负责整体需求分析部门的模板、规范、阶段工作成果的存储、查询、统计等工作；培训人员主要是负责部门内部人员的需求工程知识和技术的培训及软件需求工程知识在整个组织内的宣传。

# 第38章
## 需求分析部门的管理工作

需求分析部门的管理思路是"抓两端、促中间、一条业务线、专业化分工"。"抓两端"是指一端抓面向业务部门或外部组织或公众的输入，对输入的合理性、完整性、优先级进行判断分析；另一端抓面向研发部门的软件需求规格说明的输出，确保其完整性、准确性、无二义性、易理解性等，抓两端的核心是确保正确的输入和正确的输出。"一条业务线"是指由需求规划和需求开发共同构成的从业务申请到成果输出的全过程。专业化分工是指按需求规划、需求开发、需求管理三个领域进行职能分工。

## 38.1 业务和管理的二维表

需求分析的业务线包括业务申请、业务研究、应用建模、系统规划、分析计算、报告编制、需求获取、需求分析、需求编制、成果移交、全程跟踪、项目归档共12个阶段业务环节构成的业务全过程。专业化分工是指由两个逻辑组织和3个实体组织构成的专业化队伍。管理工作是将业务工作和管控工作的全局作为研究对象，其主要工作职责一是业务环节的有序组织，二是关键节点成果的合规性审核。

> 航标灯：需求分析部门有1条从需求规划到需求分析的业务主线。

业务和管理的二维表是以业务线为行、以专业化组织为列，由行与列中填充的业务活动和管理活动共同构成的活动列表，也可以称为需求分析工作二维工作表。二维表列出了整个部门的业务和管控工作的全景。业务和管理的二维表模板如表38-1所示。

表38-1 业务和管理的二维表

| 业务环节 | 需求规划部 | 需求开发部 | 需求管理部 | 评审验证委员会 | CCB委员会 | 备注 |
|---|---|---|---|---|---|---|
| 业务申请 | | | 申请受理 | | | |
| 业务研究 | 全景视图→改造视图 | | | 范围和目标评审 | | |
| 应用建模 | 业务建模系统建模体系检查 | | | | | |
| 系统规划 | 10个分项规划 | | | | | |
| 分析计算 | 两大能力计算 | | | | | |
| 报告编制 | 业务及信息化规划报告 | | | 报告评审 | | |
| 需求获取 | | 系统关联用例分析 | | | 用例评审 | |
| 需求分析 | | 接口、界面、数据、功能、非功能分析 | | | 分析评审 | |
| 需求编制 | | 软件需求规格说明编制 | | | 规格说明书验证 | |
| 成果移交 | | | 全部文档的移交 | | | |
| 全程跟踪 | | | 需求变更收集整理 | | 需求变更控制 | |
| 项目归档 | | | 文档和代码的归档 | | | |

　　从上表我们可以分析出整个业务过程是由1条纵向业务主线和10个横向管控线组成。一条业务主线由12个业务环节构成，主要由需求规划部、需求开发部、需求管理部来承担。10个横向管控线，也叫管理流程，分别是申请受理、范围和目标评审、报告评审、用例评审、分析评审、规格说明书验证、全部文档的移交、需求变更收集整理、需求变更控制、文档和代码的归档，这些管理活动主要由需求管理部、评审验证委员会、CCB委员会来承担。

 航标灯：工作二维表是组织间分配工作的一个方法。

# 38.2 业务及管理流程图分析

　　业务和管理流程图分析由业务流程图分析、管理流程图分析、业务和管理流程关系分析3个部分构成。业务流程的一些核心环节需要依据管理流程进行质量管控,确保业务当前环节的工作质量,避免错误的、不准确的、不完整的工作成果向下一业务环节传播,这就形成了业务流和管理流之间的关系。业务流程是业务各环节按序构成的,业务流程图分析就是以图示的方式来反映业务环节之间的关系,并对业务流程各环节的主要业务活动进行简要描述。管理流程是管理各环节按序构成的,管理流程图分析就是以图示的方式来反映管理环节之间的关系,并对管理流程各环节的主要业务活动进行简要描述。

业务和管理流程关系分析是由业务流程简图和管理流程岗位和工作简图共同构成的,业务流程简图中只列出了各环节的名称和时序关系,管理流程岗位和工作简图是由管理工作环节和岗位名称构成的一个环节单元,并画出环节单元间时序关系。业务和管理流程关系分析的目的是让部门管理者对全局业务和管理工作有一个整体的模型视图。业务和管理流程关系模型如图38-1所示。

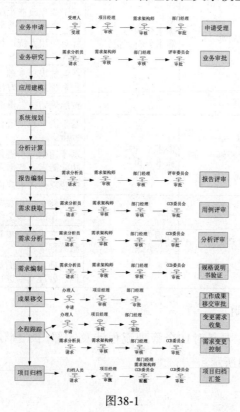

图38-1

图38-1由纵向业务"一"流程和横向管理"十"流程构成,下面针对图中的业务流程和管理流程的各环节涉及的工作岗位和工作要点进行说明。

 **航标灯:需求分析部门的管理矩阵是由一纵十横构成的。**

### 1.业务流程说明

业务流程说明主要是对业务流程中的12个业务环节涉及的部门、岗位和工作要点进行简要说明,如表38-2所示。

表38-2 业务流程说明

| 业务环节 | 涉及部门 | 涉及岗位 | 工作要点 |
|---|---|---|---|
| 业务申请 | 需求管理部 | 受理人<br>项目经理 | 当业务部门有需求任务申请时,受理人接受此申请,并启动申请受理流程 |
| 业务研究 | 需求规划部 | 需求架构师<br>需求分析人员 | 收集业务需求、进行资料研究梳理、业务全景视图、展开现场调研、制订业务改造视图 |
| 应用建模 | | | 基于业务改造视图进行业务建模、系统建模、体系建模的工作 |
| 系统规划 | | | 针对应用系统进行包括体系架构规划、网络规划等工作 |
| 分析计算 | | | 在系统规划基础上进行业务发展能力计算和系统支撑能力计算 |
| 报告编制 | | | 按照规划报告模板进行报告编制工作 |
| 需求获取 | 需求分析部 | 需求架构师<br>需求分析员 | 基于需求规划进行系统关联性分析、用例分析。 |
| 需求分析 | | | 基于用例分析进行接口需求、界面需求、功能需求、数据需求、非功能需求等分析 |
| 需求编制 | | | 按照软件需求规格说明模板进行需求编制 |
| 成果移交 | 项目管理 | 办理人<br>项目经理 | 按照移交工作规范将需求规格和需求分析的工作成果移交给软件研发部门 |
| 全程跟踪 | | | 需求变更的收集和整理,启动需求变更控制流程 |
| 项目归档 | | | 按照项目归档的规范将需求文档、代码文档、管理文档进行归档 |

### 2.管理流程说明

管理流程说明主要是对10个管理流程涉及的部门、岗位和管理工作要点进行简要说明如表38-3所示。

表38-3 管理流程说明

| 管理流程 | 涉及部门 | 涉及岗位 | 工作要点 |
|---|---|---|---|
| 申请受理 | 需求管理部<br>业务部门 | 受理人<br>项目经理<br>需求架构师<br>部门经理 | 申请受理主要是对业务部门的需求进行合规性、可行性、优先级进行审批受理 |
| 业务审批 | 需求管理部<br>需求规划部<br>评审委员会 | 需求架构师<br>需求分析人员<br>部门经理<br>委员会专家 | 对基于业务全景视图依据问题和目标所做的业务改造视图分析是否满足业务要求 |
| 报告评审 | | | 对业务及信息化规划报告的完整性、一致性、无二义性进行评审 |
| 用例评审 | 需求分析部<br>CCB委员会 | 需求架构师<br>需求分析人员<br>部门经理<br>CCB委员 | 对系统关联、用例图、用户规格进行准确性和与规划报告业务对应关系的评审 |
| 分析评审 | | | 对接口、界面、数据、功能和非功能需求分析进行规范性、正确性、关联性评审 |
| 规格说明验证 | | | 对软件需求规格说明文档的完整性、准确性、一致性、无二义性进行评审并采用测试用例、操作手册草稿进行需求验证 |
| 工作成果移交审批 | 需求管理部<br>技术研发部<br>CCB委员会<br>业务部门 | 需求架构师<br>需求分析员<br>办理人<br>项目经理<br>部门经理<br>CCB委员 | 对要移交工作成果的数量、规范性、准确性进行审批，审批后将工作成果移交给技术研发部 |
| 变更需求收集 | | | 收集业务部门和技术研发部门的需求变更请求，并知会相关管理人员 |
| 需求变更控制 | | | 采用会议的形式对需要变更的需求进行评审 |
| 项目归档汇签 | | | 技术研发工作完成后按照归档规范进行所有文档归档，并通知项目相关人员 |

> 航标灯：没有管控保障的业务是不可能有效运转的，究其原因是人性的问题，所以无为而治是一个可望而不可及的目标。

# 38.3 管理规章与管理制度

管理规章是面向管理部门的人员构成、岗位职责和管理工作事项的说明，管理规章是让整个组织成员清楚组织是做什么的。管理制度是对管理事项的时间、地点、方式、规范、标准、奖惩等的说明，管理制度是让组织成员清楚怎么做，做的效果不同会有什么样的后果。

管理规章包括：

（1）需求管理部的人员构成、工作岗位说明、部门工作职责和岗位工作职责说明。

（2）评审验证委员会的人员构成、委员会工作职责说明。

（3）CCB委员会的人员构成、委员会工作职责说明；其中评审验证委员会和CCB委员会的规章可以参见本书的应用篇相关章节的描述。

管理制度包括计划管理、会议管理、变更管理、跟踪管理、版本管理、流程管理、统计分析管理、归档管理、移交管理等管理事项的说明。其中变更管理、跟踪管理、版本管理、统计分析管理可以参见本书的应用篇相关章节的描述。其他管理制度如计划管理、会议管理等可以参考相关管理书籍。

 **航标灯：无规矩不成方圆，无赏罚不可致远。**

# 第39章

# 需求分析部门的业务工作

　　需求分析部门的业务工作主要由需求规划业务和需求开发业务两部分组成。对业务工作我们将针对每一个业务工作项的目标、方法、工具、成果、规范、知识和职责进行描述，以便从事业务工作的人员对业务工作有一个大致的了解。以下需求规划部和需求开发部的业务工作是对本书前面章节的汇总并以表格形式展现出来，关于内容的细节可以参考本书前面的章节的描述。

## 39.1　需求规划部的业务工作

　　需求规划部的业务工作主要由业务研究、应用建模、系统规划、分析计算、报告编制5个部分构成，如表39-1所示。

表39-1　需求规划部的业务工作

| 工作任务 | 工作目标 | 任务分项 | 工作前置 | 工作方法 | 工作成果 |
|---|---|---|---|---|---|
| 业务研究 | 整理出业务改造视图 | 资料研究 | 资料采集 | 业务梳理初步分析 | 业务全景视图 |
| | | 现场调研 | 初步分析成果 | 业务讲解意见征求 | 业务共识 |
| | | 业务分析 | 修正的业务全景视图 | 问题分析目标分析 | 业务改造视图 |
| 应用建模 | 对业务、系统、体系分别建模 | 业务建模 | 业务改造视图 | 形式逻辑方法 | 业务域、业务事项、业务活动、业务规划、业务单证、业务数据量等 |
| | | 系统建模 | 业务建模 | 结构化分析方法 | 子系统、系统模块、系统功能、主题库、基本表等 |
| | | 体系建模 | 系统建模 | C-U矩阵法 | 子系统、系统功能与主题库及基本表的关系 |

续表

| 工作任务 | 工作目标 | 任务分项 | 工作前置 | 工作方法 | 工作成果 |
|---|---|---|---|---|---|
| 系统规划 | 给出支撑应用系统的体系、网络、主机等规划 | | 系统建模<br>体系建模 | 体系架构设计 | 包括架构、网络、数据、终端、应用、平台等的层次及层次内部的大致构成 |
| 分析计算 | 对系统的业务发展能力和系统支撑能力进行计算 | 业务发展能力计算 | 业务建模<br>系统建模 | 业务发展能力计算公式 | 信息规范化程度、知识结构化程度、信息开放程度、功能集约程度、架构开放程度的计算 |
| | | 系统支撑能力计算 | 业务建模<br>系统建模 | 系统支撑能力计算公式 | 通信传输能力、事件响应能力、会话维护能力、实体交易能力、数据交易能力、科学计算能力的计算结果 |
| 报告编制 | 按报告格式对前期工作成果进行汇总和编制 | | 前期工作成果 | 规划模板 | 由正本和附件构成的需求规划报告 |

 **航标灯：需求规划部门的工作视野要具"全局性、顶层性、前瞻性"。**

## 39.2 需求开发部的业务工作

需求开发部的业务工作主要由需求获取、需求分析、需求编制3部分构成，如表39-2所示。

表39-2 需求开发部的业务工作

| 工作任务 | 工作目标 | 任务分项 | 工作前置 | 工作方法 | 工作成果 |
|---|---|---|---|---|---|
| 需求获取 | 给出系统关联分析和用例分析 | 项目目标和范围 | 业务改造视图<br>系统建模<br>系统规划<br>分析计算 | 项目目标和范围模板 | 项目目标和范围的说明 |
| | | 系统关联分析 | 系统建模 | 系统关联图法 | 系统的边界分析 |
| | | 用例分析 | 系统建模 | 用例图<br>用例规约 | 系统的概念功能设计 |

续表

| 工作任务 | 工作目标 | 任务分项 | 工作前置 | 工作方法 | 工作成果 |
|---|---|---|---|---|---|
| 需求分析 | 给出可行性、优先级、功能需求、非功能需求等分析 | 可行性分析 | 用例分析业务改造视图 | 可行性分析模板 | 可纳入到系统开发范围的用例 |
| | | 优先级分析 | 可行性分析 | 优先级分析公式 | 按优先级排序的系统功能清单 |
| | | 接口需求分析 | 用例分析 | 接口需求模式原型法 | 系统间接口需求、系统间交互需求、界面需求 |
| | | 功能需求分析 | 用例分析 | 类图序列图 | 系统的界面类、功能类、数据类的类图、面向用例的类序例图 |
| | | 非功能需求分析 | 用例分析分析计算 | 非功能需求分析模式 | 包括操作、开发、运行、发展、约束等非功能需求 |
| | | 数据体系需求分析 | 系统建模 | 结构化分析法 | 数据字典、数据与系统功能关系 |
| 需求编制 | 按照需求规格说明编制出软件需求规格说明文档 | | 前期工作成果 | 软件需求规格说明模板 | 由软件需求规格说明正本和过程成果文档附件构成的文档 |

航标灯：需求开发部门的作用在于"上承需求规划，下启软件开发"。

# 参考文献

[1] 杨芙清、梅宏主编.软件复用与软件构件技术丛书，清华大学出版社,2008

[2] 谢冰，王亚沙等著.面向复用的软件资产与过程管理.北京：清华大学出版社,2008

[3] 赵海燕，张伟等著.面向复用的需求建模.北京：清华大学出版社,2008

[4] 黄罡，张路等著.构件化软件设计与实现.北京：清华大学出版社,2008

[5] 邵维忠，杨芙清著.面向对象的系统分析.北京：清华大学出版社,2006

[6] 邵维忠著.面向对象的系统设计.北京：清华大学出版社,2005

[7] 毋国庆，梁正平著.软件需求工程.北京:机械工业出版社,2008

[8] Karl E.wjergers著,陆丽娜译.软件需求.北京:机械工业出版社,2000

[9] Withall.S著,曹新宇译.软件需求模式.北京:机械工业出版社,2008

[10] 金岳霖著.形式逻辑（2版）.北京:人民出版社,2006

[11] 姜振寰著.科学技术哲学.哈尔滨:哈尔滨工业大学出版社,2001

[12] 王晖著.科学研究方法论.上海:上海财经大学出版社,2009

[13] 魏宏森著.系统论——系统科学哲学.北京:世界图书出版社,2009

[14] 覃征著.软件体系结构（2版）.北京:清华大学出版社,2008

[15] 温昱著.软件架构设计.北京:电子工业出版社,2007

[16] 高复先著.信息资源规划.北京:清华大学出版社,2002

[17] 周爱民著.大道至易:实践者的思想.北京:人民邮电出版社,2012